普通高等教育系列教材

材料力学

第2版

顾晓勤　谭朝阳　编著

机 械 工 业 出 版 社

本书借鉴了国内外同类教材的优点，注意理论联系工程实际。针对当前应用型本科学生的专业基础，在保证材料力学基本理论教学内容的同时，突出应用性，适当简化推导过程，强调浅显易懂，方便学生阅读。

本书主要介绍了轴向拉伸和压缩，剪切，扭转，截面的几何性质，梁弯曲时的内力和应力，梁的弯曲变形，压杆稳定，复杂应力状态和强度理论，组合变形，动载荷和疲劳，能量法，杆件的塑性变形，复合材料、聚合物及陶瓷材料的力学性能等。

本书配有免费电子课件，欢迎选用本书作教材的老师登录 www. cmpedu. com 注册下载。

本书既可作为普通高等工科院校的教材，读者对象为应用型本科院校机械、交通、动力、土建等专业的学生，以及研究型高校近机类和非机类专业的学生，也可用于自学和函授教材。

图书在版编目（CIP）数据

材料力学/顾晓勤，谭朝阳编著．—2 版．—北京：机械工业出版社，2020.9（2024.1 重印）

普通高等教育系列教材

ISBN 978-7-111-65871-9

Ⅰ．①材…　Ⅱ．①顾… ②谭…　Ⅲ．①材料力学－高等学校－教材　Ⅳ．①TB301

中国版本图书馆 CIP 数据核字（2020）第 104903 号

机械工业出版社（北京市百万庄大街 22 号　邮政编码 100037）

策划编辑：张金奎　　责任编辑：张金奎

责任校对：张　力　樊钟英　封面设计：张　静

责任印制：刘　媛

涿州市般润文化传播有限公司印刷

2024 年 1 月第 2 版第 4 次印刷

169mm×239mm · 20 印张 · 378 千字

标准书号：ISBN 978-7-111-65871-9

定价：49.80 元

电话服务　　网络服务

客服电话：010-88361066　机 工 官 网：www. cmpbook. com

010-88379833　机 工 官 博：weibo. com/cmp1952

010-68326294　金 书 网：www. golden-book. com

　机工教育服务网：www. cmpedu. com

第2版前言

本书第1版于2012年出版，8年来重印多次，受到多所应用型高校师生的欢迎。

考虑到近年来学生作业的实际情况，第2版增加了习题简答，以提高学生的学习效率。其他内容有少量修改。

本书第1版为单色印刷，第2版采用双色印刷，以突出重点。

本书可作为应用型高校“材料力学”课程的教材，推荐学时数为48~64。

本书的编写由顾晓勤、谭朝阳完成，电子课件由谭朝阳完成。联系电子邮箱：872932911@qq.com。

限于编者水平，书中难免会有不足之处，恳请读者批评指正。

编　者

2020年7月

第1版前言

随着高等教育大众化的推进，应用型本科专业学生越来越多，“理论力学”和“材料力学”课程对他们的要求，与对研究型大学的学生有所不同。针对上述情况，编者结合多年的教学实践，编写了《理论力学》及本书。

本书充分考虑当前应用型本科专业学生的生源特点和实际情况，在保持基本理论和基本概念的同时，突出应用性，借鉴国内外同类教材的优点，注意理论联系工程实际。通过本书的学习，学生有望在有限的时间内掌握基本的变形体受力时的强度、刚度和稳定性问题；了解复杂应力状态和强度理论、动载荷和疲劳、能量法、杆件的塑性变形，以及新型工程材料的力学行为，为专业课程的学习打好基础。

本书可作为应用型本科专业材料力学课程的教材，建议学时数为48~64。带“*”号的内容为选讲部分，习题前面加“*”号的表示选做的题目。本书配有免费电子课件，欢迎选用本书作教材的教师登录 www. cmpedu. com 注册下载。

本书的编写由顾晓勤和谭朝阳完成，电子教案由谭朝阳完成。联系电子邮箱：872932911@qq. com。

应用型本科教材建设目前仍处于探索阶段，由于作者水平所限，书中的不足在所难免，恳请读者批评指正。

编　者

目 录

第一章 绪 论

随着工业的发展，在车辆、船舶、机械和大型建筑工程的建造中所碰到的问题日益复杂，单凭经验已无法解决，这样，在对构件进行长期定量研究的基础上，逐渐形成了材料力学。

理论力学的主要研究对象是质点、质点系、刚体和刚体系，而材料力学则主要研究变形体。建立在公理和假说的基础上进行数学推演，是理论力学分析方法的主要特点；而建立在试验基础上的假定和简化计算，是材料力学分析方法的主要特点。

第一节 材料力学的任务与研究对象

材料力学所研究的对象仅限于杆、轴和梁等物体，其几何特征是纵向尺寸远大于横向尺寸。大多数工程结构的构件或机器的一个零部件都可以简化为杆件，如图 1-1 和图 1-2 所示。

图 1-1 高架交通线

在确定了构件的受力大小与受力方向后，需要进一步分析这些构件能否承受这些力，能否在外力作用下安全可靠地工作。对机械和工程结构的组成构件来说，为确保正常工作，必须满足以下要求：

1）杆件应具有足够的抵抗破坏的能力，使其在载荷作用下不致破坏，即要求它具有足够的强度，如吊起重物的钢索不能被拉断；啮合的一对齿轮在传递载荷时，轮齿不允许被折断；液化气储气罐不能爆破；飞机的机翼不能断裂。为了保证构件的正常工作，在外力作用下，一般也不允许构件产生永久变形。

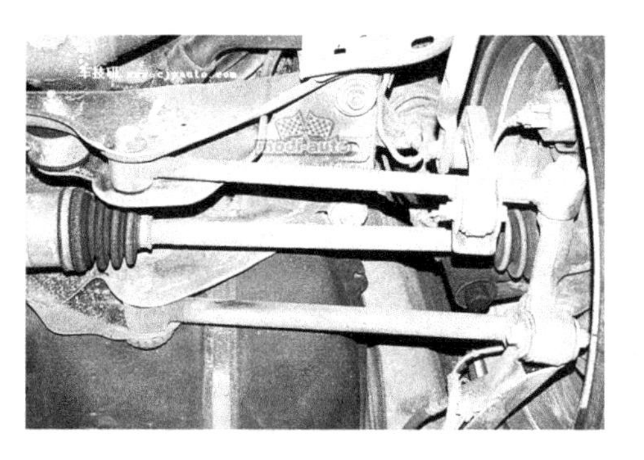

图1-2　车辆结构

2）杆件应具有足够的抵抗变形的能力，使其在载荷作用下所产生的变形不超过允许的范围，即要求它具有足够的刚度，如车床主轴如果变形过大，则会破坏主轴上齿轮的正常啮合，引起轴承的不均匀磨损及噪声，影响车床的加工精度。

3）杆件应具有足够的抵抗失稳的能力，使杆件在外力作用下能保持其原有形状下的平衡，即要求它具有足够的稳定性，如飞机千斤顶的螺杆（图1-3a）和内燃机的挺杆（图1-3b）等，工作时应始终保持原有的直线平衡状态。

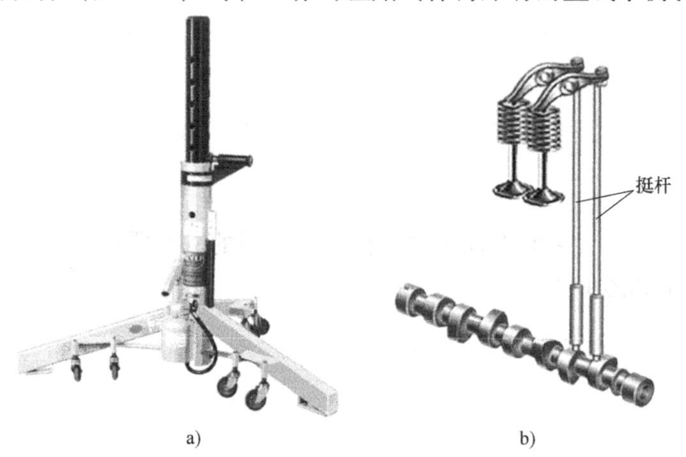

图1-3　杆件的稳定性

a）飞机千斤顶的螺杆　b）内燃机的挺杆

研究杆件的强度、刚度和稳定性，是材料力学的任务。需要指出的是，在研究构件的强度、刚度和稳定性时，研究的对象不再是刚体，而是可变形固体。

在保证构件满足强度、刚度和稳定性三个条件的同时，还要考虑节省材料、实用和价廉等经济要求。在机械设计中，利用材料力学知识，可以使材料在相同的强度下减少材料用量，以达到优化设计、降低成本和减轻重量等目的。

材料力学的研究内容属于两个学科：一是固体力学，即研究物体在外力作用下的应力、变形和能量，统称为应力分析；二是材料科学中“材料的力学行为”，即研究材料在外力和温度作用下所表现出的变形性能和失效行为，材料力学所研究的仅限于材料的宏观力学行为，不涉及材料的微观机理。

第二节 基本假设和基本变形形式

在研究构件的强度、刚度和稳定性时，需要略去变形固体的次要性质，根据其主要性质做出某些假设，使之成为一种理想的力学模型，这样，可使问题得到简化并由此得出一般性的理论结果。对于一般金属（如钢铁）和水泥等传统工程材料来说，可以做如下基本假设：

1. 连续性假设

连续性假设认为物体内部毫无空隙地充满物质。有了这个假设，在分析构件的受力性能时可以用数学分析的方法。

2. 均匀性假设

均匀性假设认为物体各部分的力学性能是完全相同的，或者说构件内各点的力学性能相同。由此假设可以认为，变形固体均由同一均质材料组成，因而变形固体内部各处的力学性质都是相同的。

在固体的微观结构层面，各种材料都是由无数颗粒（如金属中的晶粒）组成的，颗粒之间是有一定空隙的，而且各颗粒的性质也不完全相同。但由于材料力学是从宏观的角度去研究构件的，这些空隙远小于构件的尺寸，而且各颗粒是错综复杂地排列于整个体积内，因此由统计平均值的观点，各颗粒性质的差异和空隙均可忽略不计，而认为变形固体是均匀的。又如混凝土中的砂、石和水泥，这三种材料的性质是不相同的，但只要混凝土构件足够大，并且搅拌均匀、捣固密实，就可以采用均匀性假设。

根据这个假设，既可以在受力构件上选择一小部分研究它的受力和变形，然后再扩展到整个构件；也可以通过小的试件测出材料的性能，并以此代表整个构件的材料性能。

3. 各向同性假设

各向同性假设认为构件内一点沿所有方向的力学性能都相同。有了这个假设，就可以使构件的变形与受力的关系简单化。有些材料（比如木材）沿着纤维方向的性能和与纤维垂直方向的性能相差较大，应属于各向异性材料，但在材料力学中仍视为各向同性材料。

4. 小变形假设

小变形假设认为杆件受到外力作用后发生的变形与原尺寸相比非常微小，属于小变形。因此，在研究构件的平衡以及内部的变形和受力问题时，按变形前的初始尺寸进行计算。

在材料力学中，将研究对象视为均匀、连续且具有各向同性的线性弹性物体。但在实际工程中不可能有符合这些条件的材料，所以对材料力学各种理论计算得到的结果，要进行试验验证。

杆件在不同外力作用下将产生不同形式的变形，主要有轴向拉伸（压缩）（图1-4）、剪切（图1-5）、扭转（图1-6）与弯曲（图1-7）四种基本变形，其他复杂的变形都可以将其视为上述基本变形形式的组合。本书在讨论杆件的各种基本变形时，除非特别说明，一般情况下都是指杆件处于平衡状态。

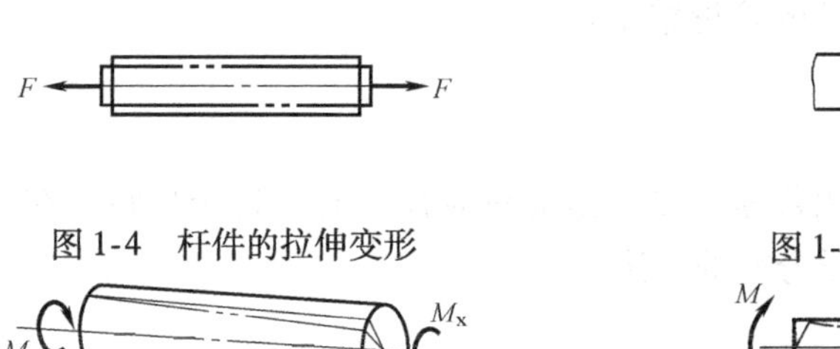

图1-4 杆件的拉伸变形

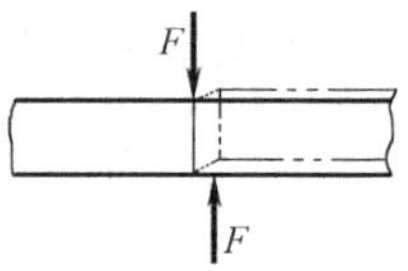

图1-6 杆件的扭转变形

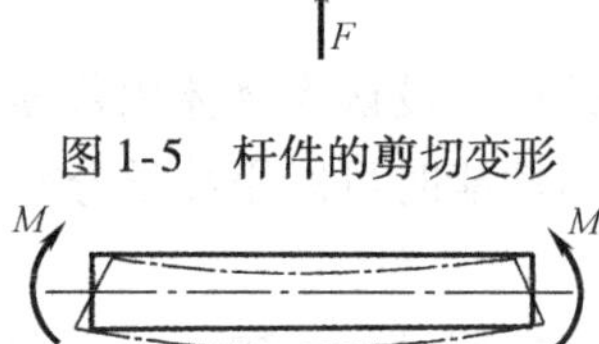

图1-5 杆件的剪切变形

图1-7 杆件的弯曲变形

第三节 材料力学简史

古希腊和古埃及等早期文明国家，曾经建造了许多宏伟且耐久的建筑物，都有过一些关于材料力学方面的知识，但是绝大多数都因缺少记述而流失了。现在的材料力学发展是从欧洲文艺复兴时期开始的。16世纪，意大利人列奥纳多·达·芬奇（Leonardo da Vinci，1452—1519）做了铁丝的拉伸试验。17世纪，马里沃特（Mariotte，1620—1680）做了木材的拉伸试验，并已开始研究梁的弯曲实验。1638年，意大利科学家伽利略（Galileo，1564—1642）（图1-8）出版了《关于力学和局部运动的两门新科学的对话和数学证明》一书，是材料力学开始形成一门独立学科的标志。书中首先提出了材料的力学性能和强度计算的方法。此后，法国人泊松（S. D. Poisson，

图1-8 伽利略

1781—1840）、圣维南（Saint-Venant，1797—1886）和纳维埃（Navier，1785—1838）等对弯曲理论、扭转理论、稳定性理论和材料试验做出了卓越的贡献，丰富、发展和完善了材料力学这门学科。瑞士数学家、力学家欧拉（L. Euler，1707—1783），16 岁取得硕士学位，他的一生对数学、刚体力学和材料力学中的弹性线、稳定理论等都做出了重大贡献，欧拉晚年双目失明，由助手笔录完成了 400 多篇论文。纳维埃于 1826 年出版的《力学在机械与结构方面的应用》，是系统讲述材料力学的第一本教科书，也是他在巴黎综合工业学校讲课的讲义。

到了 18 世纪，随着军事工程和结构工程的发展，人们对木材、石料、钢和铜等建筑材料做了很多力学性能试验，以前的科学研究成果在实际中得到推广。到了 19 世纪中期，铁路桥梁工程的发展极大地推动了材料力学的发展，使材料力学变成以钢材为主要研究对象。20 世纪以来，力学的分工越来越细，出现了计算力学、断裂力学、疲劳力学、黏弹性力学、散体力学和复合材料力学等，而这些学科的发展反过来又促进了宇宙飞行、石油勘探、喷气飞机技术和大型水利工程等的一系列力学问题的解决。与此同时，还造就了一批知名的力学家，包括英国的瑞利（Rayleigh，1842—1919），德国的莫尔（O. C. Mohr，1835—1918），俄国的儒拉夫斯基（Журавскийдн，1821—1891），瑞士的里兹（W. Ritz，1878—1909）和美籍俄罗斯力学家铁木辛柯（S. P. Timoshenko，1878—1972）等。铁木辛柯编著了《材料力学》《结构力学》《弹性稳定理论》《工程中的振动问题》和《材料力学发展史》等 20 多种书籍。

在我国，有关材料力学的生产实践活动更是源远流长。早在春秋战国时期，人们就已经知道怎样建造大型的建筑工程和水利工程。公元 600 年前后，工匠李春利用石料耐压不耐拉的特性，主持建造了跨长 37. 37m、拱圈矢高为 7. 23m 的赵州桥（图 1-9）。主拱上的小拱既便于排水，又节省了石材，减轻了自身重量。

图 1-9　赵州桥

在古代建筑中，尽管还没有严格的科学理论，但人们从长期的生产实践中，对构件的承力情况已有一些定性或较粗浅的定量认识，如从圆木中截取矩形截面的木梁，当高宽比为3:2时最为经济，这基本符合现代材料力学的基本原理。

习 题

1-1 理论力学和材料力学所研究的对象有什么主要区别？

1-2 什么是强度、刚度和稳定性？刚度与强度有何区别？

1-3 材料力学的任务是什么？它能解决工程中哪些方面的问题？

1-4 材料力学对变形体做了哪些假设？

1-5 杆件的基本变形形式有哪些？

第二章

轴向拉伸和压缩

第一节　杆的内力和应力

工程结构中经常遇到承受拉伸和压缩的直杆，如内燃机中的连杆（图 2-1a）、液压千斤顶的顶杆（图 2-1b）、螺栓（图 2-2）、桁架中的杆件、起吊重物的钢索和厂房的立柱等，均为受拉伸或压缩杆的实例。这些杆件的受力特点是：外力（或外力的合力）的作用线与杆件的轴线重合；变形特点是：杆件产生沿轴线方向的伸长或缩短，如图 2-3 所示。

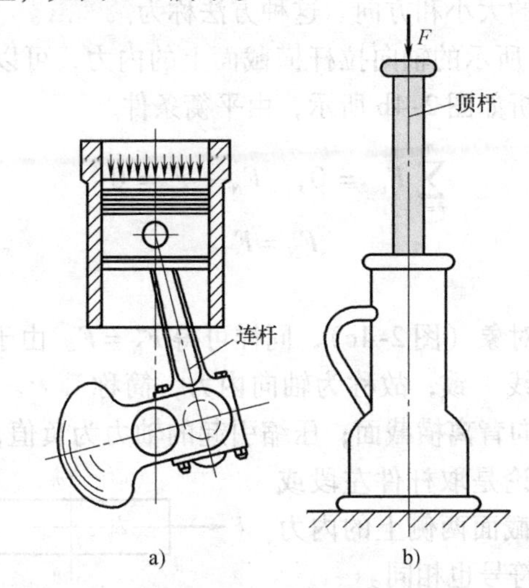

图 2-1　承受拉伸和压缩的直杆

a）内燃机　b）液压千斤顶

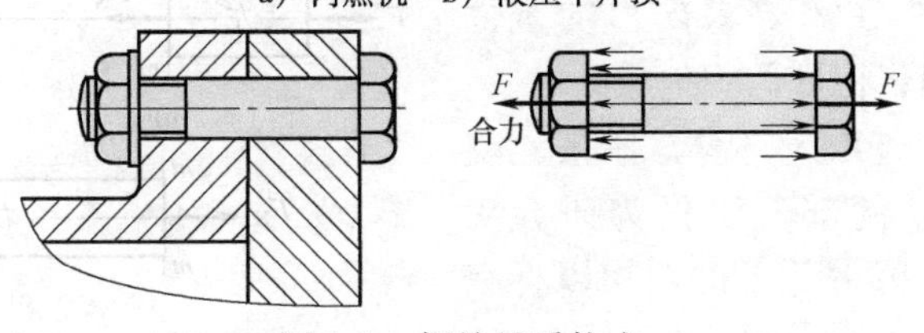

图 2-2　螺栓承受拉力

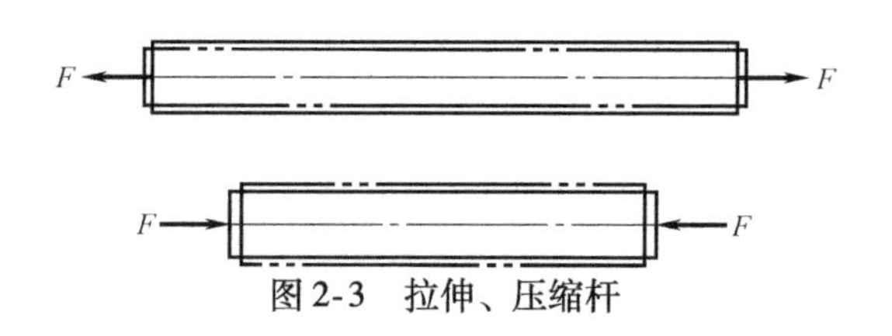

图2-3 拉伸、压缩杆

一、内力

物体在没有受到外力作用时，为了保持物体的固有形状，分子间已存在结合力。当物体受外力作用而变形时，为了抵抗外力引起的变形，结合力发生了变化，这种由于外力作用而引起的内力的改变量，称为附加内力，简称**内力**。内力随外力的增减而发生变化，当内力增大到某一极限时，构件就会发生破坏，所以内力与构件的强度、刚度和稳定性等密切相关。在研究强度等问题时，必须首先求出内力。

要求某一截面 $m—m$ 上的内力，可假想沿该截面截开，将杆分成左、右两段，任取其中一段作为研究对象，而将另一段对该段的作用以内力 F_N 来代替。因为构件整体是平衡的，所以构件的任何部分也必须是平衡的，列出平衡方程即可求出截面上内力的大小和方向。这种方法称为**截面法**。

为了显示图2-4a所示的轴向拉杆横截面上的内力，可以取 $m—m$ 截面左段进行研究，其受力分析如图2-4b所示，由平衡条件

$$\sum_{i=1}^{n} F_{ix} = 0, \quad F_N - F = 0$$

可得

$$F_N = F$$

若取右段为研究对象（图2-4c），同样可得 $F'_N = F$。由于轴向拉伸与压缩引起的内力也与杆的轴线一致，故称为轴向内力，简称**轴力**。一般规定：拉伸引起的轴力为正值，指向背离横截面；压缩引起的轴力为负值，指向向着横截面。按这种符号规定，无论是取杆件左段或右段进行研究，同一截面两侧上的内力不但数值相等，而且符号也相同。

用截面法确定内力的过程可归纳为：

（1）截开　在需要求内力的截面处，用一个截面将构件假想地截开。

（2）代替　任取一部分（一般取受力情况比较简单的部分）作为研究对象，移去部分对留下部分的作用以杆在截面上的内力（力或力偶）代替。

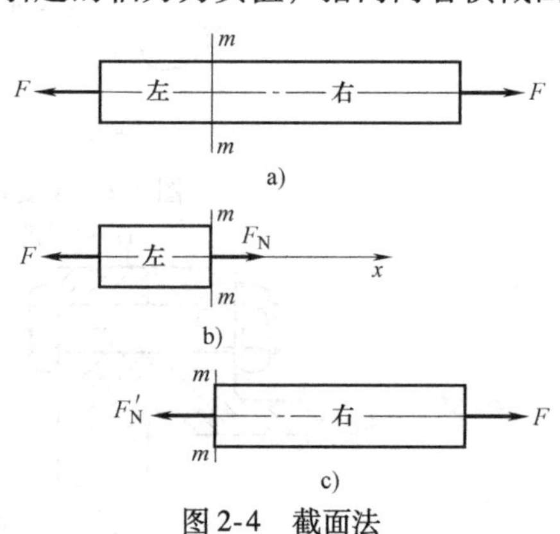

图2-4 截面法

（3）平衡　建立留下部分的平衡方程，根据已知外力计算杆在截面处的未知内力。

二、轴力图

实际问题中，杆件上一般有多个轴向外力作用在不同位置，如某厂房立柱（图 2-5）承受屋架压力 F_1 和吊车梁压力 F_2，这样杆件各段的轴力是不同的，应当分段应用截面法确定各段内的轴力。为了表示整个杆件各横截面轴力的变化情况，用平行于杆轴线的坐标表示横截面的位置，用垂直于杆轴线的坐标表示对应横截面轴力的正负及大小。这种表示轴力沿轴线方向变化的图形称为**轴力图**。

图 2-5　厂房立柱

例 2-1　直杆在 A、B、C、D 面中心处受到外力 6kN、10kN、8kN、4kN 的作用，方向如图 2-6a 所示，求此杆各段的轴力，并作轴力图。

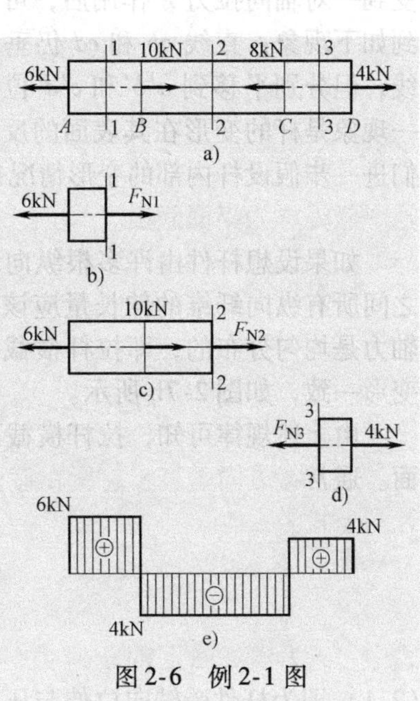

图 2-6　例 2-1 图

解： 分段计算各段内的轴力：

（1）AB 段　用截面 1—1 假想将杆截开，取左段进行研究，设截面上的轴力 F_{N1} 为正方向，受力如图 2-6b 所示，由平衡条件 $\sum_{i=1}^{n} F_{ix} = 0$ 得

$$F_{N1} - 6\text{kN} = 0,\quad F_{N1} = 6\text{kN}\ (\text{拉力})$$

（2）BC 段　用截面 2—2 假想将杆截开，取截面左段进行研究，设 F_{N2} 为正向，受力如图 2-6c 所示，由平衡条件 $\sum_{i=1}^{n} F_{ix} = 0$ 得

$$F_{N2}+10kN-6kN=0,\quad F_{N2}=-4kN\ (压力)$$

所得结果为负值，表示所设F_{N2}的方向与实际方向相反，即F_{N2}为压力。

（3）CD段　用截面3—3假想将杆截开，取截面右段进行研究，设F_{N3}为正，受力如图2-6d所示，由平衡条件$\sum_{i=1}^{n}F_{ix}=0$得

$$4kN-F_{N3}=0,\quad F_{N3}=4kN\ (拉力)$$

由以上结果，可绘出轴力图（图2-6e）。

三、拉压杆横截面上的应力

在确定了拉压杆的轴力以后，还不能单凭它来判断是否会因强度不够而破坏，如两根由相同材料制成的直径不同的直杆，若在相同拉力作用下，两杆横截面上的轴力是相同的；若逐渐将拉力增大，则细杆先被拉断，这说明拉杆的强度不仅与内力有关，还与横截面面积有关。当两杆轴力相同时，细杆内力分布的密集程度比粗杆要大一些，可见内力的密集程度才是影响强度的主要原因，为此引入应力的概念。

为了确定拉压杆横截面上的应力，首先必须知道横截面上内力的分布规律，为此做如下试验：取一根等直杆，先在杆的表面画上两条垂直于轴线的横向线ab和cd，如图2-7a所示。当杆的两端受到一对轴向拉力F作用后，可以观察到如下现象：直线ab和cd仍垂直于轴线，但分别平移到$a'b'$和$c'd'$位置。这一现象是杆的变形在其表面的反映。我们进一步假设杆内部的变形情况也是如此，即杆变形后各横截面仍保持为平面，这个假设称为**平面假设**。

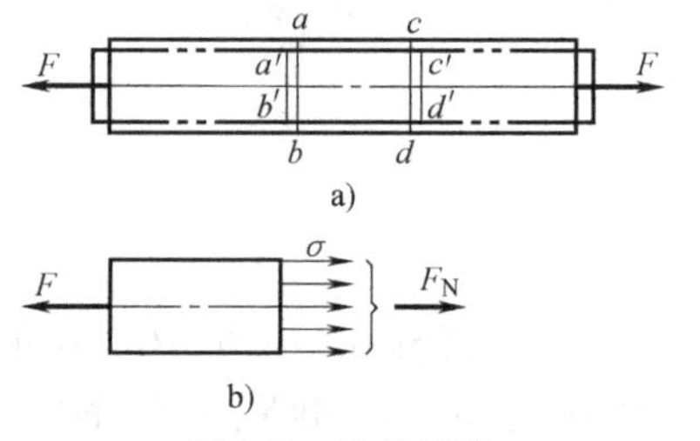

图2-7　拉伸试验

如果设想杆件由许多根纵向纤维所组成，根据平面假设可以推断出两平面之间所有纵向纤维的伸长量应该相同。由于材料是均匀连续的，故横截面上的轴力是均匀分布的，即拉杆横截面上各点的应力是均匀分布的，其方向与纵向变形一致，如图2-7b所示。

由上述规律可知，拉杆横截面上各点处的应力都相等，其方向垂直于横截面。通常将方向垂直于它所在截面的应力称为**正应力**，并以σ表示。正应力的计算公式为

$$\sigma=\frac{F_N}{A}\tag{2-1}$$

式中，σ为横截面上的正应力；F_N为横截面上的轴力；A为横截面面积。式（2-1）即为杆件受轴向拉伸与压缩时横截面上正应力的计算公式。σ的符号规

定与轴力 F_N 相同，即当轴力为正时（拉力），σ 为拉应力，取正号；当轴力为负时（压力），σ 为压应力，取负号。应力的量纲为 $L^{-1}MT^{-2}$，在国际单位制中，采用的应力单位是 Pa，$1Pa=1N/m^2$，由于此单位较小，在计算中也常用 kPa、MPa、GPa，其中 $1kPa=10^3Pa$，$1MPa=10^6Pa$，$1GPa=10^9Pa$。

例 2-2　一阶梯轴载荷如图 2-8a 所示，AB 段直径 $d_1=8mm$，BC 段直径 $d_2=10mm$，试求阶梯轴各段横截面上的正应力。

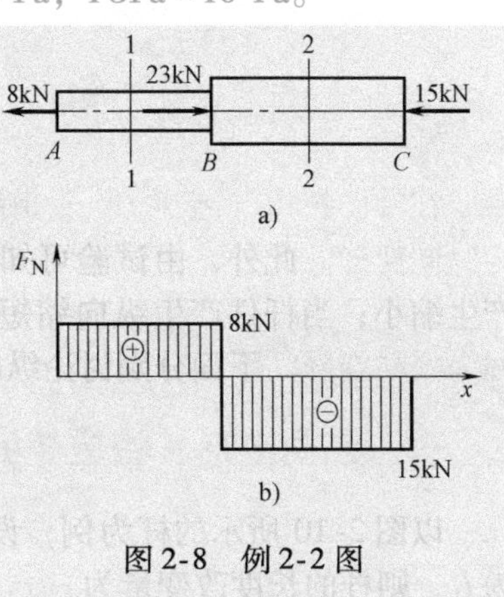

图 2-8　例 2-2 图

解：（1）计算轴各段内的轴力　由截面法求出轴 AB 段、BC 段的轴力分别为

$$F_{N1}=8kN\ (拉力),\quad F_{N2}=-15kN\ (压力)$$

画轴力图，如图 2-8b 所示。

（2）确定正应力 σ　AB 段横截面面积为 $A_1=\frac{\pi}{4}d_1^2$，BC 段横截面面积为 $A_2=\frac{\pi}{4}d_2^2$，根据式（2-1），AB 段横截面上的正应力为

$$\sigma_1=\frac{F_{N1}}{A_1}=\frac{8\times10^3}{\frac{\pi}{4}\times0.008^2}Pa=159MPa\ (拉应力)$$

BC 段横截面上的正应力为

$$\sigma_2=\frac{F_{N2}}{A_2}=\frac{-15\times10^3}{\frac{\pi}{4}\times0.010^2}Pa=-191MPa\ (压应力)$$

四、圣维南原理

当作用在杆端的轴向外力沿横截面非均匀分布时，外力作用点附近各截面的应力也为非均匀分布。圣维南（图 2-9）原理指出，力作用于杆端的分布方式，只影响杆端局部范围内的应力分布（影响区域的轴向范围为 1 ~2 个杆端的横向尺寸），只要外力合力的作用线沿杆件轴线，在离外力作用面稍远处，横截面上的应力分布均可视为均匀的。至于外力作用处的应力分析，则需另行讨论。

图 2-9　法国科学家圣维南（1797—1886）

圣维南原理是弹性力学的基础性原理，作用在物体边界上一小块表面上的外力系可以用静力等效并且作用于同一小块表面上的

外力系替换，这种替换造成的区别仅在该小块表面的附近是显著的，而在较远处的影响可以忽略不计。对连续体而言，替换所造成显著影响的区域深度与此小块表面的直径有关。

第二节　杆的变形

在轴向拉力（或压力）作用下，杆件产生轴向伸长（或缩短）的变形，称为纵向变形。此外，由试验可知，当杆件产生纵向伸长时，杆件的横向尺寸会产生缩小；当杆件产生纵向缩短时，杆件的横向尺寸会增大。横向尺寸的变化称为横向变形。下面分别讨论纵向变形和横向变形。

一、纵向变形、线应变的概念

以图2-10所示的杆为例，设杆件原长为 l，受轴向外力 F 作用后，长度变为 l_1，则杆的长度改变量为

$$\Delta l = l_1 - l$$

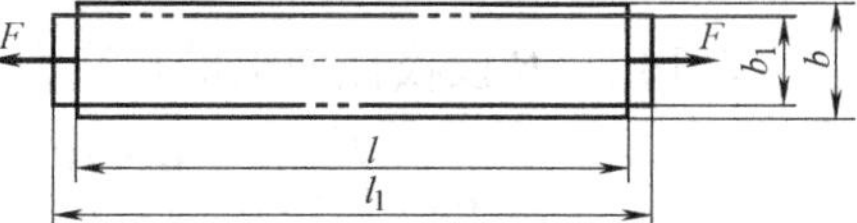

图2-10　杆件轴向伸长

Δl 反映了杆的总的纵向变形量，称为杆的**纵向变形**。拉伸时 $\Delta l > 0$，压缩时 $\Delta l < 0$。杆件的绝对变形是与杆的原长有关的，因此，为了消除杆件原长度的影响，采用单位长度的变形量来度量杆件的变形程度，称为**纵向线应变**，用 ε 表示。对于均匀伸长的拉杆，有

$$\varepsilon = \frac{\Delta l}{l} = \frac{l_1 - l}{l} \tag{2-2}$$

纵向线应变 ε 是无量纲量，其正负号与 Δl 的相同，即在轴向拉伸时 ε 为正值，称为拉应变；在压缩时 ε 为负值，称为压应变。

二、胡克定律

杆件的变形与其所受外力之间的关系，与材料的力学性能有关，只能由试验获得。试验表明，当轴向拉伸（压缩）杆件横截面上的正应力 σ 不大于某一极限值时，杆件的纵向变形量 Δl 与轴力 F_N 及杆长 l 成正比，而与横截面面积 A 成反比，即

$$\Delta l \propto \frac{F_N l}{A}$$

引入比例常数 E，则有

$$\Delta l = \frac{F_N l}{EA} \tag{2-3}$$

式（2-3）称为**胡克定律**，其中 E 称为材料的弹性模量，它说明材料抵抗拉伸（压缩）变形的能力，其值因材料而异，由试验测定（表2-1）。弹性模量 E 的单位与应力单位相同，通常采用Pa、kPa、MPa、GPa。

表2-1 几种常用材料的 E 值和 μ 值

材料名称	弹性模量 E/GPa	泊松比 μ	材料名称	弹性模量 E/GPa	泊松比 μ
铸铁	80～160	0.23～0.27	铜	100～120	0.33～0.35
碳钢	196～216	0.24～0.28	木材(顺纹)	8～12	—
合金钢	206～216	0.25～0.30	橡胶	0.008～0.67	0.47
铝合金	70～72	0.26～0.33			

式（2-3）表明，对 F_N、l 相同的杆件，EA 越大则变形 Δl 就越小，所以 EA 称为杆件的**抗拉（或抗压）刚度**。它反映了杆件抵抗拉伸（压缩）变形的能力。

将 $\sigma=F_N/A$，$\varepsilon=\Delta l/l$ 代入式（2-3），得到胡克定律的另一个表达形式

$$\sigma=E\varepsilon \tag{2-4}$$

式（2-4）比式（2-3）具有更普遍的意义。可简述为：在弹性范围内，杆件上任一点的正应力与线应变成正比。

三、横向变形

前面曾提到，轴向拉伸或压缩的杆件，不仅有纵向变形，还会有横向变形。如图2-11所示，设杆件轴向（水平方向）受压，变形前的横向尺寸为 b，变形后的横向尺寸为 b_1，则杆件的横向变形量 $\Delta b=b_1-b$，与纵向线应变的概念相似，定义横向线应变

$$\varepsilon'=\frac{\Delta b}{b}=\frac{b_1-b}{b}$$

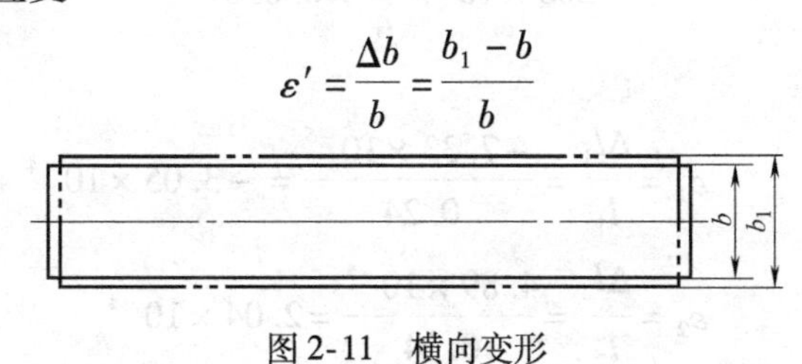

图2-11 横向变形

试验指出，同一种材料，在弹性变形范围内，横向线应变 ε' 和纵向线应变 ε 之比的绝对值为一常数，即

$$\left|\frac{\varepsilon'}{\varepsilon}\right|=\mu \tag{2-5a}$$

式中，μ 为**横向变形因数**或**泊松比**，它是一个无量纲量，其值因材料而异，可由试验测定（表2-1）。

由于μ取绝对值，而ε与ε'的正负号总是相反，故式（2-5a）又可写为

$$\varepsilon' = -\mu\varepsilon \tag{2-5b}$$

例 2-3 钢制阶梯轴如图 2-12a 所示，已知轴向外力 $F_1=50\text{kN}$，$F_2=20\text{kN}$；各段杆长为 $l_1=l_2=0.24\text{m}$，$l_3=0.3\text{m}$；直径 $d_1=d_2=25\text{mm}$，$d_3=18\text{mm}$；钢的弹性模量 $E=200\text{GPa}$。试求各段杆的纵向变形和线应变。

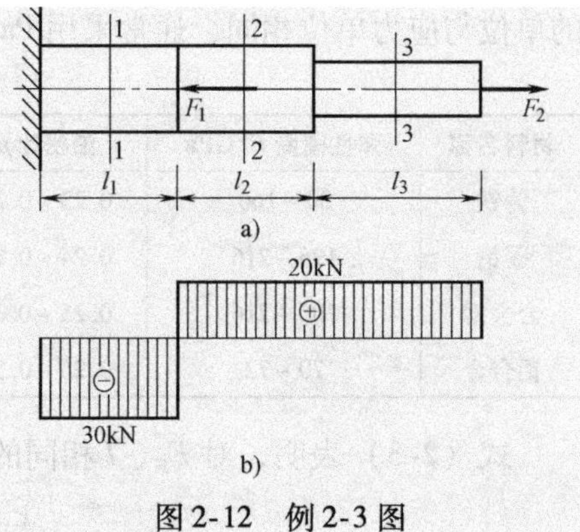

图 2-12 例 2-3 图

解：（1）求如图 2-12a 所示截面 1—1、2—2、3—3 的轴力

$$F_{N1}=-30\text{kN},\quad F_{N2}=F_{N3}=20\text{kN}$$

画轴力图，如图 2-12b 所示。

（2）计算各段杆的纵向变形

$$\Delta l_1=\frac{F_{N1}l_1}{EA_1}=\frac{-30\times10^3\times0.24}{200\times10^9\times\dfrac{\pi}{4}\times0.025^2}\text{m}=-0.0733\text{mm}$$

$$\Delta l_2=\frac{F_{N2}l_2}{EA_2}=\frac{20\times10^3\times0.24}{200\times10^9\times\dfrac{\pi}{4}\times0.025^2}\text{m}=0.0489\text{mm}$$

$$\Delta l_3=\frac{F_{N3}l_3}{EA_3}=\frac{20\times10^3\times0.30}{200\times10^9\times\dfrac{\pi}{4}\times0.018^2}\text{m}=0.118\text{mm}$$

（3）计算各段杆的线应变

$$\varepsilon_1=\frac{\Delta l_1}{l_1}=\frac{-7.33\times10^{-5}}{0.24}=-3.05\times10^{-4}$$

$$\varepsilon_2=\frac{\Delta l_2}{l_2}=\frac{4.89\times10^{-5}}{0.24}=2.04\times10^{-4}$$

$$\varepsilon_3=\frac{\Delta l_3}{l_3}=\frac{1.18\times10^{-4}}{0.30}=3.93\times10^{-4}$$

第三节 材料在轴向拉伸和压缩时的力学性能

在分析构件的强度时，除了计算应力外，还需要了解材料的力学性能。材

料的力学性能是指材料在外力作用下表现出的强度与变形等方面的各种特性，包括弹性模量 E、泊松比 μ 和极限应力等，它们要由试验来测定。在室温下，以缓慢平稳的加载方式进行试验，称为常温静载试验，是测定材料力学性能的基本试验。

在材料的力学性能试验中，试验环境（如温度高低不同）和加载方式（如静加载、冲击载荷）都影响着材料的力学性能。低碳钢和铸铁是工程中广泛使用的金属材料，下面就以低碳钢和铸铁为代表，介绍它们在常温静载试验环境下，材料拉伸和压缩时的力学性能。

一、低碳钢拉伸时的力学性能

为了便于比较不同材料的试验结果，在做拉伸试验时，首先要将金属材料按国家标准制成标准试件。一般金属材料采用圆形截面试件（图 2-13a）或矩形截面试件（图 2-13b）。试件中部一段为等截面，在该段中标出长度为 l_0 的一段称为工作段（试验段），试验时测量工作段的变形量。工作段的长度称为标距 l_0，规定有如下要求：

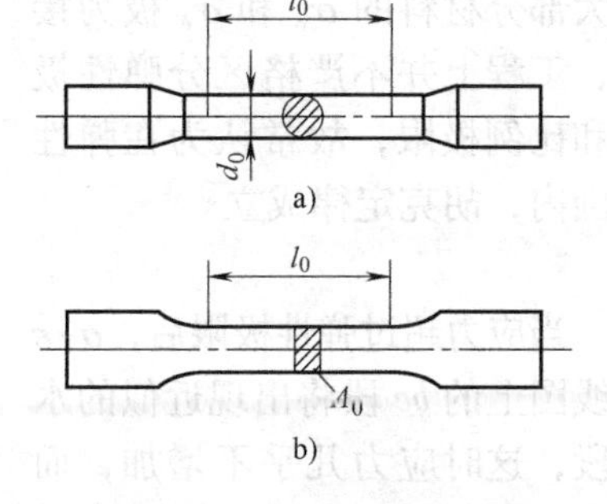

图 2-13　低碳钢拉伸试件

（1）对于圆形试件，标距 l_0 与横截面直径 d_0 的比例为

$$l_0=10d_0 \quad 或 \quad l_0=5d_0$$

（2）对于矩形截面试件，若截面面积为 A_0，则

$$l_0=11.3\sqrt{A_0} \quad 或 \quad l_0=5.65\sqrt{A_0}$$

低碳钢是指含碳量在 0.3% 以下的碳素钢。这类钢材在工程中使用较为广泛，在拉伸试验中表现出的力学性能也最为典型。

将低碳钢制成的标准试件安装在试验机上，开动机器缓慢加载，直至试件拉断为止。试验机的自动绘图装置将试验过程中的载荷 F_N 和对应的伸长量 Δl 绘成 F_N-Δl 曲线图，称为拉伸图或 F_N-Δl 曲线，如图 2-14a 所示。

试件的拉伸图与试件的原始几何尺寸有关，为了消除试件原始几何尺寸的影响，获得能反映材料性能的曲线，常把拉力 F_N 除以试件横截面的原始面积 A，得到正应力 $\sigma=F_N/A$，作为纵坐标；把伸长量 Δl 除以标距的原始长度 l_0，得到应变 $\varepsilon=\Delta l/l_0$，作为横坐标。作图得到材料拉伸时的应力-应变曲线图或称 σ-ε 曲线，如图 2-14b 所示。

根据试验结果，现将低碳钢的应力-应变曲线分成 4 个阶段讨论其力学性能：

1. 弹性阶段

弹性阶段由直线段 Oa 和微弯段 ab 组成。直线段 Oa 部分表示应力与应变成正比关系，故 Oa 段称为比例阶段或线弹性阶段，在此阶段内，材料服从胡克定律 $\sigma = E\varepsilon$。a 点所对应的应力值称为材料的**比例极限**，用 σ_p 表示，低碳钢的 $\sigma_p \approx$ 200MPa。

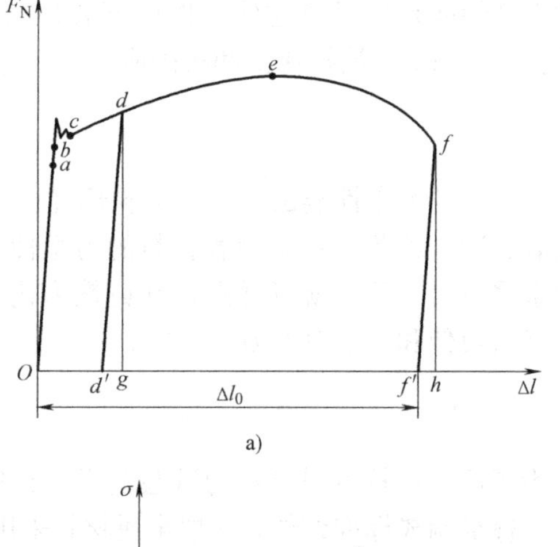

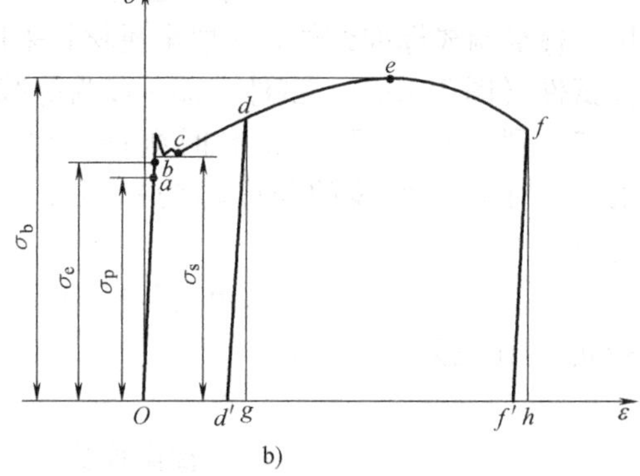

图 2-14 拉伸图与应力-应变曲线图

a）F_N-Δl 曲线 b）σ-ε 曲线

应力超过比例极限后，与应变不再成比例关系，曲线 ab 段称为非线性弹性阶段，只要应力不超过 b 点，材料的变形仍是弹性变形，在解除拉力后变形仍可完全消失，所以 b 点对应的应力称为弹性极限，以 σ_e 表示。由于大部分材料的 σ_p 和 σ_e 极为接近，工程上并不严格区分弹性极限和比例极限，故常认为在弹性范围内，胡克定律成立。

2. 屈服阶段

当应力超过弹性极限后，σ-ε 曲线图上的 bc 段将出现近似的水平段，这时应力几乎不增加，而变形却增加很快，表明材料暂时失去了抵抗变形的能力。这种现象称为**屈服现象或流动现象**。屈服阶段（bc 段）的最低点对应的应力称为屈服极限（或流动极限），以 σ_s 表示。低碳钢的 $\sigma_s \approx$ 220～240MPa，当应力达到屈服极限时，如试件表面经过抛光，则会在表面上出现一系列与轴线约呈45°夹角的倾斜条纹（称为滑移线）。它是由于材料内部晶格间发生滑移所引起的，一般认为晶格间的滑移是产生塑性变形的根本原因。工程中的大多数构件一旦出现塑性变形，将不能正常工作（或称失效），所以屈服极限 σ_s 是衡量材料是否失效的强度指标。

3. 强化阶段

过了屈服阶段 bc，图中向上升的曲线 ce 说明材料恢复了抵抗变形的能力，要使试件继续变形就必须再增加载荷，这种现象称为**材料的强化**，故 σ-ε 曲线图中的 ce 段称为**强化阶段**，最高点 e 点所对应的应力值称为材料的**强度极限**，以 σ_b 表示，它是材料所能承受的最大应力。低碳钢的 $\sigma_b \approx$ 370～460MPa。

4. 缩颈阶段

当载荷达到最高值后，可以看到在试件的某一局部的横截面迅速收缩变细，出现缩颈现象，如图 2-15 所示。σ-ε 曲线图中的 *ef* 段称为缩颈阶段。由于缩颈部分的横截面迅速减小，使试件继续伸长所需的拉力也相应减少。在 σ-ε 图中，用横截面原始面积 A 算出的应力 $\sigma = F_N/A$ 随之下降，降到 f 点时试件被拉断。

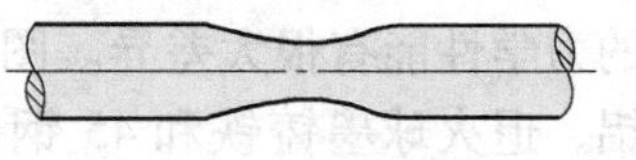

图 2-15　缩颈现象

试件拉断后弹性变形消失，只剩下塑性变形。工程中常用**伸长率 δ** 和**断面收缩率 Ψ** 作为材料的两个塑性指标，分别为

$$\delta = \frac{l_1 - l_0}{l} \times 100\% \tag{2-6}$$

$$\Psi = \frac{A_0 - A_1}{A_0} \times 100\% \tag{2-7}$$

式中，l_1 为试件拉断后的标距长度；l_0 为原标距长度；A_0 为试件横截面原面积；A_1 为试件被拉断后在缩颈处测得的最小横截面面积。

工程中通常按照伸长率的大小把材料分为两大类：$\delta > 5\%$ 的材料称为**塑性材料**，如碳钢、黄铜和铝合金等；而把 $\delta < 5\%$ 的材料称为**脆性材料**，如灰铸铁、玻璃、陶瓷、砖和石等。低碳钢的伸长率很高，其平均值为 20% ~30%，这说明低碳钢是典型的塑性材料。

断面收缩率 Ψ 也是衡量材料塑性的重要指标，低碳钢的断面收缩率 $\Psi \approx 60\%$。需要注意的是，材料的塑性和脆性会因制造工艺、变形速度和温度等条件而发生变化，如某些脆性材料在高温下会呈现塑性；而某些塑性材料在低温下会呈现脆性；在铸铁中加入球化剂可使其变为塑性较好的球墨铸铁。

试验表明，如果将试件拉伸到超过屈服点 σ_s 后的任一点（假设图 2-14b 中的 d 点），然后缓慢地卸载，这时会发现，卸载过程中试件的应力与应变之间沿着直线 dd' 的关系变化，dd' 与直线 Oa 几乎平行。由此可见，在强化阶段中试件的应变包含弹性应变和塑性应变，卸载后弹性应变消失，只留下塑性应变，塑性应变又称**残余应变**。

如果将卸载后的试件在短期内再次加载，则应力和应变之间基本上仍沿着卸载时的同一直线关系发展，直到开始卸载时的 d 点为止，然后基本沿着原来路径 def（图 2-14b）的关系发展，所以当试件在强化阶段卸载后再加载时，其 σ-ε 曲线图应是如图 2-14b 所示中的 $d'def$。图中，直线 $d'd$ 的最高点 d 的应力值可以认为是材料在经过卸载而重新加载时的比例极限，显然它比原来的比例极限提高了，但拉断后的残余应变则比原来的要小，这种现象称为**冷作硬化**。工程中经常利用冷作硬化来提高材料的弹性阶段，例如起重机的钢索和建筑用的钢筋，常采用冷拔工艺提高强度。

二、其他金属材料拉伸时的力学性质

其他金属材料的拉伸试验与低碳钢的拉伸试验方法相同，但材料所显示出的力学性能有很大差异。图2-16给出了锰钢、硬铝、退火球墨铸铁和45钢的应力-应变曲线，这些都是塑性材料，但前三种材料没有明显的屈服阶段。对于没有明显屈服点的塑性材料，工程上规定，取试件产生0.2%的塑性应变时所对应的应力值作为材料的名义屈服极限，以$\sigma_{0.2}$表示（图2-17）。

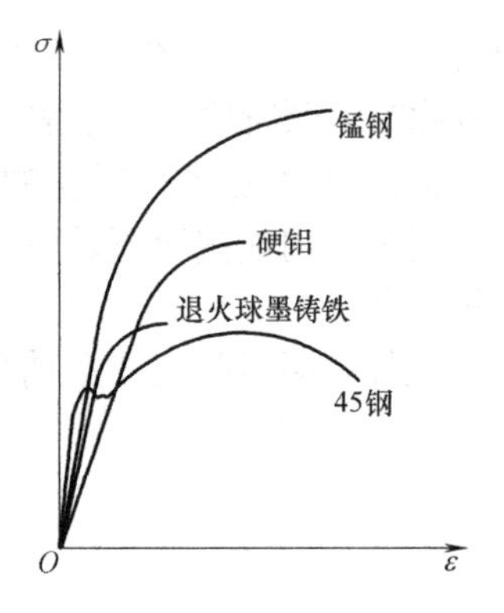

图2-16 其他材料的σ-ε曲线

如图2-18所示为铸铁拉伸时的应力-应变关系，由图中可知，应力-应变之间无明显的直线部分，但应力较小时接近于直线，可近似认为服从胡克定律。工程上有时以曲线的某一割线（图2-18中的虚线）的斜率作为弹性模量。

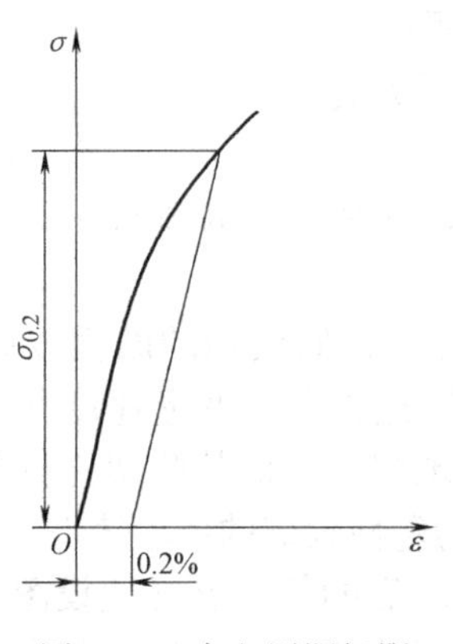

图2-17 名义屈服极限

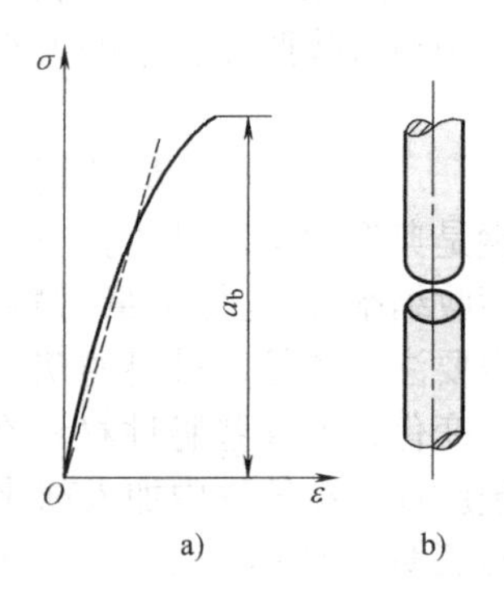

图2-18 铸铁拉伸

铸铁的伸长率δ通常只有0.5%～0.6%，是典型的脆性材料，其拉伸时无屈服现象和缩颈现象，断裂是突然发生的，断口垂直于试件轴线。强度指标σ_b是衡量铸铁强度的唯一指标。

三、金属材料压缩时的力学性能

金属材料的压缩试件一般做成圆柱体，其高度是直径的1.5～3.0倍，以避免试验时被压弯；非金属材料（如水泥、石料）的压缩试件一般做成立方体。

低碳钢压缩时的应力-应变曲线如图2-19所示，图中虚线是为了便于比较而绘出的拉伸的σ-ε曲线，从图中可以看出，低碳钢压缩时的弹性模量E和屈服极限σ_s都与拉伸时大致相同。屈服阶段以后，试件越压越扁，横截面面积不断增大，试件抗压能力也不断提高，因而得不到压缩时的强度极限。

铸铁压缩时的应力-应变曲线如图2-20所示，其线性阶段不明显，强度极

限 σ_b 比拉伸时高 2～4 倍，试件在较小的变形下突然发生破坏，断口与轴线呈 45°～55°的倾角，表明试件沿斜面由于相对错动而破坏。

其他脆性材料，如混凝土和石料等，抗压强度也远高于抗拉强度。

脆性材料抗拉强度低，塑性差，但抗压强度高，且价格低廉，故适合于制作承压构件。铸铁坚硬耐磨，易于浇注形状复杂的零、部件，广泛用于铸造机床床身、机座、缸体及轴承座等受压零、部件，因此铸铁的压缩试验比拉伸试验更为重要。

衡量材料力学性能的指标主要有：比例极限 σ_p、屈服极限 σ_s、强度极限 σ_b、弹性模量 E、伸长率 δ 和断面收缩率 Ψ 等。对于许多金属来说，这些量一般受温度和热处理等条件的影响，表 2-2 列出了几种常用材料的力学性能。

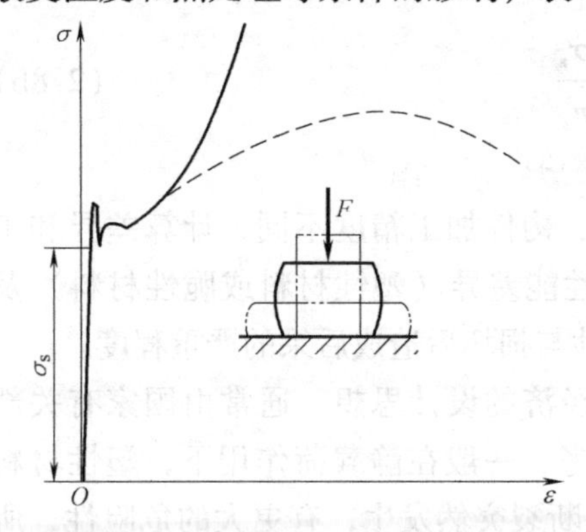

图 2-19 低碳钢压缩时的 σ-ε 曲线

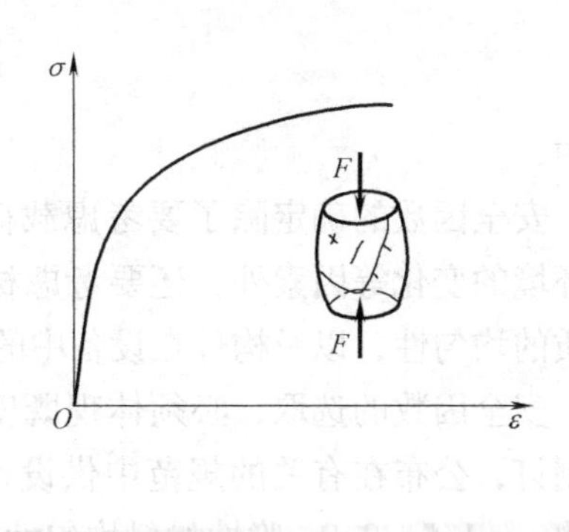

图 2-20 铸铁压缩时的 σ-ε 曲线

表 2-2 几种常用材料的力学性能

材料名称或牌号	屈服极限 σ_s/MPa	强度极限 σ_b/MPa	伸长率 δ(%)	断面收缩率 Ψ(%)
35 钢	216～314	432～530	15～20	28～45
45 钢	265～353	530～598	13～16	30～40
Q235A 钢	216～235	373～461	25～27	—
QT600-3	412	538	2	—
HT150	—	拉伸:98～275 压缩:637	—	—

第四节 强度条件

由脆性材料制成的构件，在拉力作用下，当变形很小时就会突然断裂，脆性材料断裂时的应力即强度极限 σ_b；由塑性材料制成的构件，在拉断之前已出现塑性变形，在不考虑塑性变形力学设计方法的情况下，此时构件不能保持原有的形状和尺寸，故认为它已不能正常工作，塑性材料到达屈服时的应力即屈服极限 σ_s。脆性材料的强度极限 σ_b 和塑性材料的屈服极限 σ_s 称为**构件失效的极限应力**。为保证构件具有足够的强度，构件在外力作用下的最大工作应力必须小于材料的极限应力。在强度计算中，把材料的极限应力除以一个大于 1 的因数 n（称为安全因数），作为构件工作时所允许的最大应力，称为材料的**许用应力**，以$[\sigma]$表示。对于脆性材料，许用应力

$$[\sigma]=\frac{\sigma_b}{n_b} \tag{2-8a}$$

对于塑性材料，许用应力

$$[\sigma]=\frac{\sigma_s}{n_s} \tag{2-8b}$$

式中，n_b、n_s 分别为脆性材料、塑性材料对应的安全因数。

安全因数的确定除了要考虑载荷变化、构件加工精度不同、计算差异和工作环境的变化等因素外，还要考虑材料的性能差异（塑性材料或脆性材料）及材质的均匀性，以及构件在设备中的重要性与损坏后造成后果的严重程度。

安全因数的选取，必须体现既安全又经济的设计思想，通常由国家有关部门制订，公布在有关的规范中供设计时参考，一般在静载荷作用下，塑性材料可取$n_s=1.5\sim2.0$；脆性材料均匀性差，且断裂突然发生，有更大的危险性，所以取$n_b=2.0\sim5.0$，甚至可取到9。

为了保证构件在外力作用下安全可靠地工作，必须使构件的最大工作应力小于材料的许用应力，即

$$\sigma_{max}=\frac{F_{Nmax}}{A}\leqslant[\sigma] \tag{2-9}$$

式（2-9）就是杆件受轴向拉伸或压缩时的**强度条件**。根据这一强度条件，可以进行杆件的三方面计算：

（1）**强度校核**。已知杆件的尺寸、所受载荷和材料的许用应力，直接应用式（2-9）验算杆件是否满足强度条件。

（2）**截面设计**。已知杆件所受载荷和材料的许用应力，将式（2-9）改成$A\geqslant\dfrac{F_N}{[\sigma]}$，由强度条件确定杆件所需的横截面面积。

（3）**许用载荷的确定**。已知杆件的横截面尺寸和材料的许用应力，由强度条件 $F_{Nmax}\leqslant A[\sigma]$确定杆件所能承受的最大轴力，最后通过静力学平衡方程算出杆件所能承受的最大许可载荷。

例 2-4　图 2-21 所示起重机的起重链条由圆钢制成，承受的最大拉力为 $F=25\text{kN}$。已知圆钢材料为 Q235 钢，考虑到起重时链条可能承受冲击载荷，取许用应力 $[\sigma]=45\text{MPa}$。若只考虑链环两边所受的拉力，试确定圆钢的直径 d。

解：用截面法，求得链环每边截面上的轴力为

$$F_{\mathrm{N}}=\frac{1}{2}F=12.5\text{kN}$$

圆环的横截面面积应该满足

$$A=\frac{\pi d^2}{4}\geqslant\frac{F_{\mathrm{N}}}{[\sigma]}$$

由此可得链环的圆钢直径为

$$d\geqslant\sqrt{\frac{4F_{\mathrm{N}}}{\pi[\sigma]}}=\sqrt{\frac{4\times12.5\times10^3}{3.14\times45\times10^6}}\text{m}=18.8\text{mm}$$

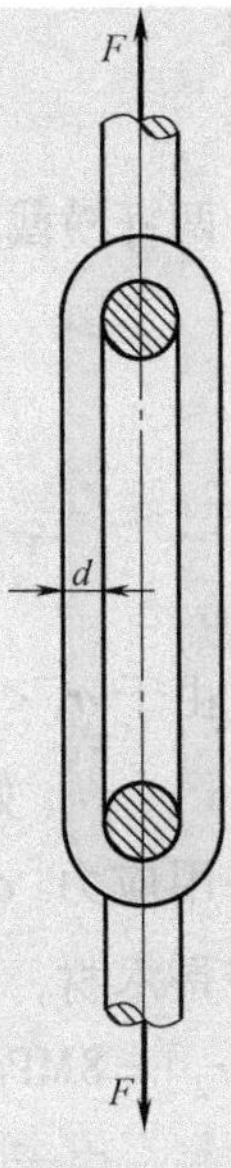

图 2-21　例 2-4 图

例 2-5　如图 2-22a 所示，结构包括钢杆 1 和铜杆 2，A、B、C 处为铰链连接。在节点 A 悬挂一个 $G=20\text{kN}$ 的重物。钢杆 AB 的横截面面积为 $A_1=75\text{mm}^2$，铜杆 AC 的横截面面积为 $A_2=150\text{mm}^2$，材料的许用应力分别为 $[\sigma_1]=160\text{MPa}$，$[\sigma_2]=100\text{MPa}$。试校核此结构的强度。

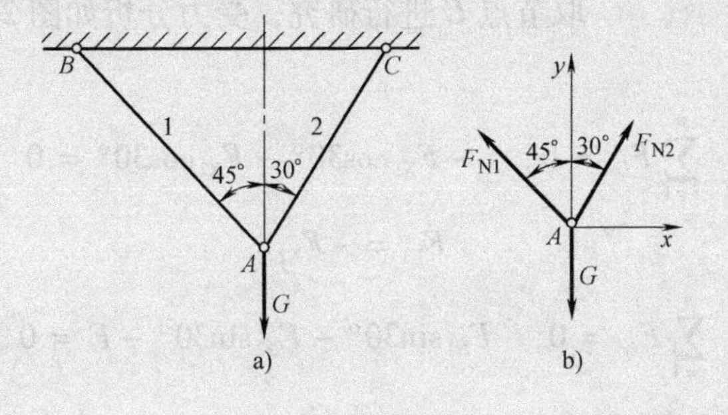

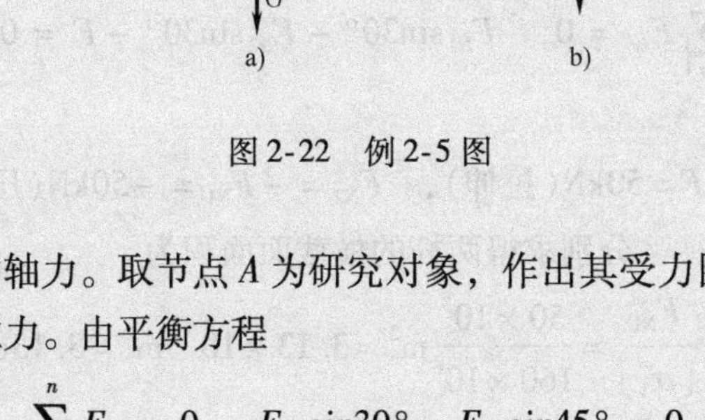

图 2-22　例 2-5 图

解：求各杆的轴力。取节点 A 为研究对象，作出其受力图（图 2-22b），图中假定两杆均受拉力。由平衡方程

$$\sum_{i=1}^{n}F_{ix}=0,\quad F_{\mathrm{N2}}\sin30^\circ-F_{\mathrm{N1}}\sin45^\circ=0$$

$$\sum_{i=1}^{n}F_{iy}=0,\quad F_{\mathrm{N1}}\cos45^\circ+F_{\mathrm{N2}}\cos30^\circ-G=0$$

解得

$$F_{N1}=10.4\text{kN},\quad F_{N2}=14.6\text{kN}$$

两杆横截面上的应力分别为

$$\sigma_1=\frac{F_{N1}}{A_1}=\frac{10.4\times10^3}{75\times10^{-6}}\text{Pa}=139\text{MPa}$$

$$\sigma_2=\frac{F_{N2}}{A_2}=\frac{14.6\times10^3}{150\times10^{-6}}\text{Pa}=97.3\text{MPa}$$

由于 $\sigma_1<[\sigma_1]=160\text{MPa}$，$\sigma_2<[\sigma_2]=100\text{MPa}$，故此结构的强度足够。

例 2-6　如图 2-23a 所示，三角架受载荷 $F=50\text{kN}$ 作用。AC 杆是圆钢杆，其许用应力 $[\sigma_1]=160\text{MPa}$；BC 杆的材料是木材，圆形横截面，其许用应力 $[\sigma_2]=8\text{MPa}$。试设计两杆的直径。

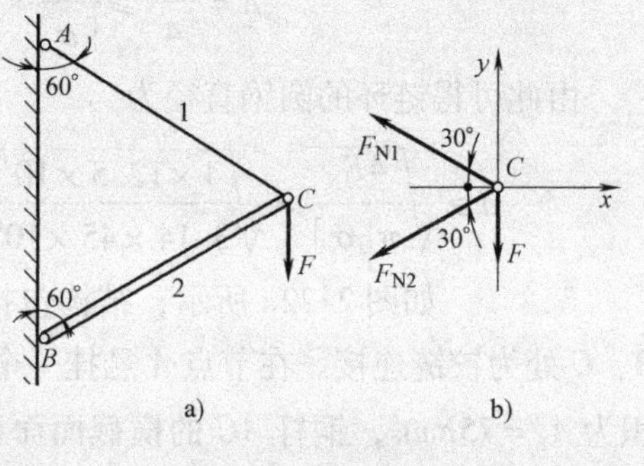

图 2-23　例 2-6 图

解：由于 $[\sigma_1]$、$[\sigma_2]$ 已知，故首先求出 AC 杆和 BC 杆的轴力 F_{N1} 和 F_{N2}，然后由 $A_1\geqslant\frac{F_{N1}}{[\sigma_1]}$，$A_2\geqslant\frac{F_{N2}}{[\sigma_2]}$ 求解。

（1）求两杆的轴力　取节点 C 进行研究，受力分析如图 2-23b 所示，列平衡方程

$$\sum_{i=1}^{n}F_{ix}=0,\quad -F_{N1}\cos30°-F_{N2}\cos30°=0$$

解得

$$F_{N1}=-F_{N2}$$

$$\sum_{i=1}^{n}F_{iy}=0,\quad F_{N1}\sin30°-F_{N2}\sin30°-F=0$$

解得

$$F_{N1}=F=50\text{kN}(\text{拉伸}),\quad F_{N2}=-F_{N1}=-50\text{kN}(\text{压缩})$$

（2）求截面直径　分别求得两杆的横截面面积为

$$A_1\geqslant\frac{F_{N1}}{[\sigma_1]}=\frac{50\times10^3}{160\times10^6}\text{m}^2=3.13\times10^{-4}\text{m}^2=3.13\text{cm}^2$$

$$A_2\geqslant\frac{F_{N2}}{[\sigma_2]}=\frac{50\times10^3}{8\times10^6}\text{m}^2=62.5\times10^{-4}\text{m}^2=62.5\text{cm}^2$$

直径为

$$d_1=\sqrt{\frac{4A_1}{\pi}}\geqslant 2.0\text{cm},\quad d_2=\sqrt{\frac{4A_2}{\pi}}\geqslant 8.9\text{cm}$$

则取 AC 杆直径为 2.0cm，BC 杆直径为 8.9cm。

例 2-7　冷镦机的曲柄滑块机构如图 2-24 所示，镦压时，截面为矩形的连杆 AB 处于水平位置，高宽比 $h/b=1.2$，材料为 45 钢，许用应力 $[\sigma]=90\text{MPa}$。若不考虑杆的自重，已知镦压力 $F=4500\text{kN}$，试按照强度条件确定 h 与 b 的大小。

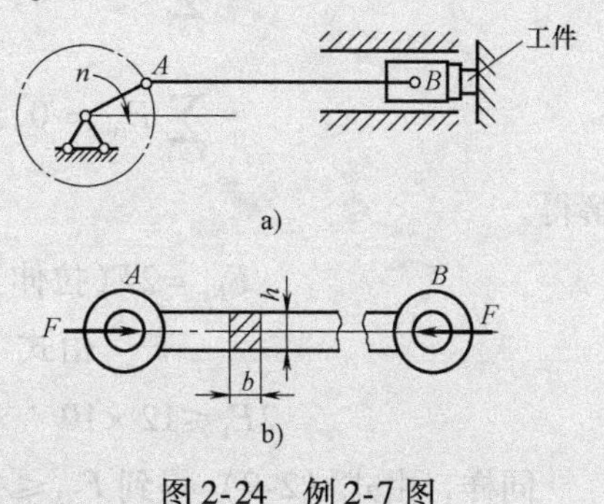

图 2-24　例 2-7 图

解：如图 2-24b 所示，AB 杆为轴向压缩，由截面法可得连杆的轴力为

$$F_N=F=4500\text{kN}$$

将强度条件改写为 $A\geqslant\frac{F_N}{[\sigma]}$，由于 $A=bh=1.2b^2$，所以

$$1.2b^2\geqslant\frac{F_N}{[\sigma]}$$

即

$$b\geqslant\sqrt{\frac{F_N}{1.2[\sigma]}}=\sqrt{\frac{4500\times10^3}{1.2\times90\times10^6}}\text{m}=204\text{mm}$$

$$h=1.2b\geqslant245\text{mm}$$

例 2-8　图 2-25a 所示的三角架由钢杆 AC 和木杆 BC 在 A、B、C 处铰接而成，钢杆 AC 的横截面面积为 $A_1=12\text{cm}^2$，许用应力 $[\sigma_1]=160\text{MPa}$；木杆 BC 的横截面面积 $A_2=200\text{cm}^2$，许用应力 $[\sigma_2]=8\text{MPa}$。求 C 点允许起吊的最大载荷 F 为多少？

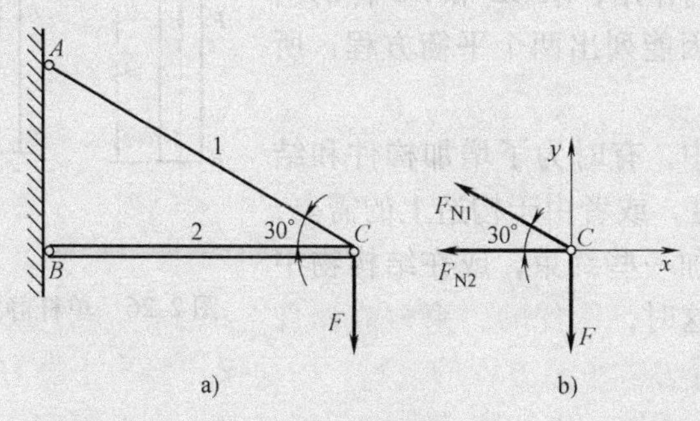

图 2-25　例 2-8 图

解：（1）求 AC 杆和 BC 杆的轴力　取节点 C 研究，受力分析如图 2-25b 所示，列平衡方程

$$\sum_{i=1}^{n} F_{ix} = 0, \quad -F_{N1}\cos30° - F_{N2} = 0$$

$$\sum_{i=1}^{n} F_{iy} = 0, \quad F_{N1}\sin30° - F = 0$$

解得

$$F_{N1} = 2F(\text{拉伸}), \quad F_{N2} = -\sqrt{3}F(\text{压缩})$$

（2）求许可的最大载荷　由式（2-9）得到 $F_{N1} \leqslant A_1[\sigma_1]$，即

$$2F_1 \leqslant 12\times10^{-4}\times160\times10^6\text{N}, \quad F_1 \leqslant 96\text{kN}$$

同样，由式（2-9）得到 $F_{N2} \leqslant A_2[\sigma_2]$，即

$$\sqrt{3}F_2 \leqslant 200\times10^{-4}\times8\times10^6\text{N}, \quad F_2 \leqslant 92.4\text{kN}$$

为了保证整个结构的安全，C 点允许起吊的最大载荷应选取所求得的 F_1、F_2 中的较小量，即 $[F]_{max} = 92.4\text{kN}$。

第五节　简单拉压超静定问题

在前面几节讨论的问题中，杆件的约束力和杆件的内力可以用静力平衡方程求出，这类问题称为**静定问题**。图 2-26a 所示的杆 AB，在 C 处受到集中力 F，则 AC、CB 段的内力可由平衡方程求出；同样，图 2-27a 所示的构架，是由 AB 及 AC 两杆组成的，在 A 点受到载荷 G 的作用，求 AB 和 AC 杆的两个未知内力时，因能列出两个平衡方程，所以是静定问题。

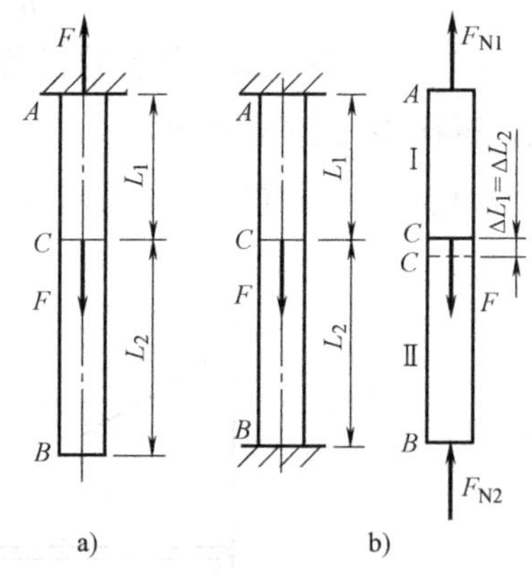

图 2-26　单杆静定、超静定问题

在工程实际中，有时为了增加构件和结构物的强度和刚度，或者由于构造上的需要，一般要给构件增加一些约束，或在结构物中增加一些杆件。这时，构件的约束力或杆件的数目多于刚体静力学平衡方程的数目，因而仅用静力平衡方程不能求解。这类问题称为**超静定问题**。未知力的个数与独立的平衡方程数之差，称为**超静定次数**。如图 2-26b 所示的杆，A、B 两端有未知的约束力 F_{N1}、F_{N2}，竖直方向的静力平衡方程数只有 1 个，故属于一次超静定问题；如图 2-27b 所示的构架，是

由 AB、AC、AD 三杆组成的，若取节点 A 进行研究，其所受力组成平面汇交力系，可列出两个静力平衡方程，但未知力有三个（F_{N1}、F_{N2}、F_{N3}），故属于一次超静定问题。显然仅由静力平衡方程不能求出全部未知内力。

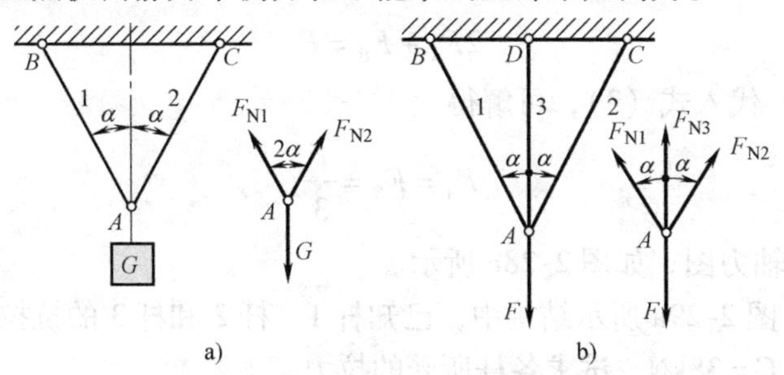

图 2-27　多杆静定、超静定问题

求解超静定问题，除了根据静力平衡条件列出平衡方程外，还必须根据杆件变形之间的相互关系（称为**变形协调条件**）列出变形的几何方程，再由力和变形之间的物理条件（胡克定律）建立所需的补充方程。下面通过例题说明超静定问题的解法。

例 2-9　图 2-28a 所示为两端固定的杆，在 C、D 两截面处有一对力 F 作用，杆的横截面面积为 A，弹性模量为 E。求 A、B 处的支座约束力，并作轴力图。

解：取 AB 杆为研究对象，设 A、B 处的约束力为压力，如图 2-28b 所示，由平衡方程

$$\sum_{i=1}^{n} F_{ix} = 0, \quad F_A - F + F - F_B = 0$$

得

$$F_A = F_B \tag{1}$$

式（1）中，只知道两个未知约束力相等，不能解出具体值，故还需要列一个补充方程。

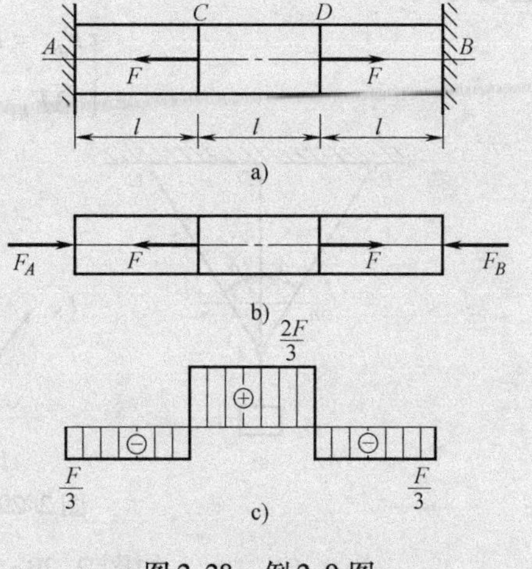

图 2-28　例 2-9 图

显然，杆件各段变形后，由于约束的限制，总长度保持不变，故变形协调条件为

$$\Delta l_{AC} + \Delta l_{CD} + \Delta l_{DB} = 0 \tag{2}$$

根据胡克定律，得到 $\Delta l_{AC} = -\dfrac{F_A l}{EA}$，$\Delta l_{CD} = \dfrac{(F - F_A)l}{EA}$，$\Delta l_{DB} = -\dfrac{F_B l}{EA}$，代入式（2）得到变形的几何方程为

$$-\frac{F_A l}{EA}+\frac{(F-F_A)l}{EA}-\frac{F_B l}{EA}=0$$

整理后得

$$2F_A+F_B=F \tag{3}$$

将式（1）代入式（3），可解得

$$F_A=F_B=\frac{F}{3}$$

作出杆的轴力图，如图2-28c所示。

例2-10 图2-29a所示结构中，已知杆1、杆2和杆3的抗拉刚度均为EA，$\alpha=30°$，重物$G=38\text{kN}$，试求各杆所受的拉力。

解：（1）列平衡方程 在重力G作用下，三根杆均被拉长，故可设三杆均受拉力，节点A的受力图如图2-29b所示，列平衡方程

$$\sum_{i=1}^{n}F_{ix}=0,\quad -F_{N1}\sin\alpha+F_{N2}\sin\alpha=0$$

$$\sum_{i=1}^{n}F_{iy}=0,\quad F_{N1}\cos\alpha+F_{N2}\cos\alpha+F_{N3}-G=0$$

整理得到

$$\begin{cases}F_{N1}=F_{N2}\\ \sqrt{3}F_{N1}+F_{N3}-G=0\end{cases} \tag{1}$$

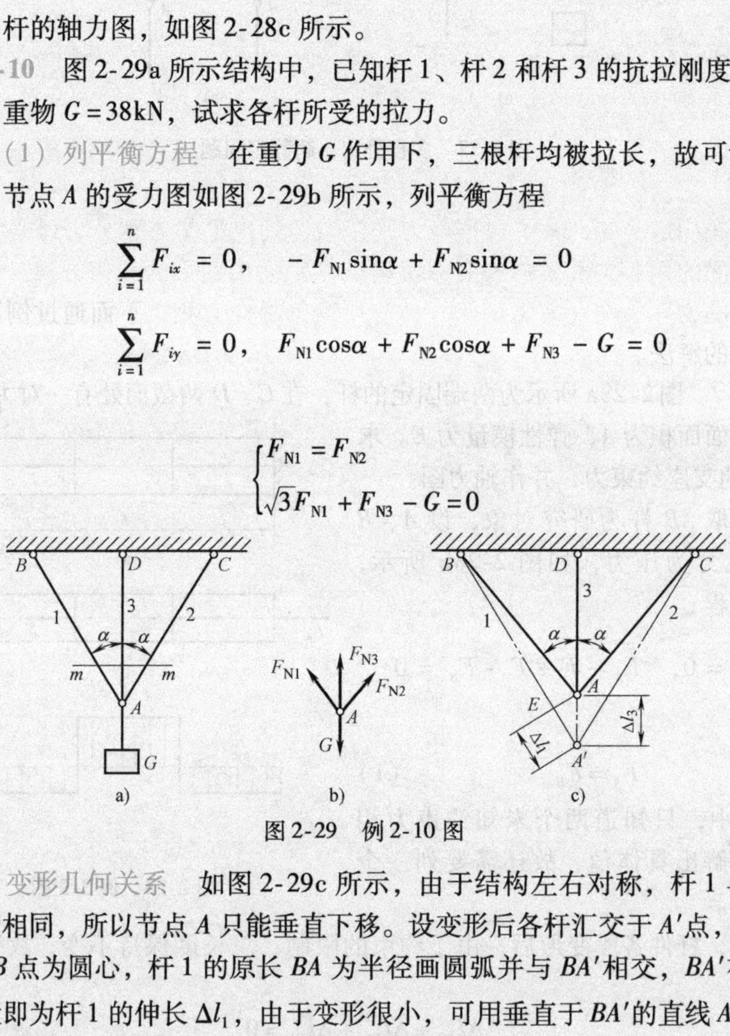

图2-29 例2-10图

（2）变形几何关系 如图2-29c所示，由于结构左右对称，杆1与杆2的抗拉刚度相同，所以节点A只能垂直下移。设变形后各杆汇交于A'点，则$AA'=\Delta l_3$。以B点为圆心，杆1的原长BA为半径画圆弧并与BA'相交，BA'在圆弧以外的线段即为杆1的伸长Δl_1，由于变形很小，可用垂直于BA'的直线AE代替上述弧线，且仍可以认为$\angle BA'D=\alpha=30°$。于是

$$\Delta l_1=\Delta l_3\cos\alpha \tag{2}$$

（3）物理关系 由胡克定律得到

$$\Delta l_1 = \frac{F_{N1} l_1}{EA},\quad \Delta l_3 = \frac{F_{N3} l_3}{EA} \tag{3}$$

（4）补充方程　将物理关系式（3）代入几何方程（2），得到解该超静定问题的补充方程

$$\frac{F_{N1} l_1}{EA} = \frac{F_{N3} l_3}{EA}\cos\alpha$$

将 $l_3 = l_1\cos\alpha$ 代入上式，整理得到 $F_{N1} = F_{N3}\cos^2\alpha$，即

$$F_{N1} = 0.75F_{N3} \tag{4}$$

（5）求解各杆轴力　联立求解补充方程（4）和平衡方程（1），可得

$$F_{N3} = \frac{G}{\sqrt{3}\times 0.75 + 1} = 16.5\text{kN}$$

$$F_{N1} = F_{N2} = 12.4\text{kN}$$

对于超静定结构，制造误差会造成装配应力，温度变化会造成温度应力。

我们知道，所有构件在制造中或多或少都会带有一些误差，这种误差，在静定结构中不会引起任何内力及应力；而在超静定结构中则有不同的特点，图2-30所示的三杆桁架结构，如果杆3在制造时短了 δ，为了将三根杆装配在一起，则必须将杆3拉长，杆1和2压短，这种强行装配使杆3中产生拉应力，杆1和杆2中产生压应力。这种由于装配而引起的杆内应力，称为**装配应力**。装配应力是在载荷作用前结构中已经具有的应力，因而是一种初应力。这种应力的存在，有时是不利的，它会降低构件承受载荷的能力；有时又可以利用它来达到一定的目的，如轮毂和轴的紧配合就是有意识地利用与装配应力相应的变形，来防止轮毂和轴的相对转动；预应力钢筋混凝土构件，也是利用装配应力来提高其承受载荷的能力。

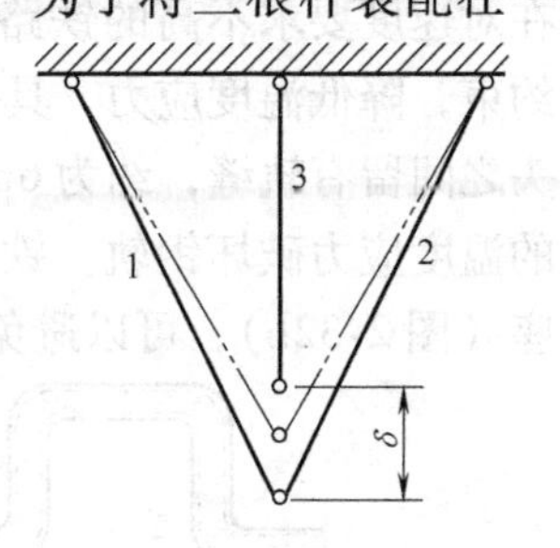

图2-30　超静定结构装配应力

在工程实际中，构件一般会遇到温度变化，从而引起构件热胀冷缩的温度变形。在静定结构中，构件可以自由变形，故温度改变不会在构件内产生应力。图2-26a和图2-27a所示的杆，如果全杆各点处温度均上升了 ΔT，则杆件因热胀而伸长，但不会产生应力。然而在图2-31a所示的超静定结构中，如果杆 AB 的温度发生变化，由于有了多余的约束，故在杆内将出现温度应力。设温度变化前杆 AB 的长度正好合适，如果全杆各点处温度均上升了 ΔT，设想此时只有一个支座 A，则杆应伸长 $\Delta L_T = \alpha\Delta TL$（图2-31b），其中 α 为材料的线胀系数。但由于两端均受到刚性支座的约束，杆的长度不能改变，因此杆的两端必受到

来自支座的轴向压力 F，使杆缩短了 $\Delta L_P(=\Delta L_T)$而回到原长 L（图 2-31c）。同时，在杆内产生了应力 $\sigma_T=E\dfrac{\Delta L_P}{L}$。这种由于温度改变而在杆件内产生的应力称为**温度应力**，其计算式为

$$\sigma_T=E\alpha\Delta T \tag{2-10}$$

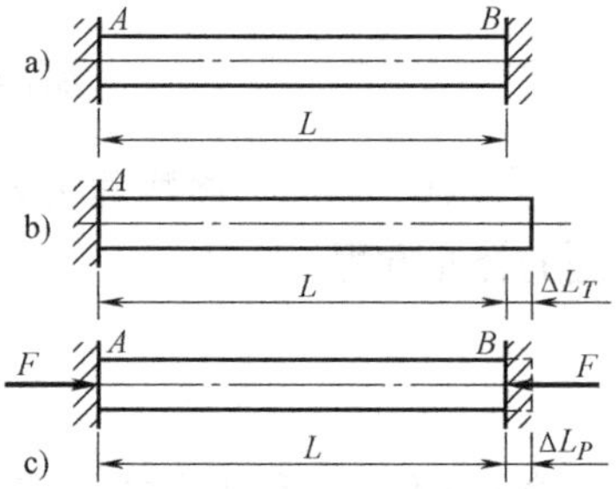

图 2-31　温度应力

碳钢的 $\alpha=12.5\times10^{-6}℃^{-1}$，$E=200\text{GPa}$，所以

$$\sigma_T=12.5\times10^{-6}\times200\times10^{9}\Delta T(\text{Pa})=2.5\Delta T(\text{MPa})$$

可见当温度变化 ΔT 较大时，σ_T 的数值便非常可观。为了避免过高的温度应力，在送热管道中可以增加伸缩节（图 2-32a）。

钢轨自由放置，当温度发生变化时就会自由伸缩：夏天受热会伸长，冬天受冷会缩短，也就是“热胀冷缩”。一般来说，钢轨温度每改变 1℃，每根钢轨就会承受 1.621×10^{4}N 的压力或拉力；如果钢轨温度变化幅度为 50℃时，一根钢轨要承受高达 8.06×10^{5}N 的压力或拉力。如此巨大的力足以破坏铁路，所以在对速度要求不高的铁路中，钢轨各段之间留有伸缩缝，以削弱对钢轨膨胀的约束，降低温度应力。具体表现为钢轨每隔 12.5m 或 25m 就会有一个接头，接头之间留有轨缝，约为 6mm。显然，留轨缝是为了防止钢轨在热胀冷缩时产生的温度应力破坏钢轨。铁路桥梁一端用固定铰链支座，另一端采用可动铰链支座（图 2-32b），可以避免桥梁水平方向的温度应力。

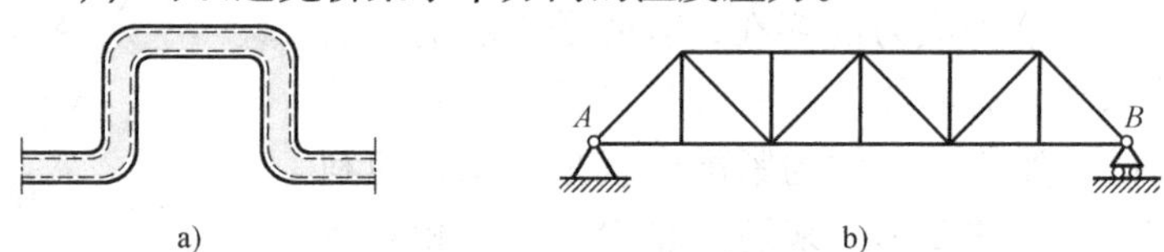

图 2-32　应对温度应力的方法

a）伸缩节　b）铰接处理

钢轨之间的伸缩缝，其缺点是会引起火车运行时的振动，列车驶过时产生“咔哒、咔哒”的声音。除非路轨保养得非常好，否则这种有接缝的路轨不适宜列车高速行驶。对于运行速度高的铁路，一般采用无缝线路，其基本原理是用防爬设备将两端锁定，以防止其伸缩。实际上，钢轨的温度应力不可能消失，是通过在铁路线上采用强大的线路阻力来锁定轨道的方法限制了钢轨的自由伸缩。正因为钢轨被这样牢固地锁定在了轨枕上，钢轨才能承受如此大的温度应力而不变形。

第六节 应力集中的概念

由于实际需要，在工程中常在一些构件上钻孔、开退刀槽或键槽、车削螺纹等，有些则需要制成阶梯状，这就导致了构件横截面尺寸的突变。这样的杆在轴向拉伸时（图2-33a），在杆件截面突变处附近的小范围内，应力的数值急剧增大；而离开这个区域稍远处，应力就迅速降低，并趋于均匀分布，这种现象称为**应力集中**。图2-33b所示为拉杆孔边的应力分布；图2-33c所示杆在轴向拉伸时，带有切口的截面应力分布如图2-33d所示，其中σ_{max}为最大局部应力，σ为假设应力均匀分布时该截面上的名义应力（即按照等直杆的公式算得的应力）。应力集中的程度，通常用**理论应力集中因数**表示：

$$\alpha = \frac{\sigma_{max}}{\sigma} \tag{2-11}$$

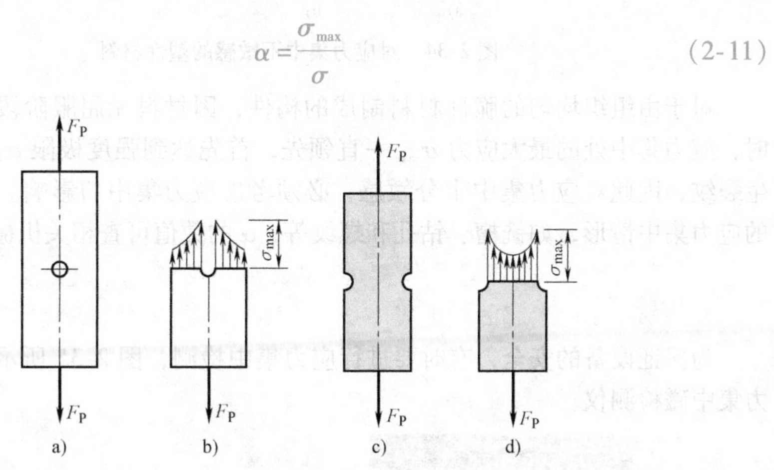

图2-33 应力集中

应力集中因数α值表明最大局部应力为名义应力的多少倍，其值与材料无关，它取决于截面的几何形状与尺寸，截面尺寸改变越急剧，则应力集中的程度就越严重，因此在杆件上应尽量避免带尖角、槽或小孔；在阶梯轴的轴肩处，过渡圆弧的半径应该尽可能大一些。

杆件在拉伸、扭转和弯曲时有不同的α值。

在静载荷作用下，塑性材料对应力集中不敏感，例如具有圆孔的低碳钢拉杆，当最大局部应力σ_{max}到达屈服极限σ_s时（图2-34a），如果载荷继续增大，则该处相邻的材料将进入屈服阶段而停止增长。增大的载荷由截面上尚未屈服的材料来承担，使截面1—1上材料的屈服区域将随载荷的不断增大而扩大（图2-34b），直至截面1—1上各点处的应力都达到屈服极限（图2-34c）。由此可见，塑性材料可使截面上的应力逐渐趋于平均，降低应力不均匀程度，因此用塑性材料制成的构件在静载荷作用下可以不考虑应力集中的影响，实际工程计算中可按应力均匀分布进行计算。

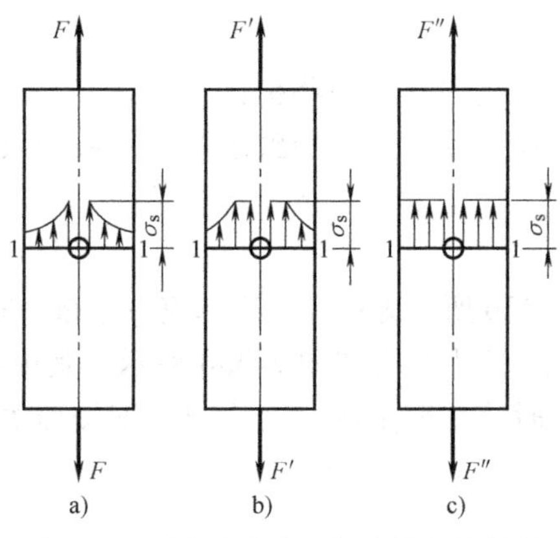

图 2-34 对应力集中不敏感的塑性材料

对于由组织均匀的脆性材料制成的构件，因材料无屈服阶段，当载荷增加时，应力集中处的最大应力 σ_{max} 一直领先，首先达到强度极限 σ_b，该处首先产生裂纹，因此对应力集中十分敏感，必须考虑应力集中的影响。对于各种典型的应力集中情形，如铣槽、钻孔和螺纹等，α 的数值可查相关机械设计手册。

对于灰铸铁，其内部的不均匀性和缺陷一般是产生应力集中的主要因素，而构件外形改变所引起的应力集中是次要因素，可以不考虑应力集中的影响。

为保证设备的安全，有时要进行应力集中检测，图 2-35 所示为工作中的应力集中磁检测仪。

图 2-35 工作中的应力集中磁检测仪

小 结

由于外力作用而引起的内力的改变量，称为附加内力，简称内力。

拉伸引起的轴力为正值，指向背离横截面；压缩引起的轴力为负值，指向向着横截面。

表示轴力沿轴线方向变化的图形称为轴力图。

平面假设：杆变形后各横截面仍保持为平面。

正应力：$\sigma = \dfrac{F_N}{A}$

圣维南原理：力作用于杆端的分布方式，只影响杆端局部范围内的应力分布，只要外力合力的作用线沿杆件轴线，在离外力作用面稍远处，横截面上的应力分布均可视为均匀的。

纵向线应变：$\varepsilon = \dfrac{\Delta l}{l} = \dfrac{l_1 - l}{l}$；横向线应变：$\varepsilon' = \dfrac{\Delta b}{b} = \dfrac{b_1 - b}{b}$

胡克定律：$\sigma = E\varepsilon$

横向变形因数或泊松比：$\mu = \left|\dfrac{\varepsilon'}{\varepsilon}\right|$

低碳钢材料拉伸时的应力-应变曲线图（σ-ε 曲线），如图 2-14b 所示。

衡量材料力学性能的指标主要有：比例极限 σ_p、屈服极限 σ_s、强度极限 σ_b、弹性模量 E、伸长率 δ 和断面收缩率 Ψ 等。

伸长率 $\delta = \dfrac{l_1 - l_0}{l} \times 100\%$，断面收缩率 $\Psi = \dfrac{A_0 - A_1}{A_0} \times 100\%$

低碳钢：$\sigma_p \approx 200\text{MPa}, \sigma_s \approx 220 \sim 240\text{MPa}, \sigma_b \approx 370 \sim 460\text{MPa}, \delta = 20\% \sim 30\%$

当载荷达到最高值后，可以看到在试件的某一局部的横截面迅速收缩变细，出现缩颈现象。

伸长率 $\delta > 5\%$ 的材料称为塑性材料，如碳钢、黄铜和铝合金等；伸长率 $\delta < 5\%$ 的材料称为脆性材料，如灰铸铁、玻璃、陶瓷、砖和石等。

在强化阶段中，试件的应变包含弹性应变和塑性应变，卸载后弹性应变消失，只留下塑性应变。塑性应变又称残余应变。

脆性材料的强度极限 σ_b 和塑性材料屈服极限 σ_s 称为构件失效的极限应力。

在强度计算中，把材料的极限应力除以一个大于 1 的因数 n（称为安全因数），作为构件工作时所允许的最大应力，称为材料的许用应力，以 $[\sigma]$ 表示。

脆性材料$[\sigma] = \dfrac{\sigma_b}{n_b}$，塑性材料$[\sigma] = \dfrac{\sigma_s}{n_s}$，$n_b$、$n_s$ 分别为脆性材料、塑性材料对应的安全因数。

强度条件：$\sigma_{max} = \dfrac{F_{Nmax}}{A} \leqslant [\sigma]$

超静定问题：构件的约束力或杆件的数目多于刚体静力学平衡方程的数目，用静力平衡方程不能求解的问题。

未知力的个数与独立的平衡方程数之差，称为超静定次数。

由于装配而引起的杆内应力，称为装配应力。

由于温度改变而在杆件内产生的应力，称为温度应力。

理论应力集中因数：$\alpha = \dfrac{\sigma_{max}}{\sigma}$

习　题

2-1　试作出图2-36所示各杆的轴力图。

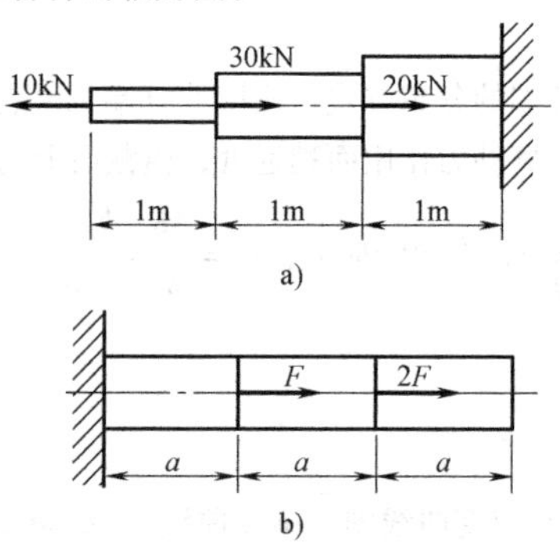

图2-36　题2-1图

2-2　求图2-37所示各杆横截面1—1、2—2、3—3上的轴力并画轴力图。

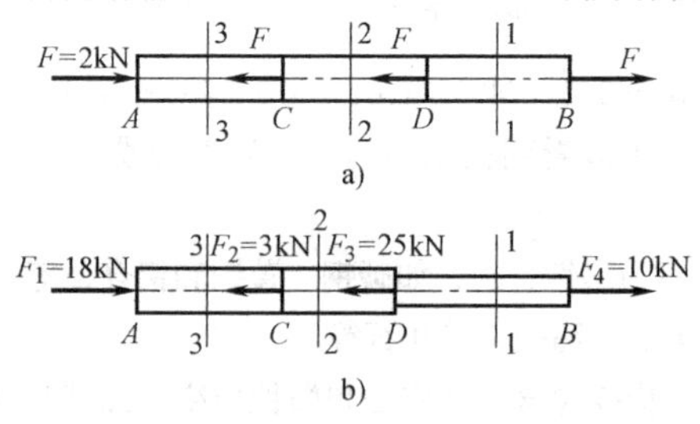

图2-37　题2-2图

2-3　如图2-38所示，在等直杆中间部分对称开槽，长度尺寸单位为mm，试求横截面1—1和2—2上的正应力。

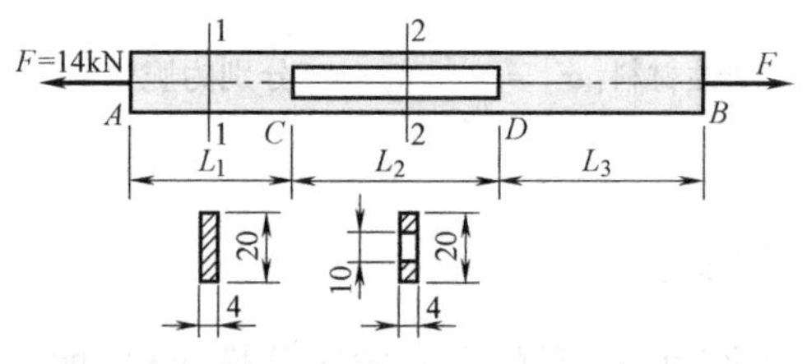

图2-38　题2-3图

2-4　求图2-39所示阶梯杆横截面1—1、2—2、3—3上的轴力，并作轴力图。若横截面面积$A_1=200\text{mm}^2$，$A_2=250\text{mm}^2$，$A_3=300\text{mm}^2$，求各横截面上的应力。

2-5　作用于图2-40所示零件上的拉力$F=45\text{kN}$，试问零件内最大拉应力发生在哪个截面上？并求出其值。

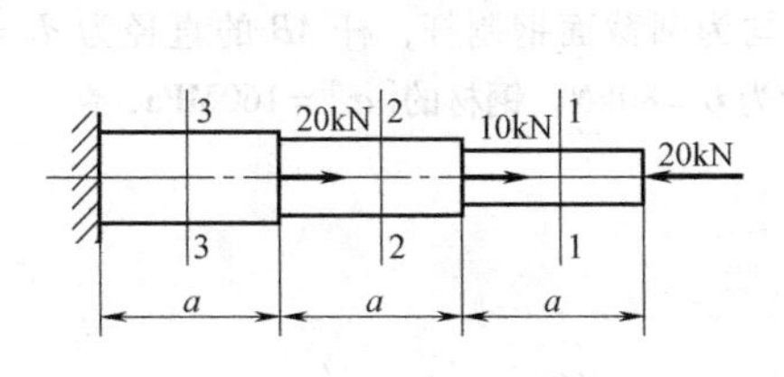

图 2-39　题 2-4 图

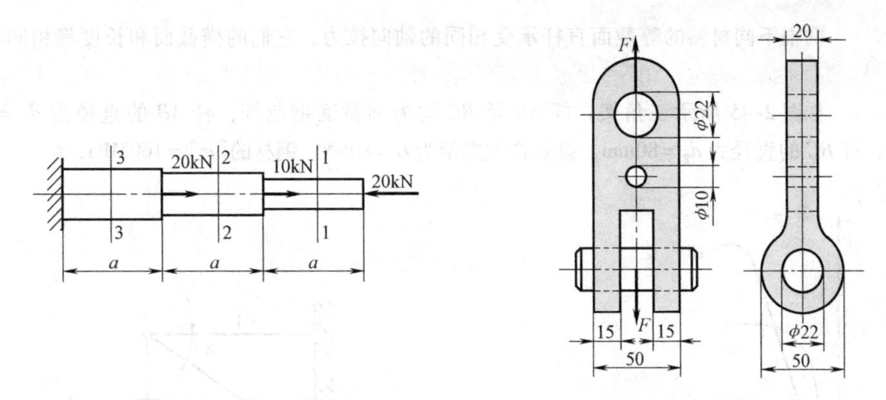

图 2-40　题 2-5 图

2-6　如图 2-41 所示，两根材料相同的拉杆，试说明它们的绝对变形是否相同？如果不同，哪根变形大？为什么？

2-7　如图 2-42 所示，等直杆的横截面面积为 150mm^2，图中长度尺寸单位为 mm，材料的弹性模量 $E=200\text{GPa}$。试画轴力图，并求杆的总长度改变值。

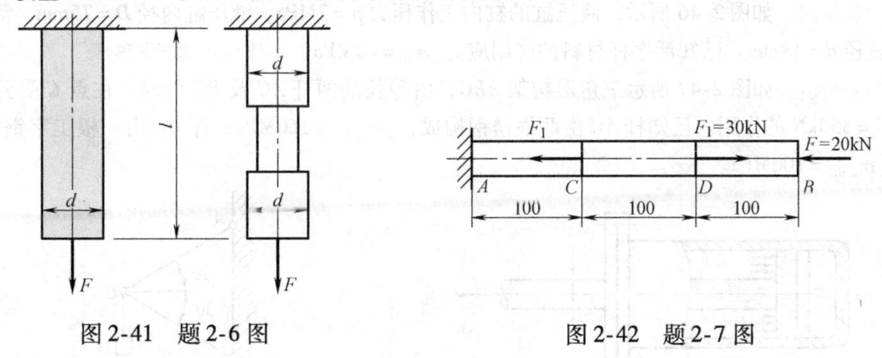

图 2-41　题 2-6 图　　图 2-42　题 2-7 图

2-8　钢制阶梯轴如图 2-43 所示。已知沿轴线方向外力 $F_1=50\text{kN}$，$F_2=20\text{kN}$；各段轴长 $l_1=1.0\text{m}$，$l_2=l_3=0.8\text{m}$；横截面面积 $A_1=A_2=4.0\times10^{-4}\text{m}^2$，$A_3=2.5\times10^{-4}\text{m}^2$；钢的弹性模量 $E=200\text{GPa}$。试求轴 AB、BC、CD 各段的纵向变形，轴 AD 的总变形量，轴各段的线应变。

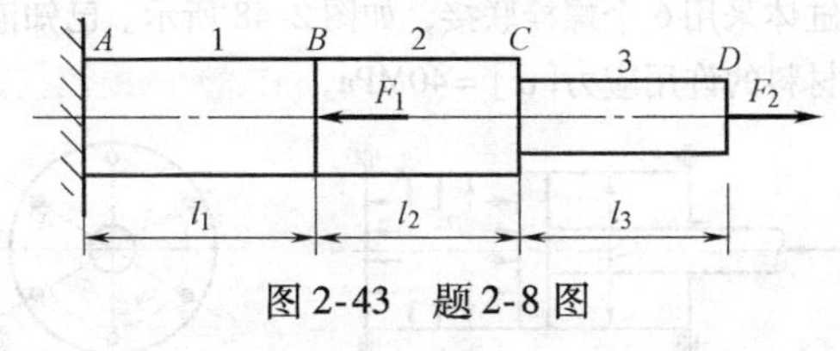

图 2-43　题 2-8 图

2-9　试述低碳钢拉伸试验中的四个阶段，其应力-应变图上四个特征点的物理意义是什么？

2-10　三种材料的应力-应变曲线如图 2-44 所示，试说明哪种材料强度高？哪种材料塑性好？哪种材料在弹性范围内，弹性模量大？

2-11 两根不同材料的等截面直杆承受相同的轴向拉力，它们的横截面和长度都相同，试问：横截面上的应力是否相等？强度是否相同？绝对变形是否相同？

2-12 如图2-45所示三角架，杆 AB 及 BC 均为圆截面钢制杆，杆 AB 的直径为 $d_1=40\text{mm}$，杆 BC 的直径为 $d_2=80\text{mm}$，设重物的重量为 $G=80\text{kN}$，钢材的 $[\sigma]=160\text{MPa}$，问此三角架是否安全？

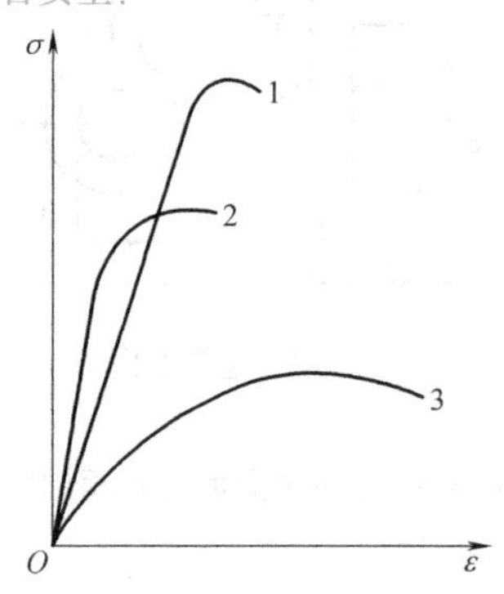

图2-44 题2-10图

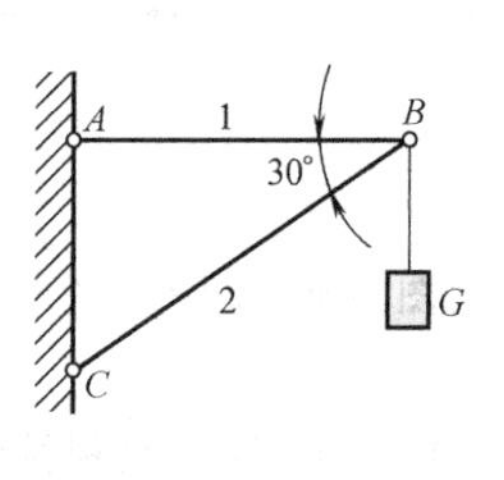

图2-45 题2-12图

2-13 如图2-46所示，液压缸的缸内工作压力 $p=2\text{MPa}$，液压缸内径 $D=75\text{mm}$，活塞杆直径 $d=18\text{mm}$。已知活塞杆材料的许用应力 $[\sigma]=40\text{MPa}$，试校核活塞杆的强度。

2-14 如图2-47所示三角形构架 ABC，由等长的两杆 AC 及 BC 组成，在点 C 受到载荷 $G=350\text{kN}$ 的作用。已知杆 AC 由两根槽钢构成，$[\sigma]_{AC}=160\text{MPa}$；杆 BC 由一根工字钢构成，$[\sigma]_{BC}=100\text{MPa}$。试选择两杆的截面。

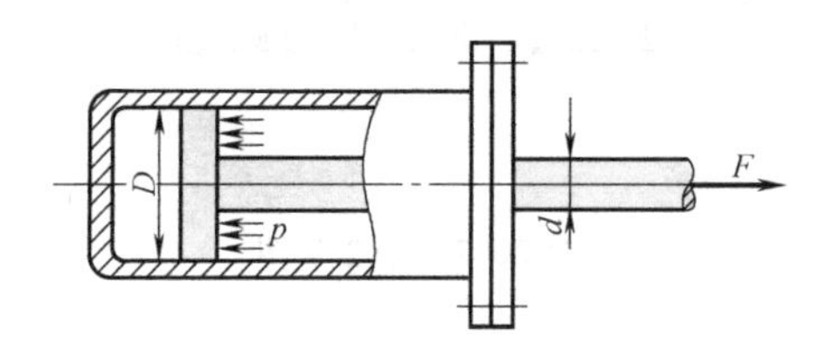

图2-46 题2-13图

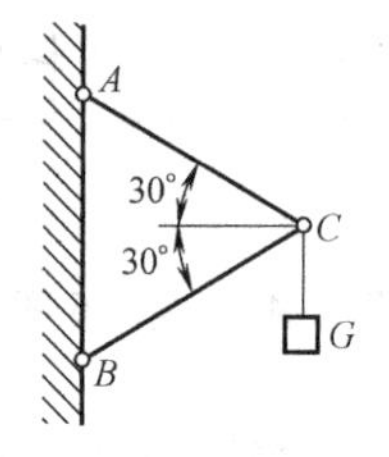

图2-47 题2-14图

2-15 液压缸盖与缸体采用6个螺栓联接，如图2-48所示。已知液压缸内径 $D=0.35\text{m}$，液压 $p=1\text{MPa}$。若螺栓材料的许用应力 $[\sigma]=40\text{MPa}$，求螺栓的内径。

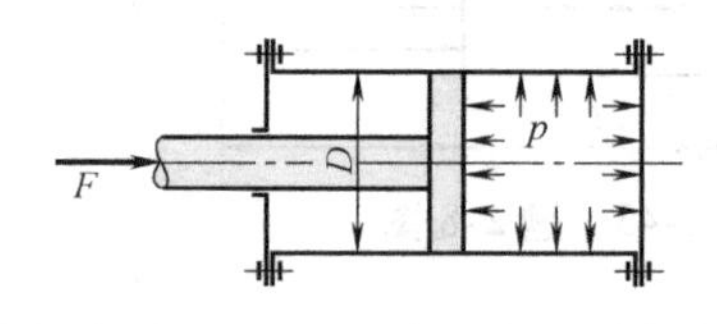

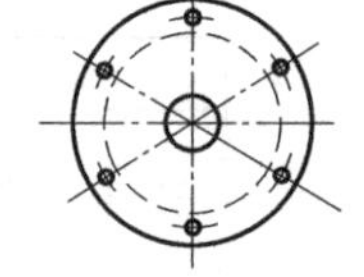
图2-48 题2-15图

2-16 刚性杆 AB 由圆截面钢杆 CD 拉住，如图2-49所示，设 CD 杆直径为 $d=20\text{mm}$，许

用应力[σ]=160MPa，求作用于点 B 处的许用载荷 F。

2-17　图 2-50 所示结构中，梁 AB 可视为刚体，其弯曲变形可忽略不计。杆 1 为钢质圆杆，直径 $d_1=20\text{mm}$，弹性模量 $E_1=200\text{GPa}$；杆 2 为铜杆，直径 $d_2=25\text{mm}$，弹性模量 $E_2=100\text{GPa}$。不计刚梁 AB 的自重，试求：1）载荷 F 加在何处，才能使刚梁 AB 受力后保持水平？2）若此时 $F=30\text{kN}$，求两杆内横截面上的正应力。

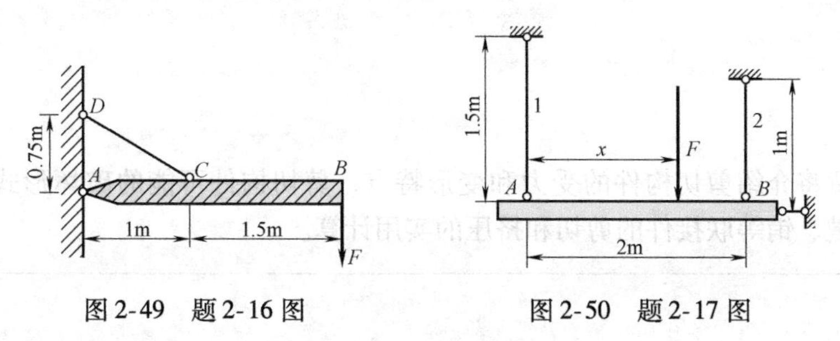

图 2-49　题 2-16 图　　图 2-50　题 2-17 图

2-18　如图 2-51 所示，已知作用力 F 及各杆长度及夹角 α，试判断下列三个结构中哪些是超静定结构？并求出超静定次数。

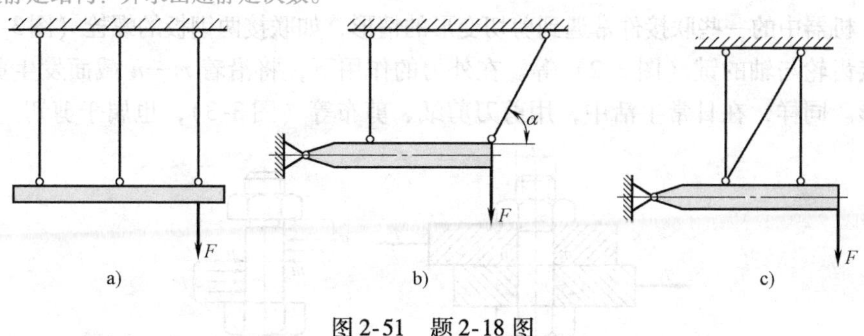

图 2-51　题 2-18 图

2-19　横截面面积 $A=10\text{cm}^2$ 的钢杆，其两端固定，杆件轴向所受外力如图 2-52 所示。试求钢杆各段内的应力。

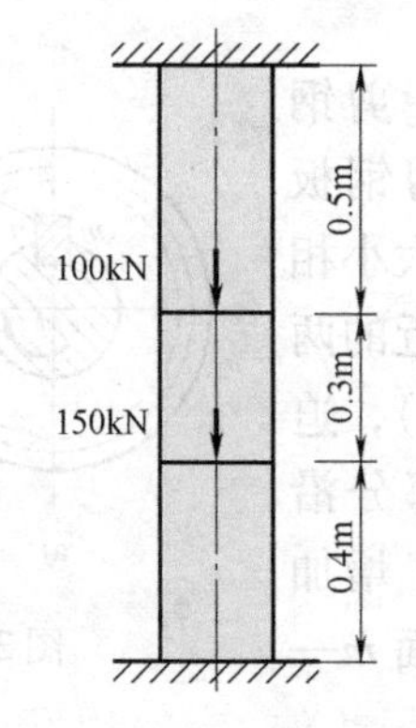

图 2-52　题 2-19 图

第三章

剪　　切

本章将介绍剪切构件的受力和变形特点，剪切构件可能的破坏形式，以及螺栓、键、销等联接件的剪切和挤压的实用计算。

第一节　剪切的概念

机器中的一些联接件常遇到剪切变形的情形，如联接两钢板的螺栓（图3-1）、联接齿轮与轴的键（图3-2）等。在外力的作用下，将沿着 $m—n$ 截面发生剪切变形。同样，在日常生活中，用剪刀剪纸、剪布等（图3-3），也属于剪切。

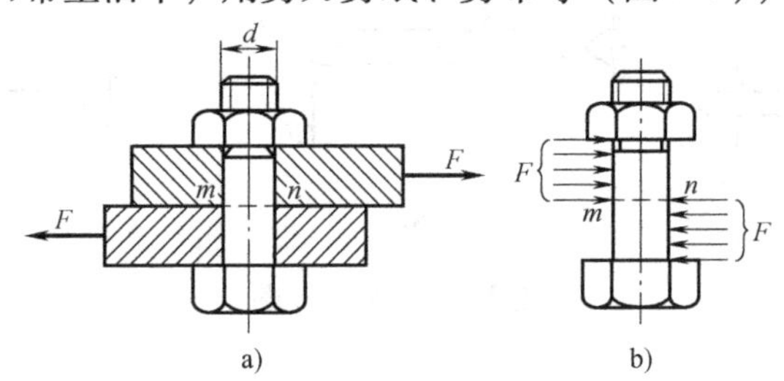

图3-1　螺栓受剪切

下面以剪板机（图3-4a）剪钢板为例来说明剪切的概念。剪钢板时，剪板机的上下两个刀刃以大小相等、方向相反、作用线相距很近的两个力 F 作用于钢板上（图3-4b），迫使钢板在 $m—n$ 截面的两侧部分沿 $m—n$ 截面发生相对错动，当 F 增加到某一极限值时，钢板将沿截面 $m—n$ 被剪断。构件在这样一对大小相等、方向相反、作用线相隔很近的外力作用下，截面沿着力的方向发生相对错动的变形，称为**剪切变形**。在变形过程中，

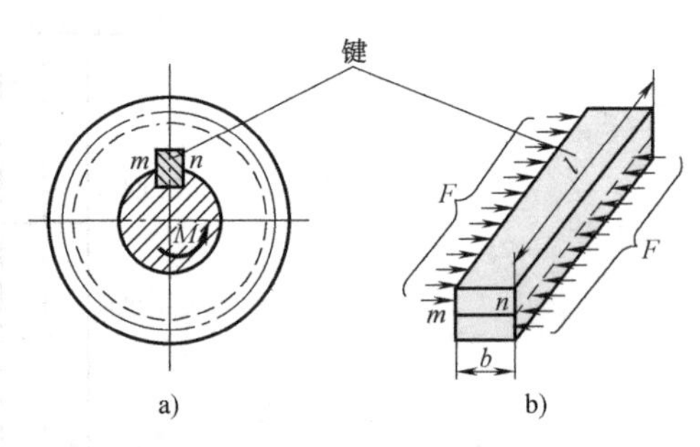

图3-2　联接齿轮与轴的键

产生相对错动的截面（如 m—n）称为**剪切面**。剪切面位于方向相反的两个外力之间，且与外力的作用线平行。图 3-1 中的螺栓、图 3-2 中的键、图 3-4 中的钢板各有一个剪切面；而有些联接件，如图 3-5 中的销钉和图 3-6 中的焊缝则均有两个剪切面 m—m 和 n—n。

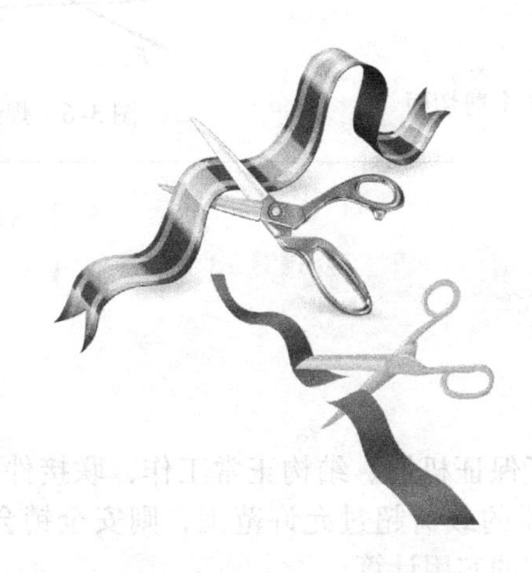

图 3-3 用剪刀剪纸、剪布

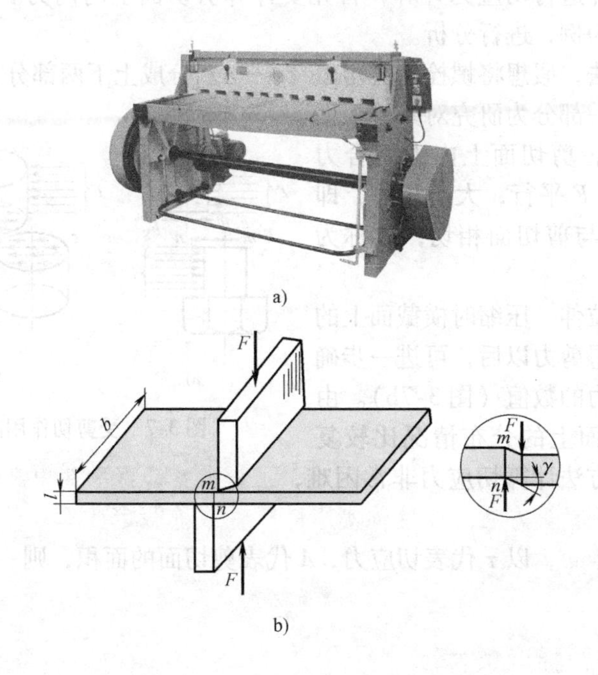

图 3-4 剪切

a）剪板机 b）剪板机剪钢板

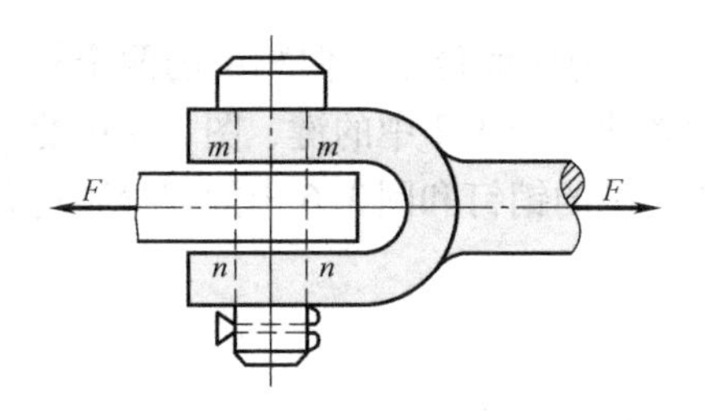

图3-5 销钉有两个剪切面

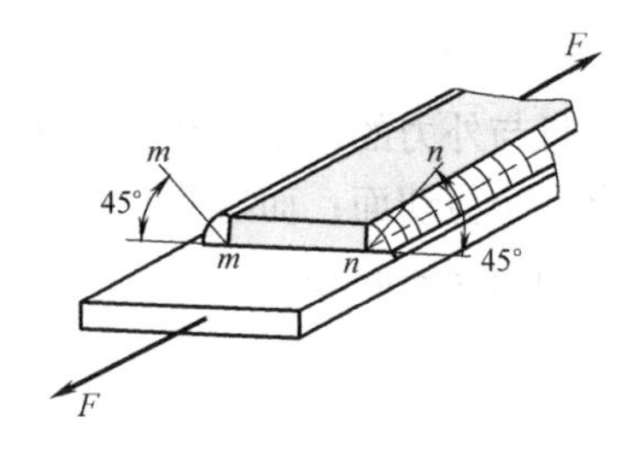

图3-6 焊缝有两个剪切面

第二节 剪切的实用计算

一、剪力及切应力

一般情况下，为了保证机器、结构正常工作，联接件必须具有足够的抵抗剪切的能力，但如机器的载荷超过允许范围，则安全销会自动被剪断，为此，需要对联接件进行剪切的实用计算。

为了对构件进行切应力计算，首先要计算剪切面上的内力。现以图3-1所示的联接螺栓为例，进行分析。

运用截面法，假想将螺栓沿剪切面（m—n）分成上下两部分，如图3-7a所示，任取其中一部分为研究对象。根据力的平衡可知，剪切面上内力的合力F_S必然与外力F平行，大小相等，即$F_S=F$。因F_S与剪切面相切，故称为**剪力**。

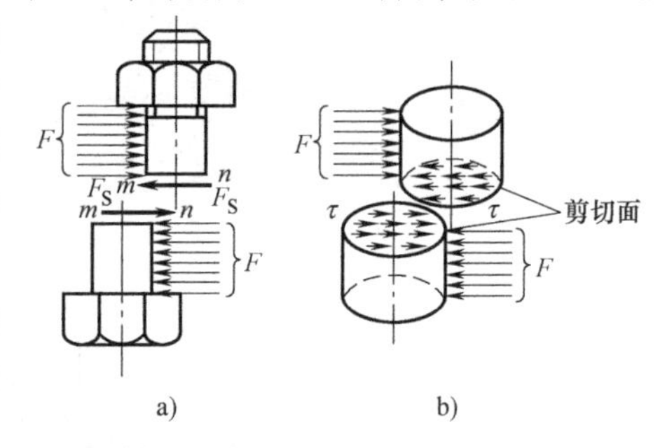

图3-7 受剪切作用的螺栓

与求直杆拉伸、压缩时横截面上的应力一样，求得剪力以后，可进一步确定剪切面上应力的数值（图3-7b）。由于剪力在剪切面上的分布情况比较复杂，用理论的方法计算切应力非常困难，工程上常以经验为基础，采用近似但切合实际的实用计算方法。在这种实用计算（或称假定计算）中，假定内力在剪切面内均匀分布，以τ代表切应力，A代表剪切面的面积，则

$$\tau = F_S/A \tag{3-1}$$

二、剪切的强度条件

为了保证构件在工作中不被剪断，必须使构件的实际切应力不超过材料的许用切应力，这就是**剪切的强度条件**。其表达式为

$$\tau=\frac{F_S}{A}\leqslant[\tau] \tag{3-2}$$

式中，$[\tau]$ 为许用切应力，可根据试验测出剪切强度极限 τ_0，并考虑适当的安全储备，得出许用切应力为

$$[\tau]=\frac{\tau_0}{n}$$

式中，n 为安全因数。许用切应力 $[\tau]$ 可以从有关设计手册中查得。此外，对于钢材，根据试验结果常可以取

$$[\tau]=(0.6\sim0.8)[\sigma]$$

式中，$[\sigma]$ 为其许用拉应力。

例 3-1 如图 3-8 所示，已知钢板厚度 $t=10\text{mm}$，其剪切强度极限为 $\tau_0=300\text{MPa}$。若用压力机将钢板冲出直径 $d=32\text{mm}$ 的孔，问需要多大的冲剪力 F？

解：剪切面是钢板内被压力机冲出的圆饼体的柱形侧面，如图 3-8b 所示，其面积为

$$A=\pi dt=\pi\times32\times10\text{mm}^2=320\pi\ \text{mm}^2$$

冲孔所需要的冲剪力应为

$$F\geqslant A\tau_0=320\times3.14\times10^{-6}\times300\times10^6\text{N}$$
$$=301\text{kN}$$

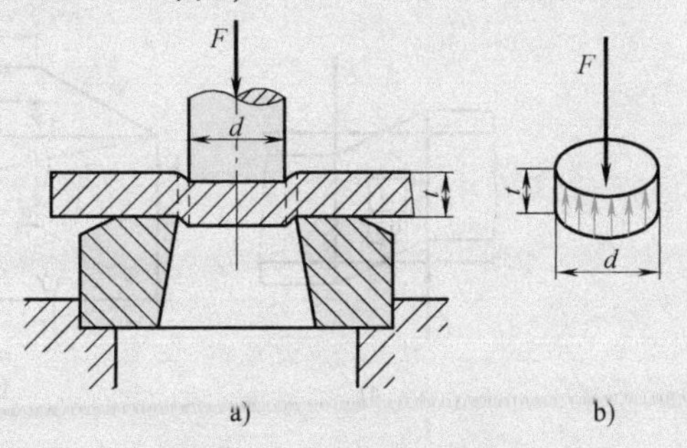

图 3-8 例 3-1 图

例 3-2 如图 3-9a 所示，两块钢板焊接连接，作用在钢板上的拉力 $F=300\text{kN}$，高度 $h=10\text{mm}$，焊缝的许用切应力 $[\tau]=100\text{MPa}$。试求所需焊缝的长度 l。

解：焊缝破坏时，沿焊缝最小宽度 n—n 的纵截面被剪断（图 3-9b），焊缝的横截面可认为是一个等腰三角形。

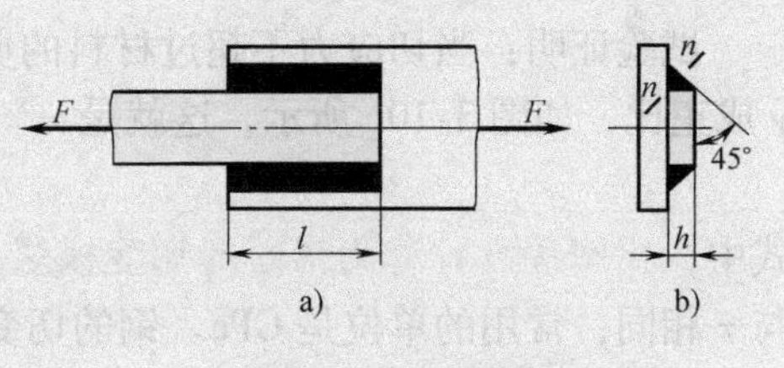

图 3-9 例 3-2 图

剪切面 n—n 上的剪力 $F_S=\frac{F}{2}=150\text{kN}$，剪切面积 $A=lh\cos45°$。由剪切强度条件得到

$$\tau=\frac{F_S}{A}=\frac{150\times10^3}{lh\cos45°}\leqslant[\tau]$$

故得到焊缝长度为

$$l \geqslant \frac{150\times10^{3}}{h\cos45°[\tau]}=\frac{150\times10^{3}}{7.07\times10^{-3}\times100\times10^{6}}\mathrm{m}=212\mathrm{mm}$$

考虑到焊缝两端强度较差，故在确定实际长度时，将每条焊缝的长度加长10mm，取 $l=222$mm。

三、剪切胡克定律

为了分析剪切变形，在构件的受剪部位，绕 A 点取一直角六面体（图3-10a），并把该六面体放大（图3-10b）。当构件发生剪切变形时，直角六面体的两个侧面 $abcd$ 和 $efgh$ 将发生相对错动，使直角六面体变为平行六面体。图中线段 ee' 或 ff' 为相对的滑移量，称为**绝对剪切变形**。而矩形直角的微小改变量 $\gamma\approx\tan\gamma=\frac{ee'}{ae}$，称为**切应变，即相对剪切变形**。

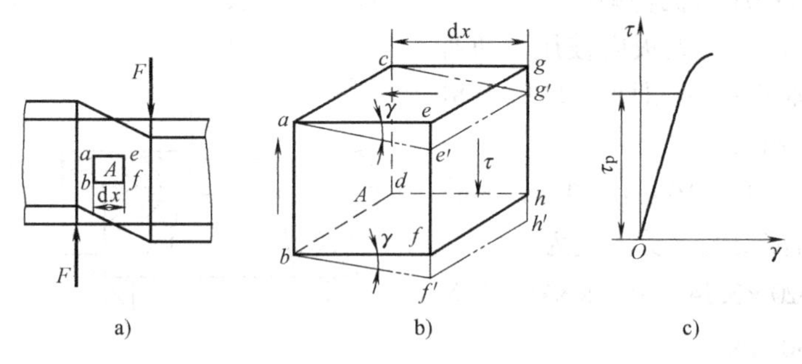

图3-10 剪切变形

试验证明：当切应力不超过材料的剪切比例极限 τ_p 时，切应力 τ 与切应变 γ 成正比，如图3-10c所示，这就是材料的**剪切胡克定律**，可用下式表示：

$$\tau=G\gamma \tag{3-3}$$

式中，比例常数 G 称为材料的**切变模量**。因 γ 是一个无量纲量，所以 G 的量纲与 τ 相同，常用的单位是GPa。钢的切变模量 G 值约为80GPa。

另外，对各向同性材料，切变模量 G、弹性模量 E 和泊松比 μ 三个弹性常数之间存在下列关系（证明见第九章例9-4）：

$$G=\frac{E}{2(1+\mu)} \tag{3-4}$$

第三节 挤压的实用计算

机械中的联接件如螺栓、销钉、键和铆钉等，在承受剪切的同时，还将在联接件和被联接件的接触面上相互压紧，这种现象称为**挤压**。如图 3-1 所示的联接件中，螺栓的左侧圆柱面在上半部分与钢板相互压紧，而螺栓的右侧圆柱面在下半部分与钢板相互挤压。其中，相互压紧的接触面称为**挤压面**，挤压面的面积用 A_{bs} 表示。

一、挤压应力

通常把作用于接触面上的压力称为**挤压力**，用 F_{bs} 表示。而挤压面上的压强称为**挤压应力**，用 σ_{bs} 表示。挤压应力与压缩应力不同，压缩应力分布在整个构件内部，且在横截面上均匀分布；而挤压应力则只分布于两构件相互接触的局部区域，在挤压面上的分布也比较复杂。像切应力的实用计算一样，在工程实际中也采用实用计算方法来计算挤压应力。即假定在挤压面上应力是均匀分布的，则

$$\sigma_{bs} = \frac{F_{bs}}{A_{bs}} \tag{3-5}$$

式中，挤压面积 A_{bs} 的计算要根据接触面的情况而定。当接触面为平面时，如图 3-2 所示的键联接，其接触面积为挤压面积，即 $A_{bs} = \frac{h}{2}l$（图 3-11a 中带阴影部分的面积）；当接触面为近似半圆柱侧面时，如图 3-1 所示的螺栓联接，钢板与螺栓之间挤压应力的分布情况如图 3-11b 所示，圆柱形接触面中点的挤压应力最大。若以圆柱面的正投影作为挤压面积（图 3-11c 中带阴影部分的面积），则计算而得的挤压应力与接触面上的实际最大应力大致相等，故对于螺栓、销钉和铆钉等圆柱形联接件的挤压面积计算公式为 $A_{bs} = dt$，其中 d 为螺栓的直径，t 为钢板的厚度。

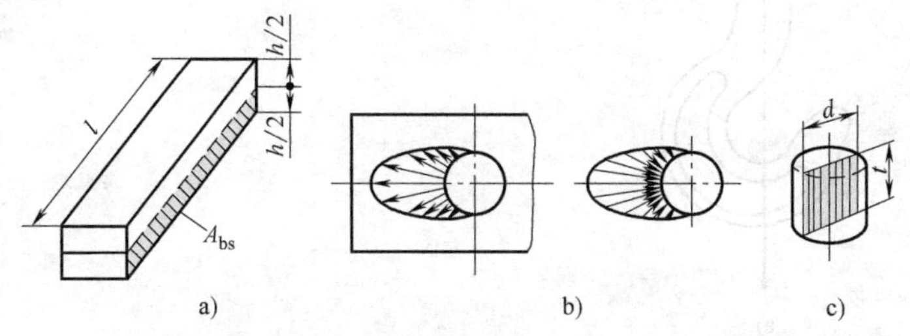

图 3-11　挤压面积的计算

二、挤压的强度条件

在工程实际中，一般会由于挤压破坏使联接松动而不能正常工作，如图 3-12a 所示的螺栓联接，钢板的圆孔可能被挤压成图 3-12b 所示的长圆孔，或螺栓的表面被压溃。

因此，除了进行剪切强度计算外，还要进行挤压强度计算。挤压强度条件为

$$\sigma_{\mathrm{bs}}=\frac{F_{\mathrm{bs}}}{A_{\mathrm{bs}}}\leqslant[\sigma_{\mathrm{bs}}] \tag{3-6}$$

式中，$[\sigma_{\mathrm{bs}}]$ 为材料的许用挤压应力，可以从有关设计手册中查得。对于钢材，也可以按如下经验公式确定：

$$[\sigma_{\mathrm{bs}}]=(1.7\sim2.0)[\sigma^{-}] \tag{3-7}$$

式中，$[\sigma^{-}]$ 为材料的许用压应力。必须注意：如果两个相互挤压构件的材料不同，则必须对材料挤压强度小的构件进行计算。

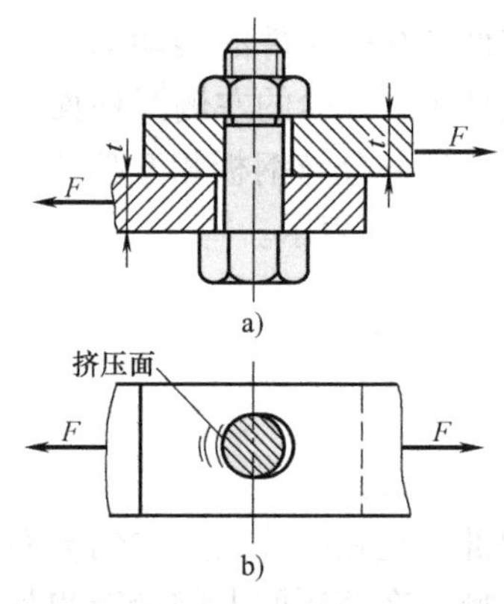

图3-12　螺栓表面和钢板圆孔受挤压

例3-3　如图3-13a所示，起重机吊钩用销钉联接。已知吊钩的钢板厚度 $t=24\mathrm{mm}$，吊起的最大重量为 $F=100\mathrm{kN}$，销钉材料的许用切应力 $[\tau]=60\mathrm{MPa}$，许用挤压应力 $[\sigma_{\mathrm{bs}}]=180\mathrm{MPa}$，试设计销钉直径。

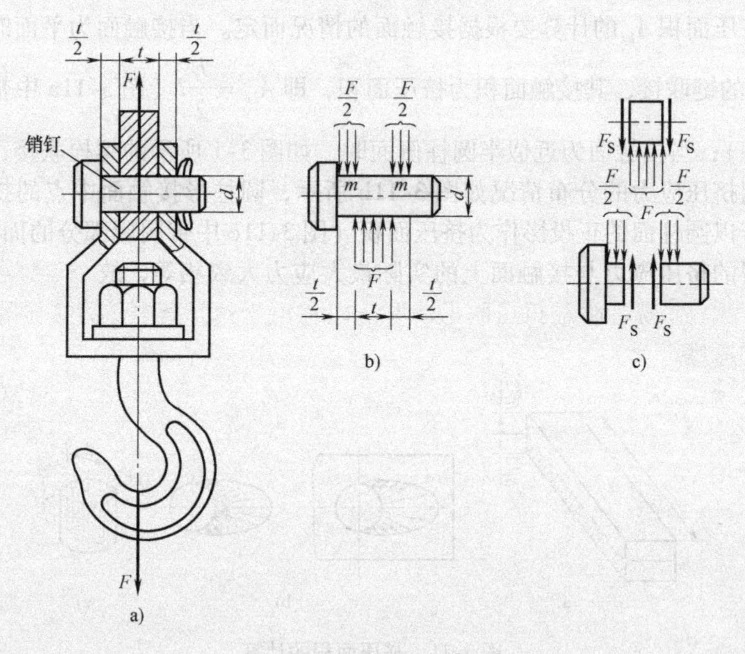

图3-13　例3-3图

解：1）取销钉为研究对象，画出受力图如图3-13b所示。用截面法求剪切面上的剪力，受力如图3-13c所示，根据力在垂直方向的平衡条件，得剪切面上剪力 F_{S} 的大小为

$$F_S = \frac{F}{2} = 50\text{kN}$$

2）按照剪切的强度条件［式（3-2）］，得 $A \geqslant \frac{F_S}{[\tau]}$。圆截面销钉的面积为 $A = \frac{\pi d^2}{4}$，所以

$$d = \sqrt{\frac{4A}{\pi}} \geqslant \sqrt{\frac{4F_S}{\pi[\tau]}} = \sqrt{\frac{4 \times 50 \times 10^3}{3.14 \times 60 \times 10^6}}\text{m} = 32.6\text{mm}$$

3）销钉的挤压应力各处均相同，其中挤压力 $F_{bs} = F$，挤压面积 $A_{bs} = dt$，按挤压的强度条件［式（3-6）］得

$$A_{bs} = dt \geqslant \frac{F_{bs}}{[\sigma_{bs}]}$$

所以

$$d \geqslant \frac{F}{[\sigma_{bs}]t} = \frac{100 \times 10^3}{180 \times 10^6 \times 24 \times 10^{-3}}\text{m} = 23.1\text{mm}$$

为了保证销钉安全工作，必须同时满足剪切强度条件和挤压强度条件，应取 $d \geqslant 32.6\text{mm}$。

例 3-4　有一铆钉接头如图 3-14a 所示，已知拉力 $F = 100\text{kN}$。铆钉直径 $d = 16\text{mm}$，钢板厚度 $t = 20\text{mm}$，$t_1 = 12\text{mm}$。铆钉和钢板的许用应力 $[\sigma] = 160\text{MPa}$，$[\tau] = 140\text{MPa}$，$[\sigma_{bs}] = 320\text{MPa}$。试确定所需铆钉的个数 n 及钢板的宽度 b。

解：（1）按剪切强度条件计算铆钉的个数 n　由于铆钉左右对称，故可取一边进行分析。现取左半边，假设左半边需要 n_1 个铆钉，则每个铆钉的受力图如图 3-14b 所示，按剪切的强度条件［式（3-2）］可得

$$\tau = \frac{F/n_1}{2 \times \frac{\pi}{4}d^2} \leqslant [\tau]$$

$$n_1 \geqslant \frac{4F}{2\pi d^2[\tau]} = \frac{4 \times 100 \times 10^3}{2\pi \times 0.016^2 \times 140 \times 10^6} = 1.78$$

取整数得 $n_1 = 2$，故共需铆钉数 $n = 2n_1 = 4$。

（2）校核挤压强度　上、下副板厚度之和为 $2t_1$，中间主板厚度 t，由于 $2t_1 > t$，故主板与铆钉间的挤压应力较大。按挤压的强度条件［式（3-6）］得

$$\sigma_{bs} = \frac{F_{bs}}{A_{bs}} = \frac{F/n_1}{dt} = \frac{100 \times 10^3/2}{0.016 \times 0.020}\text{Pa} = 156\text{MPa} < [\sigma_{bs}]$$

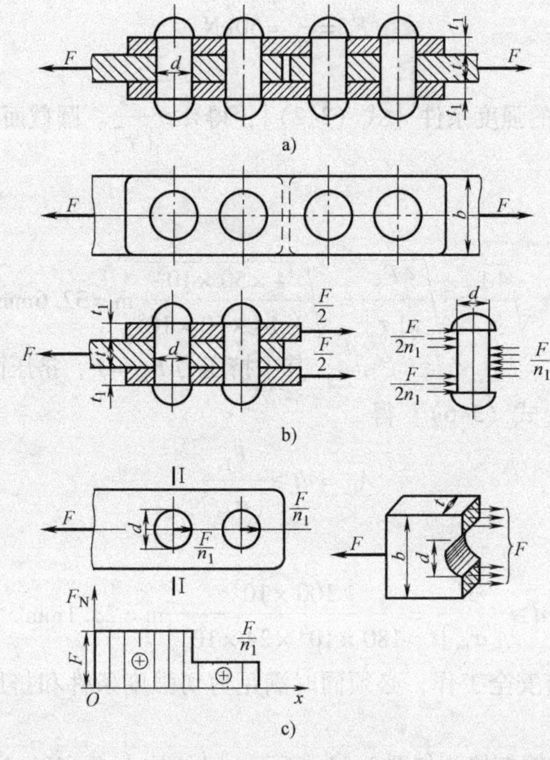

图 3-14 例 3-4 图

故挤压强度满足要求。

(3) 计算钢板宽度 b 钢板宽度要根据抗拉强度确定，由 $2t_1>t$ 可知主板抗拉强度较低，其轴力图如图 3-14c 所示，由图可知截面 I—I 为危险截面。按拉伸强度条件［式（2-9）］得

$$\sigma=\frac{F_{\mathrm{N}}}{A}=\frac{F}{(b-d)t}\leqslant[\sigma]$$

$$b\geqslant\frac{F}{t[\sigma]}+d=\left(\frac{100\times10^{3}}{0.020\times160\times10^{6}}+0.016\right)\mathrm{m}=47.3\mathrm{mm}$$

取 $b=48\mathrm{mm}$。

例 3-5 某电动机轴与带轮用平键联接，如图 3-15a 所示。已知轴的直径 $d=50\mathrm{mm}$，键的尺寸为 $b\times h\times l=16\mathrm{mm}\times10\mathrm{mm}\times50\mathrm{mm}$，传递的力矩 $M=600\mathrm{N}\cdot\mathrm{m}$。键材料为 45 钢，许用切应力 $[\tau]=60\mathrm{MPa}$，许用挤压应力 $[\sigma_{\mathrm{bs}}]=100\mathrm{MPa}$。试校核该键联接的强度。

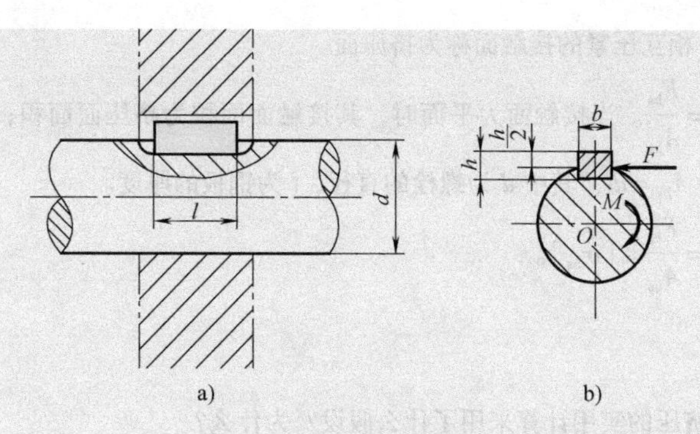

图3-15 例3-5图

解：（1）计算作用于键上的力 F 取轴和键一同为研究对象，其受力如图3-15b所示。由平衡条件 $\sum_{i=1}^{n} M_O(F_i)=0$ 得

$$F=\frac{M}{d/2}=\frac{600}{50\times10^{-3}/2}\text{N}=24\text{kN}$$

（2）校核键的剪切强度 剪切面的剪力为 $F_S=F=24\text{kN}$，键的剪切面积为 $A=bl=16\times50\text{mm}^2=800\text{mm}^2$。按切应力计算公式（3-1）得

$$\tau=\frac{F_S}{A}=\frac{24\times10^3}{800\times10^{-6}}\text{Pa}=30\text{MPa}\leqslant[\tau]$$

故剪切强度满足要求。

（3）校核键的挤压强度 键所受的挤压力为 $F_{bs}=F=24\text{kN}$，挤压面积为 $A_{bs}=\frac{hl}{2}=\frac{10\times50\times10^{-6}}{2}\text{m}^2=2.5\times10^{-4}\text{m}^2$。按挤压应力强度条件［式（3-6）］得

$$\sigma_{bs}=\frac{F_{bs}}{A_{bs}}=\frac{24\times10^3}{2.5\times10^{-4}}\text{Pa}=96\text{MPa}<[\sigma_{bs}]$$

故挤压强度也满足要求。

综上所述，整个键的联接强度满足要求。

小 结

构件在一对大小相等、方向相反、作用线相距很近的外力作用下，截面沿着力的方向发生相对错动的变形，称为剪切变形。在变形过程中，产生相对错动的截面称为剪切面。

切应力 $\tau=F_S/A$，剪切的强度条件 $\tau=\frac{F_S}{A}\leqslant[\tau]$，许用切应力 $[\tau]=\frac{\tau_0}{n}$，其中 τ_0 为剪切强度极限，n 为安全因数。

剪切胡克定律 $\tau=G\gamma$，其中 G 为材料的切变模量，γ 为切应变。

机械中的联接件在承受剪切的同时，还将在联接件和被联接件的接触面上相互压紧，这种现象称为挤压。相互压紧的接触面称为挤压面。

挤压应力 $\sigma_{bs}=\frac{F_{bs}}{A_{bs}}$。当接触面为平面时，其接触面面积为挤压面面积；圆柱形联接件的挤压面积计算式为 $A_{bs}=dt$，其中 d 为螺栓的直径，t 为钢板的厚度。

挤压强度 $\sigma_{bs}=\frac{F_{bs}}{A_{bs}}\leqslant[\sigma_{bs}]$。

习　题

3-1　剪切和挤压的实用计算采用了什么假设？为什么？

3-2　挤压面面积是否与两构件的接触面积相同？试举例说明。

3-3　挤压和压缩有何区别？试指出图 3-16 中哪个物体应考虑压缩强度？哪个物体应考虑挤压强度？

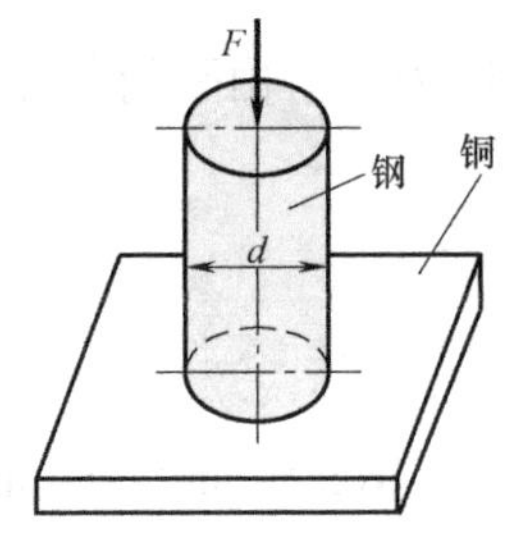

图 3-16　题 3-3 图

3-4　如图 3-17 所示，拉杆的材料为钢材，在拉杆和木材之间放一个金属垫圈，该垫圈起何作用？

3-5　如图 3-18 所示，切料装置用刀刃把直径为 6mm 的棒料切断，棒料的剪切强度极限 $\tau_0=320\text{MPa}$。试确定切断棒料的力 F 的大小。

3-6　如图 3-19 所示为测定圆柱试件剪切强度的试验装置，已知试件直径 $d=12\text{mm}$，剪断时的压力 $F=169\text{kN}$，试求该材料的剪切强度极限 τ_0。

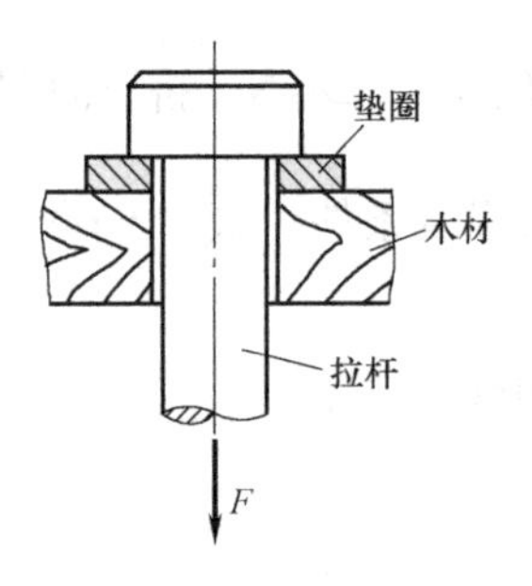

图 3-17　题 3-4 图

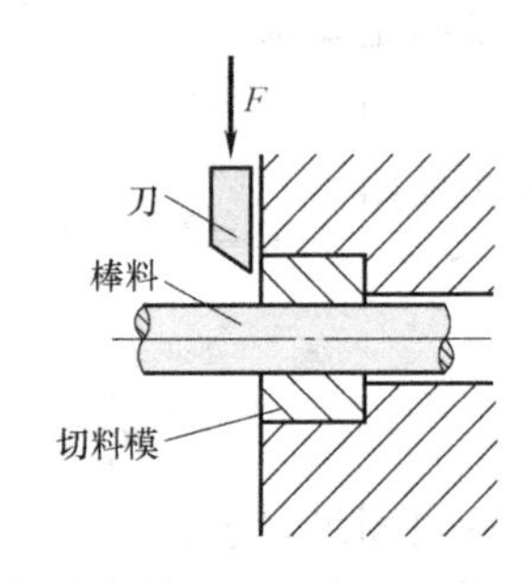

图 3-18　题 3-5 图

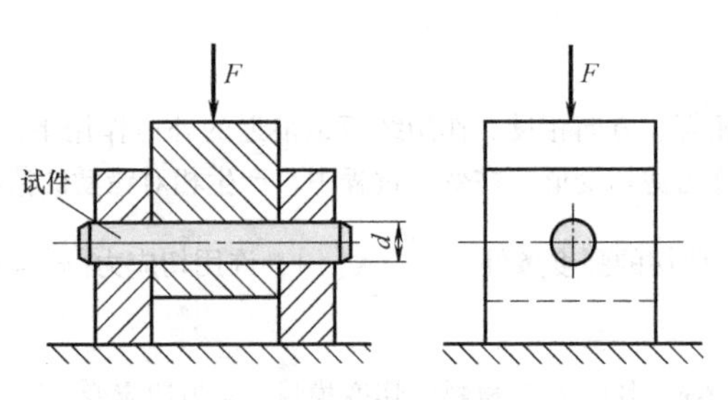

图 3-19　题 3-6 图

3-7 电动机轴与带轮用平键联接，如图 3-20 所示，已知轴的直径 $d=35\text{mm}$，键的尺寸为 $b\times h\times l=10\text{mm}\times 8\text{mm}\times 60\text{mm}$，传递的力矩 $M=46.5\text{N}\cdot\text{m}$。键的材料为 45 钢，许用切应力 $[\tau]=60\text{MPa}$，许用挤压应力 $[\sigma_{bs}]=100\text{MPa}$；带轮材料为铸铁，许用挤压应力 $[\sigma_{bs}]=53\text{MPa}$。试校核键联接的强度。

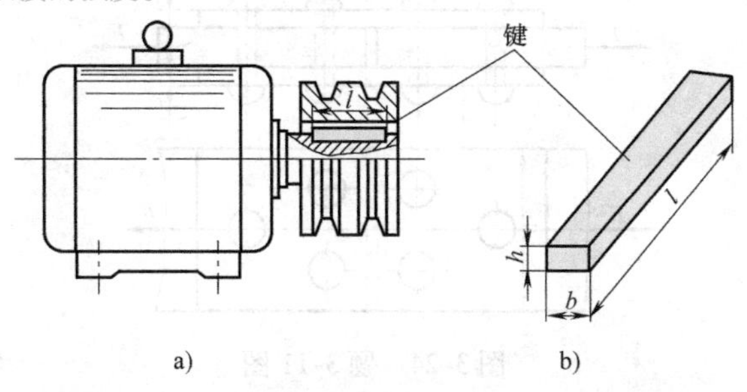

图 3-20 题 3-7 图

3-8 车床的传动光杠装有安全联轴器，如图 3-21 所示，当超过一定载荷时，安全销即被剪断。已知安全销的平均直径为 5mm，材料为 45 钢，其剪切强度极限 $\tau_0=370\text{MPa}$，求安全联轴器所能传递的最大力偶矩。

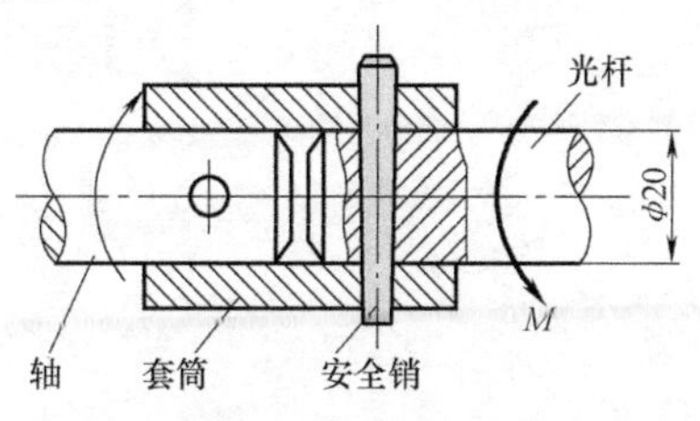

图 3-21 题 3-8 图

3-9 如图 3-22 所示，螺栓受拉力 F 作用，材料的许用切应力为 $[\tau]$、许用拉应力为 $[\sigma]$，已知 $[\tau]=0.7[\sigma]$，试确定螺栓直径 d 与螺栓头高度 h 的合理比例。

3-10 如图 3-23 所示压力机的最大冲压力为 400kN，冲头材料的许用应力 $[\sigma]=440\text{MPa}$，被冲钢板的剪切强度极限 $\tau_0=360\text{MPa}$。试求在此压力机上能冲剪圆孔的最小直径和钢板的最大厚度 t。

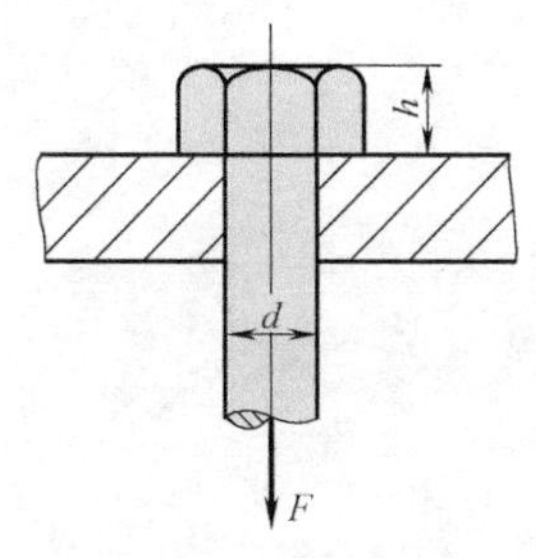

图 3-22 题 3-9 图

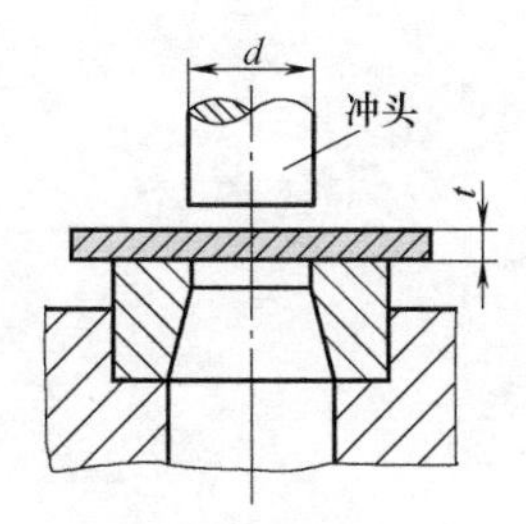

图 3-23 题 3-10 图

3-11 图3-24所示的铆接结构，已知$t=10\text{mm}$，$b=50\text{mm}$，$t_1=6\text{mm}$，$F=50\text{kN}$；铆钉和钢板材料的许用应力为$[\sigma]=170\text{MPa}$，许用切应力为$[\tau]=100\text{MPa}$，许用挤压应力为$[\sigma_{bs}]=250\text{MPa}$，试设计铆钉直径。

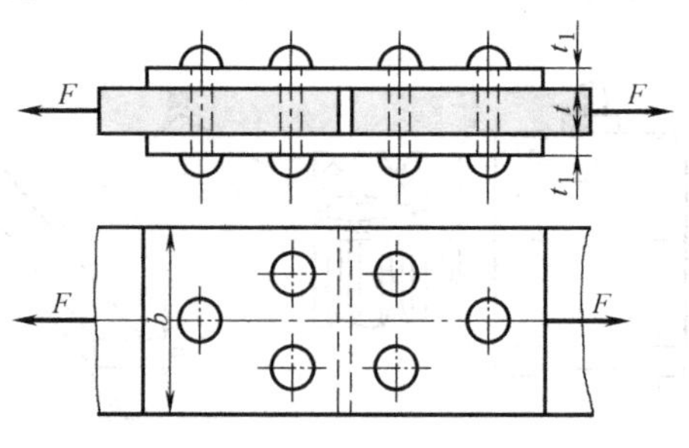

图3-24 题3-11图

第四章

扭　　转

扭转是杆件的又一种基本变形形式，本章主要介绍圆轴扭转时的应力和变形的分析，以及强度和刚度计算。

第一节　扭转的概念

在工程实际中，许多杆件会发生扭转变形。如图 4-1 所示，当钳工攻螺纹孔时，两手所加的外力偶作用在丝锥杆的上端，工件的反力偶作用在丝锥杆的下端，使得丝锥杆发生扭转变形；又如图 4-2、图 4-3 所示，传动轴受到主动力偶和阻力偶作用而扭转；驾驶员双手作用在转向盘上的外力偶和转向器的反力偶作用，使舵杆发生扭转变形（图 4-4）；再如钻探过程中钻杆的扭转（图 4-5）。受扭构件还有如车床的光杠、搅

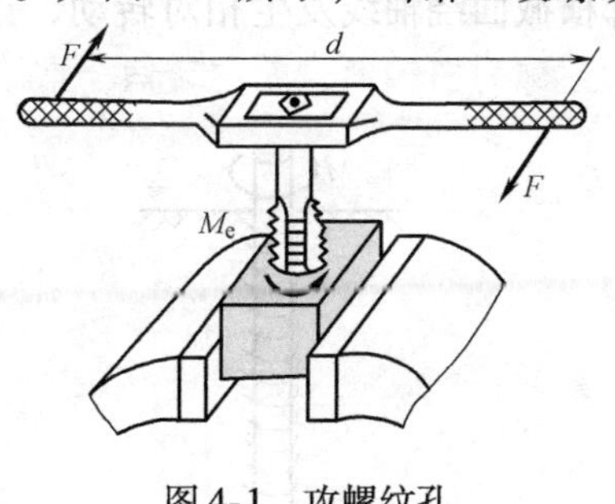

图 4-1　攻螺纹孔

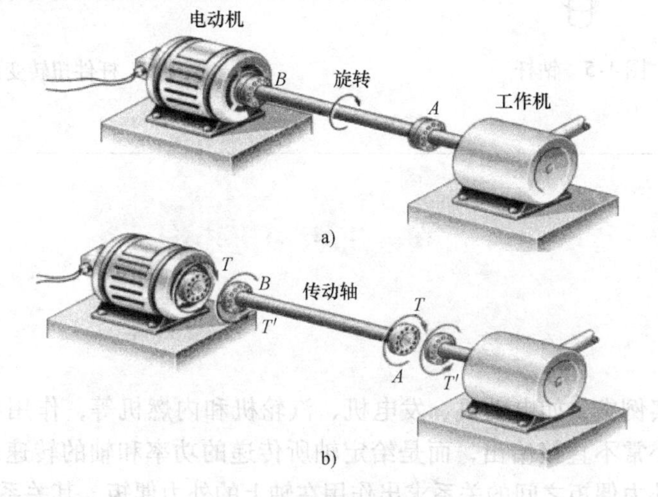

图 4-2　电动机带动工作机

拌机轴和汽车的传动轴等。这些杆件在工作时受到两个转动方向相反的力偶作用，它们均为扭转变形的实例。以扭转为主要变形的杆件统称为轴。工程中较常见的是直杆圆轴。

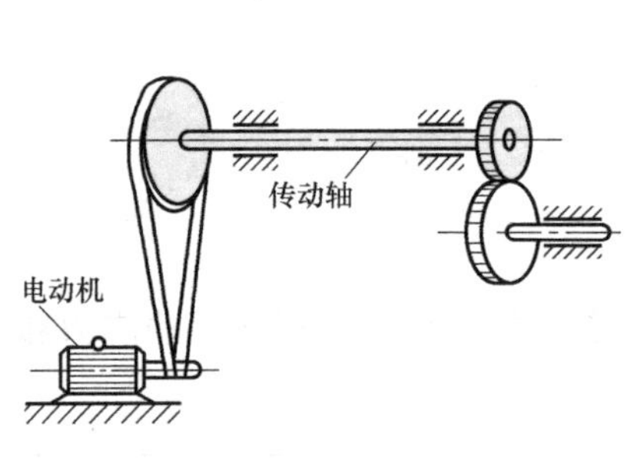

图 4-3 带传动

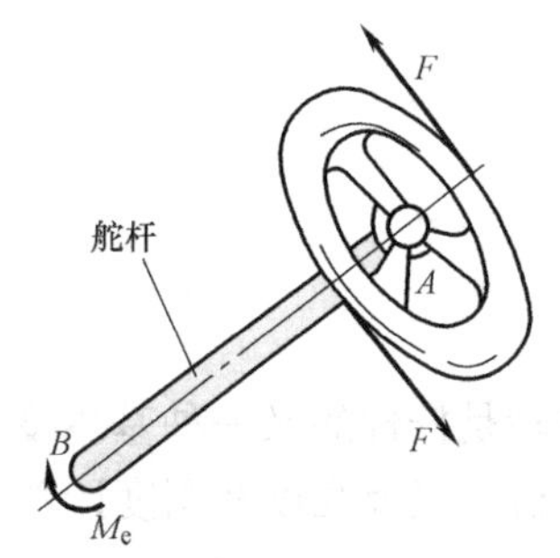

图 4-4 汽车转向盘

由上述例子可知，杆件扭转时的受力特点为：杆件两端受到两个作用面与其轴线垂直的、大小相等的、转向相反的力偶矩作用。在扭转变形中，杆件相邻横截面绕轴线发生相对转动，扭转时杆件的任意两横截面间相对转过的角位移，称为**扭转角**，简称**转角**，常用 φ 表示，如图 4-6 所示。

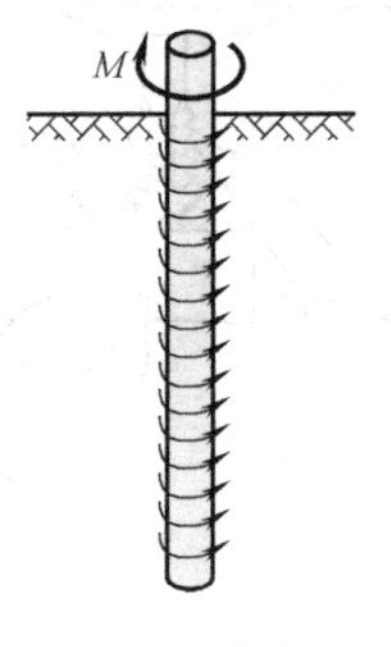

图 4-5 钻杆

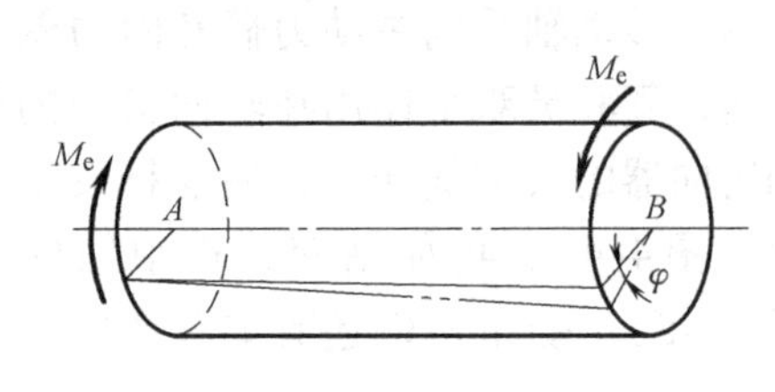

图 4-6 杆件扭转变形

第二节 扭矩和扭矩图

一、外力偶矩的计算

在工程实例中，如电动机、发电机、汽轮机和内燃机等，作用在轴上的外力偶矩的大小常不直接给出，而是给定轴所传递的功率和轴的转速。可利用功率、转速和外力偶矩之间的关系求出作用在轴上的外力偶矩，其关系为

$$M_e = 9550\frac{P}{n} \tag{4-1}$$

式中，M_e 为作用在轴上的外力偶矩，单位为N·m；P 为轴传递的功率，单位为kW；n 为轴的转速，单位为r/min。

输入力偶矩为主动力矩，其方向与轴的转向相同；输出力偶矩为阻力矩，其方向与轴的转向相反。

二、扭矩

如图4-7a所示为一等截面圆轴，其A、B两端上作用有一对平衡外力偶矩M_e，现用截面法求圆轴横截面上的内力。在任意截面m—m处将轴分为两段，取左段为研究对象（图4-7b），因A端有外力偶矩M_e的作用，为保持左段平衡，故在截面m—m上必有一个内力偶矩T与之平衡，T称为**扭矩**。由平衡方程$\sum_{i=1}^{n} M_x(F_i) = 0$，得到$T = M_e$。扭矩的单位与力矩的单位相同，为N·m或kN·m。

如果取右段为研究对象（图4-7c），求得的扭矩与以左段为研究对象求得的扭矩大小相等、转向相反，它们是作用与反作用的关系。为了使取左段或右段进行计算所求得的扭矩的符号都一致，对扭矩的正负号规定如下：采用**右手螺旋法则**，四指顺着扭矩的转向握住轴线，大拇指的指向与横截面的外法线方向一致时扭矩为正（图4-8）；反之扭矩为负。

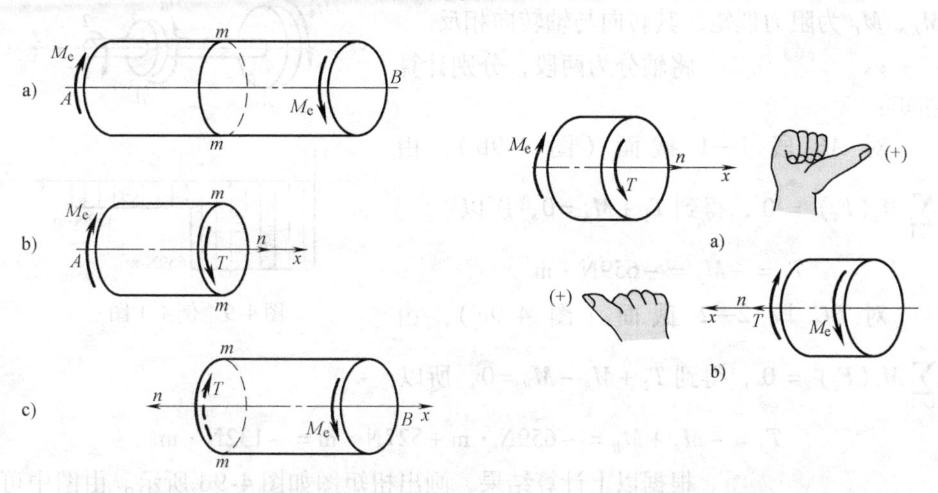

图4-7　受扭圆轴　　　　图4-8　右手螺旋法则

求扭矩时，如果横截面上扭矩的实际转向未知，则一般先假设扭矩矢量沿横截面的外法线方向：如果求得结果为正，则表示扭矩实际转向与假设相同；

如果求得结果为负，则表示扭矩实际转向与假设相反。

当一根轴上作用有几个外力偶矩时，必须把轴用截面法分成数段，逐段求出其扭矩。

三、扭矩图

为了清楚地表示杆件各横截面的扭矩值，工程上绘制扭矩图的方法是：建立坐标系，横坐标 x 平行于杆轴线，表示横截面位置；纵坐标 T 表示扭矩值，将各截面扭矩按代数值标在坐标系上，即得此杆**扭矩图**。以下举例说明。

例 4-1 如图 4-9a 所示，传动系统的主轴 ABC，其转速 $n=1450\text{r/min}$，输入功率 $P_A=100\text{kW}$，输出功率 $P_B=80\text{kW}$，$P_C=20\text{kW}$，不计轴承摩擦等功率消耗。试画出 ABC 轴的扭矩图。

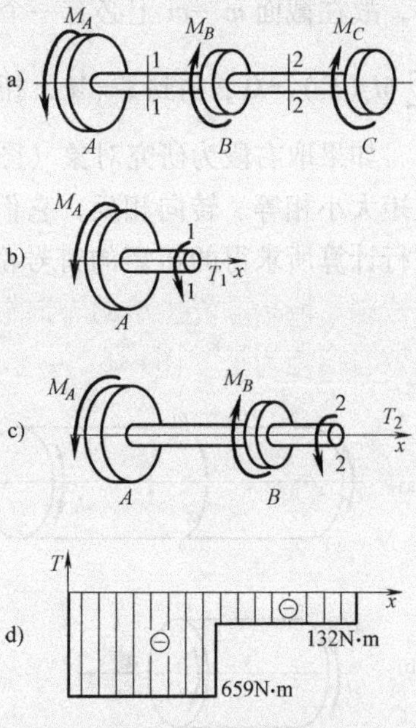

解：（1）计算外力偶矩 由式（4-1）得

$$M_A=9550\frac{P_A}{n}=9550\times\frac{100}{1450}\text{N}\cdot\text{m}=659\text{N}\cdot\text{m}$$

$$M_B=9550\frac{P_B}{n}=9550\times\frac{80}{1450}\text{N}\cdot\text{m}=527\text{N}\cdot\text{m}$$

$$M_C=9550\frac{P_C}{n}=9550\times\frac{20}{1450}\text{N}\cdot\text{m}=132\text{N}\cdot\text{m}$$

式中，M_A 为主动力偶矩，与 ABC 轴转向相同；M_B、M_C 为阻力偶矩，其转向与轴转向相反。

（2）计算扭矩 将轴分为两段，分别计算扭矩：

对 AB 段 1—1 截面（图 4-9b），由 $\sum_{i=1}^{n}M_x(F_i)=0$，得到 $T_1+M_A=0$，所以

$$T_1=-M_A=-659\text{N}\cdot\text{m}$$

对 BC 段 2—2 截面（图 4-9c），由 $\sum_{i=1}^{n}M_x(F_i)=0$，得到 $T_2+M_A-M_B=0$，所以

$$T_2=-M_A+M_B=-659\text{N}\cdot\text{m}+527\text{N}\cdot\text{m}=-132\text{N}\cdot\text{m}$$

图 4-9 例 4-1 图

（3）画扭矩图 根据以上计算结果，画出扭矩图如图 4-9d 所示。由图中可以看出，扭矩值在集中外力偶矩作用面处发生突变，其突变值等于该集中外力偶矩的大小。最大扭矩在 AB 段内，其值为 $T_{\max}=659\text{N}\cdot\text{m}$。

例 4-2 求如图 4-10a 所示传动轴 1—1 截面和 2—2 截面的扭矩，并画扭矩图。

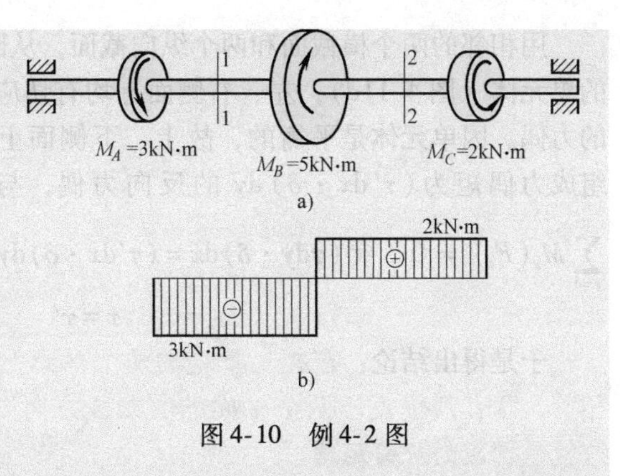

图4-10　例4-2图

解：将轴分为两段，分别计算扭矩：

对 AB 段 1—1 截面，由 $\sum_{i=1}^{n} M_x(F_i) = 0$，得到 $T_1 + M_A = 0$，所以 $T_1 = -M_A = -3\text{kN}\cdot\text{m}$。

对 BC 段 2—2 截面，由 $\sum_{i=1}^{n} M_x(F_i) = 0$，得到 $T_2 - M_C = 0$，所以 $T_2 = M_C = 2\text{kN}\cdot\text{m}$。

根据以上计算结果，画出扭矩如图4-10b所示。由图中可以看出，扭矩值在集中外力偶矩作用面处发生突变，其突变值等于该集中外力偶矩的大小。最大扭矩在 AB 段内，其值为 $T_{max} = 3\text{kN}\cdot\text{m}$。

第三节　切应力互等定理

为了便于讨论圆轴的扭转应力，先通过薄壁圆筒来研究切应力与切应变两者之间的关系。取图4-11a所示的等厚度薄壁圆筒，未受扭时在表面上用圆周线和纵向线画成方格。扭转试验结果表明，在小变形条件下，截面 m—m 和 n—n 发生相对转动，造成方格 $abcd$ 两边相对错动（图4-11b），产生剪切变形；但方格 $abcd$ 沿轴线的长度及圆筒的半径长度均不变，既无轴向正应变，也无横向正应变。这表明，横截面上只有切应力，圆筒横截面和包含轴线的纵向截面上都没有正应力。由于圆筒壁很薄，可近似认为切应力沿厚度均匀分布（图4-11c）。

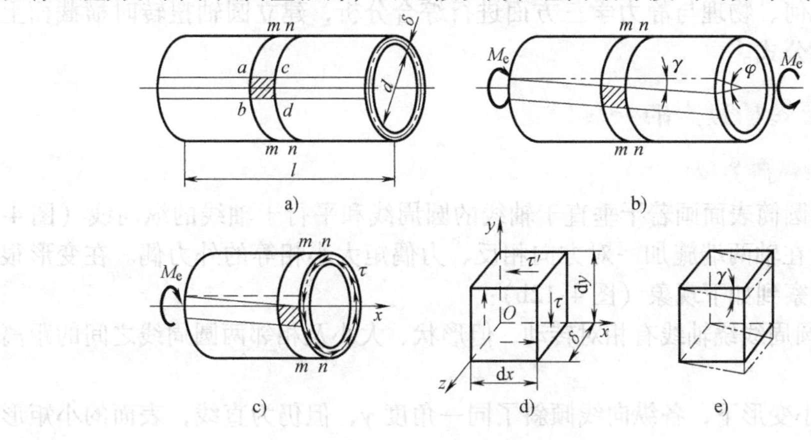

图4-11　受扭薄壁圆筒

用相邻的两个横截面和两个纵向截面，从圆筒中截出边长分别为 dx、dy、δ 的单元体（图4-11d），左、右侧面上均有切应力 τ，组成力偶矩为 $(\tau dy \cdot \delta)dx$ 的力偶。因单元体是平衡的，故上、下侧面上必定存在转向相反的切应力 τ'，组成力偶矩为 $(\tau' dx \cdot \delta)dy$ 的反向力偶，与上述力偶相平衡。由平衡方程 $\sum_{i=1}^{n} M_z(F_i) = 0$，得 $(\tau dy \cdot \delta)dx = (\tau' dx \cdot \delta)dy$，整理为

$$\tau = \tau' \tag{4-2}$$

于是得出结论：在相互垂直的两个平面上，切应力必然成对存在，且数值相等，两者都垂直于两个平面的交线，方向则共同指向或共同背离这一交线。这就是**切应力互等定理**。

在如图4-11d所示单元体的上、下、左、右四个侧面上，只有切应力而无正应力，这种应力状态称为**纯剪切**；纯剪切单元体的相对两侧面将发生微小的相对错动（图4-11c），使原来互相垂直的单元体直角改变了一个微量 γ，称为**切应变**。

切应力互等定理不仅对纯剪切应力状态适用，对于一般情形，即使微元体截面上还存在正应力，切应力互等定理仍然成立。

第四节 圆轴扭转时横截面上的应力

上一节在讨论薄壁圆筒的应力分布情况时，由于圆筒很薄，故可以近似认为切应力沿厚度均匀分布。工程中常见的还有实心截面圆轴，对于受扭转的实心截面圆轴，不能认为切应力在截面上是均匀分布的。此种问题仅利用静力学条件是无法解决的，而应从研究变形入手，并利用应力-应变关系以及静力学条件，即从几何、物理与静力学三方面进行综合分析，建立圆轴扭转时横截面上的应力计算公式。

一、扭转切应力的一般公式

1. 变形几何关系

在薄壁圆筒表面画若干垂直于轴线的圆周线和平行于轴线的纵向线（图4-12a），接着在轴两端施加一对方向相反、力偶矩大小相等的外力偶。在变形很小时，可观察到如下现象（图4-12b）：

1）各圆周线绕轴线有相对转动，但形状、大小及相邻两圆周线之间的距离均不变。

2）在小变形下，各纵向线倾斜了同一角度 γ，但仍为直线，表面的小矩形变形成平行四边形。

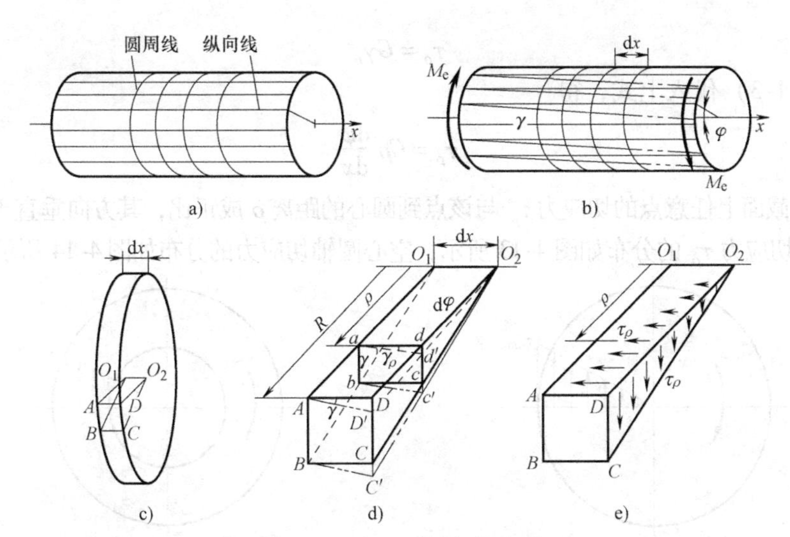

图 4-12 实心圆轴扭转变形

根据试验做出**平面假设**：在扭转变形中，圆轴的横截面就像刚性平面一样，绕轴线旋转了一个角度。

用相邻横截面从圆轴中假想地截取长为 dx 的微段，放大后如图 4-12c 所示。变形以后，dx 段左右两个横截面相对转动了 $d\varphi$ 角。从轴内切取一楔形体 O_1ABCDO_2 来分析（图 4-12d），变形前与 O_1A 处于同一径向平面上的半径线 O_2D 转至 O_2D' 位置，此时圆周表面上的纵向线 AD 倾斜了 γ 角而移至 AD' 位置。对于圆轴内部半径为 ρ 的任一层假想的圆筒，若设想变形前在其表面上绘有与 AD 线处于同一径向平面的 ad 线，则变形以后 ad 线将移至 ad' 位置，用 γ_ρ 表示 ad' 线的倾角，由图可见

$$\gamma_\rho \mathrm{d}x = dd' = \rho \mathrm{d}\varphi$$

故有

$$\gamma_\rho = \rho \frac{\mathrm{d}\varphi}{\mathrm{d}x} \tag{4-3}$$

式中，$\frac{\mathrm{d}\varphi}{\mathrm{d}x}$表示相距单位长度的两个横截面间的相对扭转角，称为**单位扭转角**，表示扭转变形剧烈的程度。由于假设横截面做刚性转动，故在同一横截面上单位扭转角$\frac{\mathrm{d}\varphi}{\mathrm{d}x}$为一常量，所以式（4-3）表明，横截面上任意点的切应变 γ_ρ 与该点至圆心的距离 ρ 成正比。即横截面上切应变随半径按线性规律变化。

2. 物理方面

由剪切胡克定律可知，在剪切比例极限范围内，横截面上距离轴心 ρ 处的切应力 τ_ρ 与该点的切应变 γ_ρ 成正比。即

$$\tau_\rho = G\gamma_\rho$$

将式（4-3）代入上式，得

$$\tau_\rho = G\rho\frac{\mathrm{d}\varphi}{\mathrm{d}x} \tag{4-4}$$

横截面上任意点的切应力τ_ρ与该点到圆心的距离ρ成正比，其方向垂直于半径。沿半径切应力τ_ρ的分布如图4-13所示，空心圆轴切应力的分布如图4-14所示。

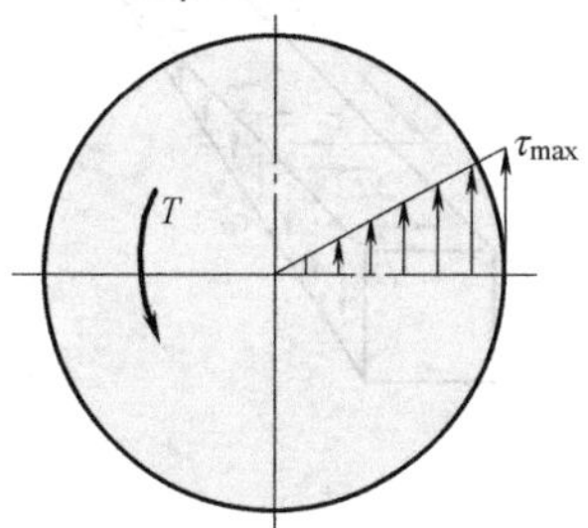

图4-13 圆轴切应力分布

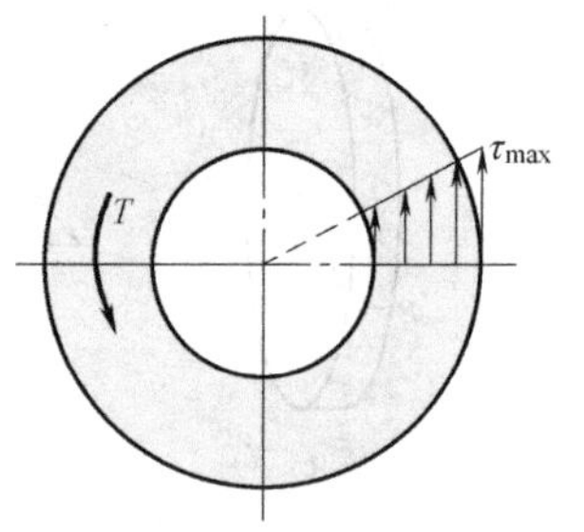

图4-14 空心圆轴切应力分布

由于式（4-4）中的$\frac{\mathrm{d}\varphi}{\mathrm{d}x}$未求出，所以仍不能用它计算切应力，这就要用静力关系来解决。

3. 静力关系

如图4-15所示，圆轴横截面上的扭矩T由横截面上无数微剪力$\tau_\rho \mathrm{d}A$对圆心O的力矩组成。由此可得出横截面上切应力的指向为顺着扭矩的转向，即

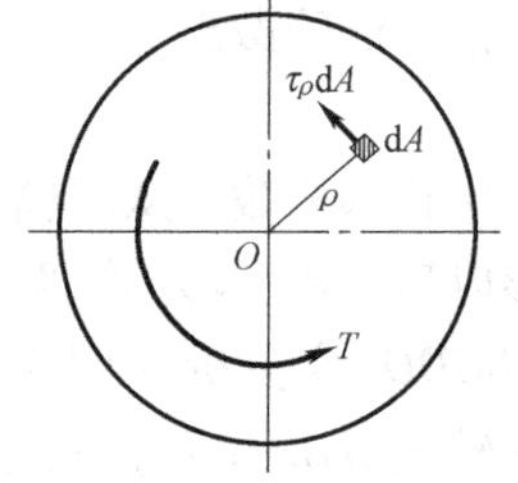

图4-15 横截面上扭矩与微剪力

$$T = \int_A \tau_\rho \mathrm{d}A \cdot \rho$$

将式（4-4）代入上式，并且由于$\frac{\mathrm{d}\varphi}{\mathrm{d}x}$和$G$为常量，可得

$$T = \int_A G\rho\frac{\mathrm{d}\varphi}{\mathrm{d}x}\mathrm{d}A \cdot \rho = G\frac{\mathrm{d}\varphi}{\mathrm{d}x}\int_A \rho^2 \mathrm{d}A \tag{4-5}$$

式中，$\int_A \rho^2 \mathrm{d}A$仅与截面尺寸有关，称为横截面对圆心$O$点的**极惯性矩**，单位为$\mathrm{m}^4$。记为

$$I_\mathrm{p} = \int_A \rho^2 \mathrm{d}A \tag{4-6}$$

将式（4-6）代入式（4-5），整理得到

$$\frac{\mathrm{d}\varphi}{\mathrm{d}x} = \frac{T}{GI_\mathrm{p}} \tag{4-7}$$

将式（4-7）代入式（4-4）得

$$\tau_\rho = \frac{T\rho}{I_p} \tag{4-8}$$

二、最大扭转切应力

由式（4-8）可知，当$\rho = R$时切应力最大，即圆轴横截面上边缘各点的切应力最大，其值为

$$\tau_{max} = \frac{TR}{I_p} = \frac{T}{\frac{I_p}{R}} \tag{4-9}$$

引用记号W_p：

$$W_p = \frac{I_p}{R} \tag{4-10}$$

W_p称为**抗扭截面系数**，单位为m^3。将式（4-10）代入式（4-9）得

$$\tau_{max} = \frac{T}{W_p} \tag{4-11}$$

三、圆截面极惯性矩及抗扭截面系数

如图4-16所示，直径为D的实心圆截面上，距圆心为ρ处取厚度为$d\rho$的环形面积作微面积，其上各点的ρ可视为相等，微面积$dA = 2\pi\rho d\rho$，故极惯性矩I_p为

$$I_p = \int_A \rho^2 dA = \int_0^{\frac{D}{2}} \rho^2 2\pi\rho d\rho = \frac{\pi D^4}{32} \tag{4-12}$$

抗扭截面系数

$$W_p = \frac{I_p}{R} = \frac{\pi D^3}{16} \tag{4-13}$$

如图4-17所示，对于空心圆轴，设内外直径之比$\alpha = \frac{d}{D}$，极惯性矩I_p为

$$I_p = \int_A \rho^2 dA = \int_{\frac{d}{2}}^{\frac{D}{2}} 2\pi\rho^3 d\rho = \frac{\pi}{32}(D^4 - d^4) = \frac{\pi D^4}{32}(1 - \alpha^4) \tag{4-14}$$

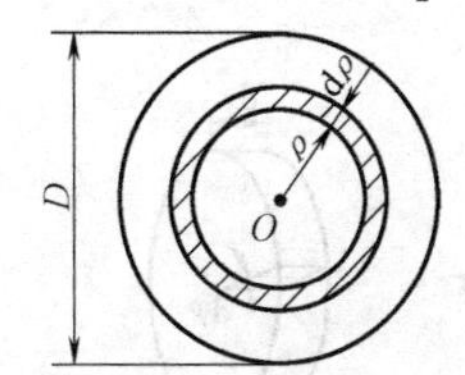

图4-16 实心圆轴极惯性矩计算

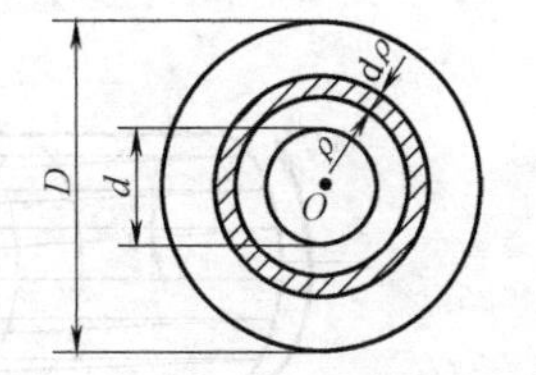

图4-17 空心圆轴极惯性矩计算

抗扭截面系数

$$W_{\mathrm{p}}=\frac{I_{\mathrm{p}}}{R}=\frac{\pi D^{3}}{16}(1-\alpha^{4}) \tag{4-15}$$

例 4-3 已知实心轴的直径 $D=60\mathrm{mm}$，轴的转速 $n=450\mathrm{r/min}$，传递的功率 $P=35\mathrm{kW}$，试求距圆心为 $\rho=10\mathrm{mm}$ 处的切应力 τ，以及最大切应力 $\tau_{\max}$。

解：由式（4-1）得外力偶矩

$$M_{\mathrm{e}}=9550\,\frac{P}{n}=9550\times\frac{35}{450}\mathrm{N\cdot m}=743\mathrm{N\cdot m}$$

故扭矩 $T=M_{\mathrm{e}}=743\mathrm{N\cdot m}$。

由式（4-8）得 $\rho=10\mathrm{mm}$ 处的切应力

$$\tau=\frac{T\rho}{I_{\mathrm{p}}}=\frac{743\times10\times10^{-3}}{\frac{\pi\times0.060^{4}}{32}}\mathrm{Pa}=5.84\mathrm{MPa}$$

由式（4-11）得最大切应力

$$\tau_{\max}=\frac{T}{W_{\mathrm{p}}}=\frac{T}{\frac{\pi D^{3}}{16}}=\frac{743}{\frac{\pi\times0.060^{3}}{16}}\mathrm{Pa}=17.5\mathrm{MPa}$$

第五节 圆轴扭转时的变形

圆轴扭转时的变形是用两个横截面绕轴线的相对转角，即相对扭转角 φ 来度量的。由式（4-7）得

$$\mathrm{d}\varphi=\frac{T(x)}{GI_{\mathrm{p}}}\mathrm{d}x$$

式中，$\mathrm{d}\varphi$ 表示图 4-18a 中相距为 $\mathrm{d}x$ 的两个横截面之间的相对转角，如图 4-18b 所示。将上式沿轴线 x 积分，即为相距为 l 的两个横截面之间的相对转角

$$\varphi=\int_{0}^{l}\frac{T(x)}{GI_{\mathrm{p}}}\mathrm{d}x$$

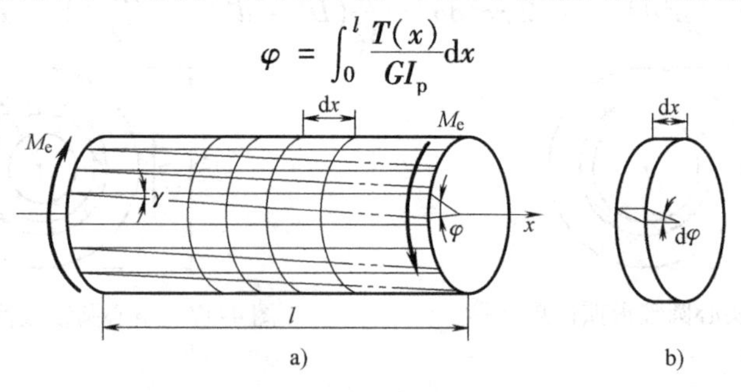

图 4-18 横截面间的相对转角

若在两截面之间扭矩 T 的值不变，且轴为等直杆，则 T/GI_p 为常量，上式变为

$$\varphi = \frac{Tl}{GI_p} \tag{4-16}$$

式中，φ 的单位为 rad。式（4-16）表明，扭转角 φ 与 GI_p 成反比，GI_p 反映了圆轴扭转变形的难易程度，称为圆轴的**抗扭刚度**。

例 4-4　如图 4-19a 所示，已知 ABC 轴结构尺寸为 $l_{AB} = 1.6\text{m}$，$l_{BC} = 1.4\text{m}$，$d_1 = 60\text{mm}$，$d_2 = 50\text{mm}$。材料切变模量 $G = 80\text{GPa}$，轴上作用有外力矩 $M_A = 900\text{kN}\cdot\text{m}$，$M_B = 1500\text{kN}\cdot\text{m}$，$M_C = 600\text{kN}\cdot\text{m}$。试求截面 C 相对截面 A 的转角。

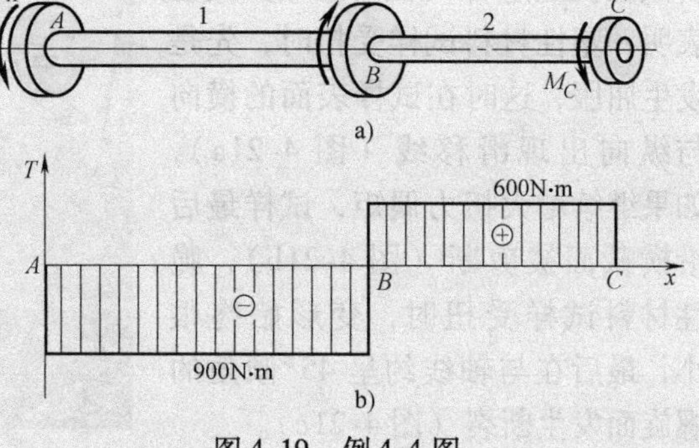

图 4-19　例 4-4 图

解：用截面法求各段扭矩。在 AB 段内，由平衡条件得到 $T_1 = -M_A = -900\text{N}\cdot\text{m}$；同理，在 BC 段内，$T_2 = M_C = 600\text{N}\cdot\text{m}$。画出扭矩图（图 4-19b）。

AB 截面极惯性矩 $I_{p1} = \dfrac{\pi d_1^4}{32}$，$BC$ 截面极惯性矩 $I_{p2} = \dfrac{\pi d_2^4}{32}$。

由式（4-16）、式（4-12）得到 B 截面相对于 A 截面的转角

$$\varphi_{BA} = \frac{T_1 l_1}{GI_{p1}} \times \frac{180°}{\pi} = \frac{-900 \times 1.6}{80 \times 10^9 \times \dfrac{3.14 \times 0.060^4}{32}} \times \frac{180°}{3.14} = -0.811°$$

C 截面相对于 B 截面的转角

$$\varphi_{CB} = \frac{T_2 l_2}{GI_{p2}} \times \frac{180°}{\pi} = \frac{600 \times 1.4}{80 \times 10^9 \times \dfrac{3.14 \times 0.050^4}{32}} \times \frac{180°}{3.14} = 0.981°$$

故截面 C 相对截面 A 的转角

$$\varphi_{CA} = \varphi_{BA} + \varphi_{CB} = -0.811° + 0.981° = 0.17°$$

第六节 圆轴扭转时的强度条件和刚度条件

一、扭转极限应力

扭转试验是用圆截面试样在扭转试验机上进行（图 4-20）。试验表明：塑性材料试样受扭时，先是发生屈服，这时在试样表面的横向与纵向出现滑移线（图 4-21a），如果继续增大扭力偶矩，试样最后沿横截面被剪断（图 4-21b）；脆性材料试样受扭时，变形始终很小，最后在与轴线约呈 45°倾角的螺旋面发生断裂（图 4-21c）。

图 4-20 扭转试验机

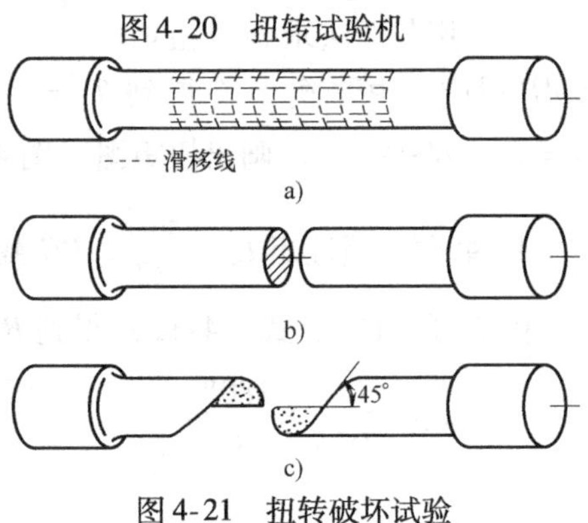

图 4-21 扭转破坏试验

a）塑性材料发生屈服 b）塑性材料断口 c）脆性材料断口

上述情况表明，对于受扭圆轴，塑性材料失效的标志是屈服，试件表面会出现滑移线，试件屈服时横截面上的最大切应力即为材料的扭转屈服应力，用 τ_s 表示；脆性材料失效的标志是断裂，试件断裂时横截面上的最大切应力即为材料的扭转强度极限，用 τ_b 表示。扭转屈服应力 τ_s 和扭转强度极限 τ_b 又统称为材料的扭转极限应力，用 τ_u 来表示。

二、圆轴扭转时的强度条件

用材料的扭转极限应力 τ_u 除以安全因数 n，得到材料的扭转许用应力

$$[\tau]=\frac{\tau_u}{n}$$

圆轴扭转时的强度条件应该是轴上最大工作切应力 τ_{max} 不超过材料的许用切应力 $[\tau]$，即

$$\tau_{max}\leqslant[\tau]$$

对于等截面圆轴，τ_{max} 应发生在最大扭矩 T_{max} 的横截面上周边各点处，所以其强度条件为

$$\tau_{\max}=\frac{T_{\max}}{W_{\mathrm{p}}}\leqslant[\tau] \tag{4-17}$$

对于阶梯轴等变截面圆轴，$\tau_{\max}$应发生在$\left(\frac{T}{W_{\mathrm{p}}}\right)_{\max}$的横截面上周边各点处，所以其强度条件为

$$\tau_{\max}=\left(\frac{T}{W_{\mathrm{p}}}\right)_{\max}\leqslant[\tau] \tag{4-18}$$

例 4-5　如图 4-22 所示，实心轴和空心轴通过牙嵌离合器联接在一起，已知空心轴内外径之比 $\alpha=\frac{d_2}{D_2}=0.7$，轴的转速 $n=1450\mathrm{r/min}$，传递的功率 $P=180\mathrm{kW}$，$[\tau]=30\mathrm{MPa}$。试设计：

1）实心轴的直径 d_1，空心轴内径 d_2、外径 D_2。

2）空心轴和实心轴的面积之比。

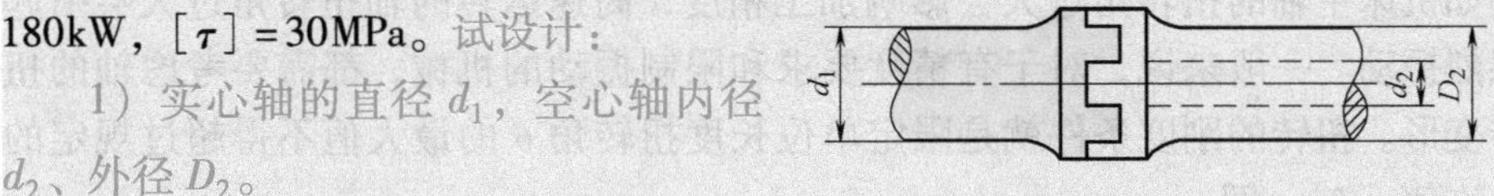

图 4-22　例 4-5 图

解：1）实心轴和空心轴传递功率相等，受相同的外力偶矩，横截面上的扭矩因此也相等。由式（4-1）得

$$T=M_{\mathrm{e}}=9550\frac{P}{n}=9550\times\frac{180}{1450}\mathrm{N\cdot m}=1186\mathrm{N\cdot m}$$

根据扭转时的强度条件

$$\tau_{\max}=\frac{T_{\max}}{W_{\mathrm{p}}}=\frac{16T}{\pi d_1^3}\leqslant[\tau]$$

求得实心轴的直径

$$d_1\geqslant\sqrt[3]{\frac{16T}{\pi[\tau]}}=\sqrt[3]{\frac{16\times1186}{\pi\times30\times10^6}}\mathrm{m}=58.6\mathrm{mm}$$

对于空心轴，由扭转时的强度条件

$$\tau_{\max}=\frac{T_{\max}}{W_{\mathrm{p}}}=\frac{16T}{\pi D_2^3(1-\alpha^4)}\leqslant[\tau]$$

得空心轴外径

$$D_2\geqslant\sqrt[3]{\frac{16T}{\pi[\tau](1-\alpha^4)}}=\sqrt[3]{\frac{16\times1186}{\pi\times30\times10^6\times(1-0.7^4)}}\mathrm{m}=64.2\mathrm{mm}$$

空心轴内径

$$d_2=\alpha D_2=0.7\times64.2\mathrm{mm}=45.0\mathrm{mm}$$

2）空心轴和实心轴的面积之比

$$\frac{A_2}{A_1}=\frac{D_2^2-d_2^2}{d_1^2}=\frac{64.2^2-45.0^2}{58.6^2}=0.611$$

由此可见，在最大切应力相同的情况下，空心轴所用的材料是实心轴的61.1%，自重也减轻了38.9%。节省材料的原因：圆轴扭转时，横截面上的应力呈线性分布，越接近截面中心，应力越小，所对应的材料就没有充分发挥作用；做成空心轴，使得截面中心处的材料安置到轴的外缘，材料得到了充分利用，而且也减轻了构件的自重。但制造空心轴要比制造实心轴困难一些，故应综合考虑。

三、圆轴扭转时的刚度条件

在工程中，圆轴扭转时除了要满足强度条件外，有时还要满足刚度条件，例如机床主轴的扭转角过大会影响加工精度，高速运转的轴扭转角过大会引起强烈振动。一般来说，对于有精度要求和限制振动的机械，都需要考虑轴的扭转变形。扭转的刚度条件就是限定单位长度扭转角 θ 的最大值不得超过规定的允许值 $[\theta]$，即

$$\theta_{\max} \leqslant [\theta]$$

对于等截面圆轴，用 φ' 表示变化率 $\mathrm{d}\varphi/\mathrm{d}x$，即单位长度转角。由式（4-7）得出

$$\varphi'_{\max} = \frac{T_{\max}}{GI_{\mathrm{p}}} \leqslant [\varphi'] \tag{4-19}$$

式中，单位长度转角 φ' 和单位长度许可转角 $[\varphi']$ 的单位均为 rad/m。工程上，习惯把°/m 作为转角 φ' 的单位。考虑单位换算，得到

$$\varphi'_{\max} = \frac{T_{\max}}{GI_{\mathrm{p}}} \times \frac{180°}{\pi} \leqslant [\varphi'] \tag{4-20}$$

对于一般传动轴，$[\varphi']$ 为 0.5～1°/m；对于精密机器和仪表中的轴，$[\varphi']$ 的值可从机械设计手册中查得。

例4-6　传动轴如图4-23所示，已知主动轮 A 输入功率 $P_A = 120\text{kW}$，从动轮输出功率 $P_B = 60\text{kW}$，$P_C = 40\text{kW}$，$P_D = 20\text{kW}$，该轴转速 $n = 600\text{r/min}$，材料的切变模量 $G = 80\text{GPa}$，许用切应力 $[\tau] = 45\text{MPa}$，轴的许可转角 $[\varphi'] = 0.8°/\text{m}$。试按强度条件及刚度条件确定此轴直径。

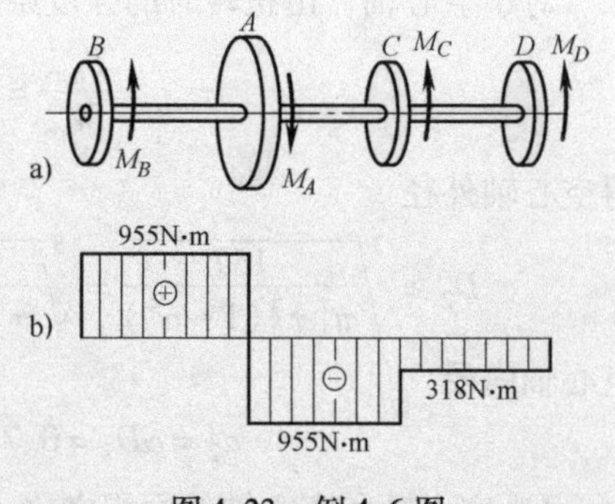

图4-23　例4-6图

解：（1）先计算外力偶矩

$$M_A = 9550\frac{P_A}{n} = 9550 \times \frac{120}{600}\text{N} \cdot \text{m} = 1910\text{N} \cdot \text{m}$$

$$M_B = 9550\frac{P_B}{n} = 9550 \times \frac{60}{600}\text{N} \cdot \text{m} = 955\text{N} \cdot \text{m}$$

$$M_C = 9550\frac{P_C}{n} = 9550 \times \frac{40}{600}\text{N} \cdot \text{m} = 637\text{N} \cdot \text{m}$$

$$M_D = 9550\frac{P_D}{n} = 9550 \times \frac{20}{600}\text{N} \cdot \text{m} = 318\text{N} \cdot \text{m}$$

（2）计算各段扭矩，画扭矩图

$$T_{BA} = 955\text{N} \cdot \text{m},\ T_{AC} = -955\text{N} \cdot \text{m},\ T_{CD} = -318\text{N} \cdot \text{m}$$

轴的扭矩图如图 4-23b 所示，最大扭矩发生在 BA 段和 AC 段，$T_{\max} = 955\text{N} \cdot \text{m}$。

（3）按强度条件确定轴径　由式（4-11）得到

$$\tau_{\max} = \frac{T_{\max}}{W_p} = \frac{16T_{\max}}{\pi D^3} \leqslant [\tau]$$

整理得

$$D \geqslant \sqrt[3]{\frac{16T_{\max}}{\pi[\tau]}} = \sqrt[3]{\frac{16 \times 955}{\pi \times 45 \times 10^6}}\text{m} = 47.6\text{mm}$$

（4）按刚度条件确定轴径　由式（4-20）得到

$$\varphi'_{\max} = \frac{T_{\max}}{GI_p} \times \frac{180^\circ}{\pi} = \frac{32T_{\max}}{G\pi D^4} \times \frac{180^\circ}{\pi} \leqslant [\varphi']$$

$$D \geqslant \sqrt[4]{\frac{32T_{\max} \times 180^\circ}{G\pi^2[\varphi']}} = \sqrt[4]{\frac{32 \times 955 \times 180^\circ}{80 \times 10^9 \times \pi^2 \times 0.8}}\text{m} = 54.3\text{mm}$$

若使轴同时满足强度条件和刚度条件，应取 $D \geqslant 54.3\text{mm}$。

*第七节　非圆截面轴的自由扭转

前面讨论了圆形截面轴的扭转。但在实际工程中，有时也会碰到非圆形横截面轴，如农业机械中有时采用的方形传动轴，内燃机曲轴上的曲柄臂和门锁中的方轴（图 4-24）等，都是非圆截面轴扭转的例子。

一、自由扭转与约束扭转

非圆截面轴扭转试验表明，扭转时横截面不再保持平面而发生翘曲，图 4-25a、b 所示分别表示矩形截面轴扭转前后的情况。翘曲是非圆截面轴扭转

a)

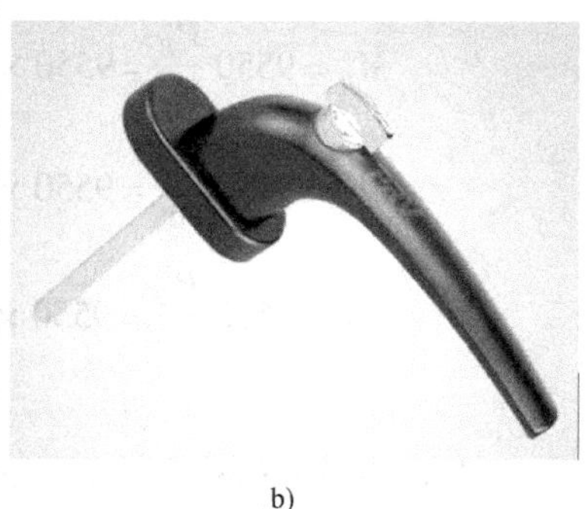

b)

图 4-24 门锁中的方轴

的一个重要特征，可见对非圆截面轴的扭转，平面假设不再成立，圆截面轴的扭转公式不能应用到非圆截面轴的扭转计算中。

非圆截面轴的扭转可分为自由扭转和约束扭转。若整个杆的各横截面的翘曲不受任何限制，任意两相邻横截面的翘曲情况完全相同，截面间对应点的纵向距离保持不变，则横截面上只产生切应力而无正应力，这种情况称为**自由扭转**，如图 4-26a 所示。若扭转杆件受到约束，横截面的翘曲受到限制，这种情况称为**约束扭转**，如图 4-26b 所示。约束扭转的特点是杆件各横截面的翘曲程度不同，纵向纤维的长度发生改变，导致横截面上不但有切应力，还有正应力。试验及理论分析表明，对于矩形和椭圆截面等实心截面杆件，约束扭转产生的正应力一般很小，可略去不计，仍可按自由扭转处理；但对于薄壁截面杆件（如工字钢），因约束扭转引起的正应力较大，不可忽略，故必须按约束扭转处理。

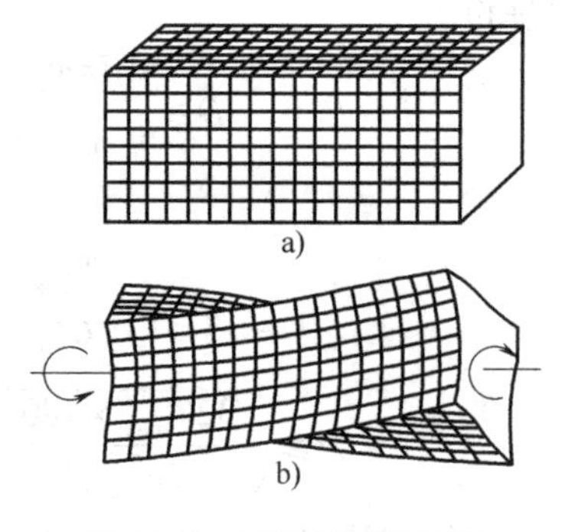

图 4-25 矩形截面轴扭转

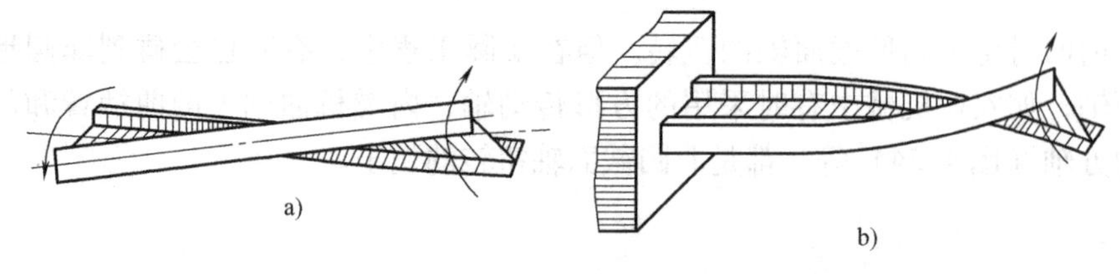

图 4-26 扭转

a) 自由扭转 b) 约束扭转

二、矩形截面轴扭转

根据弹性力学的理论分析结果，在小变形条件下，矩形截面轴在扭转时，横截面周边上切应力方向平行于截面周边（图4-27），矩形的四个角点处切应力为零。最大切应力 τ_{max} 发生在长边中点处，而在短边的中点的切应力 τ_1 也相当大。

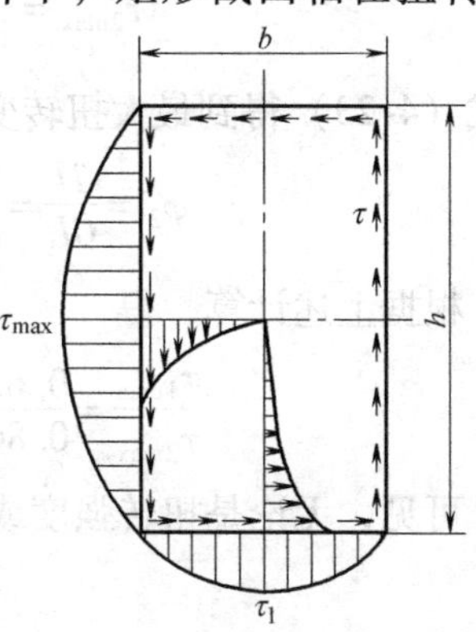

图4-27　矩形截面上切应力的分布

矩形截面扭转切应力 τ_{max}、τ_1 以及扭转角 φ 的计算公式可表达为

$$\tau_{max}=\frac{T}{W_t},W_t=\alpha hb^2 \qquad (4\text{-}21)$$

$$\tau_1=\gamma\tau_{max} \qquad (4\text{-}22)$$

$$\varphi=\frac{Tl}{GI_t},\ I_t=\beta hb^3 \qquad (4\text{-}23)$$

式中，h 和 b 分别代表矩形截面长边和短边的长度；因数 α、β 及 γ 与比值 h/b 有关，其值见表4-1。

表4-1　矩形截面轴扭转时因数 α、β、γ 的值

h/b	1.0	1.2	1.5	2.0	2.5	3.0	4.0	6.0	8.0	10.0	∞
α	0.208	0.219	0.231	0.246	0.258	0.267	0.282	0.299	0.307	0.313	0.333
β	0.141	0.166	0.196	0.229	0.249	0.263	0.281	0.299	0.307	0.313	0.333
γ	1.00	0.930	0.858	0.796	0.767	0.753	0.745	0.743	0.743	0.743	0.743

例4-7　如图4-28所示，材料、横截面积与长度均相同的圆形截面轴和正方形截面轴，若作用在轴端的扭力偶矩 M 也相同，试计算上述两轴的最大扭转切应力与扭转变形，并进行比较。

解： 设圆形截面轴的半径为 R，正方形截面轴的边长为 a，由于两者的面积相等，即 $\pi R^2=a^2$，于是有

$$a=1.772R$$

由式（4-13）、式（4-11）得到圆形截面轴的最大扭转切应力为

$$\tau_{1max}=\frac{M}{W_p}=\frac{16M}{\pi d^3}=0.637\frac{M}{R^3}$$

由式（4-16）、式（4-12）得到圆形截面轴的最大变形为

$$\varphi_1=\frac{Ml}{GI_p}=\frac{32Ml}{G\pi d^4}=0.637\frac{Ml}{GR^4}$$

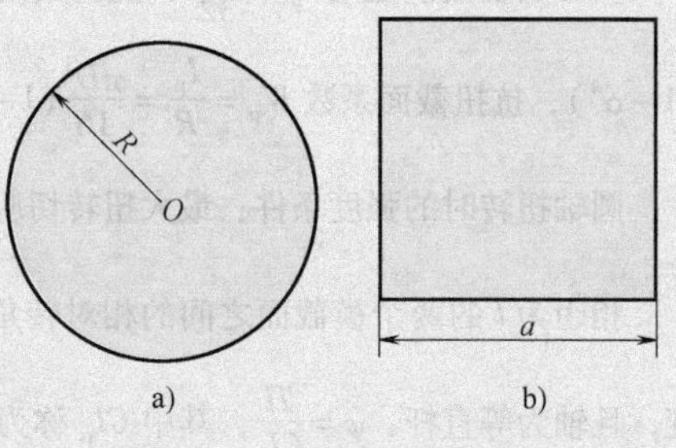

图4-28　例4-7图
a）圆形截面　b）正方形截面

对于正方形截面轴，查表4-1有 $\alpha=0.208$，$\beta=0.141$。由式（4-21）得到最大扭转切应力

$$\tau_{2\max}=\frac{T}{W_t}=\frac{M}{\alpha hb^2}=\frac{M}{0.208a^3}=0.864\frac{M}{R^3}$$

由式（4-23）得到最大扭转变形为

$$\varphi_2=\frac{Tl}{GI_t}=\frac{Ml}{G\beta hb^3}=\frac{Ml}{G\times0.141a^4}=0.719\frac{Ml}{GR^4}$$

根据上述计算，得

$$\frac{\tau_{1\max}}{\tau_{2\max}}=\frac{0.637}{0.864}=73.7\%,\ \frac{\varphi_1}{\varphi_2}=\frac{0.637}{0.719}=88.6\%$$

可见，无论是扭转强度或是扭转刚度，圆形截面轴均比正方形截面轴好。

小　　结

以扭转为主要变形的杆件统称为轴。工程中较常见的是直杆圆轴。

扭转时杆件的任意两横截面间相对转过的角位移，称为扭转角，简称转角，常用 φ 表示。

外力偶矩 $M_e=9550\frac{P}{n}$，其中 M_e、P、n 的单位分别为 N · m、kW、r/min。

对扭矩的正负号的规定：用右手螺旋法则，四指顺着扭矩的转向握住轴线，大拇指的指向与横截面的外法线方向一致时扭矩为正；反之扭矩为负。

横坐标 x 平行于杆轴线，表示横截面位置；纵坐标 T 表示扭矩值，将各截面扭矩按代数值标在坐标系上，即得此杆扭矩图。

切应力互等定理：在相互垂直的两个平面上，切应力必然成对存在，且数值相等，两者都垂直于两个平面的交线，方向则共同指向或共同背离这一交线。

若单元体的侧面上只有切应力而无正应力，这种应力状态称为纯剪切；纯剪切单元体的相对两侧面将发生微小的相对错动，使原来互相垂直的单元体直角改变了一个微量 γ，称为切应变。

平面假设：在扭转变形中，圆轴的横截面就像刚性平面一样，绕轴线旋转了一个角度。

实心圆轴极惯性矩 $I_p=\frac{\pi D^4}{32}$，抗扭截面系数 $W_p=\frac{I_p}{R}=\frac{\pi D^3}{16}$；空心圆轴极惯性矩 $I_p=\frac{\pi D^4}{32}(1-\alpha^4)$，抗扭截面系数 $W_p=\frac{I_p}{R}=\frac{\pi D^3}{16}(1-\alpha^4)$，$\alpha=\frac{d}{D}$。

圆轴扭转时的强度条件：最大扭转切应力 $\tau_{\max}=\frac{T}{W_p}\leqslant[\tau]$。

相距为 l 的两个横截面之间的相对转角 $\varphi=\int_0^l\frac{T(x)}{GI_p}\mathrm{d}x$。若在两截面之间扭矩 T 的值不变，且轴为等直杆，$\varphi=\frac{Tl}{GI_p}$，其中 GI_p 称为圆轴的抗扭刚度。

扭转的刚度条件 $\theta_{\max}\leqslant[\theta]$，对于等截面圆轴，最大单位长度转角 $\varphi'_{\max}=\frac{T_{\max}}{GI_p}\leqslant[\varphi']$，单

位为 rad/m，或者 $\varphi'_{\max}=\frac{T_{\max}}{GI_p}\times\frac{180°}{\pi}\leqslant[\varphi']$，单位为°/m。

习 题

4-1 轴的转速 n、所传递功率 P 和外力偶矩 M_e 之间有何关系，各物理量应选取什么单位？在变速器中，为什么低速轴的直径比高速轴的直径大？

4-2 什么是扭矩？扭矩的正负号是如何规定的？试述绘制扭矩图的方法和步骤。

4-3 薄壁圆筒扭转切应力在横截面上是如何分布的？圆轴扭转时横截面上的切应力是如何分布的？

4-4 什么是切应力互等定理？

4-5 切应变的单位是什么？什么是剪切胡克定律，该定律的应用条件是什么？

4-6 圆轴扭转时，横截面切应力 τ 与半径 ρ 的关系是什么？圆轴扭转切应力公式的应用条件是什么？

4-7 怎样计算实心圆截面和空心圆截面的极惯性矩和抗扭截面系数？

4-8 同外径的空心圆杆与实心圆杆，它们的强度、刚度哪一个好？从扭转强度考虑，为什么空心圆截面轴比实心轴更合理？

4-9 实心圆轴直径为 d_1，因扭转而产生的最大切应力 $\tau_{\max}$ 达到许用切应力[τ]的 1.728 倍，为保证轴的安全，要将轴的直径加大到 d_2。试问 d_2 应该是 d_1 的几倍？

4-10 什么是扭转角？如何计算圆轴的扭转角？

*4-11 非圆截面轴扭转的特点是什么？矩形截面轴扭转时横截面上的切应力如何分布？何处的切应力最大？

4-12 试画出图 4-29 所示各轴的扭矩图。

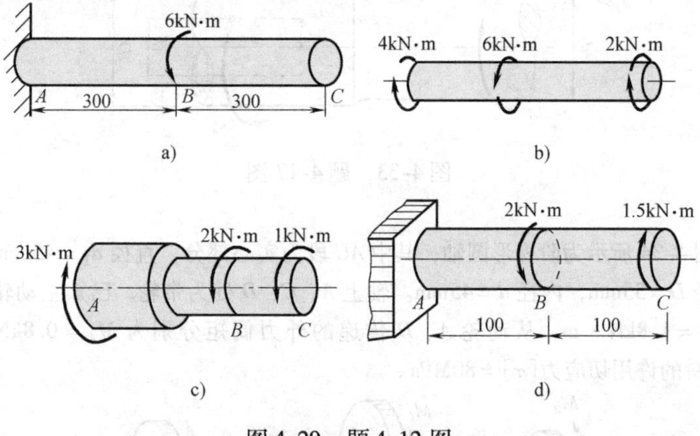

图 4-29 题 4-12 图

4-13 如图 4-30 所示，传动轴上有 5 个轮子，主动轮 2 输入的功率为 130kW，从动轮 1、3、4、5 分别输出 25kW、30kW、35kW 和 40kW 的功率。轴的转速为 450r/min，试画出该轴的扭矩图。

4-14　如图4-31所示，直径$d=50\text{mm}$的圆轴，受到扭矩$T=3\text{kN}\cdot\text{m}$的作用。试求在距离轴心$\rho_A=10\text{mm}$、$\rho_B=20\text{mm}$处的切应力，并求轴横截面上的最大切应力。

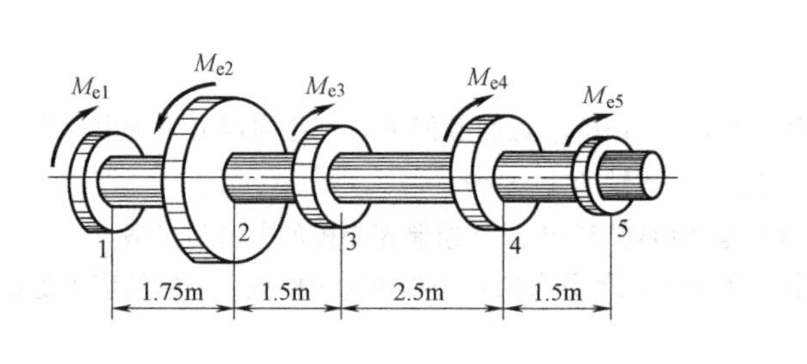

图4-30　题4-13图

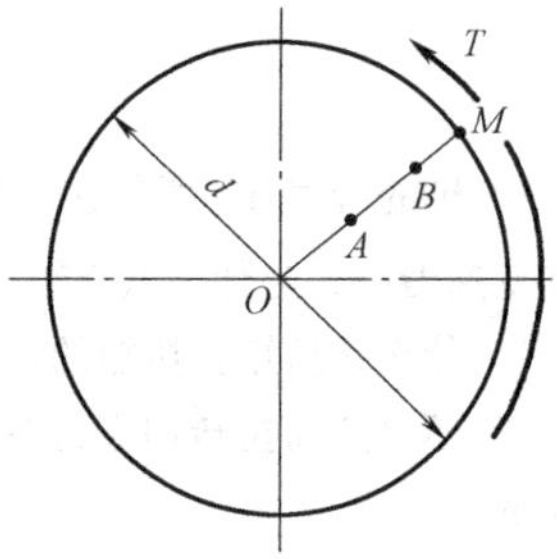

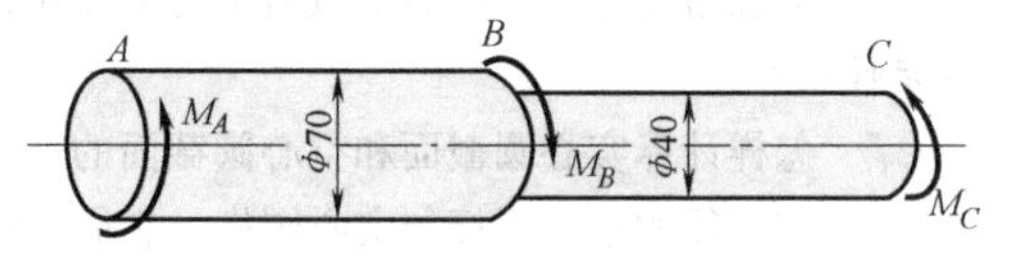

图4-31　题4-14图

4-15　钢轴的转速$n=450\text{r/min}$，传递的功率为$P=82.5\text{kW}$。已知$[\tau]=40\text{MPa}$，$[\theta]=1°/\text{m}$，$G=80\text{GPa}$，试按强度条件和刚度条件确定轴的直径。

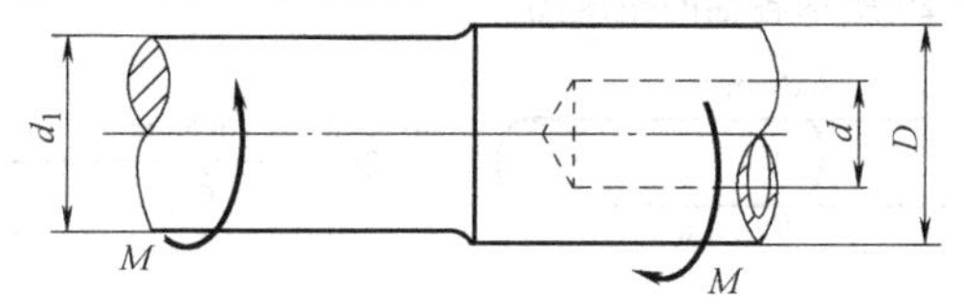

图4-32　题4-16

4-16　图4-32所示阶梯轴，AB段直径为$D_1=70\text{mm}$，BC段直径为$D_2=40\text{mm}$；B轮输入功率$P_B=120\text{kW}$，A轮输出功率$P_A=100\text{kW}$，C轮输出功率$P_C=20\text{kW}$，轴匀速转动，已知转速$n=280\text{r/min}$，许用切应力$[\tau]=60\text{MPa}$，$G=80\text{GPa}$，轴的单位长度许可转角$[\varphi']=1.5°/\text{m}$。试校核轴的强度和刚度。

4-17　如图4-33所示，某传动轴一端是实心轴，其直径$d_1=280\text{mm}$；另一端是空心轴，其内径$d=148\text{mm}$，外径$D=296\text{mm}$。若$[\tau]=60\text{MPa}$，试求此轴允许传递的外力偶矩。

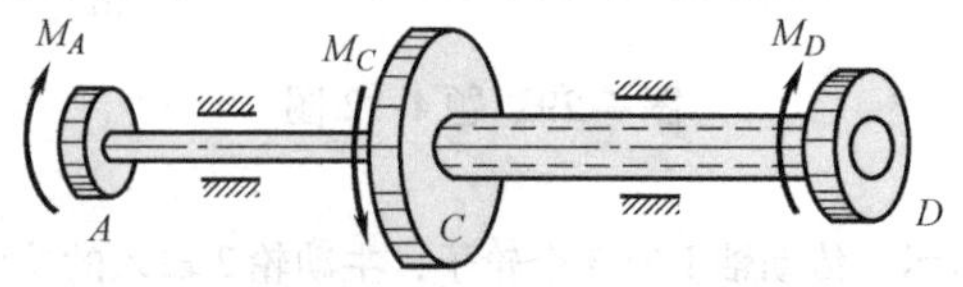

图4-33　题4-17图

4-18　图4-34所示为阶梯形圆轴，其中AC段为实心部分，直径$d_1=45\text{mm}$；CD段为空心部分，外径$D=55\text{mm}$，内径$d=45\text{mm}$。轴上A、C、D处为带轮，已知主动轮C输入的外力偶矩为$M_C=1.8\text{kN}\cdot\text{m}$，从动轮$A$、$D$传递的外力偶矩分别为$M_A=0.8\text{kN}\cdot\text{m}$，$M_D=1\text{kN}\cdot\text{m}$，材料的许用切应力$[\tau]=80\text{MPa}$。试校核该轴的强度。

M_A　M_C　M_D　A　C　D

图4-34　题4-18图

4-19　若传动轴传递的力偶矩 $M=1.08\text{kN}\cdot\text{m}$，材料的许用切应力 $[\tau]=40\text{MPa}$，切变模量 $G=80\text{GPa}$，轴的单位长度许可转角 $[\varphi']=0.5°/\text{m}$，试设计轴的直径。

*4-20　拖拉机通过方轴带动悬挂在后面的旋耕机。方轴的转速 $n=720\text{r/min}$，传递的最大功率 $P=40\text{kW}$，截面尺寸为 30mm×30mm，材料的 $[\tau]=100\text{MPa}$。试校核该方轴的强度。

*4-21　如图4-35所示，矩形截面钢杆受到扭转外力偶矩 $M_e=800\text{N}\cdot\text{m}$ 的作用。已知材料的剪切弹性模量 $G=80\text{GPa}$，试求：

1）杆内的最大切应力。

2）横截面短边中点处的切应力。

3）杆的单位长度扭转角。

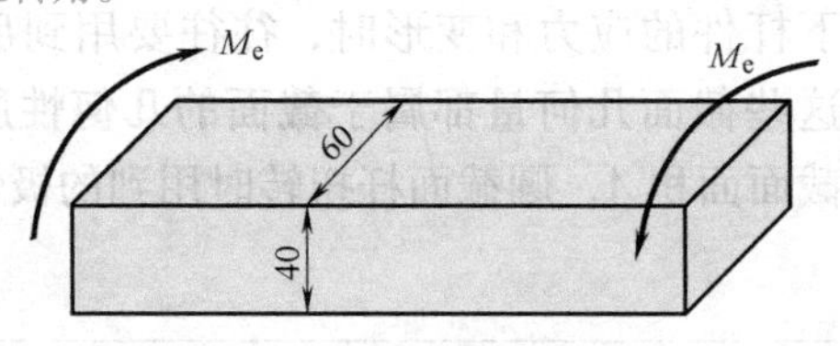

图4-35　题4-21图

第五章

截面的几何性质

在计算外力作用下杆件的应力和变形时，往往要用到反映杆件横截面的形状和尺寸的几何量。这些截面几何量都属于**截面的几何性质**。例如杆件轴向拉伸、压缩时用到的横截面面积 A，圆截面杆扭转时用到的极惯性矩，梁弯曲时用到的惯性矩等。

第一节　截面的面积矩和形心位置

任意平面图形如图 5-1 所示，其面积为 A。x 轴和 y 轴为图形所在平面内的坐标轴。在坐标为（x，y）的任一点处，取微面积 dA，遍及整个图形面积 A 的积分

$$S_x = \int_A y\mathrm{d}A, \quad S_y = \int_A x\mathrm{d}A \tag{5-1}$$

分别定义为图形对于 x 轴和 y 轴的面积矩。

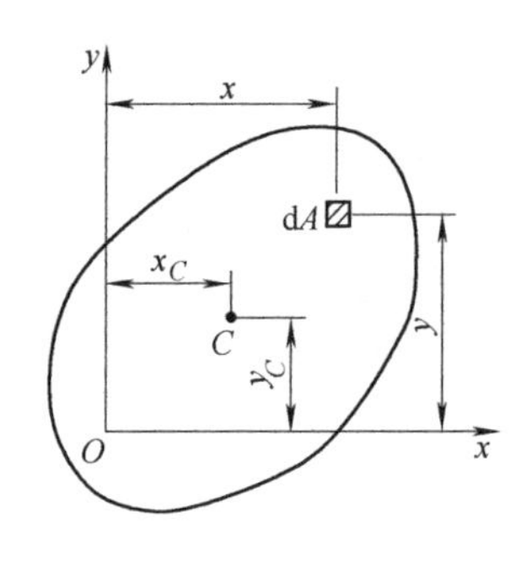

图 5-1　平面图形

截面的面积矩是对某一轴来说的，同一截面对于不同轴的面积矩是不同的。面积矩的数值可能为正，也可能为负或等于零。面积矩的量纲是 L^3。

将图 5-1 所示的平面图形设想为厚度很小的均质薄板，显然，在此情形下，平面图形的形心与均质薄板的重心有相同的坐标 x_C 和 y_C。由静力学的合力矩定理可知，薄板重心的坐标 x_C 和 y_C 分别为

$$x_C = \frac{\int_A x\mathrm{d}A}{A}, \quad y_C = \frac{\int_A y\mathrm{d}A}{A} \tag{5-2}$$

式（5-2）也是确定平面图形形心坐标的公式。

由式（5-1）、式（5-2）可得截面的面积矩

$$S_x = Ay_C, \quad S_y = Ax_C \tag{5-3}$$

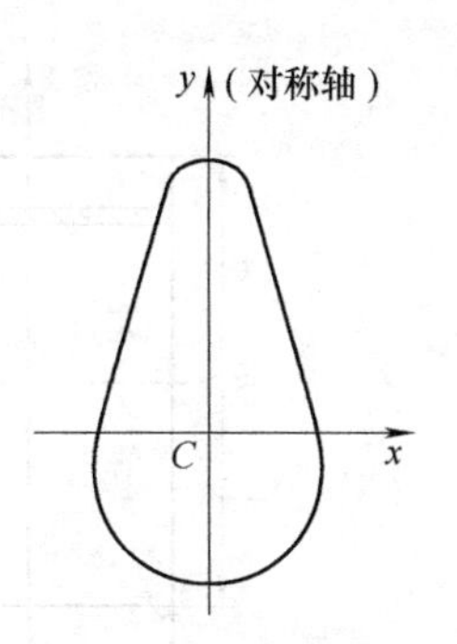

图 5-2　有对称轴的截面

式（5-3）表明，截面对某轴的面积矩，等于截面面积与其形心到该轴距离的乘积。

如果某一坐标轴通过截面的形心，即 $x_C=0$ 或 $y_C=0$，则该轴称为此截面的**形心轴**。由式（5-3）可知，截面对形心轴的面积矩等于零；反之，如果截面对某一轴的面积矩等于零，则该轴一定通过截面形心。对于有对称轴的截面，对称轴必定是截面的形心轴，例如图 5-2 中的 y 轴。

若一个截面的图形是由几个简单图形（例如矩形、圆形、三角形等）组成的，则这种截面称为**组合截面**。由面积矩的定义可知，组合截面对某一轴的面积矩等于各组成部分对该轴的面积矩的代数和，即

$$S_x = \sum_{i=1}^{n} A_i y_{Ci}, \quad S_y = \sum_{i=1}^{n} A_i x_{Ci} \tag{5-4}$$

式中，A_i为任一简单图形的面积；x_{Ci}、y_{Ci}分别为简单图形的形心坐标；n 为全部简单图形的个数。

由于组合截面的任一组成部分都是简单图形，其面积和形心坐标都比较容易确定，所以按照式（5-4）可以方便地算出组合截面的面积矩。

由式（5-3）、式（5-4）可得组合截面形心坐标的计算公式

$$x_C = \frac{\sum_{i=1}^{n} A_i x_{Ci}}{\sum_{i=1}^{n} A_i}, \quad y_C = \frac{\sum_{i=1}^{n} A_i y_{Ci}}{\sum_{i=1}^{n} A_i} \tag{5-5}$$

例 5-1　矩形截面如图 5-3 所示，图中 b、h 为已知值。试求上半部分的面积对于 x 轴的面积矩。

解：取平行于 x 轴的狭长条作为微面积 dA，则

$$dA = b dy$$

矩形上半部分的面积对于 x 轴的面积矩为

$$S_x = \int_{A_1} y dA = \int_0^{\frac{h}{2}} y \cdot b dy = \frac{b}{2}\left(\frac{h}{2}\right)^2 = \frac{bh^2}{8}$$

例 5-2　矩形截面如图 5-4 所示，图中 b、h、y_1为已知值。试求有阴影线部分的面积对于 x 轴、y 轴的面积矩。

解：有阴影线部分的面积 $A=b\left(\dfrac{h}{2}-y_1\right)$，其质心坐标

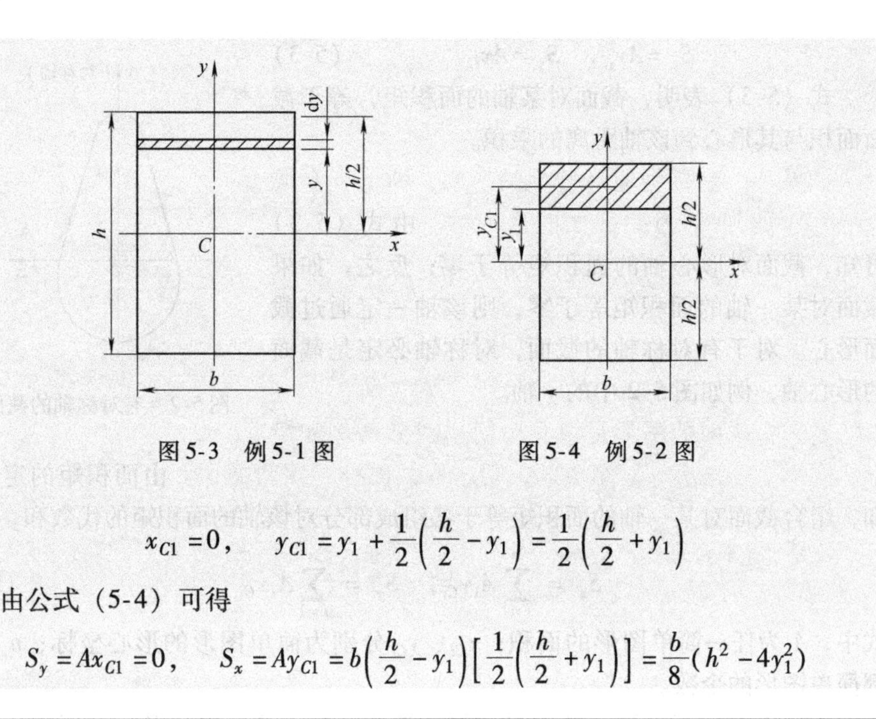

图5-3 例5-1图　　图5-4 例5-2图

$$x_{C1}=0,\quad y_{C1}=y_1+\frac{1}{2}\left(\frac{h}{2}-y_1\right)=\frac{1}{2}\left(\frac{h}{2}+y_1\right)$$

由公式（5-4）可得

$$S_y=Ax_{C1}=0,\quad S_x=Ay_{C1}=b\left(\frac{h}{2}-y_1\right)\left[\frac{1}{2}\left(\frac{h}{2}+y_1\right)\right]=\frac{b}{8}(h^2-4y_1^2)$$

第二节　截面的惯性矩、惯性积和惯性半径

任意平面图形如图5-5所示，其面积为A，x轴和y轴为图形所在平面内的坐标轴。在坐标（x，y）处取微面积dA，对整个截面面积A进行积分

$$I_x=\int_A y^2\mathrm{d}A,\quad I_y=\int_A x^2\mathrm{d}A \tag{5-6}$$

分别称为整个截面对于x轴和y轴的惯性矩。由于x^2和y^2总是正的，所以I_y和I_x也恒是正值。惯性矩的量纲为L^4。

微面积dA与坐标x、y的乘积$xydA$，称为该微面积对于这两个坐标轴的惯性积，而对整个截面面积A进行积分

$$I_{xy}=\int_A xy\mathrm{d}A \tag{5-7}$$

称为整个截面对于x和y轴的**惯性积**。由于坐标乘积xy可正、可负、可为零，所以惯性积的数值可能为正，也可能为负或等于零。惯性积的量纲也是长度的四次方。如果坐标轴x或y中有一个是截面的对称轴（例如图5-6、图5-2中的y轴），这时，截面对坐标轴x、y的惯性积为零。下面以图5-6为例说明。如果截面在对称轴y的一侧有微面积dA，则在另一侧的对称位置处必然也有微面积

dA，二者的 y 坐标完全相同，x 坐标等值异号，故 $xydA$ 之和为零。因此积分 $I_{xy}=\int_A xy\mathrm{d}A=0$，即整个截面对这一对坐标轴的惯性积等于零。

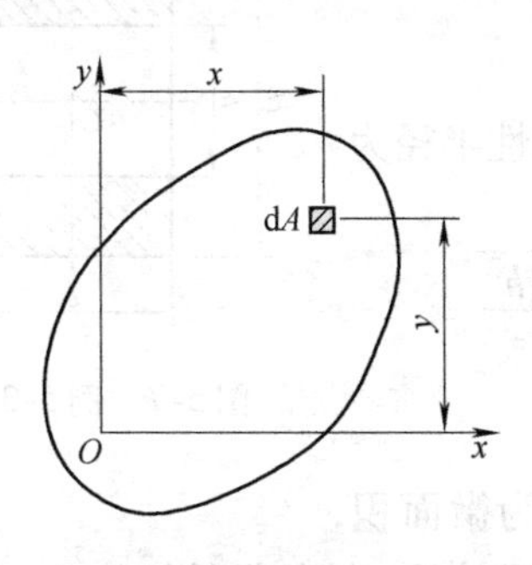

图 5-5　平面图形

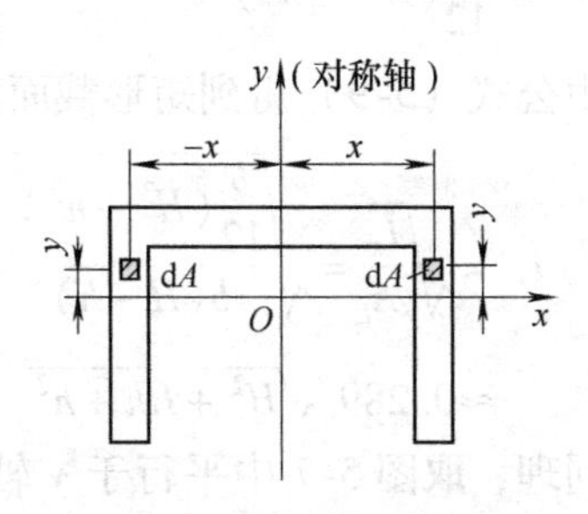

图 5-6　截面 y 轴对称

在工程计算中，有时为了应用的方便，将截面的惯性矩表示成截面的面积 A 与某一长度 i 的平方的乘积，即

$$I_x=Ai_x^2,\quad I_y=Ai_y^2 \tag{5-8}$$

或者改写为

$$i_x=\sqrt{\frac{I_x}{A}},\quad i_y=\sqrt{\frac{I_y}{A}} \tag{5-9}$$

式中，i_x 和 i_y 分别称为截面对 x 轴和 y 轴的**惯性半径**，惯性半径的量纲就是 L。

当截面是由 n 个简单的图形组成时，按照惯性矩的定义，这种截面对某轴的惯性矩应等于各部分对该轴的惯性矩之和，即

$$I_x=\sum_{i=1}^{n}I_{xi},\quad I_y=\sum_{i=1}^{n}I_{yi} \tag{5-10}$$

式中，I_{xi}、I_{yi}分别为任一组成部分对 x 轴和 y 轴的惯性矩。

在图 5-5 中，以 ρ 表示微面积 dA 到坐标原点 O 的距离，则下列积分

$$I_{\mathrm{p}}=\int_A\rho^2\mathrm{d}A \tag{5-11}$$

定义为截面对坐标原点 O 的**极惯性矩**。由于 $\rho^2=x^2+y^2$，于是有

$$I_{\mathrm{p}}=\int_A\rho^2\mathrm{d}A=\int_A(x^2+y^2)\mathrm{d}A=\int_A x^2\mathrm{d}A+\int_A y^2\mathrm{d}A=I_y+I_x \tag{5-12}$$

例 5-3　截面图形的几何尺寸如图 5-7 所示，试求截面对于 x 轴和 y 轴的惯性矩、惯性半径，以及第一象限部分对 x、y 轴的惯性积。

解：矩形截面尺寸已知，在计算惯性矩 I_x时，可以取图 5-7 中平行于 x 轴的狭长条作为微面积，则 $dA=b\mathrm{d}y$。于是由公式（5-6）得到矩形截面对于 x 轴的惯性矩为

$$I_x = \int_A y^2 \mathrm{d}A = 2\int_{\frac{h}{2}}^{\frac{H}{2}} y^2 b \mathrm{d}y = \frac{2b}{3}\left[\left(\frac{H}{2}\right)^3 - \left(\frac{h}{2}\right)^3\right]$$

$$= \frac{b}{12}(H^3 - h^3)$$

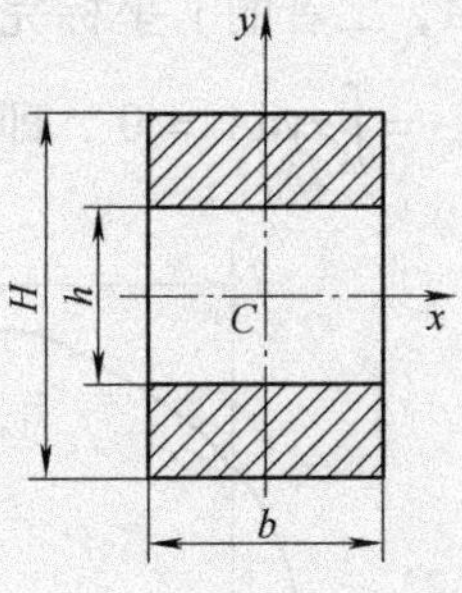

由公式（5-9）得到矩形截面对于 x 轴的惯性半径为

$$i_x = \sqrt{\frac{I_x}{A}} = \sqrt{\frac{\frac{b}{12}(H^3 - h^3)}{b(H-h)}} = \frac{\sqrt{H^2 + Hh + h^2}}{2\sqrt{3}}$$

$$\approx 0.289\sqrt{H^2 + Hh + h^2}$$

图5-7　例5-3图

同理，取图5-7中平行于 y 轴的狭长条作为微面积，则 $\mathrm{d}A = (H-h)\mathrm{d}x$，由公式（5-6）得到矩形截面对于 y 轴的惯性矩为

$$I_y = \int_A x^2 \mathrm{d}A = \int_{-\frac{b}{2}}^{\frac{b}{2}} x^2 (H-h)\mathrm{d}x = \frac{b^3}{12}(H-h)$$

由公式（5-9）得到矩形截面对于 y 轴的惯性半径为

$$i_y = \sqrt{\frac{I_y}{A}} = \sqrt{\frac{\frac{b^3}{12}(H-h)}{b(H-h)}} = \frac{b}{2\sqrt{3}} \approx 0.289b$$

取坐标为 x、y 的微单元 $\mathrm{d}A = \mathrm{d}x\mathrm{d}y$，由公式（5-7）得到截面第一象限部分对于 x、y 轴的惯性积为

$$I_{xy} = \int_A xy\mathrm{d}A = \iint_A xy\mathrm{d}x\mathrm{d}y = \int_{\frac{h}{2}}^{\frac{H}{2}} y \int_0^{\frac{b}{2}} x\mathrm{d}x\mathrm{d}y$$

$$= \frac{1}{2}\left[\left(\frac{H}{2}\right)^2 - \left(\frac{h}{2}\right)^2\right]\cdot\frac{1}{2}\left(\frac{b}{2}\right)^2 = \frac{b^2(H^2 - h^2)}{64}$$

例5-4　如图5-8所示，计算圆形截面对于 x 轴和 y 轴的惯性矩、惯性半径，以及极惯性矩，第一象限部分对 x、y 轴的惯性积。

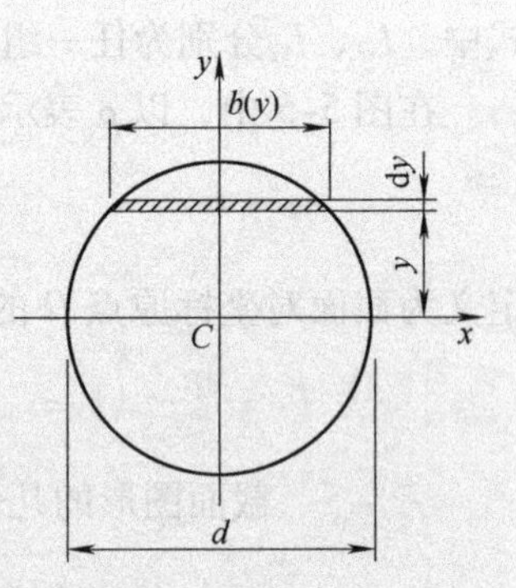

图5-8　例5-4图

解：首先计算惯性矩 I_x，取图5-8中距 x 轴为 y、高度为 $\mathrm{d}y$ 和宽度为 $b(y)$ 的狭长条作为微面积 $\mathrm{d}A$，则

$$\mathrm{d}A = b(y)\mathrm{d}y = 2\sqrt{\left(\frac{d}{2}\right)^2 - y^2}\mathrm{d}y$$

于是由公式（5-6）得到圆形截面对于 x 轴的惯性矩为

$$I_x = \int_A y^2 \mathrm{d}A = \int_{-\frac{d}{2}}^{\frac{d}{2}} y^2 \times 2\sqrt{\left(\frac{d}{2}\right)^2 - y^2}\mathrm{d}y = \frac{\pi d^4}{64}$$

由公式（5-9）得到圆形截面对于 x 轴的惯性半径为

$$i_x=\sqrt{\frac{I_x}{A}}=\sqrt{\frac{\frac{\pi d^4}{64}}{\frac{\pi d^2}{4}}}=\frac{d}{4}$$

x 轴和 y 轴都与圆的直径重合，由于对称的原因，有

$$I_y=I_x=\frac{\pi d^4}{64},\quad i_y=i_x=\frac{d}{4}$$

由公式（5-12）可得到圆形截面对于 C 点的极惯性矩

$$I_{\mathrm{p}}=I_y+I_x=\frac{\pi d^4}{32}$$

由公式（5-7）得到圆形截面第一象限部分对于 x、y 轴的惯性积为

$$I_{xy}=\int_A xy\mathrm{d}A=\iint_A xy\mathrm{d}x\mathrm{d}y=\int_0^{\frac{d}{2}} y\int_0^{\sqrt{(\frac{d}{2})^2-y^2}} x\mathrm{d}x\mathrm{d}y=\frac{d^4}{128}$$

为了获得截面的惯性矩和惯性半径，除了按照定义计算外，还可以查表 5-1 或机械设计手册。

表 5-1　简单截面的几何性质

截面形状和形心轴位置	面积 A	惯性矩		惯性半径	
		I_x	I_y	i_x	i_y
矩形（y、x、C、h、b）	bh	$\frac{bh^3}{12}$	$\frac{hb^3}{12}$	$\frac{h}{2\sqrt{3}}$	$\frac{b}{2\sqrt{3}}$
三角形（y、x、C、h、$h/3$、b）	$\frac{bh}{2}$	$\frac{bh^3}{36}$	—	$\frac{h}{3\sqrt{2}}$	—
圆形（y、x、C、d）	$\frac{\pi d^2}{4}$	$\frac{\pi d^4}{64}$	$\frac{\pi d^4}{64}$	$\frac{d}{4}$	$\frac{d}{4}$

（续）

截面形状和形心轴位置	面积 A	惯性矩		惯性半径	
		I_x	I_y	i_x	i_y
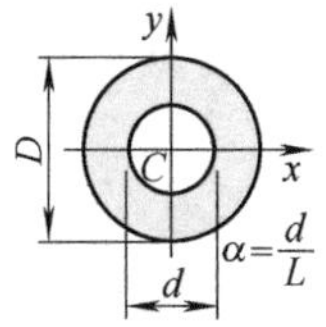 $\alpha=\frac{d}{L}$	$\frac{\pi D^2}{4}(1-\alpha^2)$	$\frac{\pi D^4}{64}(1-\alpha^4)$	$\frac{\pi D^4}{64}(1-\alpha^4)$	$\frac{D}{4}\sqrt{1+\alpha^2}$	$\frac{D}{4}\sqrt{1+\alpha^2}$
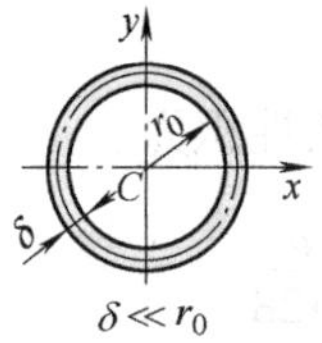 $\delta \ll r_0$	$2\pi r_0\delta$	$\pi r_0^3\delta$	$\pi r_0^3\delta$	$\frac{r_0}{\sqrt{2}}$	$\frac{r_0}{\sqrt{2}}$

第三节 惯性矩的平行移轴公式

图 5-9 所示为已知的任意形状的截面，C 为此截面的形心，x_C、y_C 为一对通过形心的坐标轴。

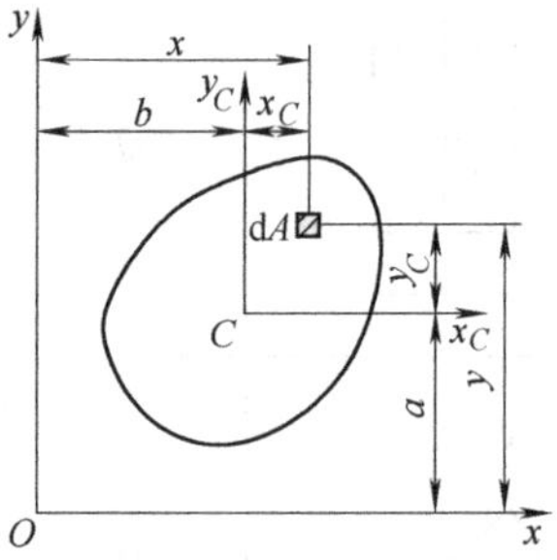

截面对形心轴 x_C、y_C 的惯性矩分别为

$$I_{x_C}=\int_A y_C^2\mathrm{d}A,\quad I_{y_C}=\int_A x_C^2\mathrm{d}A \qquad \text{(a)}$$

若 x 轴平行于 x_C，且两者的距离为 a；y 轴平行于 y_C，且两者的距离为 b，则截面对 x、y 的轴惯性矩分别为

$$I_x=\int_A y^2\mathrm{d}A,\quad I_y=\int_A x^2\mathrm{d}A \qquad \text{(b)}$$

图 5-9

由图 5-9 可以看出

$$x=x_C+b,\qquad y=y_C+a \qquad \text{(c)}$$

将式（c）代入式（b），得

$$I_x=\int_A (y_C+a)^2\mathrm{d}A=\int_A y_C^2\mathrm{d}A+2a\int_A y_C\mathrm{d}A+a^2\int_A\mathrm{d}A$$

$$I_y = \int_A (x_C + b)^2 \mathrm{d}A = \int_A x_C^2 \mathrm{d}A + 2b\int_A x_C \mathrm{d}A + b^2 \int_A \mathrm{d}A \quad \text{(d)}$$

以上两式中，$\int_A y_C \mathrm{d}A$ 和 $\int_A x_C \mathrm{d}A$ 分别为截面对形心轴 x_C、y_C 的面积矩，故 $\int_A y_C \mathrm{d}A = 0, \int_A x_C \mathrm{d}A = 0$；积分 $\int_A \mathrm{d}A = A$；再应用式（a），则式（d）简化为

$$\begin{cases} I_x = I_{x_C} + a^2 A \\ I_y = I_{y_C} + b^2 A \end{cases} \quad (5\text{-}13)$$

式（5-13）称为惯性矩的平行移轴公式。

例 5-5　T 形截面几何尺寸如图 5-10a 所示，现取质心坐标系 $x_0 C y_0$，其中 x_0 轴沿水平方向，y_0 轴沿铅垂方向，试计算 T 形截面对 x_0 轴和 y_0 轴的惯性矩。

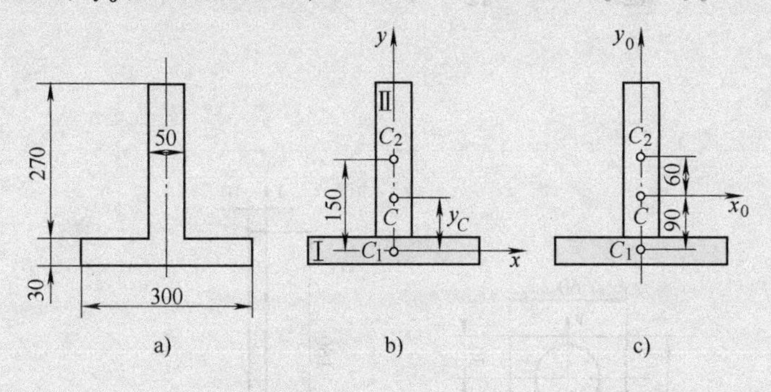

图 5-10　例 5-5 图

解：首先将截面分为两个矩形，如图 5-10b 所示。

1）矩形Ⅰ：面积 $A_1 = 300 \times 30\text{mm}^2 = 9000\text{mm}^2$，形心 C_1 在矩形Ⅰ中心，建立 xC_1y 坐标系（图 5-10b）。

矩形Ⅱ：面积 $A_2 = 50 \times 270\text{mm}^2 = 13500\text{mm}^2$，形心 C_2 坐标为

$$x_{C2} = 0, \quad y_{C2} = \left(\frac{30}{2} + \frac{270}{2}\right)\text{mm} = 150\text{mm}$$

整个截面形心 C 坐标

$$x_C = 0, \quad y_C = \frac{\sum_{i=1}^{2} A_i y_{Ci}}{\sum_{i=1}^{2} A_i} = \frac{0 + 13500 \times 150}{9000 + 13500}\text{mm} = 90\text{mm}$$

2）以截面形心 C 为原点，建立 $x_0 C y_0$ 坐标系，如图 5-10c 所示。

查表 5-1，得到矩形Ⅰ、Ⅱ对 y_0 轴的惯性矩

$$I_{1y_0}=\frac{30\times300^3}{12}\text{mm}^4,\quad I_{2y_0}=\frac{270\times50^3}{12}\text{mm}^4$$

应用惯性矩的平行移轴公式（5-13）计算矩形Ⅰ、Ⅱ对 x_0 轴的惯性矩：

$$I_{1x_0}=I_{1x_{C1}}+\overline{C_1C}^2\cdot A_1,\quad I_{2x_0}=I_{2x_{C2}}+\overline{C_2C}^2\cdot A_2$$

运用叠加法公式（5-10），得到截面对 x_0 轴的惯性矩

$$I_{x_0}=\sum_{i=1}^{2}I_{ix_0}=\left[\left(\frac{300\times30^3}{12}+90^2\times9000\right)+\left(\frac{50\times270^3}{12}+60^2\times13500\right)\right]\text{mm}^4$$

$$=2.04\times10^8\text{mm}^4=2.04\times10^{-4}\text{m}^4$$

$$I_{y_0}=\sum_{i=1}^{2}I_{iy_0}=\left(\frac{30\times300^3}{12}+\frac{270\times50^3}{12}\right)\text{mm}^4=7.03\times10^7\text{mm}^4=7.03\times10^{-5}\text{ m}^4$$

习　题

5-1 试确定图5-11所示图形的形心位置。

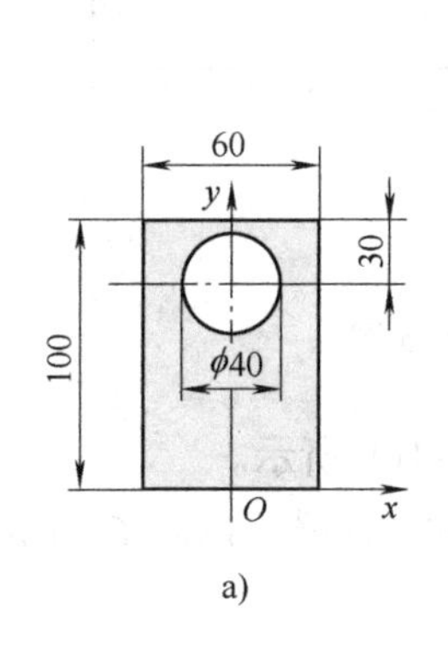

a)

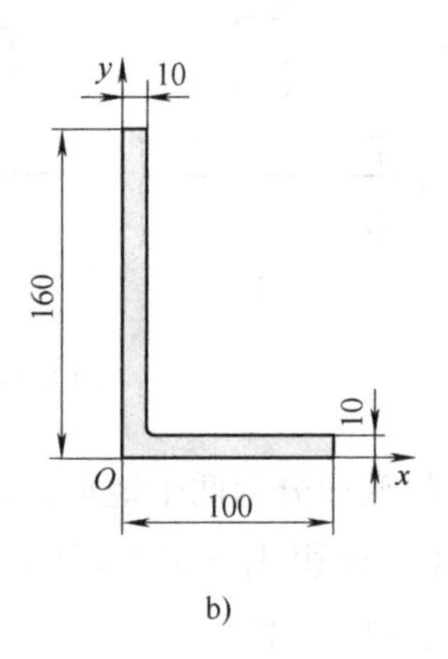

b)

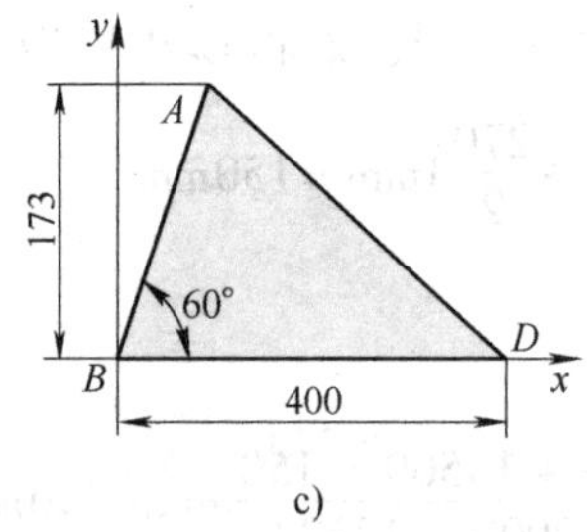

c)

图5-11　题5-1图

5-2 试求图5-12所示截面对于 x 轴的面积矩和惯性半径。

5-3 试求图5-13所示截面对于 x 轴和 y 轴的惯性矩。

5-4 试求图5-14所示截面对 x 轴的惯性矩。

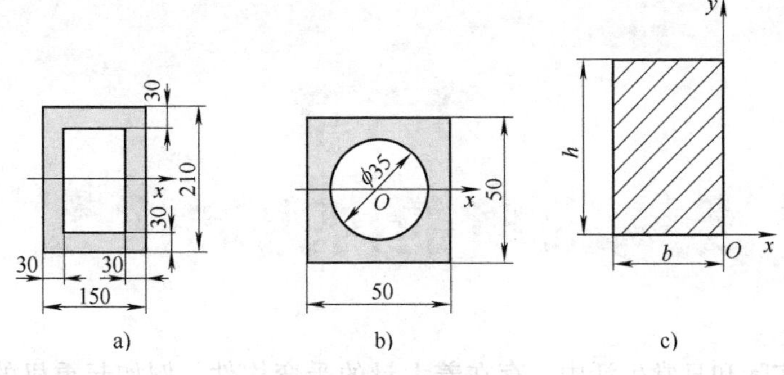

图 5-12　题 5-2 图

5-5　试求图 5-15 所示截面对 x、y 轴的惯性矩以及惯性积。

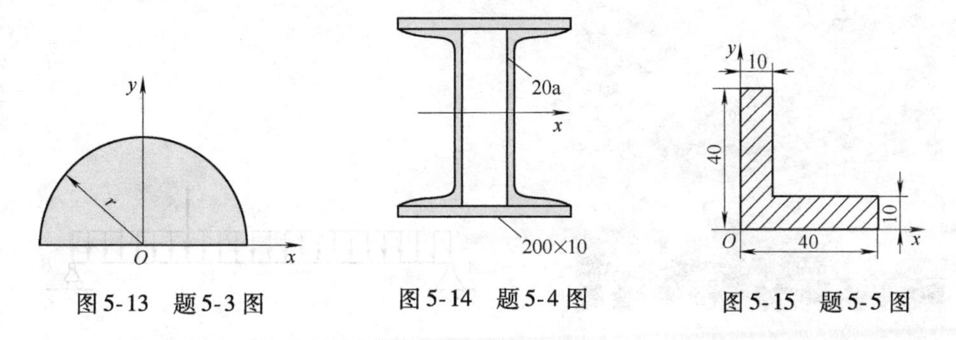

图 5-13　题 5-3 图　　图 5-14　题 5-4 图　　图 5-15　题 5-5 图

第六章

梁弯曲时的内力和应力

工程实际和日常生活中，存在着大量的受弯构件。例如起重机的横梁（图6-1），火车轮轴（图6-2），桥梁、房屋结构中的大梁、阳台梁，以及运动员作用下的跳水板，挑担用的扁担等，都是以弯曲为主要变形的杆件。

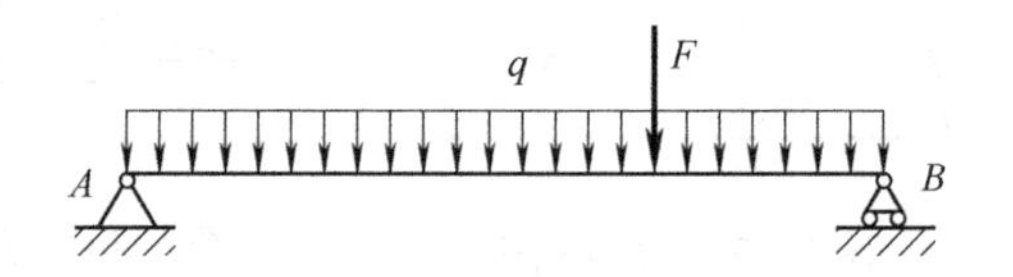

a)　　　　b)

图6-1　起重机的横梁

当杆件承受垂直于杆轴线的外力作用，或受到位于杆轴平面内的外力偶作用时，杆的轴线将由直线弯成曲线。这种变形形式称为**弯曲**。以弯曲为主要变形的杆件称为**梁**。

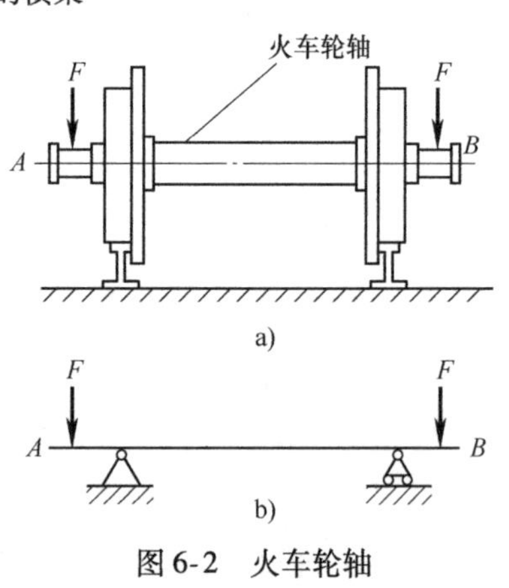

图6-2　火车轮轴

工程中常见的梁，其横截面通常具有一根对称轴（图6-3），由对称轴和梁轴线组成的平面，称为纵向对称面（图6-4），当所有外力都作用在纵向对称面内时，梁的轴线将弯成位于同一纵向对称面内的一条平面曲线，这种弯曲称为**平面弯曲**。

本章研究平面弯曲，它是最简单也是最常见的弯曲变形之一。

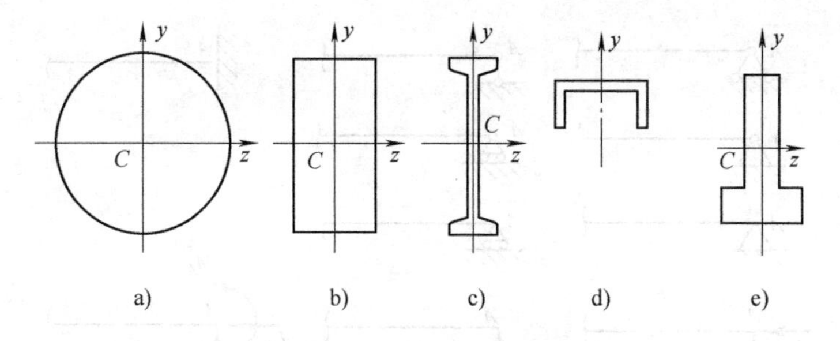

图 6-3　横截面具有对称轴

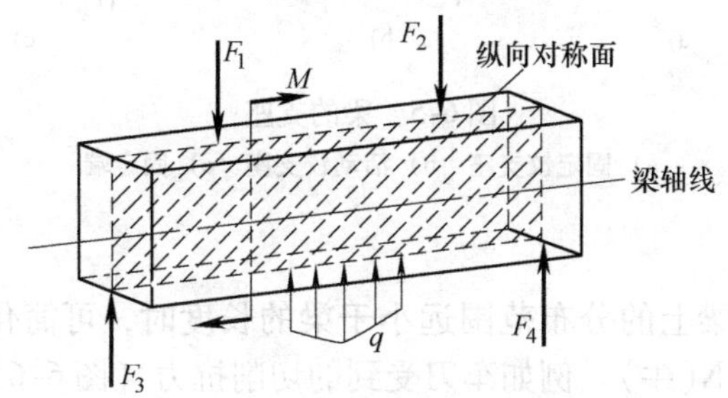

图 6-4　平面弯曲

第一节　梁的计算简图

一、梁的支座

工程中梁的支座可以简化为三种基本形式。

1. 固定铰支座

固定铰支座限制梁在支承处任何方向的线位移（图 6-5a），对梁的约束力可分解为垂直约束力 F_{Ay}和水平约束力 F_{Ax}。

2. 活动铰支座

活动铰支座只能限制梁在支承处垂直于支承面的线位移，如图 6-5b 所示，只有铅垂约束力 F_{Ay}作用于梁。

3. 固定端

梁端受约束时，既不能转动也不能移动，即为固定端（图 6-5c），对梁的约束力除铅垂约束力 F_{Ay}和水平约束力 F_{Ax}外，还有约束力偶 M_A作用。

二、载荷的简化

作用在梁上的载荷简化为三种。

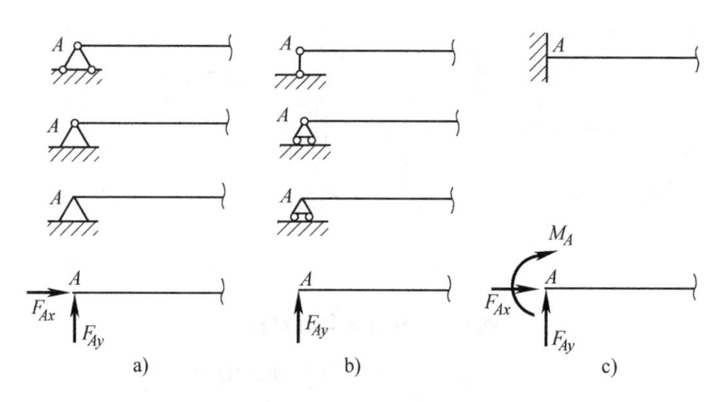

图 6-5 梁的支座

a）固定铰支座 b）活动铰支座 c）固定端

1. 集中载荷 F

当横向载荷在梁上的分布范围远小于梁的长度时，可简化为作用于一点的集中载荷，单位为 N(牛)。例如车刀受到的切削抗力（图 6-6）。

2. 分布载荷 q

分布载荷是沿梁的全长或部分长度连续分布的横向载荷，载荷集度 q 的单位为 N/m。如图 6-1 所示，起重机梁自重给梁施加了一个分布载荷 q。

当载荷集度 q 在其分布长度内为常量时，称为**均布载荷**；当载荷集度 q 在其分布长度内变化时，称为**非均布载荷**。

3. 集中力偶 M

当力偶在梁上的作用长度远小于梁的长度时，可简化为作用在梁的某截面，称为**集中力偶**，用 M 或者 M_e 表示，单位为 N · m（牛 · 米）。例如，阳台栏杆上的水平推力 F 可以简化为作用于阳台梁自由端处的一个集中力偶 $M = Fa$ 和一个水平集中力 F（图6-7）。

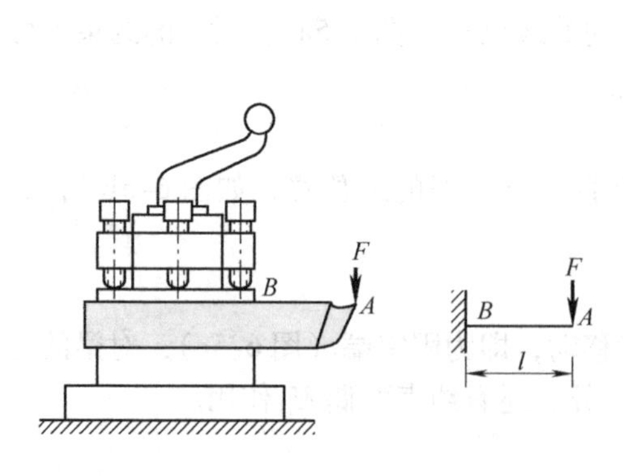

图 6-6 车刀受集中载荷

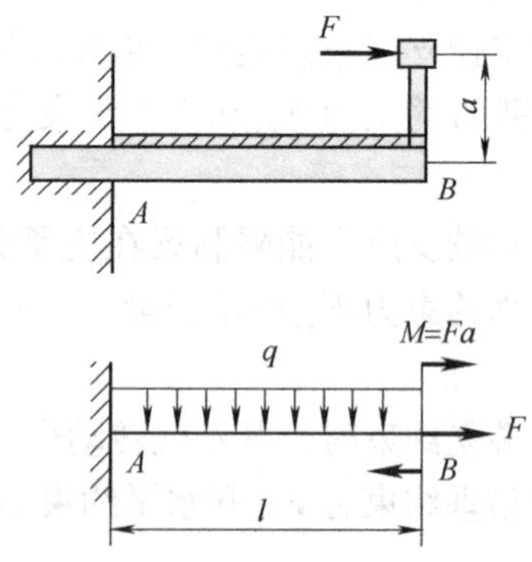

图 6-7 阳台栏杆受水平推力

三、静定梁的基本形式

在平面弯曲情况下，作用在梁上的外力（包括载荷和支座约束力）是一个平面力系。当梁上只有三个支座约束力时，可由平面力系的三个静力平衡方程将它们求出，这种梁称为**静定梁**。

常见的静定梁有下述三种类型。

1. 悬臂梁

梁的一端为固定，另一端自由，如图 6-8 所示。

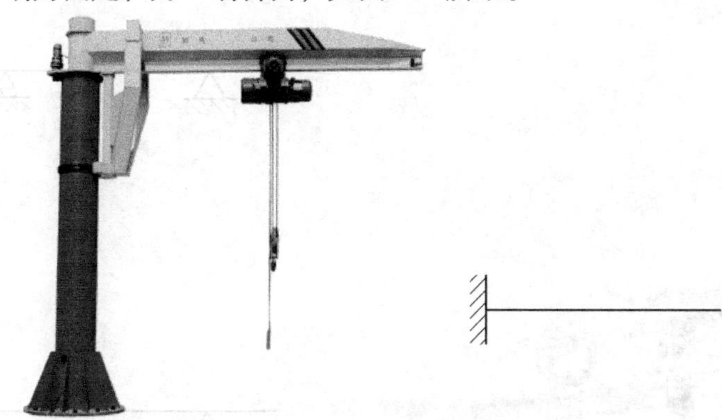

图 6-8　悬臂梁

2. 简支梁

梁的一端为固定铰支座，另一端为活动铰支座，如图 6-9 所示。

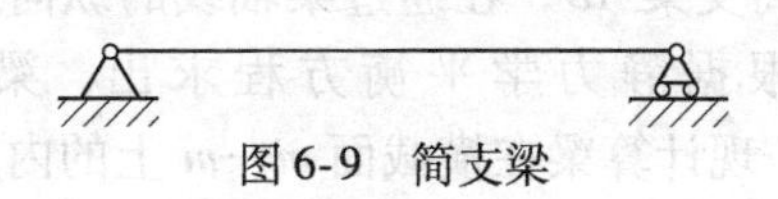

图 6-9　简支梁

3. 外伸梁

梁用一个活动铰支座和一个固定铰支座支承，梁的一端或两端伸出支座之外，如图 6-10 所示。

a)

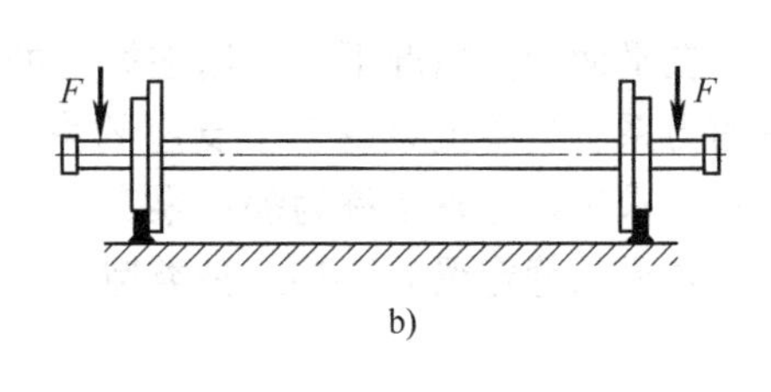

b)

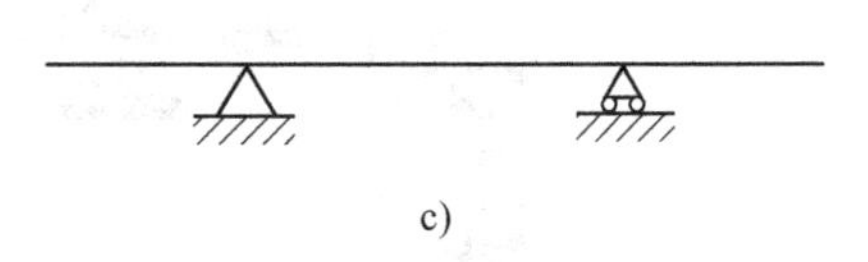

c)

d)

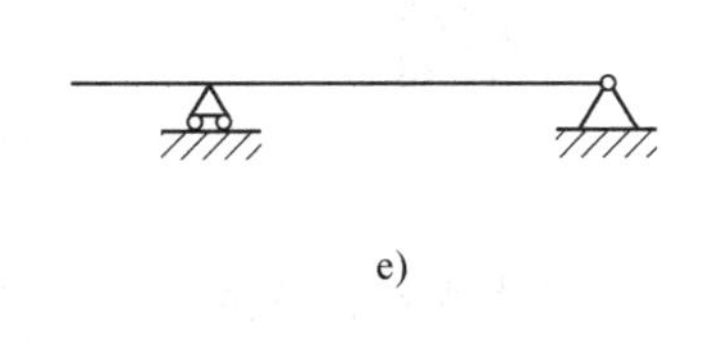

e)

图6-10 外伸梁

a）起重机横梁 b）火车轮轴 c）两端外伸
d）高速铁路架桥机 e）一端外伸

第二节 弯曲时的内力计算

图6-11a所示为一简支梁AB，在通过梁轴线的纵向对称平面内，作用有与轴线垂直的载荷F。根据静力学平衡方程求出，梁的支座约束力$F_A=F(1-a/l)$，$F_B=Fa/l$，现计算梁在横截面$m—m$上的内力。

应用截面法沿$m—m$截面将梁假想切开，分成左、右两段，取左侧梁段为研究对象，如图6-11b所示。右段梁对左段梁的作用，可用截面上的内力F_S、M来代替。F_S的作用线平行于横截面$m—m$，称为横截面的**剪力**。M为一内力偶矩，称为横截面的弯矩。由于整个 AB 梁处于平衡，所以左段梁 AC 也处于平衡。

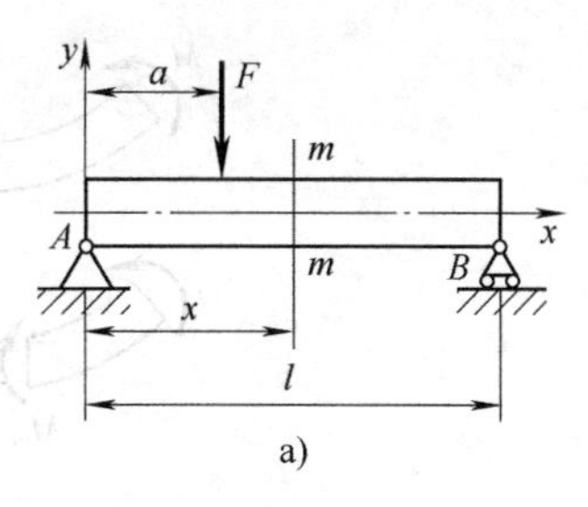

a)

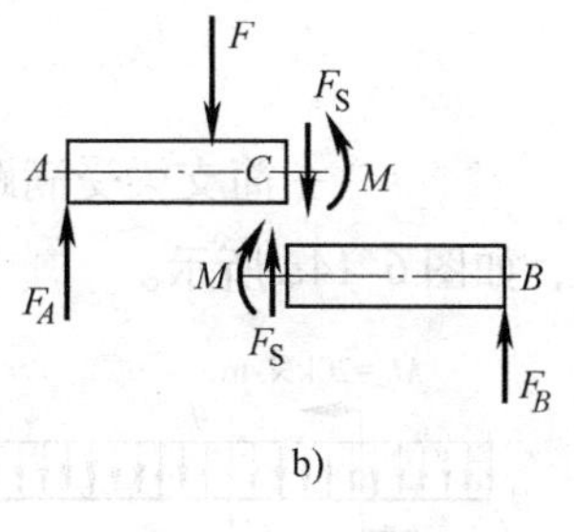

b)

图 6-11 简支梁

由静力平衡方程 $\sum_{i=1}^{n} F_{iy} = 0, F_A - F - F_S = 0$

得

$$F_S = F_A - F$$

对梁轴线与截面 m—m 的交点 C，由力矩平衡方程 $\sum_{i=1}^{n} M_C = 0,\ -F_A x + F(x-a) + M = 0$

得

$$M = F_A x - F(x-a)$$

同理，若取右段梁为研究对象（图 6-11b），用同样方法也可得横截面 m—m 上的剪力 F_S 和弯矩 M，它们在数值上与上述结果相同，但作用方向则相反。

为了使左、右两段梁求得同一横截面上的剪力和弯矩不仅数值相等，而且符号也相同，对剪力和弯矩符号做如下规定。

（1）剪力 使截面绕其内侧任一点有顺时针旋转趋势的剪力为正，如图 6-12a所示；反之为负，如图 6-12b 所示。

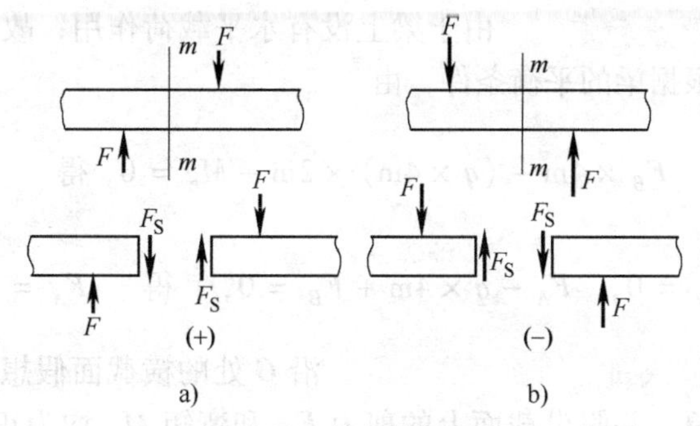

图 6-12 剪力符号规定

（2）弯矩 使受弯杆件下侧纤维受拉为正，如图 6-13a 所示；使受弯杆件上侧纤维受拉为负，如图 6-13b 所示。

为了方便运用，可记为：F 左上右下 F_S 为正，反之为负；凸面向下（碗口向上）M 为正，反之为负。

静力学列平衡方程中正负号的规定，与材料力学中上面按变形规定的正负号规定并不一致。为了避免符号的混乱，在求内力时，可假定截面上内力 F_S 和 M 均按变形规定取正号；代入平衡方程运算时沿用静力学中符号规则进行；结果为正说明假定方向正确，结果为负说明与假定方向相反。

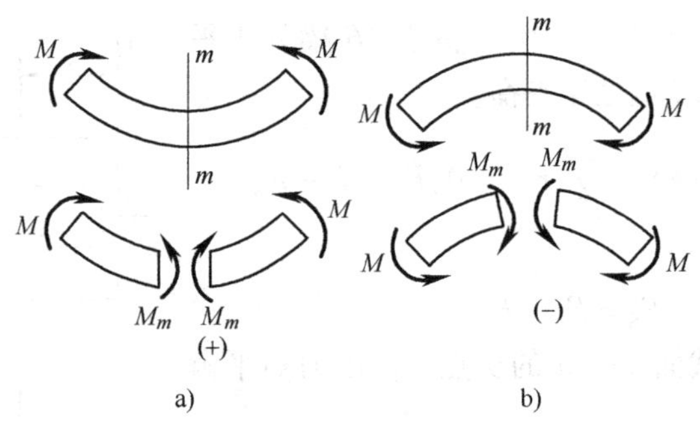

图6-13 弯矩符号规定

例6-1 一简支梁受满跨均布载荷 $q=30\text{kN/m}$ 和集中力偶 $M_e=20\text{kN}\cdot\text{m}$ 作用，如图6-14a所示。试求跨中 C 截面上的剪力 F_{SC} 和弯矩 M_C。

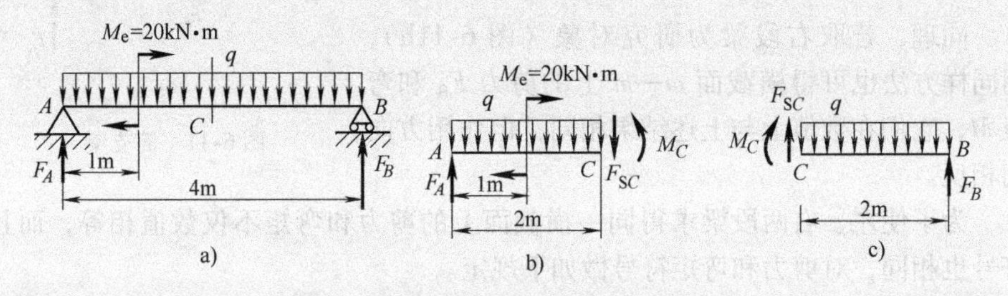

图6-14 例6-1图

解：(1) 求支座约束力 由于梁上没有水平载荷作用，故只有两个支座约束力 F_A 和 F_B。根据梁的平衡条件，由

$$\sum_{i=1}^{n} M_A = 0,\quad F_B\times4\text{m}-(q\times4\text{m})\times2\text{m}-M_e=0,\text{得}\quad F_B=65\text{kN}$$

$$\sum_{i=1}^{n} F_{iy}=0,\quad F_A-q\times4\text{m}+F_B=0,\quad\text{得}\quad F_A=55\text{kN}$$

(2) 求指定横截面上的剪力和弯矩 沿 C 处的横截面假想地将梁切开，取左段梁为研究对象，并假设截面上的剪力 F_{SC} 和弯矩 M_C 均为正号，如图6-14b所示。根据左段梁的平衡条件，由

$$\sum_{i=1}^{n} F_{iy}=0,\ F_A-q\times2\text{m}-F_{SC}=0,\quad\text{得}\quad F_{SC}=-5\text{kN}$$

$$\sum_{i=1}^{n} M_C(F_i)=0,\ M_C-F_A\times2\text{m}+q\times2\text{m}\times1\text{m}-M_e=0,\text{得}\quad M_C=70\text{kN}\cdot\text{m}$$

所得结果表明，剪力 F_{SC} 的方向与假设方向相反，为负剪力；弯矩 M_C 的转向与假设的转向相同，为正弯矩。

同理，读者也可以取右段梁为研究对象来计算 F_{SC} 和 M_C，受力如图 6-14c 所示，计算后可知所得结果相同。

对于用截面法求剪力、弯矩，无论取左段梁还是右段梁来计算，在同一截面上的内力是相同的。为使计算方便，通常取外力比较简单的一段梁作为研究对象。

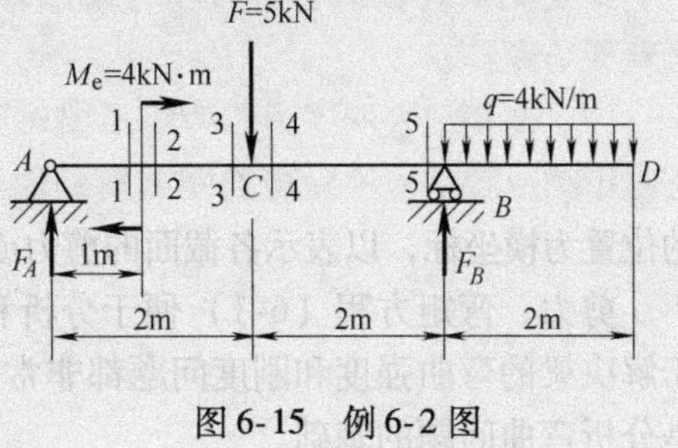

图 6-15　例 6-2 图

例 6-2　图 6-15 所示外伸梁的载荷为已知，试求图示 1—1、2—2、3—3、4—4、5—5 截面的剪力和弯矩。

解：（1）求梁的支座约束力　由静力平衡条件 $\sum_{i=1}^{n} M_A = 0$ 和 $\sum_{i=1}^{n} M_B = 0$，得

$$F_A = -0.5\text{kN},\ F_B = 13.5\text{kN}$$

（2）计算各指定截面的内力　对于截面 5—5，取该截面以右为研究对象，其余各截面均取相应截面以左为研究对象。

1—1　截面为从左侧无限接近 AC 中点的截面：

$$F_{S1} = F_A = -0.5\text{kN},\ M_1 = F_A \times 1\text{m} = -0.5\text{kN}\cdot\text{m}$$

2—2　截面为从右侧无限接近 AC 中点的截面：

$$F_{S2} = F_A = -0.5\text{kN},\ M_2 = F_A \times 1\text{m} + M_e = 3.5\text{kN}\cdot\text{m}$$

3—3　截面为从左侧无限接近 C 的截面：

$$F_{S3} = F_A = -0.5\text{kN},\ M_3 = F_A \times 2\text{m} + M_e = 3\text{kN}\cdot\text{m}$$

4—4　截面从右侧无限接近 C 的截面：

$$F_{S4} = F_A - F = -5.5\text{kN},\ M_4 = F_A \times 2\text{m} + M_e = 3\text{kN}\cdot\text{m}$$

5—5　截面为从左侧无限接近 B 的截面：

$$F_{S5} = q \times 2\text{m} - F_B = -5.5\text{kN},\ M_5 = -(q \times 2\text{m}) \times 1\text{m} = -8\text{kN}\cdot\text{m}$$

第三节　剪力图和弯矩图

一、剪力、弯矩方程与剪力、弯矩图

由以上分析可知，一般剪力和弯矩是随着截面的位置不同而变化。如果取梁的轴线为 x 轴，以坐标 x 表示横截面的位置，则剪力和弯矩可表示为 x 的函数，即

$$F_S = F_S(x),\quad M = M(x) \tag{6-1}$$

上述关系式表达了剪力和弯矩沿轴线变化的规律，分别称为梁的**剪力方程**和**弯矩方程**。

为了清楚地表明剪力和弯矩沿梁轴线变化的大小和正负，把剪力方程或弯矩方程用图线表示，称为**剪力图**或**弯矩图**。作图时按选定的比例，以横截面沿轴线的位置为横坐标，以表示各截面的剪力或弯矩为纵坐标，按方程（6-1）作图。

剪力、弯矩方程（6-1）便于分析和计算，剪力、弯矩图形象直观，两者对于解决梁的弯曲强度和刚度问题都非常重要。剪力、弯矩方程与剪力、弯矩图，是分析弯曲问题的基础。

例6-3 图6-16所示简支梁，跨度为l，在C截面受一集中力偶M作用。试列出梁的剪力方程$F_S(x)$和弯矩方程$M(x)$，并绘出梁AB的剪力图和弯矩图。

解：（1）求支座约束力 由静力平衡方程$\sum_{i=1}^{n} M_A = 0$和$\sum_{i=1}^{n} M_B = 0$，得

$$F_A = F_B = \frac{M}{l}$$

（2）列剪力方程和弯矩方程 由于集中力偶M作用在C处，全梁内力不能用一个方程来表示，故以C为界，分两段列出内力方程：

AC段
$$F_S(x) = F_A = \frac{M}{l} \qquad 0 < x \leqslant a \tag{1}$$

$$M(x) = F_A x = \frac{M}{l}x \qquad 0 \leqslant x < a \tag{2}$$

BC段
$$F_S(x) = F_A = \frac{M}{l} \qquad a \leqslant x < l \tag{3}$$

$$M(x) = F_A x - M = \frac{M}{l}x - M \qquad a < x \leqslant l \tag{4}$$

（3）画剪力图和弯矩图 由式（1）、式（3）画出剪力图，由式（2）、式（4）画出弯矩图，如图6-16所示。

例6-4 若图6-17所示的简支梁，载荷F及结构尺寸l已知，$AC = 0.4l$，试列出它的剪力方程和弯矩方程，并作剪力图和弯矩图。

解：（1）计算梁的支座约束力 取整个梁AB为研究对象。由平衡条件$\sum_{i=1}^{n} M_A = 0$和$\sum_{i=1}^{n} M_B = 0$，得

$$F_A = 0.6F,\quad F_B = 0.4F$$

（2）列出剪力方程和弯矩方程 以梁的左端A为坐标原点，选取坐标系如图6-17a所示。集中力F作用于C点，梁在AC和CB两段内的剪力和弯矩，不能用同一方程来表示，应分段考虑。

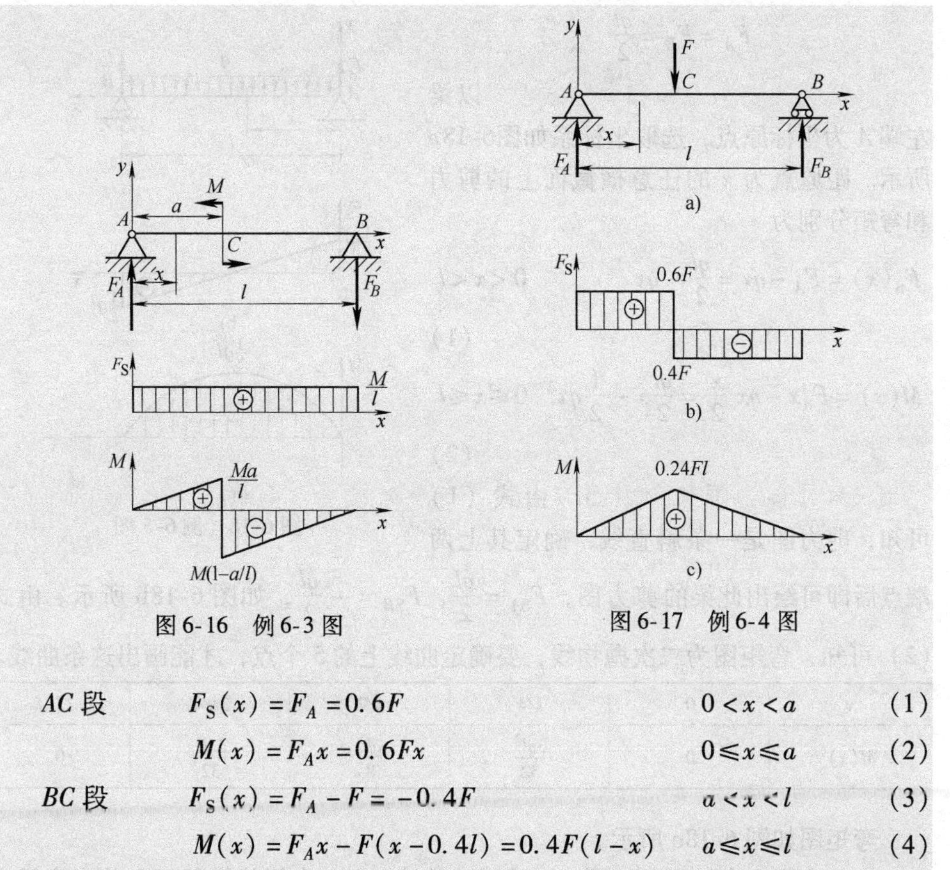

图 6-16　例 6-3 图　　　　图 6-17　例 6-4 图

AC 段　$F_S(x)=F_A=0.6F$　　$0<x<a$　(1)

$M(x)=F_Ax=0.6Fx$　　$0\leqslant x\leqslant a$　(2)

BC 段　$F_S(x)=F_A-F=-0.4F$　　$a<x<l$　(3)

$M(x)=F_Ax-F(x-0.4l)=0.4F(l-x)$　　$a\leqslant x\leqslant l$　(4)

（3）按方程分段作图　由剪力方程式（1）与式（3）可知，AC 段和 BC 段的剪力均为常数，所以剪力图是平行于 x 轴的直线。AC 段的剪力为正，剪力图在 x 轴上方；BC 段剪力为负，剪力图在 x 轴之下，如图 6-17b 所示。

由弯矩方程式（2）与式（4）可知，弯矩均为 x 的一次方程，所以弯矩图是两段斜直线。根据式（2）、式（4）确定三点：

$$x=0,\ M(x)=0$$

$$x=0.4l,\ M(x)=0.24Fl$$

$$x=l,\ M(x)=0$$

由这三点分别作出 AC 段与 BC 段的弯矩图，如图 6-17c 所示。

例 6-5　简支梁 AB 受集度为 q 的均布载荷作用，如图 6-18a 所示，作此梁的剪力图和弯矩图。

解：（1）求支座约束力　由载荷及支座约束力的对称性可知两个支座约束力相等，即

$$F_A=F_B=\frac{ql}{2}$$

（2）列出剪力方程和弯矩方程　以梁左端A为坐标原点，选取坐标系如图6-18a所示。距原点为x的任意横截面上的剪力和弯矩分别为

$$F_S(x)=F_A-qx=\frac{ql}{2}-qx \qquad 0<x<l \tag{1}$$

$$M(x)=F_Ax-qx\frac{x}{2}=\frac{ql}{2}x-\frac{1}{2}qx^2 \qquad 0\leqslant x\leqslant l \tag{2}$$

（3）作剪力图和弯矩图　由式（1）可知，剪力图是一条斜直线，确定其上两端点后即可绘出此梁的剪力图，$F_{SA}=\frac{ql}{2}$，$F_{SB}=-\frac{ql}{2}$，如图6-18b所示。由式（2）可知，弯矩图为二次抛物线，要确定曲线上的5个点，才能画出这条曲线。

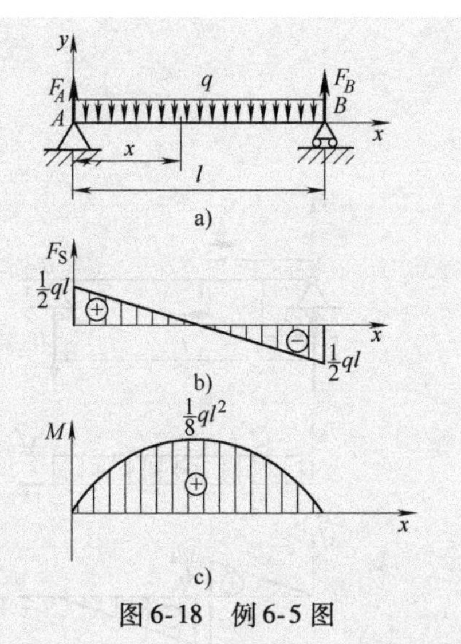

图6-18　例6-5图

x	0	$l/4$	$l/2$	$3l/4$	l
$M(x)$	0	$\frac{3ql^2}{32}$	$\frac{ql^2}{8}$	$\frac{3ql^2}{32}$	0

弯矩图如图6-18c所示。

由剪力图和弯矩图可以看出，在两个支座A、B内侧的横截面上剪力为最大值：$|F_S|_{max}=\frac{ql}{2}$。在梁跨度中点横截面上弯矩最大，为$M_{max}=\frac{1}{8}ql^2$；而在此截面上剪力$F_S=0$。

二、弯矩、剪力与分布载荷集度之间的微分关系

在例6-3、例6-4、例6-5中，若将$M(x)$的表达式对x取导数，就得到剪力$F_S(x)$。在例6-5中，若再将$F_S(x)$的表达式对x取导数，则得到载荷集度q。这里所得到的结果并不是偶然的。实际上，在载荷集度、剪力和弯矩之间存在着普遍的微分关系。现从一般情况出发加以论证。

设图6-19a所示简支梁受载荷作用，其中有载荷集度为$q(x)$的分布载荷。$q(x)$是x的连续函数，规定向上为正，选取坐标系xAy。用坐标为x和$x+dx$的两个相邻横截面$m—m$、$n—n$，从梁中取出长为dx的一段来研究，由于dx是微量，微段上的载荷集度$q(x)$可视为均布载荷，如图6-19b所示。

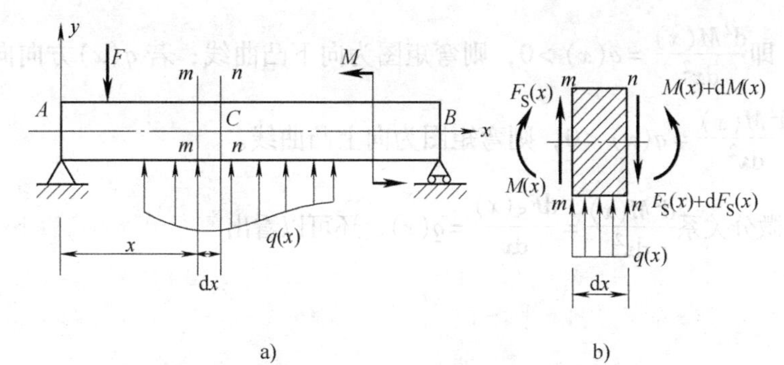

图6-19　载荷集度、剪力、弯矩之间的关系

设坐标为 x 的横截面上的内力为 $F_S(x)$ 和 $M(x)$，坐标为 $x+dx$ 的横截面上的内力为 $F_S(x)+dF_S(x)$ 和 $M(x)+dM(x)$。假设这些内力均为正值，且在 dx 微段内没有集中力和集中力偶作用。微段梁在上述各力作用下处于平衡。根据平衡条件 $\sum_{i=1}^{n} F_{iy}=0$，得

$$F_S(x)+q(x)dx-[F_S(x)+dF_S(x)]=0$$

从而

$$\frac{dF_S(x)}{dx}=q(x) \tag{6-2}$$

设坐标为 $x+dx$ 截面与梁轴线交点为 C，由 $\sum_{i=1}^{n} M_C=0$，得

$$M(x)+dM(x)-M(x)-F_S(x)dx-q(x)dx\frac{dx}{2}=0$$

略去二阶微量 $q(x)dx\frac{dx}{2}$，整理上式可得

$$\frac{dM(x)}{dx}=F_S(x) \tag{6-3}$$

将式（6-3）对 x 求一阶导数，并考虑到式（6-2），得

$$\frac{d^2M(x)}{dx^2}=\frac{dF_S(x)}{dx}=q(x) \tag{6-4}$$

式（6-4）就是载荷集度 $q(x)$、剪力 $F_S(x)$ 和弯矩 $M(x)$ 之间的微分关系。它表示：

1）横截面的剪力 $F_S(x)$ 对 x 的一阶导数，等于梁在该截面的载荷集度 $q(x)$，即剪力图上某点切线的斜率等于该点相应横截面上的载荷集度。

2）横截面的弯矩 $M(x)$ 对 x 的一阶导数，等于该截面上的剪力 $F_S(x)$，即弯矩图上某点切线的斜率等于该点相应横截面上的剪力。

3）横截面的弯矩 $M(x)$ 对 x 的二阶导数，等于梁在该截面的载荷集度 $q(x)$。由此表明弯矩图的变化形式与载荷集度 $q(x)$ 的正负值有关。若 $q(x)$ 方向向上

（正值），即$\frac{d^2M(x)}{dx^2}=q(x)>0$，则弯矩图为向下凸曲线；若$q(x)$方向向下（负值），即$\frac{d^2M(x)}{dx^2}=q(x)<0$，则弯矩图为向上凸曲线。

根据微分关系$\frac{d^2M(x)}{dx^2}=\frac{dF_S(x)}{dx}=q(x)$，还可以看出剪力和弯矩有以下规律：

1）无分布载荷作用的梁段内，$q(x)=0$，由$\frac{dF_S(x)}{dx}=q(x)=0$可知，$F_S(x)=$常量。

若$F_S(x)=0$，由$\frac{dM(x)}{dx}=F_S(x)=0$可知，$M(x)=$常量，弯矩图为平行于$x$轴的直线；若$F_S(x)$等于常数，剪力图为平行于$x$轴的直线，弯矩图为向上或向下倾斜的直线。

2）梁的某一段内有均布载荷作用，即$q(x)$等于常数，则剪力$F_S(x)$是x的一次函数，弯矩$M(x)$是x的二次函数。剪力图为斜直线；弯矩图为二次抛物线。

3）在集中力作用处，剪力图发生突变，突变量是集中力的大小。此处弯矩图出现尖角。

4）在集中力偶作用处，剪力图不受影响，而弯矩图发生突变，突变量是集中力偶的大小。

上述结论可用表6-1表示。利用剪力图和弯矩图的特点，可以定性地描绘剪力图和弯矩图，或校验剪力图和弯矩图。

表6-1 各种形式载荷作用下的剪力图和弯矩图

序号	载荷情况	剪力图	弯矩图
1)	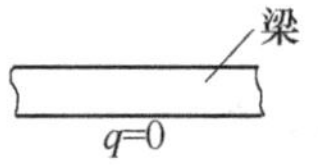 梁 $q=0$	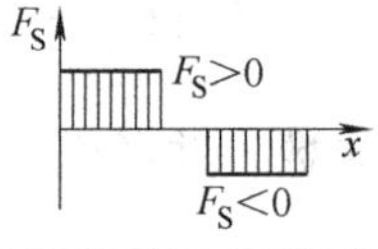 F_S $F_S>0$ $F_S<0$ x	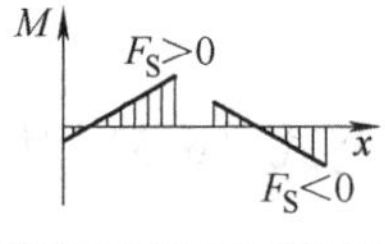 M $F_S>0$ $F_S<0$ x
2)	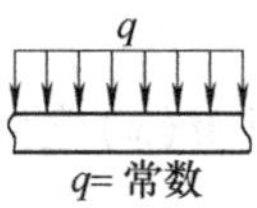 q $q=$常数	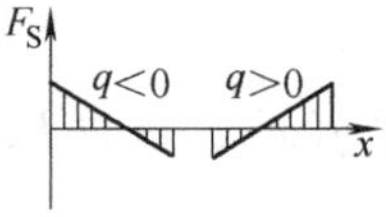 F_S $q<0$ $q>0$ x	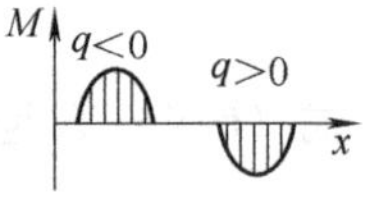 M $q<0$ $q>0$ x
3)	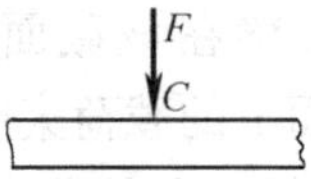 F C	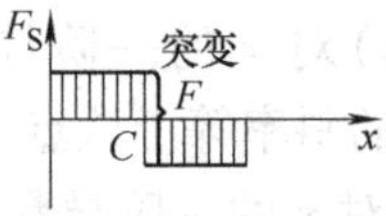 F_S 突变 F C x	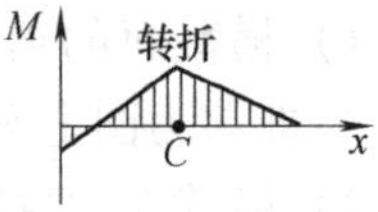 M 转折 C x
4)	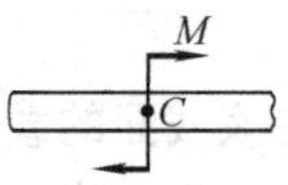 M C	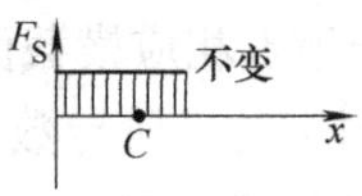 F_S 不变 C x	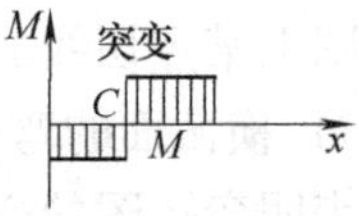 M 突变 C M x

例 6-6 简支梁 AB 在横截面 C 和 D 处各作用一集中载荷 F。如图 6-20a 所示，试利用剪力、弯矩与载荷集度间的微分关系绘制梁的剪力图和弯矩图。

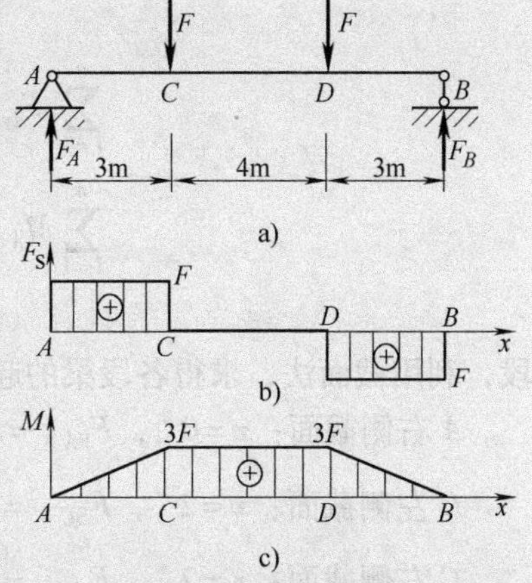

图 6-20 例 6-6 图

解：(1) 计算支座约束力 由对称性可知，A 与 B 端的支座约束力为 $F_A=F_B=F$。

(2) 求控制截面处的剪力和弯矩 根据载荷情况，将梁划分为 AC、CD、DB 三段，利用截面法，求得各段梁的起点和终点截面处的剪力和弯矩分别为

A 右侧截面：$x=0^+$，$F_{SA+}=F$，$M_{A+}=0$

C 左侧截面：$x=3^-$，$F_{SC-}=F$，$M_{C-}=3F$

C 右侧截面：$x=3^+$，$F_{SC+}=0$，$M_{C+}=3F$

D 左侧截面：$x=7^-$，$F_{SD-}=0$，$M_{D-}=3F$

D 右侧截面：$x=7^+$，$F_{SD+}=-F$，$M_{D+}=3F$

B 左侧截面：$x=10^-$，$F_{SB-}=-F$，$M_{B-}=0$

(3) 判断剪力图和弯矩图形状 由于 AC、CD、DB 三段梁上无分布载荷作用，故各段梁的剪力图均为水平直线。在 CD 段，由于剪力 $F_S=0$ 恒为零，故由式（6-3）知，该段的弯矩 M 为常数，即对应弯矩图应为水平直线；其他两段的弯矩图则均为斜直线。

(4) 画剪力图和弯矩图 根据上述结论，分段作出剪力图、弯矩图，分别如图6-20b、c 所示。

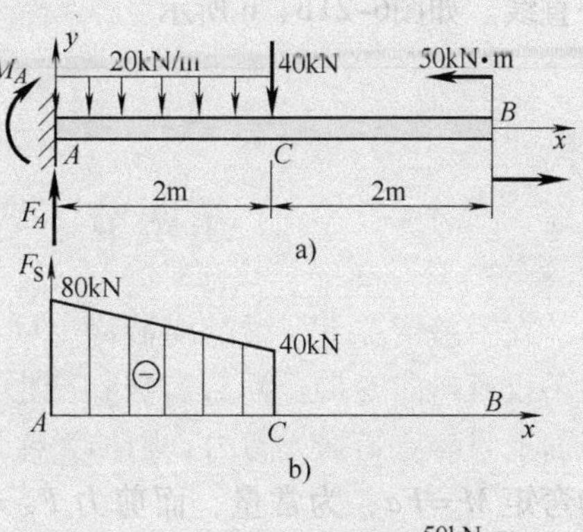

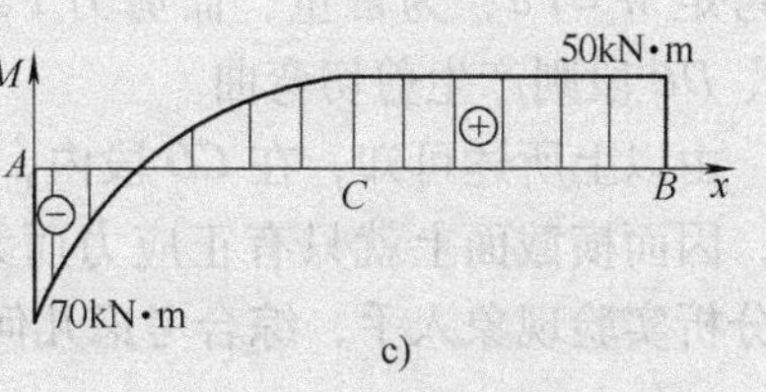

图 6-21 例 6-7 图

例 6-7 悬臂梁 AB 在横截面 C 处作用一集中载荷 $F=40\text{kN}$，B 处作用一集中力偶 $M=50\text{kN}\cdot\text{m}$，$AC$ 段受均布载荷 $q=20\text{kN/m}$，方向如图 6-21a 所示，试利用剪力、弯矩与载荷集度间的微分关系绘制梁的剪力图和弯矩图。

解：(1) 求支座约束力

$$\sum_{i=1}^{n} F_{iy} = 0, \quad F_A = 80\text{kN}$$

$$\sum_{i=1}^{n} M_A = 0, \quad M_A = -70\text{kN}\cdot\text{m}$$

(2) 求控制截面处的剪力和弯矩 根据载荷情况，将梁划分为 AC、CB 两段，利用截面法，求得各段梁的起点和终点截面处的剪力和弯矩分别为

A 右侧截面：$x=0^+$，$F_{SA+}=80\text{kN}$， $M_{A+}=-70\text{kN}\cdot\text{m}$

C 左侧截面：$x=2^-$，$F_{SC-}=40\text{kN}$， $M_{C-}=50\text{kN}\cdot\text{m}$

C 右侧截面：$x=2^+$，$F_{SC+}=0$， $M_{C+}=50\text{kN}\cdot\text{m}$

B 左侧截面：$x=4^-$，$F_{SB-}=0$， $M_{B-}=50\text{kN}\cdot\text{m}$

(3) 画剪力图和弯矩图 AC 段梁上存在分布载荷作用，故剪力图为连接 $A+$、$C-$ 两点剪力值的斜直线；因 $q<0$，由式（6-4）知，该段的弯矩图为开口向下的抛物线（上凸）。如图 6-21b、c 所示。

CB 段梁上无分布载荷作用，故梁的剪力图为水平直线。由于剪力 F_S 恒为零，故由式（6-3）知，该段的弯矩 $M=50\text{kN}\cdot\text{m}$ 为常数，即对应弯矩图应为水平直线。如图6-21b、c 所示。

第四节 弯曲时的正应力

在一般情况下，梁的横截面上同时存在着剪力和弯矩。剪力的存在，说明梁不仅有弯曲变形，而且有剪切变形。这种平面弯曲称为**剪切弯曲**。如果各横截面上只有弯矩而无剪力，则称为**纯弯曲**。如图6-22所示横梁，CD 段各横截面的弯矩 $M=Fa$，为常量，而剪力 $F_S=0$，所以梁的 CD 段产生纯弯曲变形，而 AC、DB 段则产生剪切弯曲。

由以上所述可知，在 CD 段内，梁的各个横截面上剪力等于零，而弯矩为常量，因而横截面上就只有正应力而无切应力。研究纯弯曲时的正应力，要从观察分析实验现象入手，综合考虑几何、物理和静力学三方面因素。

一、实验现象及假设

如图 6-23a 所示，取一矩形截面梁，在表面画上 ab 等一组纵向直线和 cd 等一组横向直线。在梁的两端施加一对大小相等、方向相反的力偶矩 M，使梁处

于纯弯曲状态，如图6-23b所示。从实验中观察到如下现象：

1）梁表面 cd 等一组横向直线变形后仍为直线，并与已变成弧线的 ab 等一组纵向直线正交，只是相对地转了一个角度。

2）纵向线变成圆弧线，位于中间位置的纵向线长度不变，上部的纵向线缩短，下部的纵向线伸长。

3）变形后横截面的高度不变，而宽度在纵向线伸长区减小，在纵向线缩短区增大，如图6-23b所示。

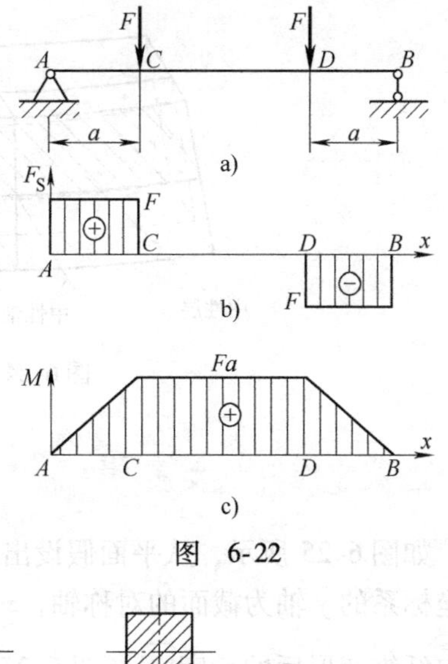

图　6-22

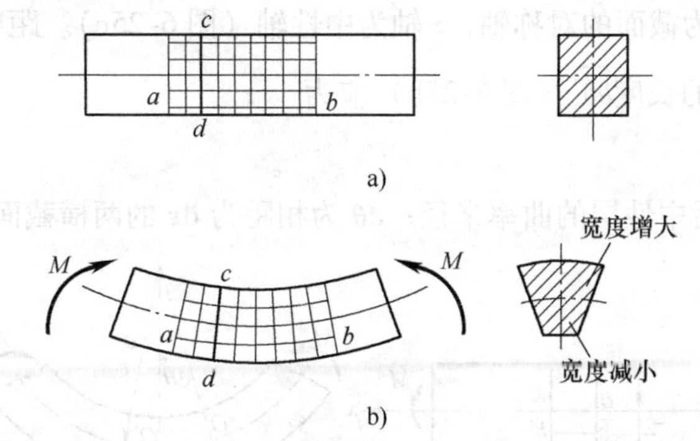

图6-23　梁的纯弯曲实验

从上述观察到的现象，可做如下假设：

1）**平面假设**：当梁的变形不大时，梁变形前的横截面，变形后仍保持为平面，并仍然垂直于变形后梁的轴线，只是绕横截面内的某一轴线旋转了一个角度。即横截面发生了“刚性”转动。

2）**单向受力假设**：梁的纵向“纤维”的变形只是简单的拉伸和压缩，各“纤维”之间无挤压作用。

上述假设已经被众多的实验和理论分析所证实。

根据平面假设，梁弯曲时上面部分纵向“纤维”缩短，下面部分纵向“纤维”伸长，由变形连续性假设可知，从缩短区到伸长区，其间必存在一层既不缩短也不伸长的过渡层，将这层长度不变的“纤维”层称为中性层（图6-24）。中性层与横截面的交线称为中性轴。平面弯曲时，梁的变形对称于纵向对称面，故中性轴必然垂直于截面的纵向对称轴（即图6-24中标注的横截面对称轴）。弯曲变形中，梁的横截面绕中性轴旋转。

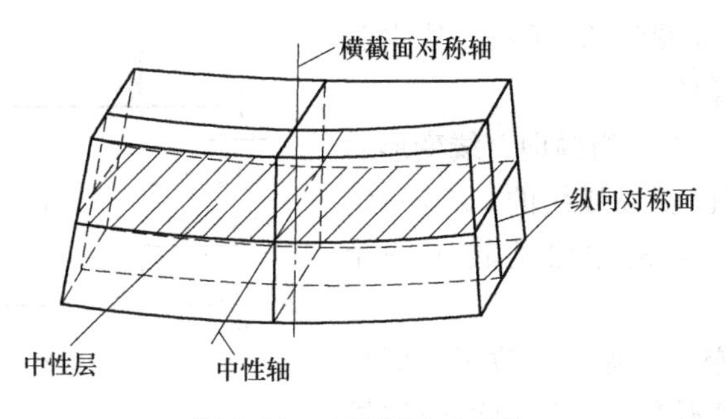

图 6-24 中性层和中性轴

二、变形几何关系

如图 6-25 所示，从平面假设出发，截取相距为 dx 的两横截面间的一段梁。取坐标系的 y 轴为截面的对称轴，z 轴为中性轴（图 6-25c）。距中性层为 y 处的纵向纤维变形后的长度$\widehat{bb'}$（图 6-25b）应为

$$\widehat{bb'}=(\rho+y)\mathrm{d}\theta$$

式中，ρ 为变形后中性层的曲率半径；dθ 为相距为 dx 的两横截面的相对转角。

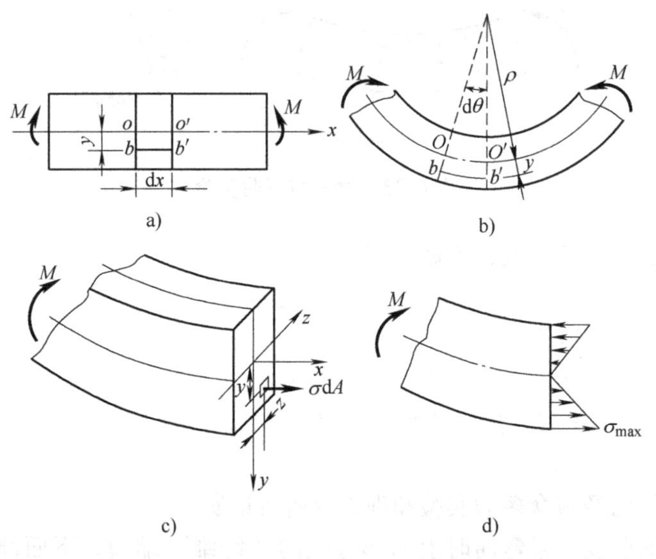

图 6-25 变形几何关系

纤维 bb'的原长度 dx，与长度不变的中性层内的纤维$\overline{OO'}$相等，即 d$x=\overline{OO'}=$ ρdθ。其线应变为

$$\varepsilon = \frac{\widehat{bb'} - \overline{OO'}}{\overline{OO'}} = \frac{(\rho + y)\mathrm{d}\theta - \rho\mathrm{d}\theta}{\rho\mathrm{d}\theta} = \frac{y}{\rho} \tag{1}$$

式（1）表明，同一横截面上各点的线应变 ε，与该点到中性轴的距离 y 成正比。距中性轴越远，线应变越大。

三、物理关系

根据纵向纤维假设，各纵向“纤维”处于单向受力状态。当应力不超过材料的比例极限时，应用胡克定律可得横截面上距中性轴为 y 处的正应力

$$\sigma = E\varepsilon = E\frac{y}{\rho} \tag{2}$$

式（2）表示了横截面上任一点的正应力分布规律。由此式可知，正应力 σ 与该点到中性轴的距离 y 成正比，在中性轴上的正应力 σ 为零，距中性轴等距离的同一横线上各点处的正应力相等。横截面上的正应力沿截面高度按直线变化，规律如图 6-25d 所示。

四、静力关系

式（2）虽然找到了正应力 σ 在横截面上的分布规律，但是中性轴的位置和曲率半径 ρ 未知，仍然不能用式（2）求出正应力的大小，所以需要用静力学关系来解决。

从图 6-25c 上看，横截面上的微内力 $\sigma\mathrm{d}A$ 组成一个与横截面垂直的空间平行力系，该平行力系只可能简化成三个内力分量：平行于 x 轴的轴力 $F_{\mathrm{N}} = \int_A \sigma\mathrm{d}A$，对 z 轴的力偶矩 $M_z = \int_A y\sigma\mathrm{d}A$，对 y 轴的力偶矩 $M_y = \int_A z\sigma\mathrm{d}A$。由于是纯弯曲状态，所以在横截面上只有弯矩 M_z 存在，轴力 F_{N} 和弯矩 M_y 均为零。即

$$F_{\mathrm{N}} = \int_A \sigma\mathrm{d}A = 0 \tag{3}$$

$$M_y = \int_A z\sigma\mathrm{d}A = 0 \tag{4}$$

$$M_z = \int_A y\sigma\mathrm{d}A = M \tag{5}$$

将式（2）代入式（3），得

$$\int_A \sigma\mathrm{d}A = \frac{E}{\rho}\int_A y\mathrm{d}A = 0 \tag{6}$$

式（6）中的积分 $\int_A y\mathrm{d}A = Ay_C$，是横截面对 z 轴的静矩 S_z（见第五章），y_C 为截面形心在 y 轴上的坐标。由于 $E \neq 0$，弯曲时 ρ 不能为无穷大，故为了满足式（6）必须要求 $S_z = 0$。$S_z = Ay_C$，面积 $A \neq 0$，故必有 $y_C = 0$，即形心 C 在中性

轴 z 上。也就是说，中性轴 z 必通过截面的形心。将式（2）代入式（4），得

$$\int_A z\sigma \mathrm{d}A = \frac{E}{\rho}\int_A yz\mathrm{d}A = 0$$

由第五章可知，上式中的积分 $\int_A yz\mathrm{d}A = I_{yz}$，是横截面对 y 轴和 z 轴的惯性积。由于 y 轴是横截面的对称轴，必然有 $I_{yz}=0$，故上式自然满足。

以式（2）代入式（5），并用 M 代替 M_z 得到

$$M = \int_A y\sigma \mathrm{d}A = \frac{E}{\rho}\int_A y^2\mathrm{d}A$$

由第五章可知，上式中的积分 $\int_A y^2\mathrm{d}A = I_z$，$I_z$ 为横截面对中性轴的惯性矩。于是上式可写成

$$\frac{1}{\rho} = \frac{M}{EI_z} \tag{6-5}$$

式（6-5）为用曲率表示的弯曲变形公式，也称**梁弯曲变形的基本公式**。

式（6-5）说明，在弯矩 M 一定时，EI_z 越大，曲率越小，梁不易变形。因此，EI_z 是梁抵抗弯曲变形能力的度量，故称为梁的**抗弯刚度**。

将式（6-5）代入式（2），得到梁纯弯曲时横截面上正应力计算公式

$$\sigma = \frac{My}{I_z} \tag{6-6}$$

式（6-6）表明，梁横截面上任一点的正应力 σ，与截面上弯矩 M 和该点到中性轴的距离 y 成正比，与截面对中性轴的惯性矩 I_z 成反比。

应用式（6-6）时，M 及 y 均可用绝对值代入。至于所求点的正应力是拉应力还是压应力，可根据梁的变形情况而定。

工程中最感兴趣的是梁横截面上的最大正应力，当 $y=y_{\max}$ 时，梁的截面最外边缘上各点处正应力达到最大值，即

$$\sigma_{\max} = \frac{M}{I_z}y_{\max} \tag{6-7}$$

令

$$W_z = \frac{I_z}{y_{\max}} \tag{6-8}$$

W_z 称为梁的**抗弯截面系数**。它只与截面的几何形状有关，单位为 mm^3 或 m^3。于是梁横截面上的最大弯曲正应力

$$\sigma_{\max} = \frac{M}{W_z} \tag{6-9}$$

当梁横截面形状对称于中性轴时，最大拉应力与最大压应力相等。但当梁的横截面对中性轴不对称时，如图 6-26 中的 T 形截面，其最大拉应力 $\sigma_{\max}^{+}$ 和最

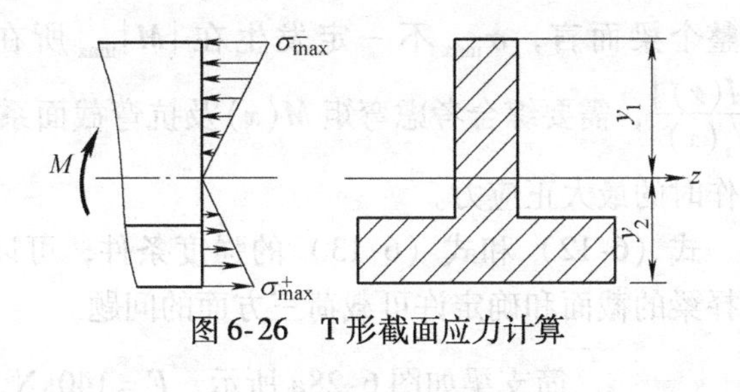

图 6-26　T 形截面应力计算

大压应力 σ^-_{max} 并不相等，这时应分别把 y_1 和 y_2 代入式（6-7），计算最大拉应力和最大压应力分别为

$$\sigma^+_{max}=\frac{M}{I_z}y_2,\ \sigma^-_{max}=\frac{M}{I_z}y_1 \tag{6-10}$$

在上述公式的推导过程中，应用了胡克定律，故在使用时其应力值不能超过材料的比例极限。

工程中常见的梁，许多处于剪切弯曲变形，而式（6-5）~式（6-7）是在纯弯曲时导出的，但试验和弹性理论的研究都表明，对于梁长大于 5 倍梁高的情形，剪力对正应力分布规律的影响很小，上述公式计算得到的正应力已足够精确。

第五节　正应力强度计算

建立梁的弯曲正应力强度条件

$$\sigma\leqslant[\sigma] \tag{6-11}$$

即梁的最大工作正应力不得超过材料的许用应力[σ]。

对于低碳钢等塑性材料，其抗拉和抗压的许用应力相等。为了使横截面上最大拉应力和最大压应力同时达到其许用应力，通常将梁的截面做成与中性轴对称的形状。如图 6-27 所示的工字形、圆形和箱形等。其强度条件为

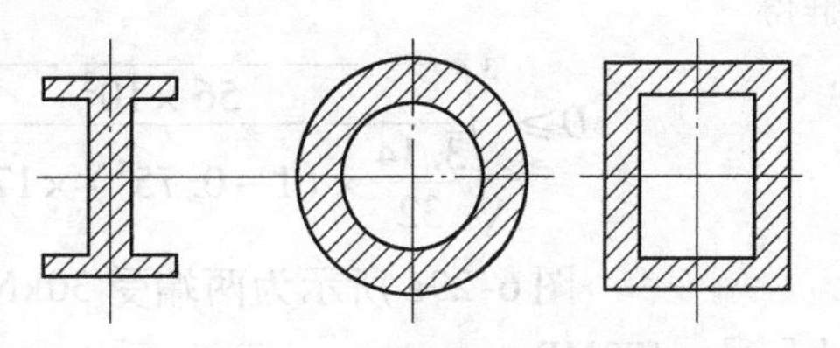
图 6-27　与中性轴对称的形状

$$\sigma_{max}=\frac{|M|_{max}}{W_z}\leqslant[\sigma] \tag{6-12}$$

由于脆性材料抗拉与抗压的许用应力不同，为了充分利用材料，工程上常把梁的横截面做成与中性轴不对称的形状，例如 T 形截面（图 6-26）等。其最大拉应力值和最大压应力值可由式（6-10）求得。故强度条件为

$$\sigma^+_{max}\leqslant[\sigma^+],\quad \sigma^-_{max}\leqslant[\sigma^-] \tag{6-13}$$

式中，$[\sigma^+]$ 表示抗拉许用应力；$[\sigma^-]$ 表示抗压许用应力。

对于变截面梁，例如阶梯形梁、鱼腹梁等，抗弯截面系数 W_z 不再是常量，

对整个梁而言，$\sigma_{\max}$不一定发生在$|M|_{\max}$所在截面上。所以，对于$\sigma_{\max}=\dfrac{|M(x)|}{W_z(x)}$，需要综合考虑弯矩$M(x)$及抗弯截面系数$W_z(x)$两个因素来确定全梁工作时的最大正应力。

式（6-12）和式（6-13）的强度条件，可以解决工程中梁弯曲强度校核、选择梁的截面和确定许可载荷三方面的问题。

例6-8 简支梁如图6-28a所示，$F=140\text{kN}$，梁由空心圆管制成，$\alpha=\dfrac{d}{D}=0.75$，跨度$AB=1.6\text{m}$，$AC=CB$。材料许用应力$[\sigma]=170\text{MPa}$。试确定梁的内径d和外径D。

解：由对称性得到$F_A=F_B=\dfrac{F}{2}=70\text{kN}$，画出图6-28c所示的弯矩图，$C$截面出现最大弯矩

$$M_{\max}=56\text{kN}\cdot\text{m}$$

梁的抗弯截面系数 $$W_z=\frac{\pi D^3}{32}(1-\alpha^4)$$

根据正应力强度条件

$$\sigma_{\max}=\frac{|M|_{\max}}{W_z}=\frac{56\times10^3\text{N}\cdot\text{m}}{\dfrac{3.14\times D^3}{32}\times(1-0.75^4)}\leqslant[\sigma]=170\text{MPa}$$

解得

$$D\geqslant\sqrt[3]{\frac{56\times10^3}{\dfrac{3.14}{32}\times(1-0.75^4)\times170\times10^6}}\text{m}=0.17\text{m}=170\text{mm}$$

例6-9 图6-29a所示为两端受30kN作用的外伸梁，采用工字钢，许用应力$[\sigma]=170\text{MPa}$。试确定工字钢型号。

解：1）根据静力学平衡方程可求出支座约束力，作简支梁的弯矩图，如图6-29b所示。由弯矩图可知，最大弯矩发生在梁的BC段，其值为$|M|_{\max}=30\text{kN}\cdot\text{m}$。

2）根据强度条件确定工字钢型号。

由$\sigma_{\max}=\dfrac{|M|_{\max}}{W_z}\leqslant[\sigma]$得到

$$W_z\geqslant\frac{|M|_{\max}}{[\sigma]}=\frac{30\times10^3}{170\times10^6}\text{m}^3=1.765\times10^{-4}\text{m}^3=176.5\text{cm}^3$$

查附录热轧型钢表4，得18号工字钢$W_z=185\text{cm}^3$，故选用18号工字钢。

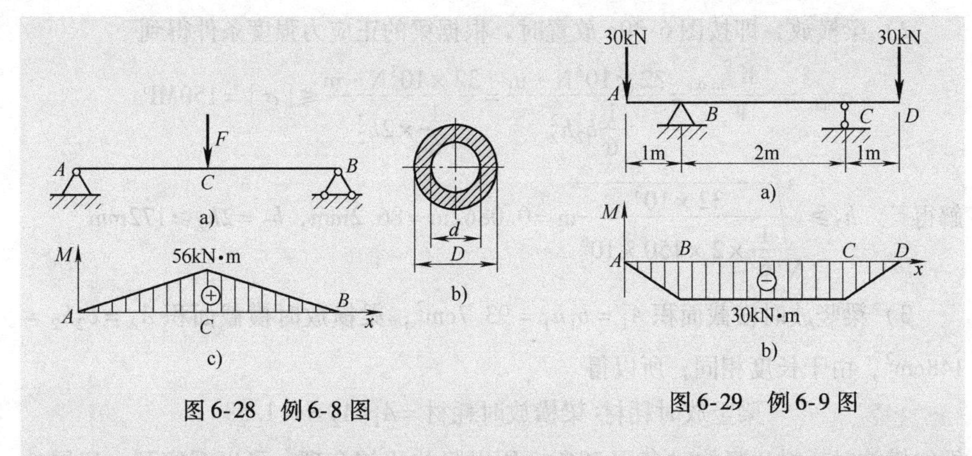

图 6-28　例 6-8 图

图 6-29　例 6-9 图

例 6-10　图 6-30a 所示钢制等截面简支梁，长 $l = 8\text{m}$，受到均布载荷 $q = 4\text{kN/m}$ 的作用。材料的许用应力 $[\sigma] = 150\text{MPa}$。试求：1）梁竖放（$h_1 = 2b_1$）时的截面尺寸；2）梁横放（$h_2 = 0.5b_2$）时的截面尺寸；3）如何放置比较合理？

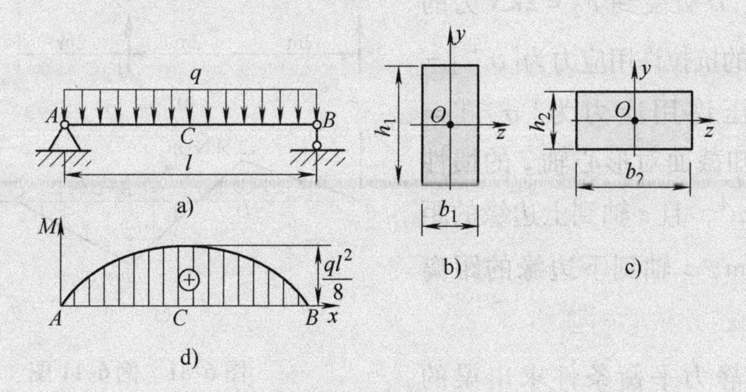

图 6-30　例 6-10 图

解：作弯矩图如图 6-30d 所示，危险截面在梁的跨中，其最大弯矩

$$M_C = \frac{ql^2}{8} = 32\text{kN} \cdot \text{m}$$

1）梁竖放，即按图 6-30b 放置时，根据梁的正应力强度条件得到

$$\sigma_{\max} = \frac{|M|_{\max}}{W_z} = \frac{32 \times 10^3 \text{N} \cdot \text{m}}{\frac{1}{6} b_1 h_1^2} = \frac{32 \times 10^3 \text{N} \cdot \text{m}}{\frac{1}{6} \times 4b_1^3} \leqslant [\sigma] = 150\text{MPa}$$

解得　$b_1 \geqslant \sqrt[3]{\dfrac{32 \times 10^3}{\frac{1}{6} \times 4 \times 150 \times 10^6}}\text{m} = 0.0684\text{m} = 68.4\text{mm}$，$h_1 = 2b_1 \geqslant 137\text{mm}$

2）梁横放，即按图6-30c放置时，根据梁的正应力强度条件得到

$$\sigma_{\max}=\frac{|M|_{\max}}{W_z}=\frac{32\times10^3\text{N}\cdot\text{m}}{\frac{1}{6}b_2h_2^2}=\frac{32\times10^3\text{N}\cdot\text{m}}{\frac{1}{6}\times2h_2^3}\leqslant[\sigma]=150\text{MPa}$$

解得 $h_2\geqslant\sqrt[3]{\dfrac{32\times10^3}{\frac{1}{6}\times2\times150\times10^6}}\text{m}=0.0862\text{m}=86.2\text{mm}$，$b_2=2h_2\geqslant172\text{mm}$

3）梁竖放时横截面积 $A_1=b_1h_1=93.7\text{cm}^2$，梁横放时横截面积 $A_2=b_2h_2=148\text{cm}^2$，由于长度相同，所以得

$$\text{梁竖放时耗材:梁横放时耗材}=A_1:A_2=1:1.58$$

即梁横放时耗材比竖放时多用58%，所以竖放比较合理。可以观察到，房屋的横梁基本上都是竖放的。

例6-11 如图6-31所示，T形截面铸铁梁长 $3l=6\text{m}$，C 处受到 $F_1=4.5\text{kN}$、D 处受到 $F_2=2\text{kN}$ 力的作用。铸铁的抗拉许用应力为 $[\sigma^+]=30\text{MPa}$，抗压许用应力为 $[\sigma^-]=50\text{MPa}$。已知截面对形心轴 z 的惯性矩 $I_z=735\text{cm}^4$，且 z 轴到上边缘的距离 $y_1=45\text{mm}$，z 轴到下边缘的距离 $y_2=82\text{mm}$。试校核梁的强度。

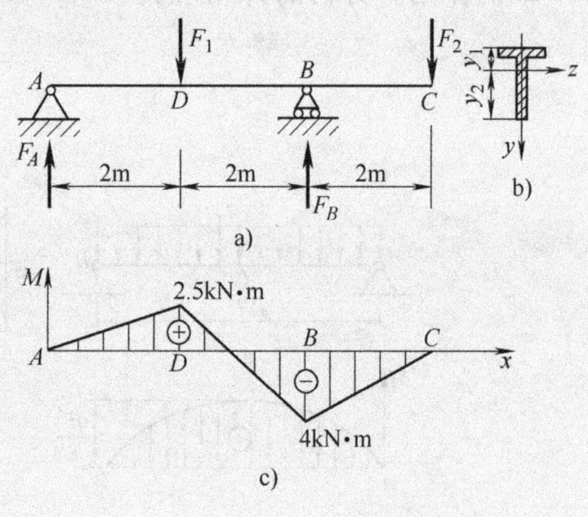

图6-31 例6-11图

解：由静力平衡条件求出梁的支座约束力为

$$F_A=1.25\text{kN},\ F_B=5.25\text{kN}$$

作弯矩图（图6-31c），最大正弯矩在截面 D 上，$M_D=2.5\text{kN}\cdot\text{m}$；最大负弯矩在截面 B 上，$M_B=-4.0\text{kN}\cdot\text{m}$。

截面对中性轴不对称，可用式（6-10）计算应力。

1）在截面 D 上，最大拉应力发生于截面的下边缘各点处：

$$\sigma_D^+=\frac{M_Dy_2}{I_z}=\frac{2.5\times10^3\times82\times10^{-3}}{735\times10^{-8}}\text{Pa}$$

$$=2.79\times10^7\text{Pa}=27.9\text{MPa}$$

最大压应力发生于截面的上边缘各点处：

$$\sigma_D^- = \frac{M_D y_1}{I_z} = \frac{2.5 \times 10^3 \times 45 \times 10^{-3}}{735 \times 10^{-8}} \text{Pa} = 1.53 \times 10^7 \text{Pa} = 15.3\text{MPa}$$

2)在截面 B 上,最大拉应力发生于截面的上边缘各点处:

$$\sigma_B^+ = \frac{M_B y_1}{I_z} = \frac{4 \times 10^3 \times 45 \times 10^{-3}}{735 \times 10^{-8}} \text{Pa} = 2.45 \times 10^7 \text{Pa} = 24.5\text{MPa}$$

最大压应力发生于截面的下边缘各点处:

$$\sigma_B^- = \frac{M_B y_2}{I_z} = \frac{4 \times 10^3 \times 82 \times 10^{-3}}{735 \times 10^{-8}} \text{Pa} = 4.46 \times 10^7 \text{Pa} = 44.6\text{MPa}$$

对于整个梁而言,最大拉应力在截面 D 的下边缘各点处,$\sigma_{max}^+ = 27.9\text{MPa}$;最大压应力发生于 B 截面的下边缘各点处,$\sigma_{max}^- = 44.6\text{MPa}$。

校核梁的强度

$$\sigma_{max}^+ = 27.9\text{MPa} < [\sigma^+] = 30\text{MPa}$$

$$\sigma_{max}^- = 44.6\text{MPa} < [\sigma^-] = 50\text{MPa}$$

故满足梁的强度条件。

第六节　弯曲切应力

工程中遇到的大多数梁，不是纯弯曲，而是横力弯曲。也就是说，梁的内力包括弯矩和剪力，截面上存在正压力和切应力。在弯曲问题中，一般对细长梁来说，正应力是强度计算主要因素。但对于如跨度短而截面大的梁、腹板较薄的工字梁、载荷距支座较近的梁等，可能发生由弯曲切应力引起的破坏，由此需要计算弯曲时梁的切应力。

弯曲切应力的分布规律要比正应力复杂。横截面形状不同，切应力分布情况也就不同。对于简单形状的截面，可以直接就弯曲切应力分布规律做出合理的假设，利用静力学关系建立起相应的计算公式。但对于形状复杂的截面，要对弯曲切应力的分布规律做出合理的假设是困难的，需利用弹性力学理论或实验比拟方法进行研究。

本节介绍几种常见的简单形状截面梁弯曲切应力的分布规律，并直接给出相应的计算公式。

一、矩形截面梁的切应力

图 6-32a 所示为一受横向载荷的矩形截面梁，为求任意截面上的切应力 τ，

做如下假设：

1）截面上任一点切应力 τ 的方向均平行于剪力 F_S。

2）切应力 τ 沿矩形截面的宽度 b 均匀分布，即切应力 τ 的大小只与 y 坐标有关。

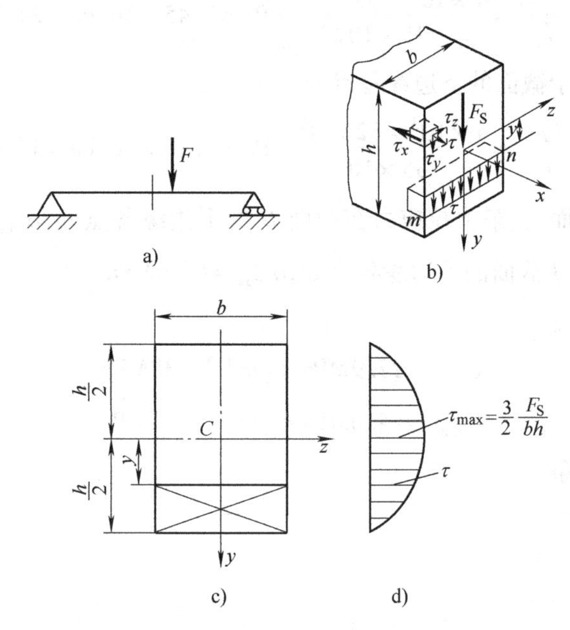

图6-32　矩形截面上的切应力

根据上述假设，1855年俄国铁路工程师儒拉夫斯基（Д. И. Журавскнй）研究得出，在横截面上距中性轴为 y 处的切应力为

$$\tau=\frac{F_S S_z^*}{I_z b} \tag{6-14}$$

式中，F_S 为横截面上的剪力；I_z 为横截面对中性轴的惯性矩；b 为截面宽度；S_z^* 为距中性轴为 y 的横线以外部分的横截面面积对中性轴的面积矩（图6-32c）。式（6-14）简易可靠，至今仍得到广泛应用。

在图6-32c中，距中性轴为 y 处横线以下面积对中性轴的面积矩为

$$S_z^*=b\left(\frac{h}{2}-y\right)\times\left(y+\frac{0.5h-y}{2}\right)=\frac{b}{2}\left(\frac{h^2}{4}-y^2\right)$$

由于 $I_z=\frac{bh^3}{12}$，故式（6-14）改写为

$$\tau=\frac{F_S S_z^*}{I_z b}=\frac{F_S\,\frac{b}{2}\left(\frac{h^2}{4}-y^2\right)}{\frac{bh^3}{12}b}=\frac{6F_S}{bh^3}\left(\frac{h^2}{4}-y^2\right) \tag{6-15}$$

式（6-15）表明，τ 沿矩形截面高度 y 按二次抛物线规律变化，如图 6-32d 所示。在横截面的上、下边缘处，$y=\pm\frac{h}{2}$，$\tau=0$。在中性轴上，$y=0$，出现最大切应力

$$\tau_{max}=\frac{3}{2}\frac{F_S}{bh} \tag{6-16}$$

式（6-16）说明矩形截面梁的最大切应力为平均切应力的 1.5 倍。

对矩形截面梁，切应力强度条件为

$$\tau_{max}=\frac{3}{2}\frac{F_{Smax}}{bh}\leqslant[\tau] \tag{6-17}$$

二、圆形截面梁

当梁的横截面为圆形时，截面边缘上各点的切应力不平行于剪力 F_S，而是与圆周相切，如图 6-33a 所示。AB 弦上的最大切应力在端点 A 或 B，切应力为

$$\tau=\frac{F_S R\sqrt{R^2-y^2}}{3I_z} \tag{6-18}$$

式中，F_S 为横截面上的剪力；I_z 为横截面对中性轴 z 的惯性矩，$I_z=\frac{\pi d^4}{64}=\frac{\pi R^4}{4}$；$R$ 为圆半径；y 为距中性轴的距离。

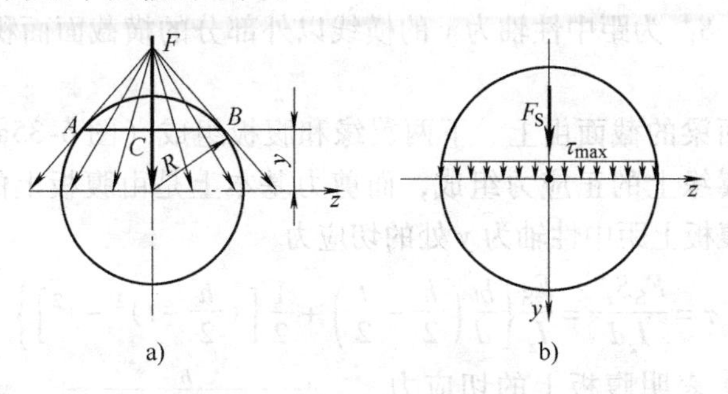

图 6-33　圆形截面上的切应力

在中性轴上，$y=0$，代入式（6-18）得到切应力最大值为

$$\tau_{max}=\frac{F_S R\sqrt{R^2-0^2}}{3\cdot\frac{\pi R^4}{4}}=\frac{4F_S}{3\pi R^2}=\frac{4}{3}\frac{F_S}{A} \tag{6-19}$$

式中，A 为圆截面面积。

圆形截面上的最大切应力 τ_{max} 发生在中性轴上，为平均切应力 F_S/A 的 4/3倍。

三、薄壁截面梁的切应力

工程上常采用工字形、槽形、薄壁圆环和其他形状的薄壁截面梁，如图6-34所示，它们的壁厚与截面的其他尺寸相比小很多。做如下假设：

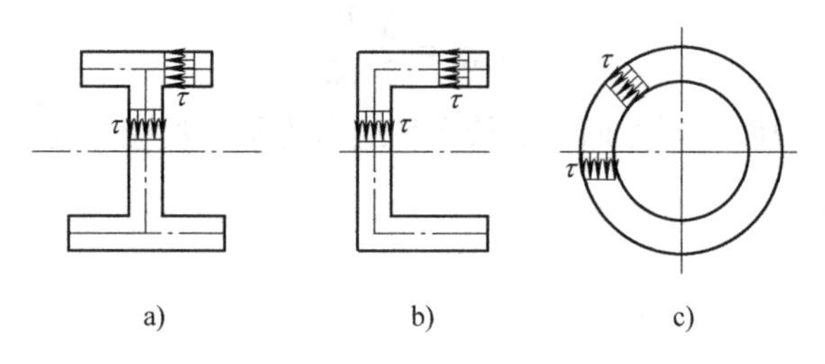

图6-34 薄壁截面

1）弯曲切应力平行于截面侧边。

2）弯曲切应力沿壁厚方向均匀分布。

薄壁杆件横截面上的切应力，可按照与矩形截面相同的方法来确定。薄壁截面切应力公式为

$$\tau=\frac{F_{\mathrm{S}}S_z^*}{I_z d} \tag{6-20}$$

式中，F_{S} 为横截面上的剪力；I_z 为横截面对中性轴的惯性矩；d 为欲求切应力处的截面厚度；S_z^* 为距中性轴为 y 的横线以外部分的横截面面积对中性轴 z 的面积矩。

工字形截面梁的截面由上、下两翼缘和腹板组成（图6-35a），研究表明，弯矩主要是由翼缘上的正应力组成，而剪力基本上是由腹板上的切应力组成。工字形截面梁腹板上距中性轴为 y 处的切应力

$$\tau=\frac{F_{\mathrm{S}}S_z^*}{I_z d}=\frac{F_{\mathrm{S}}}{I_z}\left\{\frac{bt}{d}\left(\frac{h}{2}-\frac{t}{2}\right)+\frac{1}{2}\left[\left(\frac{h}{2}-t\right)^2-y^2\right]\right\} \tag{6-21}$$

式（6-21）表明腹板上的切应力按抛物线规律变化，如图6-35b所示。

最大弯曲切应力 $\tau_{\max}$ 发生在中性轴上，即 $y=0$ 处，故

$$\tau_{\max}=\frac{F_{\mathrm{S}}}{I_z}\left[\frac{bt}{d}\left(\frac{h}{2}-\frac{t}{2}\right)+\frac{1}{2}\left(\frac{h}{2}-t\right)^2\right] \tag{6-22}$$

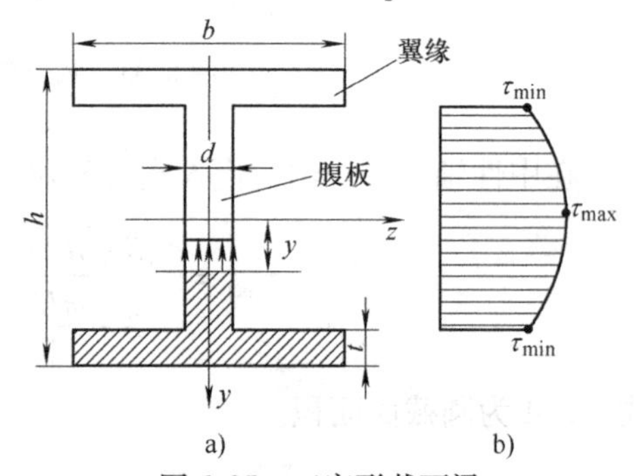

图6-35 工字形截面梁

计算表明，腹板上最大切应力 $\tau_{\max}$ 与最小切应力 $\tau_{\min}$ 相差不大，当腹

板厚度 d 远小于翼缘宽度 b 时，腹板上的切应力可认为均匀分布。由于工字钢腹板上切应力的合力与截面剪力 F_S 十分接近（例如 18 号工字钢腹板上切应力合力为 $0.945F_S$），故工程中常将剪力除以腹板面积来近似地计算工字形截面梁的最大切应力。即

$$\tau_{max} \approx \frac{F_S}{d(h-2t)} \tag{6-23}$$

对于薄壁圆环形截面梁，壁厚 t 远小于圆环平均半径 R。横截面上的弯曲切应力方向沿圆环切线方向，切应力沿厚度均匀分布，如图 6-36 所示。最大弯曲切应力在截面中性轴上，其值约为

$$\tau_{max} = 2\frac{F_S}{A} \tag{6-24}$$

式中，A 为梁横截面面积，$A=2\pi Rt$。

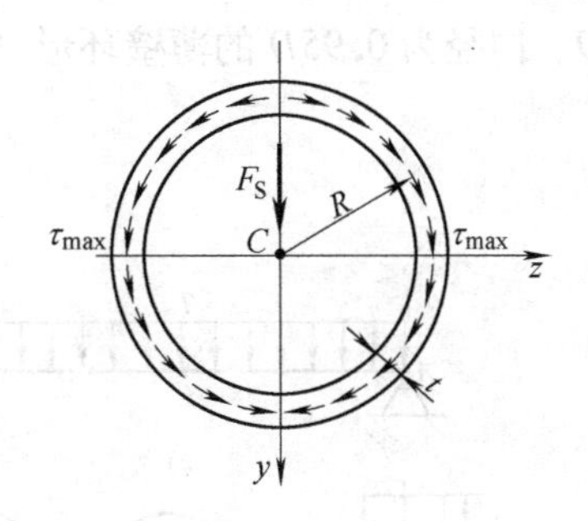

图 6-36　薄壁圆环形截面梁切应力分布

四、切应力强度条件

综合上述各种截面形状梁的最大切应力，写成一般公式为

$$\tau_{max} = K\frac{F_S}{A} \tag{6-25}$$

式中，A 为横截面面积；因数 K 取值见表 6-2。

表 6-2　因数 K 取值

梁截面形状	矩形	圆形	工字形	薄壁环形
K	$\frac{3}{2}$	$\frac{4}{3}$	1	2

对等直梁而言，最大工作应力 τ_{max} 发生在最大剪力 $|F_S|_{max}$ 的截面内。

切应力强度条件为梁的最大工作应力 τ_{max} 不超过构件的许用切应力 $[\tau]$，即

$$\tau_{max} = K\frac{|F_S|_{max}}{A} \leqslant [\tau] \tag{6-26}$$

在进行强度计算时，必须同时满足正应力和切应力强度条件。通常是先按正应力强度条件选择截面的尺寸、形状或确定许可载荷，必要时再用切应力强度条件校核。

在下列情况下需要进行切应力强度校核：

1）短粗梁，以及支座附近有较大集中力作用的细长梁，此时，梁的最大弯矩 $|M|_{max}$ 可能较小而最大剪力 $|F_S|_{max}$ 较大。

2）焊接或铆接的工字形等薄壁截面梁，当截面的腹板厚度与梁高之比小于型钢截面的相应比值时，横截面上可能产生较大的 $\tau_{\max}$。

3）对于各向异性材料制成的梁，例如木梁，它在顺纹方向的抗剪能力差，可能沿中性层发生剪切破坏。

例 6-12　图 6-37a 所示简支梁受均布载荷作用，梁长度 l，截面形状为：1）高 h 为宽 2 倍的矩形（图 6-37b）；2）直径为 d 的圆（图 6-37c）；3）外径为 D、内径为 0.95D 的薄壁环形（图 6-37c）。试求各种截面梁的最大正应力和最大切应力，并比较其大小。

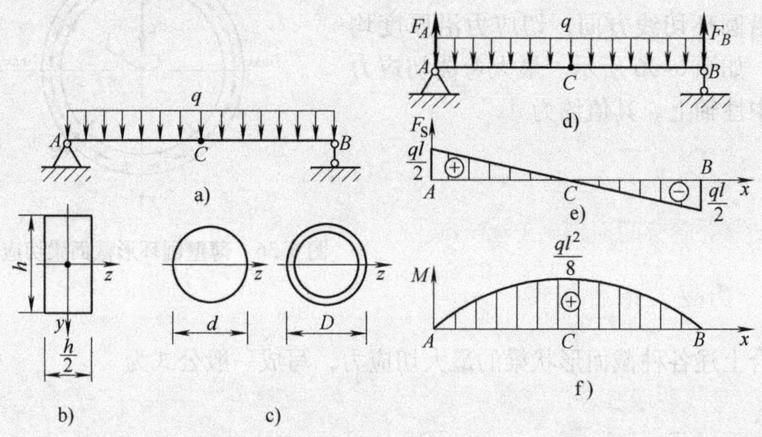

图 6-37　例 6-12 图

解：由对称性，可得支座约束力 $F_A = F_B = \dfrac{1}{2}ql$。

绘制梁的剪力图和弯矩图如图 6-37e、f 所示，由图可知，其最大剪力和最大弯矩分别为

$$|F_S|_{\max} = F_{SA} = |F_{SB}| = \frac{1}{2}ql, \quad |M|_{\max} = M_C = \frac{1}{8}ql^2$$

1）对高为宽 2 倍的矩形截面梁，由式（6-9）和式（6-16），分别得最大正应力和最大切应力为

$$\sigma_{\max} = \frac{|M|_{\max}}{W_z} = \frac{\frac{1}{8}ql^2}{\frac{1}{6} \times \frac{h}{2}h^2} = \frac{3ql^2}{2h^3}, \quad \tau_{\max} = \frac{3|F_S|_{\max}}{2A} = \frac{3 \times \frac{1}{2}ql}{2 \times \frac{h}{2}h} = \frac{3ql}{2h^2}$$

比较最大正应力和最大切应力的大小，有

$$\frac{\sigma_{\max}}{\tau_{\max}} = \frac{\frac{3ql^2}{2h^3}}{\frac{3ql}{2h^2}} = \frac{l}{h}$$

即梁的最大正应力 $\sigma_{\max}$ 和最大切应力 $\tau_{\max}$ 之比，等于梁的跨度 l 与梁的截面高度 h 之比。因此，在对非薄壁截面的细长梁进行强度计算时，一般应以正应力强度条件为主。

2）对直径为 d 的圆截面梁，由式（6-9）和式（6-19），分别求得最大正应力和最大切应力为

$$\sigma_{\max}=\frac{|M|_{\max}}{W_z}=\frac{\frac{1}{8}ql^2}{\frac{\pi}{32}d^3}=\frac{4ql^2}{\pi d^3},\quad \tau_{\max}=\frac{4|F_S|_{\max}}{3A}=\frac{4\times\frac{1}{2}ql}{3\times\frac{\pi}{4}d^2}=\frac{8ql}{3\pi d^2}$$

比较最大正应力和最大切应力的大小，有

$$\frac{\sigma_{\max}}{\tau_{\max}}=\frac{\frac{4ql^2}{\pi d^3}}{\frac{8ql}{3\pi d^2}}=\frac{3l}{2d}$$

3）对外径为 D、内径为 $0.95D$ 的薄壁环形，由式（6-9）和式（6-24），分别求得最大正应力和最大切应力为

$$\sigma_{\max}=\frac{|M|_{\max}}{W_z}=\frac{\frac{1}{8}ql^2}{\left[\frac{\pi}{64}D^4-\frac{\pi}{64}(0.95D)^4\right]\Big/\frac{D}{2}}=6.87\frac{ql^2}{D^3}$$

$$\tau_{\max}=2\frac{F_S}{A}=2\times\frac{\frac{1}{2}ql}{\frac{\pi}{4}D^2-\frac{\pi}{4}(0.95D)^2}=13.07\frac{ql}{D^2}$$

比较最大正应力和最大切应力的大小，有

$$\frac{\sigma_{\max}}{\tau_{\max}}=0.526\frac{l}{D}$$

例 6-13　工字钢简支梁承受如图 6-38a 所示的载荷作用，集中力 $F=200\text{kN}$，梁长 $l=2\text{m}$，力 F 距支座 A 距离为 0.5m。已知许用正应力 $[\sigma]=150\text{MPa}$，许用切应力 $[\tau]=100\text{MPa}$。试：选择工字钢型号，并求 D 截面翼缘与腹板交界处的正应力和切应力。

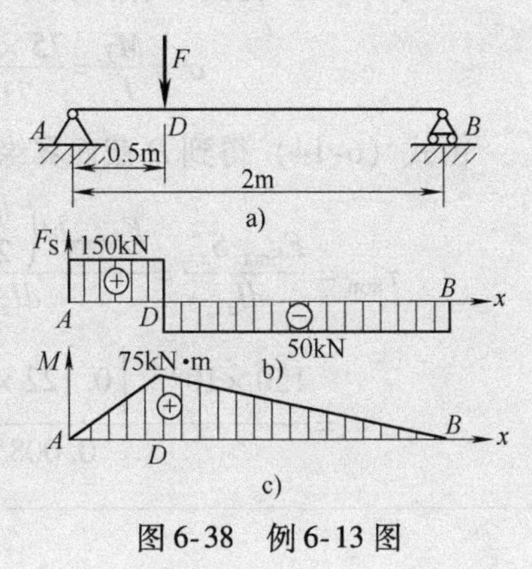

图 6-38　例 6-13 图

解：1）作剪力图和弯矩图。为了确定所受剪力、弯矩最大的截面，作出梁的内力图，如图 6-38b、c 所示。有

$$F_{\mathrm{Smax}} = 150\mathrm{kN}, \quad M_{\max} = 75\mathrm{kN \cdot m}$$

按正应力强度条件选择截面，有

$$W \geqslant \frac{M_{\max}}{[\sigma]} = \frac{75 \times 10^3}{150 \times 10^6}\mathrm{m}^3 = 500\mathrm{cm}^3$$

查附录热轧型钢表4，选28a号工字钢，它的抗弯截面系数 $W = 508\mathrm{cm}^3$。

校核中性轴处的切应力：

由附录热轧型钢表4查得，28a号工字钢腹板的宽度 $d = 8.5\mathrm{mm}$，$I_z = 7110\mathrm{cm}^4$，中性轴以上部分 $S_z^* = \frac{tb(h-t)}{2} + \frac{d}{2}\left(\frac{h}{2} - t\right)^2 = 289\mathrm{cm}^3$，$\frac{I_z}{S_z^*} = 24.6\mathrm{cm}$，腹板高度 $h_0 = h - 2t = 253\mathrm{cm}$，$b = 122\mathrm{mm}$。由式（6-20）得

$$\tau_{\max} = \frac{F_{\mathrm{S}}}{\frac{I_z}{S_z^*}d} = \frac{150 \times 10^3}{0.246 \times 0.0085}\mathrm{Pa} = 71.7\mathrm{MPa} < [\tau]$$

所选28a号工字钢截面能满足切应力强度条件。

如果按近似公式 $\tau_{\max} = \frac{F_{\mathrm{Smax}}}{A_{腹}} = \frac{F_{\mathrm{Smax}}}{dh_0}$ 计算，则

$$\tau_{\max} = \frac{F_{\mathrm{Smax}}}{dh_0} = \frac{150 \times 10^3}{0.0085 \times 0.253}\mathrm{Pa} = 69.8\mathrm{MPa}$$

近似公式计算结果的误差在本例中为2.7%，这说明上式是个比较好的近似公式。

2）由附录热轧型钢表4，查得28a工字钢腹板，得宽度 $d = 8.5\mathrm{mm}$，$t = 13.7\mathrm{mm}$，翼缘与腹板交界处高度 $y = 0.5h - t = 126\mathrm{mm}$，$I_z = 7110\mathrm{cm}^4$，$b = 122\mathrm{mm}$。

由式（6-6）得到 D 截面翼缘与腹板交界处正应力为

$$\sigma = \frac{My}{I_z} = \frac{75 \times 10^3 \times 0.126}{7110 \times 10^{-8}}\mathrm{Pa} = 133\mathrm{MPa}$$

由式（6-14）得到 D 截面翼缘与腹板交界处的切应力为

$$\tau_{\min} = \frac{F_{\mathrm{Smax}}S_z^*}{dI_z} = \frac{F_{\mathrm{Smax}}bt\left(\frac{h}{2} - \frac{t}{2}\right)}{dI_z}$$

$$= \frac{150 \times 10^3 \times \left[0.122 \times 0.0137 \times \left(\frac{280}{2} - \frac{13.7}{2}\right) \times 10^{-3}\right]}{0.0085 \times (7110 \times 10^{-8})}\mathrm{Pa} = 55.2\mathrm{MPa}$$

第七节　提高梁弯曲强度的一些措施

只要不是短梁，梁的强度主要由正应力控制，所以，提高梁的承载能力的出发点是在不减小载荷值、不增加材料的前提下，尽可能地降低梁内正应力，以保证梁满足弯曲正应力强度条件，即

$$\sigma_{\max}=\frac{|M|_{\max}}{W_z}\leqslant[\sigma]$$

从上式可以看出，提高梁的强度主要措施是：降低$|M|_{\max}$的数值和增大抗弯截面系数W_z的数值，并充分发挥材料的力学性能。

1. 降低$|M|_{\max}$的措施

（1）梁支承的合理安排　尽量用小跨度梁，例如对于简支梁，允许时改为外伸梁，如图6-39a所示的简支梁，其最大弯矩$M_{\max}=\frac{1}{8}ql^2$，若两端支承均向内移动0.2l（图6-39b），则最大弯矩$M_{\max}=\frac{1}{40}ql^2$，只为前者的1/5。工程中门式起重机大梁的支座、锅炉筒体的支承，都向内移动一定距离，其原因就在于此。

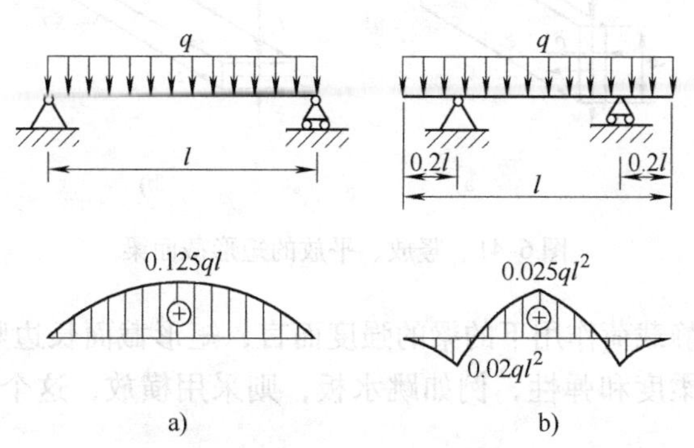

图6-39　用小跨度梁

对静定梁增加支座，使其成为超静定梁，对缓和受力、减小最大弯矩也相当有效。另外，悬臂梁强度差，尽可能不用。

（2）合理布置载荷　比较图6-40所示的三种加载方式，可知第一种的弯矩最大值$M_{\max}=Fl/4$，第二、三种的弯矩最大值均为$M_{\max}=Fl/8$。因此，在结构条件允许时，尽可能把集中载荷分散成多个载荷甚至改变为均布载荷。

2. 合理放置梁

形状和面积相同的截面放置方式不同，则W_z值有可能不同。例如，图6-41

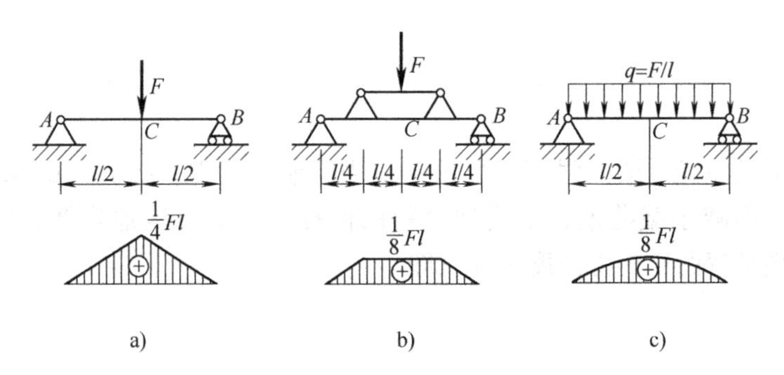

图6-40 加载方式不同的简支梁

所示矩形截面梁（$h>b$），竖放时承载能力大，不易弯曲；而平放时承载能力小，易弯曲。两者抗弯截面系数 W_z 之比为

$$\frac{W_{z竖}}{W_{z平}}=\frac{\frac{1}{6}bh^2}{\frac{1}{6}hb^2}=\frac{h}{b}>1$$

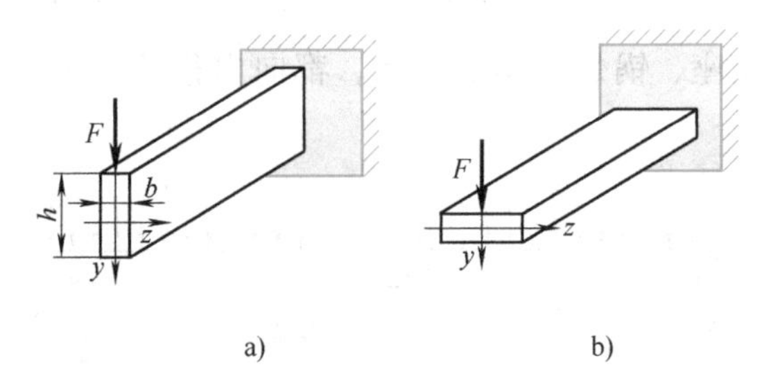

图6-41 竖放、平放的矩形截面梁

因此，对于静载荷作用下的梁的强度而言，矩形截面长边竖放比平放合理。当然，为了提高柔度和弹性，例如跳水板，则采用横放，这个考虑的不是强度问题。

同理，部分型号工字钢竖放和横放抗弯截面系数见表6-3。

表6-3 部分工字钢抗弯截面系数

工字钢型号	10	18	40a	63a
竖放 $W_竖/cm^3$	49.0	185	1090	2980
横放 $W_横/cm^3$	9.72	26.0	93.2	193
$W_竖:W_横$	5.04	7.12	11.7	15.4

3. 合理选择梁的截面

合理的截面应该是，用最小的截面面积 A（少用材料），得到大的抗弯截面

系数 W_z。即 W_z/A 尽可能大。常见截面的 W_z/A 见表 6-4。

表 6-4　常用截面的比值 W_z/A

截面形状	实心圆	矩形	空心圆	工字钢	槽钢
	h	h, b	h 内径 $d=0.8h$	h	h
$\frac{W_z}{A}$	$0.125h$	$0.167h$	$0.205h$	$(0.27\sim0.31)h$	$(0.27\sim0.31)h$

抗弯截面系数 W_z 与截面面积 A 的比值越大，经济性越好。由表 6-4 可知，实心圆截面最不经济，工字钢和槽钢最为合理。所以工程中抗弯杆件常采用型钢，例如槽钢、工字钢或型钢组成的箱形截面等。

上述现象从正应力分布规律可得到解释。当梁截面离中性轴最远处的 σ_{max} 达到许用应力 $[\sigma]$ 时，中性轴上的点正应力为零，中性轴附近处的点正应力很小，材料没有充分发挥作用。为了充分利用材料，应尽可能地把材料放置到离中性轴较远处，以充分发挥材料的强度潜能。例如将实心圆截面改成空心圆截面；对于矩形截面，则可以把中性轴附近的材料放到上、下边缘处而形成工字形截面；槽钢或型钢组成的箱形截面也是同样道理。

4. 根据材料特性合理确定截面形状

对抗拉和抗压强度相等的塑性材料，如低碳钢等，宜采用中性轴对称的截面，如圆形、矩形、工字形等。对抗拉强度 $[\sigma^+]$ 小于抗压强度 $[\sigma^-]$ 的脆性材料，例如铸铁等，宜采用中性轴偏向受拉一侧的截面形状。例如，图 6-42的 T 形截面，y_1 和 y_2 之比尽量接近下列关系：

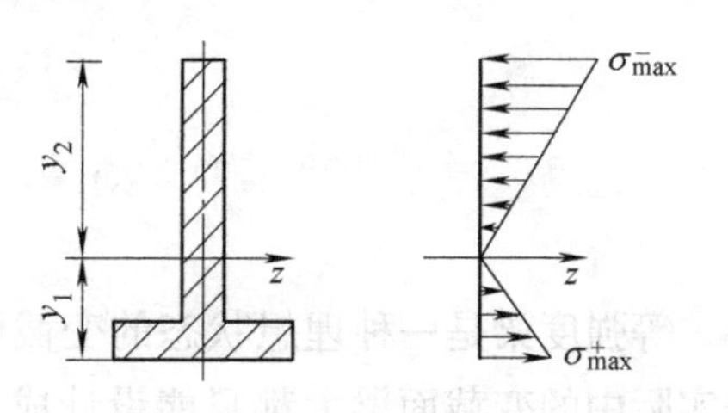

图 6-42　中性轴偏向受拉一侧的截面

$$\frac{\sigma_{max}^+}{\sigma_{max}^-}=\frac{y_1}{y_2}=\frac{[\sigma^+]}{[\sigma^-]}$$

这样，最大拉应力 σ_{max}^+ 和最大压应力 σ_{max}^- 便可同时接近许用应力。

5. 采用变截面梁

为了节省材料，减轻结构自重，在工程实际中，可以根据梁的受力情况，采用变截面梁。

通常情况下，梁的弯矩是随截面位置而变化的，若采用等截面梁，除了最大弯矩所在截面，其他截面上的最大应力都未达到许用应力，材料未能得到充分利用。

为了节省材料，可以考虑在弯矩较大处采用较大截面，而在弯矩较小处采用较小截面。这种截面随轴线变化的梁，称为变截面梁（图6-43）。如果变截面梁各个横截面上的最大正应力都相等，并等于许用应力，则该梁称为**等强度梁**。设梁在任一截面上的弯矩为 $M(x)$，截面的抗弯截面系数为 $W(x)$。按等强度梁的要求，应有 $\sigma_{\max}=\dfrac{M(x)}{W(x)}=[\sigma]$，即

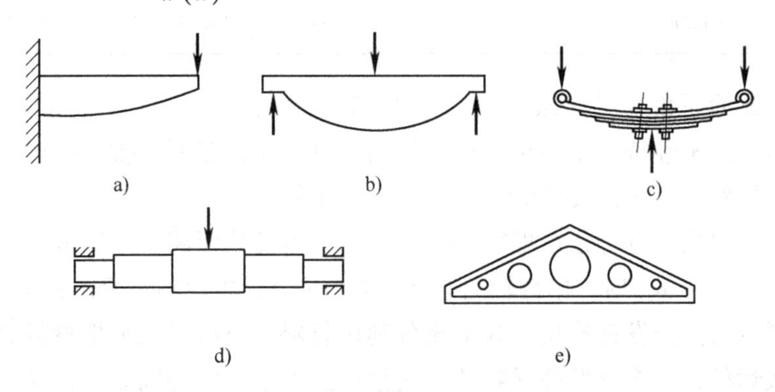

图6-43 变截面梁

a）等强度梁 b）鱼腹梁 c）叠板弹簧 d）阶梯轴 e）屋架

$$W(x)=\frac{M(x)}{[\sigma]} \tag{6-27}$$

由式（6-27），即可根据弯矩 $M(x)$ 的变化规律，计算确定等强度梁的截面的变化规律。

等强度梁是一种理想状态的变截面梁。但考虑到加工与结构上的需要，工程实际中的变截面梁大都只能设计成近似等强度的，例如鱼腹梁（图6-43b）、叠板弹簧（图6-43c）、阶梯轴（图6-43d）和屋架（图6-43e）等。

小 结

- 以弯曲为主要变形的杆件称为梁。
- 梁的支座可简化为：固定铰支座、活动铰支座、固定端。
- 作用在梁上的载荷简化为：集中载荷 F、分布载荷 q、集中力偶 M。
- 常见的静定梁：悬臂梁、简支梁、外伸梁。
- 剪力和弯矩符号规定：

（1）剪力　使截面绕其内侧任一点有顺时针旋转趋势的剪力为正，反之为负。符号规定如图6-12所示。

（2）弯矩　使受弯杆件下侧纤维受拉为正，使受弯杆件上侧纤维受拉为负。符号规定如图6-13所示。

- 为了清楚地表明剪力和弯矩沿梁轴线变化的大小和正负，把剪力方程 $F_S = F_S(x)$ 或弯矩方程 $M = M(x)$ 用图线表示，称为剪力图或弯矩图。
- 载荷集度、剪力和弯矩之间的微分关系：$\frac{d^2M(x)}{dx^2} = \frac{dF_S(x)}{dx} = q(x)$
- 梁弯曲变形的基本公式 $\frac{1}{\rho} = \frac{M}{EI_z}$，$EI_z$ 称为梁的抗弯刚度。
- 梁纯弯曲时横截面上正应力计算公式：$\sigma = \frac{My}{I_z}$
- 梁的抗弯截面系数：$W_z = I_z/y_{max}$
- 对于低碳钢等塑性材料，其强度条件：$\sigma_{max} = \frac{|M|_{max}}{W_z} \leqslant [\sigma]$
- 对于抗拉与抗压许用应力不同的材料，强度条件：$\sigma_{max}^{+} \leqslant [\sigma^{+}]$，$\sigma_{max}^{-} \leqslant [\sigma^{-}]$
- 切应力 $\tau = \frac{F_S S_z^*}{I_z b}$，式中，$F_S$ 为横截面上的剪力；I_z 为横截面对中性轴的惯性矩；b 为截面宽度；S_z^* 为距中性轴为 y 的横线以外部分的横截面面积对中性轴的面积矩。
- 对矩形截面梁，切应力强度条件：$\tau_{max} = \frac{3}{2}\frac{F_{Smax}}{bh} \leqslant [\tau]$
- 圆形截面上的最大切应力 τ_{max} 发生在中性轴上，为平均切应力 $\frac{F_S}{A}$ 的4/3倍。
- 薄壁圆环形截面梁，最大弯曲切应力在截面中性轴上，其值约为 $\tau_{max} = 2\frac{F_S}{A}$，梁横截面面积 $A = 2\pi Rt$。
- 提高梁弯曲强度的一些措施：

1）降低 $|M|_{max}$ 的措施：梁支承的合理安排，合理布置载荷。

2）合理放置梁。

3）合理选择梁的截面。

4）根据材料特性合理确定截面形状。

5）采用变截面梁。

习　题

6-1　什么是纯弯曲？什么是横力弯曲？什么是中性层？什么是中性轴？

6-2　在建立弯曲正应力公式过程中，做了哪些假设？

6-3　如何确定梁截面上某点的正应力是拉还是压？中性轴上各点的正应力是多少？

6-4 弯曲正应力在对称横截面上是怎样分布的？中性轴位于何处？如何计算最大弯曲正应力？

6-5 对于等截面梁，最大弯曲正应力是否一定发生在弯矩最大的横截面上？

6-6 弯曲正应力的最大值发生在截面的哪个位置上？弯曲切应力的最大值发生在截面的哪个位置上？

6-7 如何计算矩形与圆形截面对中性轴的惯性矩与抗弯截面系数？圆截面的抗弯截面系数与抗扭截面系数有何关系？

6-8 矩形截面梁弯曲时，弯曲切应力是如何分布的？

6-9 在工字形截面梁的腹板上，弯曲切应力是如何分布的？如何计算其最大弯曲切应力？

6-10 对于塑性材料（拉、压许用应力相同）与脆性材料（拉、压许用应力不同）制成的等截面梁，其弯曲正应力强度条件有何不同？

6-11 如何计算最大弯曲切应力？

6-12 提高梁弯曲强度的措施有哪些？

6-13 什么是等强度梁？等强度梁设计的依据是什么？

6-14 试求图6-44所示各梁截面1—1、2—2、3—3上的剪力和弯矩，这些截面无限接近于截面A、C或D。设F、q、a均已知。

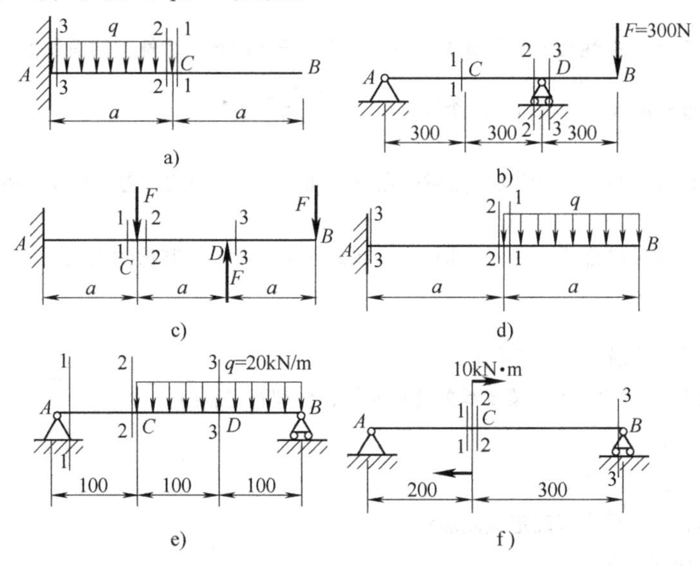

图6-44 题6-14图

6-15 各梁如图6-45所示，已知集中力F、载荷集度q、力偶矩M和尺寸a。试：1）写出梁的剪力方程和弯矩方程；2）作梁的剪力图和弯矩图；3）确定$|F_S|_{max}$和$|M|_{max}$。

6-16 根据载荷集度、剪力和弯矩之间的微分关系，作出图6-46所示各梁的剪力图和弯矩图。

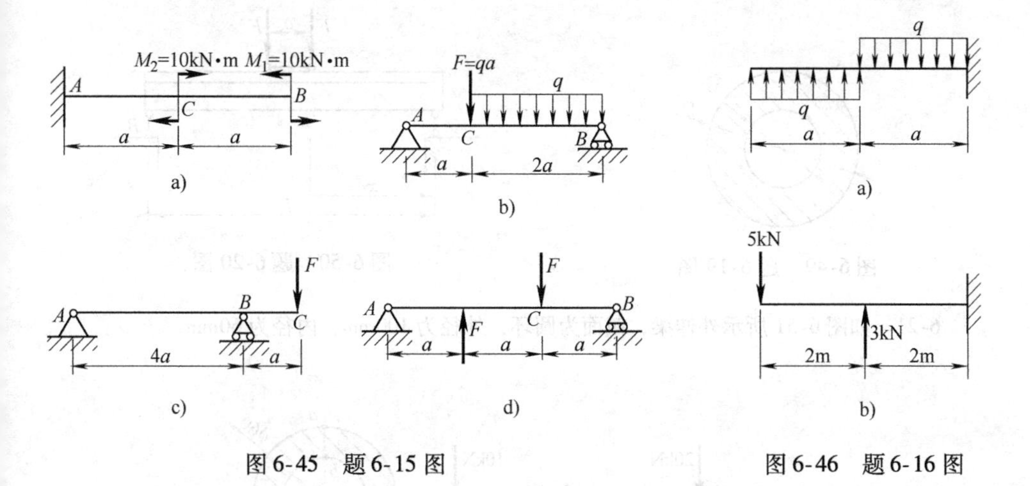

图 6-45　题 6-15 图　　　图 6-46　题 6-16 图

6-17　作图 6-47 所示梁 *ABD* 的剪力图和弯矩图。

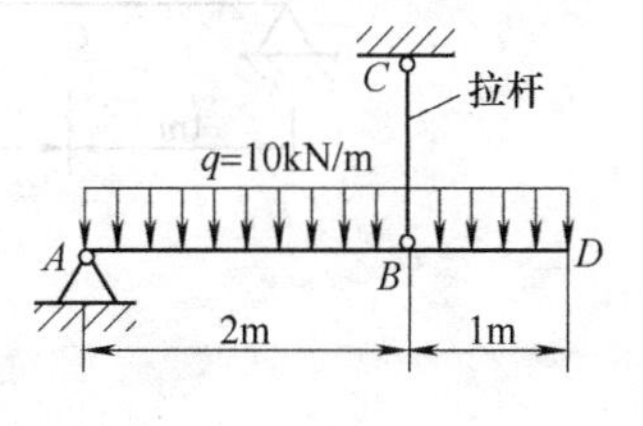

图 6-47　题 6-17 图

6-18　指出图 6-48 所示各弯矩图的错误，画出正确的弯矩图。

6-19　如图 6-49 所示为外径为 D、内径为 d 的圆环截面，以下的计算是否正确？

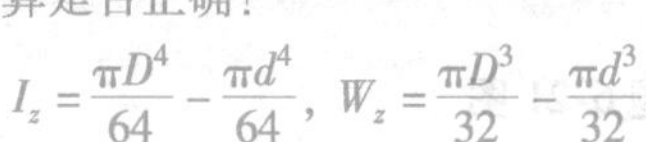

$$I_z=\frac{\pi D^4}{64}-\frac{\pi d^4}{64},\ W_z=\frac{\pi D^3}{32}-\frac{\pi d^3}{32}$$

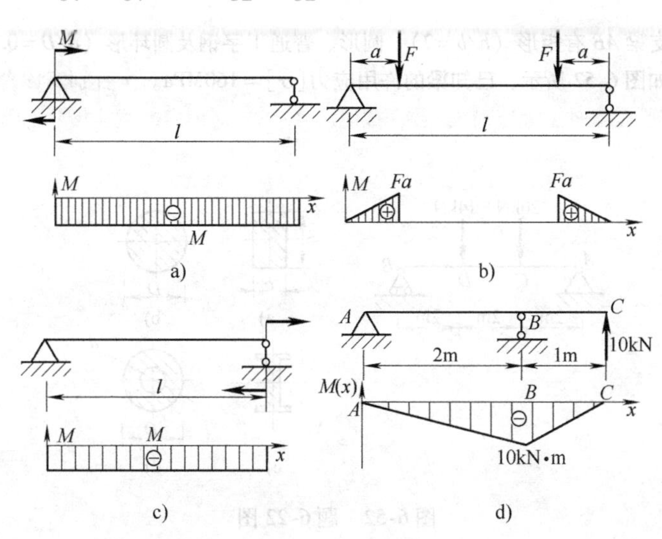

图 6-48　题 6-18 图

6-20　图 6-50 所示起重机梁，$l=10\text{m}$，$a=1\text{m}$，承受小车轮子传来的压力作用，总共为 $2F$。问：1）小车在什么位置时，梁内弯矩最大？最大弯矩等于多少？2）小车在什么位置时，梁内支座约束力最大？最大支座约束力和最大剪力各等于多少？

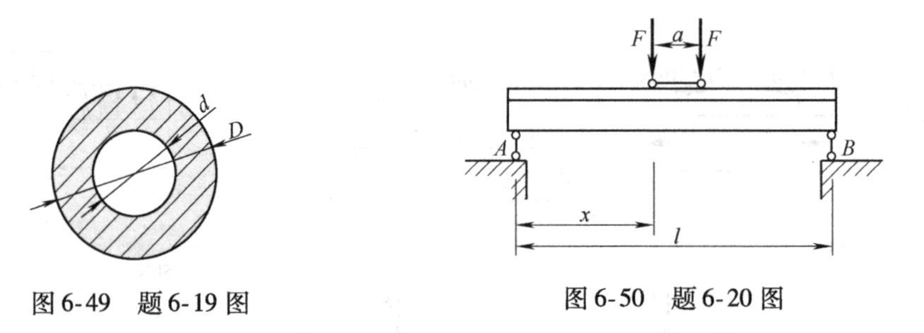

图6-49 题6-19图　　图6-50 题6-20图

6-21 如图6-51所示外伸梁，截面为圆环，外径为100mm，内径为60mm，求C截面处a、b点的正应力。

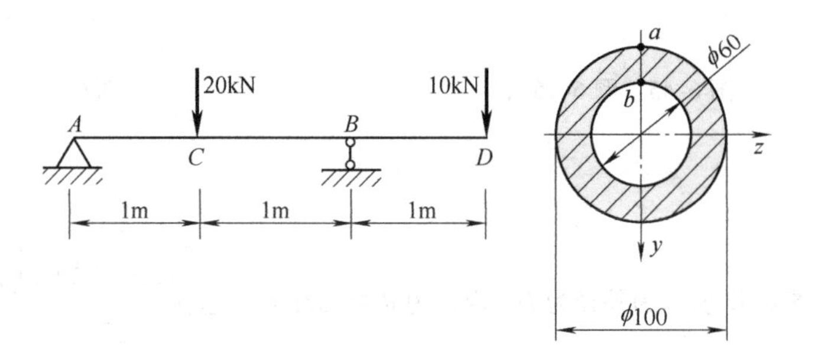

图6-51 题6-21图

6-22 简支梁AB有矩形（$h/b=2$）、圆形、普通工字钢及圆环形（$d/D=0.9$）四种可能的截面。受力如图6-52所示，已知梁的许用应力$[\sigma]=160\text{MPa}$。试分别对四种可能的截面：1）按照正压力强度条件，确定简支梁AB截面尺寸；2）对确定的截面尺寸，求简支梁AB所受到的最大切应力。

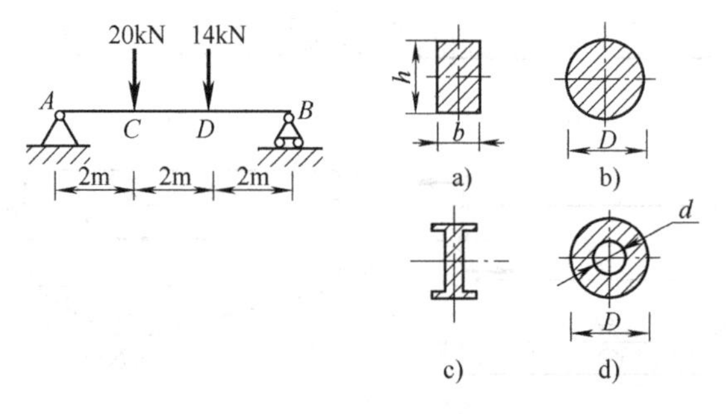

图6-52 题6-22图

6-23 如图6-53所示外伸梁，C截面作用有集中力20kN，梁采用工字钢，材料的许用应力$[\sigma]=160\text{MPa}$，试选择工字钢的型号。

6-24 图6-54所示梁AB的截面材料为10号工字钢，D点与圆钢杆CD连接，已知圆杆直径$d=15\text{mm}$，梁AB及圆杆CD材料的许用应力相同，$[\sigma]=160\text{MPa}$，试按照正压力强度条件确定许用均布载荷［q］。

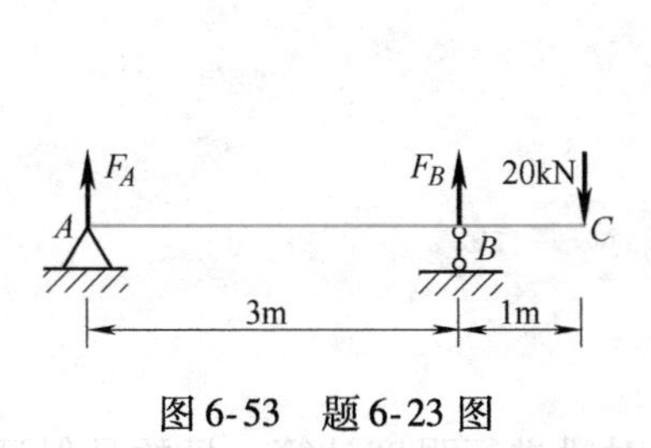

图 6-53　题 6-23 图

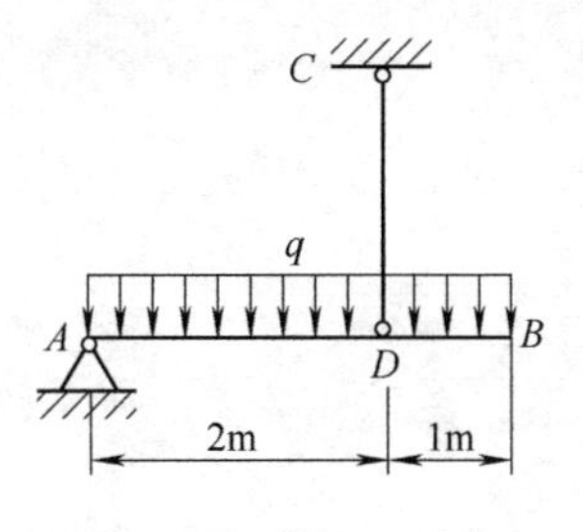

图 6-54　题 6-24 图

6-25　如图 6-55 所示，简支梁受均布载荷。试求：1）截面 D、H 上 1、2、3 点的正应力；2）画出该截面的正应力分布图；3）全梁的最大正应力；4）截面 D、H 上的最大切应力。

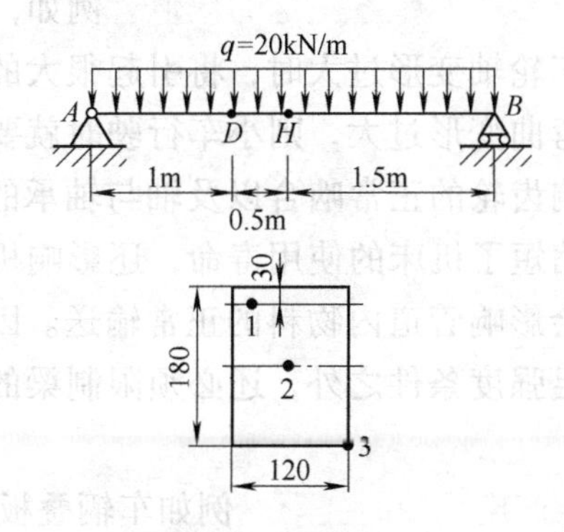

图 6-55　题 6-25 图

第七章

梁的弯曲变形

上一章讨论了梁的内力和梁的应力，并对梁进行强度计算，目的是保证梁在载荷作用下不致被破坏。与此同时，工程中的很多结构或构件在工作时，对于弯曲变形都有以下两类要求：

第一类是要求梁的位移不得超过一定的数值。例如，屋架上的檩条变形过大会引起屋面漏水；火车轮轴变形过大时，将引起很大的震动；桥式起重机大梁在起吊重物时，若其弯曲变形过大，则小车行驶时就要发生振动；若机床主轴的变形过大，将会影响齿轮的正常啮合以及轴与轴承的正常配合，造成不均匀磨损、振动及噪声，缩短了机床的使用寿命，还影响机床的加工精度；输送管道的弯曲变形过大，会影响管道内物料的正常输送。因此，在工程中进行梁的设计时，除了必须满足强度条件之外，还必须限制梁的变形，使其不超过许用的变形值。

第二类是要求构件能产生足量的变形。例如车辆叠板弹簧（图 7-1），变形大可减缓车辆所受到的冲击；跳水起跳板大变形，以确保运动员被弹起；继电器中的簧片，为了有效地接通和断开电源，在电磁力作用下必须保证触点处有足够大的位移；弹簧扳手（图 7-2）要有明确的弯曲变形，才可以使测得的力矩比较精确。

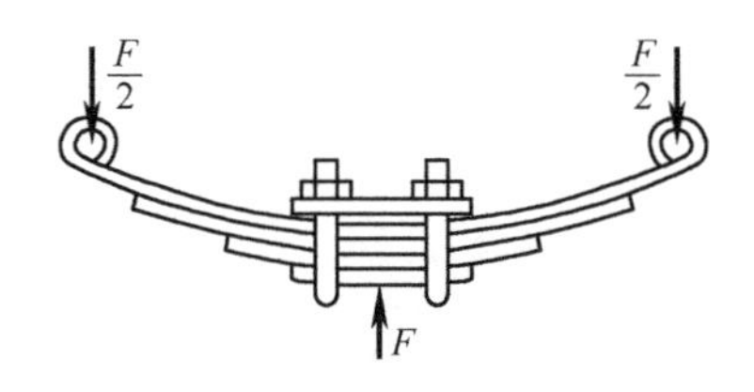

图 7-1　车辆叠板弹簧

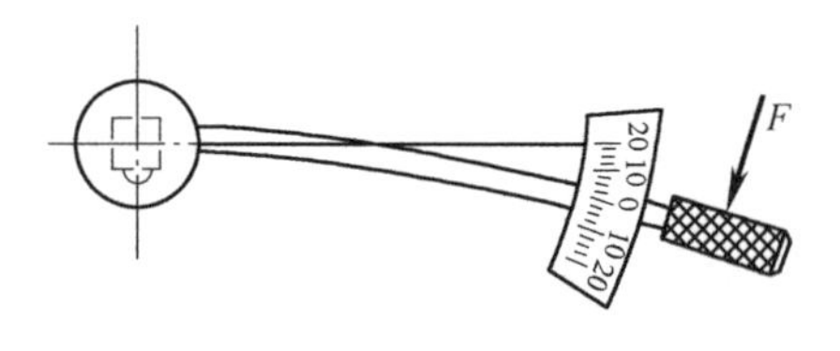

图 7-2　弹簧扳手

此外，研究梁的变形还是求解超静定梁和压杆稳定问题的基础。

第一节　挠曲线近似微分方程

如图7-3所示，以梁左端A为坐标原点，以梁变形前的轴线为x轴，直角坐标系xAy在梁的纵向对称面内。

在载荷F作用下，梁产生弹性弯曲变形，轴线在xy平面内变成一条光滑连续的平面曲线，此曲线称为**梁的挠曲线**。同时，梁的横截面产生**线位移**和**角位移**（即挠度和转角）。

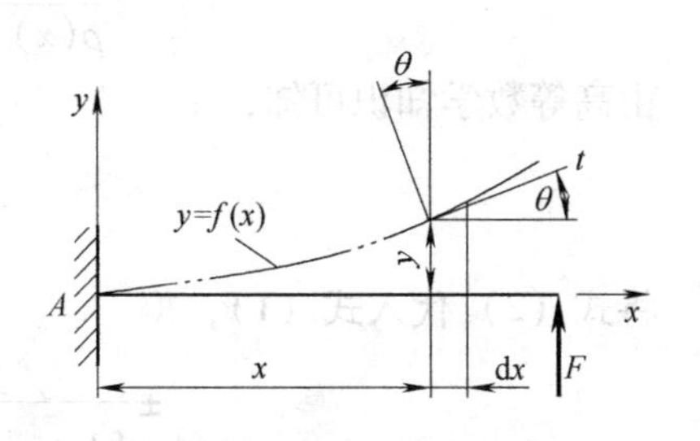

图7-3　弹性弯曲变形梁

（1）挠度　挠曲线上横坐标为x的点，其纵坐标y，即截面形心沿垂直于梁轴线方向的线位移，称为**挠度**。实际上，截面形心还有x方向的线位移，但由于x方向的线位移极小，故可略去不计。若挠度与坐标轴y的正向一致则为正，反之为负。

（2）转角　梁变形时，横截面还将绕其中性轴转过一定的角度（即角位移），称为该截面的**转角**，用符号θ表示。规定逆时针转向的转角为正，顺时针转向的转角为负。由平面假设得到，变形后梁的横截面仍正交于梁的轴线。因此，转角θ就是挠曲线在该点的切线t与轴x的夹角。

由图7-3可知，挠度y与转角θ的数值随截面的位置x而变，y为x的函数，挠曲线方程可以写为

$$y=f(x) \tag{7-1}$$

由高等数学知识可知，挠曲线上任一点的切线斜率$\tan\theta$，等于挠曲线函数方程$y=f(x)$在该点的一阶导数，即

$$\tan\theta=\frac{dy}{dx}=y'=f'(x)$$

工程中梁的变形很小，转角θ角也很小，例如不超过1°（0.0175rad），则$\tan\theta\approx\theta$，代入上式得

$$\theta\approx\frac{df(x)}{dx} \tag{7-2}$$

即梁上任一截面的转角θ等于该截面的挠度y对x的一阶导数。

在上一章研究纯弯曲梁的正应力时，曾得到梁的中性层，即挠曲线的曲率公式（6-5）为

$$\frac{1}{\rho}=\frac{M}{EI}$$

式（6-5）是在纯弯曲情况下得到的，通常剪力对弯曲变形的影响很小，可

以忽略不计，则上式也可用于一般的横力弯曲。由于梁轴上各点的曲率 $1/\rho$ 和弯矩 M 均是横截面位置的函数，因而式（6-5）可写为

$$\frac{1}{\rho(x)}=\frac{M(x)}{EI} \tag{1}$$

由高等数学知识可知，平面曲线 $y=f(x)$ 上任一点处的曲率为

$$\frac{1}{\rho(x)}=\pm\frac{y''}{[1+y'^2]^{\frac{3}{2}}} \tag{2}$$

将式（2）代入式（1），得

$$\pm\frac{y''}{[1+y'^2]^{\frac{3}{2}}}=\frac{M(x)}{EI}$$

在小变形的情况下，梁的转角 $y'(=\theta)$ 很小，y'^2 可忽略不计，于是上式简化为

$$\pm y''=\frac{M(x)}{EI} \tag{3}$$

如图7-4所示，当规定了 y 轴向上为正后，由于弯矩 $M(x)$ 的正负已有规定，所以 y'' 与 $M(x)$ 始终取相同的正负号。于是式（3）可写成

$$y''=\frac{M(x)}{EI} \tag{7-3}$$

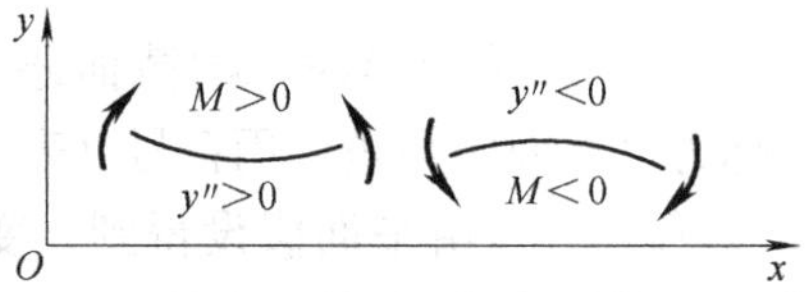

图7-4 弯矩正负号规定

式（7-3）称为**挠曲线近似微分方程**。

第二节 确定梁位移的积分法

求解式（7-3），对挠曲线近似微分方程进行积分，便可求得转角 θ 和挠度 y。

对于同一材料的等截面梁，其抗弯刚度 EI 为常量。将方程式（7-3）两边乘以 $\mathrm{d}x$，积分一次得转角方程

$$\theta=\frac{\mathrm{d}y}{\mathrm{d}x}=\frac{1}{EI}\int M(x)\,\mathrm{d}x+C \tag{7-4}$$

将式（7-4）积分一次得挠度方程

$$y=\frac{1}{EI}\iint M(x)\,\mathrm{d}x\mathrm{d}x+Cx+D \tag{7-5}$$

式（7-4）和式（7-5）中的积分常数 C 和 D，可由梁的边界条件或连续光滑条件来确定。积分常数 C、D 确定后，分别代入式（7-4）和式（7-5），即得转角方程和挠曲线方程。

梁的已知边界条件，就是梁在支座处的挠度 y 或转角 θ 为已知。例如：

图 7-5 所示的悬臂梁，在固定端 A 处：$x=0$，$y=0$，$\theta=0$。

图 7-6 所示的简支梁，在支点 A 处：$x=0$，$y=0$；在支点 B 处：$x=l$，$y=0$。

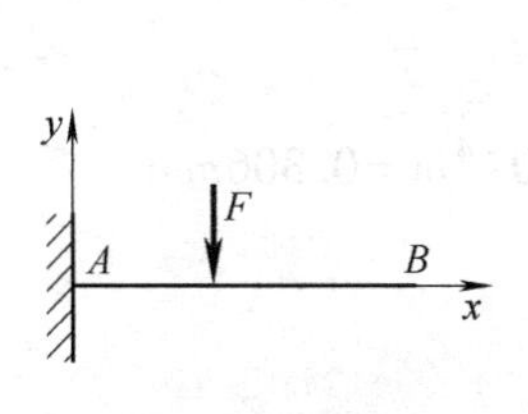

图 7-5　悬臂梁

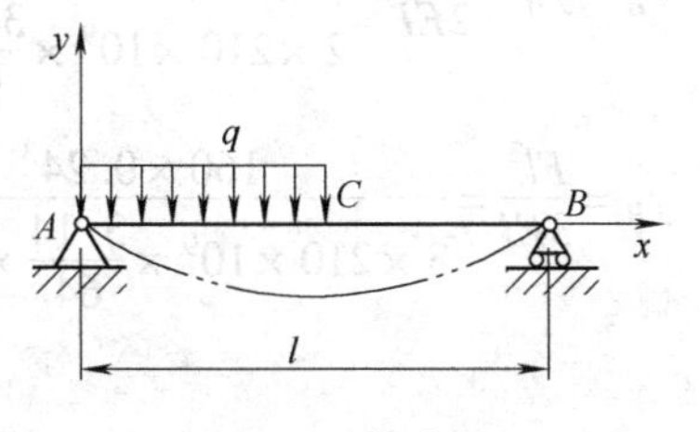

图 7-6　简支梁

梁的连续光滑条件，是指在两个相邻区间交界处，截面的转角和挠度分别相等。例如图 7-6 所示的简支梁，在 C 截面上，$y_{C左}=y_{C右}$，$\theta_{C左}=\theta_{C右}$。

例 7-1　如图 7-7 所示车床上被加工圆轴，$l=240\text{mm}$，$d=22\text{mm}$，$E=210\text{GPa}$。已知切削力 $F=160\text{N}$，试求自由端 B 的转角和挠度，并计算因弯曲变形而引起的直径误差。

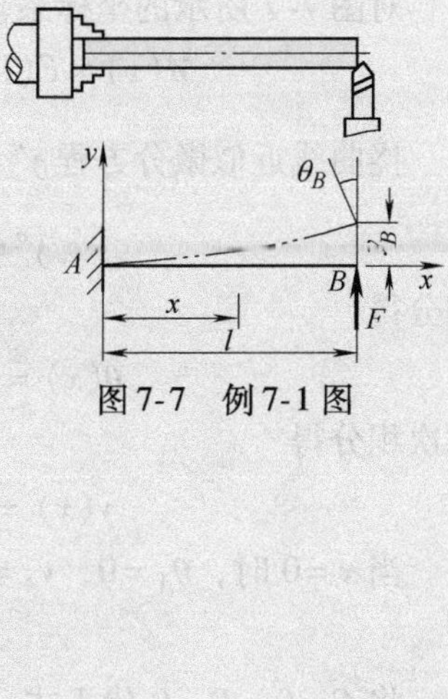

图 7-7　例 7-1 图

解：方法一：根据工件的约束和受力情况，圆轴可简化为悬臂梁。建立图 7-7 所示的坐标系 Axy，弯矩方程为

$$M(x)=F(l-x)$$

挠曲线微分方程为

$$y''=\frac{F(l-x)}{EI}$$

积分一次得

$$EIy'=Flx-\frac{1}{2}Fx^2+C \tag{1}$$

再次积分得

$$EIy=\frac{1}{2}Flx^2-\frac{1}{6}Fx^3+Cx+D \tag{2}$$

当 $x=0$ 时，$\theta_A=0$，$y_A=0$，将此边界条件代入式（1）、式（2）得

$$C=0,\ D=0$$

将 $C=0$、$D=0$ 代入式（1）、式（2），整理得到转角方程（3）和挠度方程（4）：

$$\theta = \frac{Fx}{2EI}(2l - x) \tag{3}$$

$$y = \frac{Fx^2}{6EI}(3l - x) \tag{4}$$

将 $x = l$ 代入式（3）、式（4）得自由端的转角和挠度为

$$\theta_B = y'_B = \frac{Fl^2}{2EI} = \frac{160 \times 0.24^2}{2 \times 210 \times 10^9 \times \frac{3.14}{64} \times 0.022^4}\text{rad} = 1.91 \times 10^{-3}\text{rad} = 0.109°$$

$$y_B = \frac{Fl^3}{3EI} = \frac{160 \times 0.24^3}{3 \times 210 \times 10^9 \times \frac{3.14}{64} \times 0.022^4}\text{m} = 3.06 \times 10^{-4}\text{m} = 0.306\text{mm}$$

由于弯曲变形而减少了吃刀量，引起圆轴两端直径误差为

$$\Delta d = 2y_B = 2 \times 0.306\text{mm} = 0.612\text{mm}$$

方法二：为了建立数量概念，加深印象，下面将已知量的数值在积分之前就代入。

对图 7-7 所示的坐标系 xAy，弯矩方程为

$$M(x) = F(l - x) = 160 \times (0.24 - x) \quad (\text{N} \cdot \text{m})$$

挠曲线近似微分方程 $y'' = \frac{F(l-x)}{EI}$，$I = \frac{\pi d^4}{64} = \frac{3.14}{64} \times 0.022^4\text{m}^4$，整理得

$$y'' = 0.0159 - 0.0663x \quad (\text{m})$$

积分得

$$\theta(x) = y'(x) = 0.0159x - 0.0332x^2 + C \tag{5}$$

再次积分得

$$y(x) = 0.00796x^2 - 0.0111x^3 + Cx + D \tag{6}$$

当 $x = 0$ 时，$\theta_A = 0$，$y_A = 0$，将此边界条件代入式（1）、式（2）得

$$C = 0，D = 0$$

将 $C = 0$、$D = 0$ 代入式（5）、式（6），整理得

$$\theta(x) = y'(x) = 0.0159x - 0.0332x^2 \quad (\text{rad}) \tag{7}$$

$$y(x) = 0.00796x^2 - 0.0111x^3 \quad (\text{m}) \tag{8}$$

将 $x = 0.24\text{m}$ 代入式（7）、式（8）得

$$\theta_B = y'_B = 1.91 \times 10^{-3}\text{rad} = 0.109°$$

$$y_B = 3.06 \times 10^{-4}\text{m} = 0.306\text{mm}$$

由于弯曲变形而减少了吃刀量，引起圆轴两端直径误差为

$$\Delta d = 2y_B = 2 \times 0.306\text{mm} = 0.612\text{mm}$$

方法二的缺点是：一开始就将已知量的数值代入，多次计算会造成误差累积。

例 7-2　简支梁的自重为均匀分布载荷，其集度为 q，计算简图如图 7-8 所示，试讨论大梁自重引起的变形。

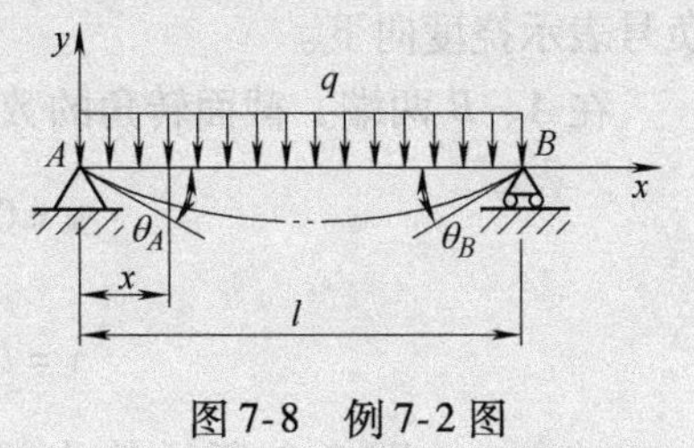

图 7-8　例 7-2 图

解：由于简支梁受对称载荷作用，故支座约束力 $F_A = F_B = \frac{ql}{2}$。取坐标系如图 7-8 所示，坐标为 x 的截面上的弯矩为

$$M(x) = \frac{ql}{2}x - \frac{1}{2}qx^2$$

代入挠曲线近似微分方程 $y'' = \frac{M(x)}{EI}$，得

$$EIy'' = \frac{ql}{2}x - \frac{q}{2}x^2$$

积分得

$$EIy' = \frac{ql}{4}x^2 - \frac{q}{6}x^3 + C \tag{1}$$

再次积分得

$$EIy = \frac{ql}{12}x^3 - \frac{q}{24}x^4 + Cx + D \tag{2}$$

梁在两端铰支座上的挠度都等于零，故得边界条件

$$x = 0 \text{ 处}, \quad y_A = 0$$
$$x = l \text{ 处}, \quad y_B = 0$$

将以上边界条件代入挠度 y 的表达式（2），得

$$\begin{cases} D = 0 \\ \frac{ql^4}{12} - \frac{ql^4}{24} + Cl = 0 \end{cases}$$

由此解出积分常数 C 和 D 分别为

$$C = -\frac{ql^3}{24}, \quad D = 0 \tag{3}$$

将式（3）代入式（1）、式（2），得到转角方程和挠曲线方程分别为

$$\theta = \frac{ql}{4EI}x^2 - \frac{q}{6EI}x^3 - \frac{ql^3}{24EI}, \quad y = \frac{ql}{12EI}x^3 - \frac{q}{24EI}x^4 - \frac{ql^3}{24EI}x$$

梁上的外力和边界条件都对跨度中点对称，所以挠度曲线也对跨度中点对称。在跨度中点挠曲线的切线斜率 $y' = 0$，挠度 y 为极大值。即

$$x=0.5l \text{ 时}，y_{\max}=-\frac{5ql^4}{384EI}$$

负号表示挠度向下。

在 A、B 两端，截面转角的数值相等、符号相反，且绝对值最大。即

$$x=0 \text{ 时}，\theta_A=-\frac{ql^3}{24EI}$$

$$x=l \text{ 时}，\theta_B=\frac{ql^3}{24EI}$$

例 7-3 图 7-9 所示简支梁，$l=4\text{m}$，抗弯刚度 $EI=1640\text{N}\cdot\text{m}^2$。在无限接近右支座 B 处受到矩为 $M_e=120\text{N}\cdot\text{m}$ 的集中力偶作用，试求：1）转角方程和位移方程；2）梁的最大挠度。

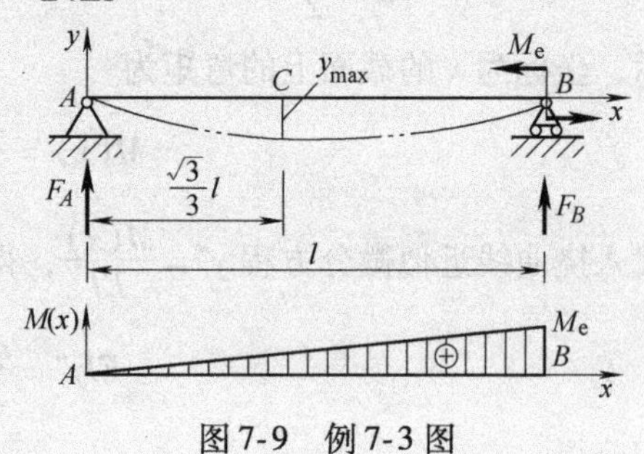

图 7-9 例 7-3 图

解：1）由梁的平衡方程，可得 A、B 支座约束力 $F_A=-F_B=\frac{M_e}{l}$，从而得梁的弯矩方程为

$$M(x)=\frac{M_e}{l}x$$

将上式代入挠曲线近似微分方程 $y''=\frac{M(x)}{EI}$，积分一次，得转角方程为

$$\theta=y'=\frac{M_e}{2EIl}x^2+C \tag{1}$$

对式（1）再积分一次，得挠曲线方程为

$$y=\frac{M_e}{6EIl}x^3+Cx+D \tag{2}$$

位移边界条件：在 A、B 铰支座处，挠度 y 为零，即

$$x=0，y=0；\quad x=l，y=0$$

将上述位移边界条件分别代入式（2），解得积分常数为

$$D=0，C=-\frac{M_e l}{6EI}$$

将所得积分常数代入式（1）、式（2），梁的转角方程和挠曲线方程分别为

$$\theta=\frac{M_e}{2EIl}x^2-\frac{M_e l}{6EI}=0.00915x^2-0.0488\ (\text{rad}) \tag{3}$$

$$y=\frac{M_e}{6EIl}x^3-\frac{M_e l}{6EI}x=0.00305x^3-0.0488x\ (\mathrm{m}) \tag{4}$$

2）计算最大挠度。如图7-9所示，全梁弯矩为正，整段梁的挠曲线是凹曲线，其最大挠度处的转角为零。故由式（3）有

$$\theta_0=\frac{M_e}{2EIl}x^2-\frac{M_e l}{6EI}=0.00915x^2-0.0488=0$$

解得最大挠度所在截面的坐标为

$$x_0=\frac{l}{\sqrt{3}}=2.31\mathrm{m}$$

将 x_0 值代入式（4），即得梁的最大挠度为

$$y_{\max}=-\frac{M_e l^2}{9\sqrt{3}EI}=-75.1\mathrm{mm}$$

结果为负，说明挠度方向向下。

例7-4　图7-10所示的简支梁，在截面 C 处受集中力 F 作用（$a>b$），试求此梁的挠曲线方程和转角方程，并确定其最大挠度。

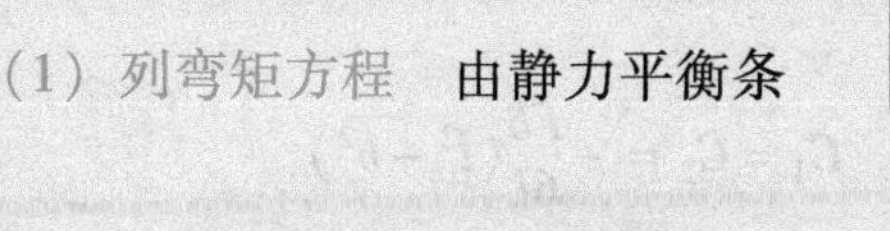

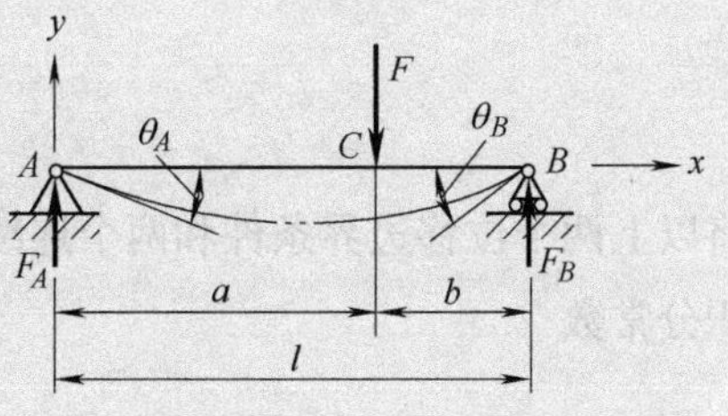

图7-10　例7-4图

解：（1）列弯矩方程　由静力平衡条件可求得

$$F_A=\frac{Fb}{l},\quad F_B=\frac{Fa}{l}$$

集中载荷 F 将梁分为 AC 和 CB 两段，各段弯矩方程不同，分别为

AC 段　　$M_1(x)=F_A x=\frac{Fb}{l}x$　　$(0\leqslant x\leqslant a)$

CB 段　　$M_2(x)=F_A x-F(x-a)=\frac{Fb}{l}x-F(x-a)$　　$(a\leqslant x\leqslant l)$

（2）挠曲线微分方程

AC 段　　$EIy_1''=M(x)=\frac{Fb}{l}x$　　$(0\leqslant x\leqslant a)$

积分一次得

$$EIy_1'=\frac{Fb}{l}\frac{x^2}{2}+C_1 \tag{1}$$

再积分一次得

$$EIy_1=\frac{Fb}{l}\frac{x^3}{6}+C_1x+D_1 \tag{2}$$

CB 段 $$FIy_2'' = M(x) = \frac{Fb}{l}x - F(x-a) \qquad (a \leqslant x \leqslant l)$$

积分一次得

$$EIy_2' = \frac{Fb}{l}\frac{x^2}{2} - \frac{F(x-a)^2}{2} + C_2 \tag{3}$$

再积分一次得

$$EIy_2 = \frac{Fb}{l}\frac{x^3}{6} - \frac{F(x-a)^3}{6} + C_2 x + D_2 \tag{4}$$

（3）确定积分常数 位移边界条件

$$当 x=0 时，y_1=0; \quad 当 x=l 时，y_2=0$$

此外，整个梁的挠曲线为一条光滑而连续的曲线，利用相邻两段梁在交接处位移变形的连续条件，即在交接处 C 点，左右两段应有相等的挠度和相等的转角，即

$$x=a 时，\theta_1=\theta_2，y_1=y_2$$

将以上两个位移边界条件和两个连续条件代入式（1）~式（4），即可求得四个积分常数

$$D_1=D_2=0，C_1=C_2=-\frac{Fb}{6l}(l^2-b^2)$$

将它们代入式（1）~式（4），得到梁的转角和挠度方程：

AC 段 $$\theta_1 = -\frac{Fb}{2lEI}\left[\frac{1}{3}(l^2-b^2)-x^2\right] \qquad (0 \leqslant x \leqslant a) \tag{5}$$

$$y_1 = -\frac{Fbx}{6lEI}[l^2-b^2-x^2] \qquad (0 \leqslant x \leqslant a) \tag{6}$$

CB 段 $$\theta_2 = -\frac{Fb}{6lEI}\left[\frac{3l}{b}(x-a)^2+(l^2-b^2-3x^2)\right] \qquad (a \leqslant x \leqslant l) \tag{7}$$

$$y_2 = -\frac{Fb}{6lEI}\left[\frac{l}{b}(x-a)^3+(l^2-b^2-x^2)x\right] \qquad (a \leqslant x \leqslant l) \tag{8}$$

（4）确定梁的最大挠度 简支梁的最大挠度发生在 $\theta=0$ 处。先讨论 AC 段，令

$$\frac{dy_1}{dx} = \theta_1 = -\frac{Fb}{2lEI}\left[\frac{1}{3}(l^2-b^2)-x^2\right]=0$$

可求得 $$x_0=\sqrt{\frac{l^2-b^2}{3}}$$

由于本题中 $a>b$，故 $x_0=\sqrt{\frac{(a+b)^2-b^2}{3}}=\sqrt{\frac{a(a+2b)}{3}}<a$，因而最大挠度出现在 AC 段内。将 $x_0=\sqrt{\frac{l^2-b^2}{3}}$ 代入式（6），经简化后得最大挠度为

$$y_{\max}=-\frac{Fb}{9\sqrt{3}lEI}\sqrt{(l^2-b^2)^3}$$

当 $a=b=l/2$ 时，$x_0=0.5l$，$y_{\max}=-\frac{Fl^3}{48EI}$。

经过计算可以得出：如果用中点挠度代替最大挠度，引起的误差将不超过3%。所以为了实用上的简便，可不论集中载荷 F 作用的位置如何，都认为最大挠度发生在梁跨度的中点。

第三节　用叠加法求梁的变形

如果因变量表达式中仅包含自变量的一次方项，则各自变量独立作用，互不影响。几个自变量同时作用所产生的总效应，等于各个自变量单独作用时产生效应的总和，此原理称为**叠加原理**。

梁的挠曲线近似微分方程（7-3）为

$$y''=\frac{M(x)}{EI}$$

由上式可知，小变形时梁弯曲挠度 y 的二阶导数与弯矩 $M(x)$ 成正比，而弯矩是载荷的线性函数，所以梁的挠度与转角是载荷的线性函数，可以使用叠加法计算梁的转角和挠度，即梁在几个载荷同时作用下产生的转角和挠度，分别等于各个载荷单独作用下梁的挠度和转角的叠加，这就是计算梁弯曲变形的叠加原理。

任意截面 x 的

弯矩　$M(x)=M_1(x)+M_2(x)+M_3(x)+\cdots+M_n(x)$

转角　$\theta(x)=\theta_1(x)+\theta_2(x)+\theta_3(x)+\cdots+\theta_n(x)$

挠度　$y(x)=y_1(x)+y_2(x)+y_3(x)+\cdots+y_n(x)$

当梁上载荷较为复杂，且只需求某一指定截面的挠度和转角时，采用积分法就显得很繁琐，而此时用叠加法则较为方便。

为了便于应用叠加法计算梁的挠度和转角，表7-1列出了几种常见的梁在简单载荷作用下的挠度和转角公式。

表 7-1 梁在简单载荷作用下的变形

序号	梁的简图	挠曲线方程	端截面转角	最大挠度
1	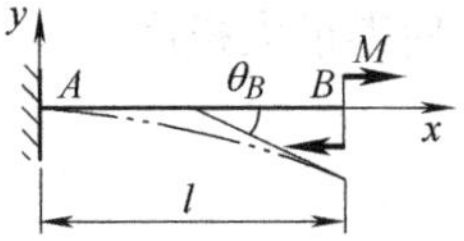	$y=-\dfrac{Mx^2}{2EI}$	$\theta_B=-\dfrac{Ml}{EI}$	$y_B=-\dfrac{Ml^2}{2EI}$
2	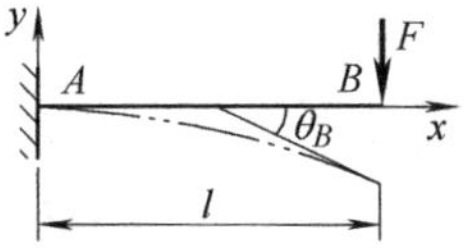	$y=-\dfrac{Fx^2}{6EI}(3l-x)$	$\theta_B=-\dfrac{Fl^2}{2EI}$	$y_B=-\dfrac{Fl^3}{3EI}$
3	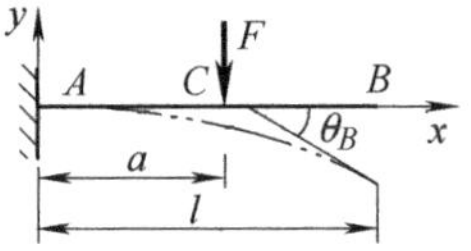	$y=-\dfrac{Fx^2}{6EI}(3a-x)$ $0\leqslant x\leqslant a$ $y=-\dfrac{Fa^2}{6EI}(3x-a)$ $a\leqslant x\leqslant l$	$\theta_B=-\dfrac{Fa^2}{2EI}$	$y_B=-\dfrac{Fa^2}{6EI}(3l-a)$
4	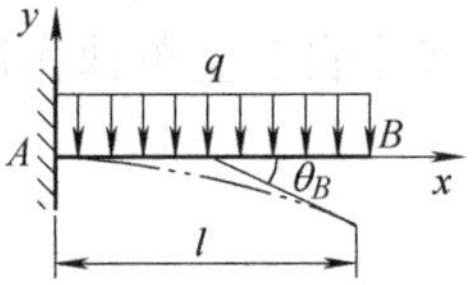	$y=-\dfrac{qx^2}{24EI}(x^2-4lx+6l^2)$	$\theta_B=-\dfrac{ql^3}{6EI}$	$y_B=-\dfrac{ql^4}{8EI}$
5	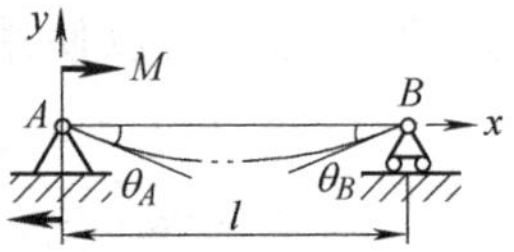	$y=-\dfrac{Mx}{6EIl}(l-x)(2l-x)$	$\theta_A=-\dfrac{Ml}{3EI}$ $\theta_B=\dfrac{Ml}{6EI}$	$x=\left(1-\dfrac{1}{\sqrt{3}}\right)l$ 处， $y_{\max}=-\dfrac{Ml^2}{9\sqrt{3}EI}$； $x=\dfrac{l}{2}$ 处， $y_{l/2}=-\dfrac{Ml^2}{16EI}$
6	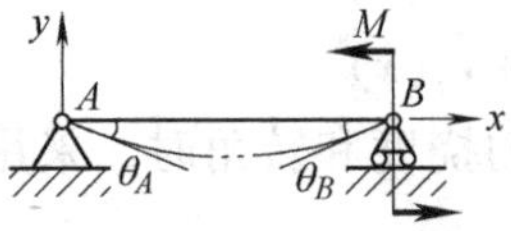	$y=-\dfrac{Mx}{6EIl}(l^2-x^2)$	$\theta_A=-\dfrac{Ml}{6EI}$ $\theta_B=\dfrac{Ml}{3EI}$	$x=\dfrac{l}{\sqrt{3}}$ 处， $y_{\max}=-\dfrac{Ml^2}{9\sqrt{3}EI}$； $x=\dfrac{l}{2}$ 处， $y_{l/2}=-\dfrac{Ml^2}{16EI}$

（续）

序号	梁的简图	挠曲线方程	端截面转角	最大挠度
7		$y=\frac{Mx}{6EIl}(l^2-3b^2-x^2)$，$0\leqslant x\leqslant a$； $y=\frac{M}{6EIl}[-x^3+3l(x-a)^2+(l^2-3b^2)x]$，$a\leqslant x\leqslant l$	$\theta_A=\frac{M}{6EIl}(l^2-3b^2)$ $\theta_B=\frac{M}{6EIl}(l^2-3a^2)$	
8		$y=-\frac{Fbx}{6EIl}(l^2-x^2-b^2)$，$0\leqslant x\leqslant a$； $y=-\frac{Fb}{6EIl}\left[\frac{l}{b}(x-a)^3+(l^2-b^2)x-x^3\right]$， $a\leqslant x\leqslant l$	$\theta_A=-\frac{Fab(l+b)}{6EIl}$ $\theta_B=\frac{Fab(l+a)}{6EIl}$	设 $a>b$ $x=\sqrt{\frac{l^2-b^2}{3}}$处， $y_{max}=-\frac{Fb\sqrt{(l^2-b^2)^3}}{9\sqrt{3}EIl}$； 在 $x=\frac{l}{2}$处， $y_{l/2}=-\frac{Fb(3l^2-4b^2)}{48EI}$
9		$y=-\frac{qx}{24EI}(l^3-2lx^2+x^3)$	$\theta_A=-\theta_B=-\frac{ql^3}{24EI}$	$x=l/2$ 处， $y_{max}=-\frac{5ql^4}{384EI}$

下面举例说明叠加法的具体应用。

例 7-5 如图 7-11a 所示，由 20a 工字钢组成的简支梁，$l=5\text{m}$，$E=200\text{GPa}$，自重可视为均布载荷，作用于跨度中点的载荷为 $F=12\text{kN}$。试用叠加法求梁跨中点的挠度 y_C 和支座 B 截面处的转角 θ_B。

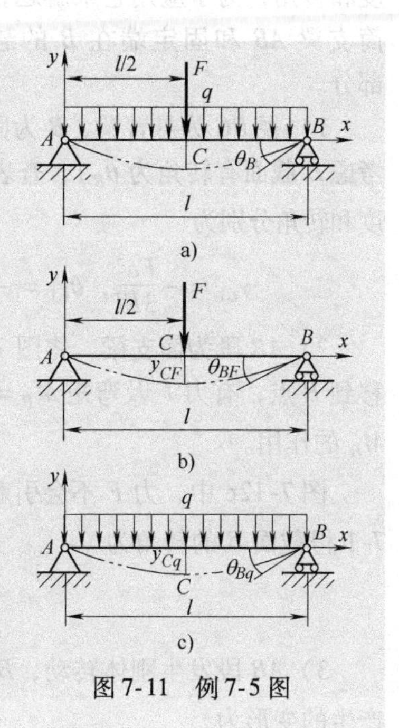

图 7-11 例 7-5 图

解：将载荷分解为中点 C 作用集中力 F、全梁作用均布载荷 q 的简支梁两种情况，查表 7-1 可得由集中力 F 引起的 C 处的挠度 y_{CF} 和 B 处的转角 θ_{BF} 分别为

$$y_{CF}=-\frac{Fl^3}{48EI_z},\quad \theta_{BF}=\frac{Fl^2}{16EI_z}$$

查附录热轧型钢表 4 得，20a 工字钢理论重量为 27.929kg/m。$q=274\text{N/m}$，$I_z=2370\text{cm}^4$。由均布载荷 q 引起的 C 处的挠度 y_{Cq} 和 B 处的转角 θ_{Bq} 分别为

$$y_{Cq} = -\frac{5ql^4}{384EI_z}, \quad \theta_{Bq} = \frac{ql^3}{24EI_z}$$

所以 C 截面处的挠度和 B 截面处的转角分别为

$$y_C = y_{CF} + y_{Cq} = -\frac{Fl^3}{48EI_z} - \frac{5ql^4}{384EI_z}$$

$$= \left(-\frac{12\times10^3\times5^3}{48\times200\times10^9\times2370\times10^{-8}} - \frac{5\times274\times5^4}{384\times200\times10^9\times2370\times10^{-8}}\right)\text{m}$$

$$= -0.00706\text{m} = -7.06\text{mm}$$

$$\theta_B = \theta_{BF} + \theta_{Bq} = \frac{Fl^2}{16EI_z} + \frac{ql^3}{24EI_z}$$

$$= \left(\frac{12\times10^3\times5^2}{16\times200\times10^9\times2370\times10^{-8}} + \frac{274\times5^3}{24\times200\times10^9\times2370\times10^{-8}}\right)\text{rad}$$

$$= 0.00426\text{rad} = 0.24°$$

例 7-6 图 7-12 所示外伸梁 ABC，已知抗弯刚度 EI，自由端作用有集中力 F。试求 C 截面的挠度及转角。

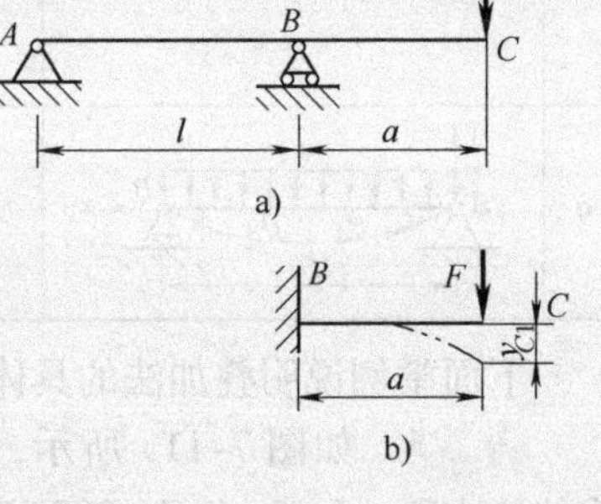

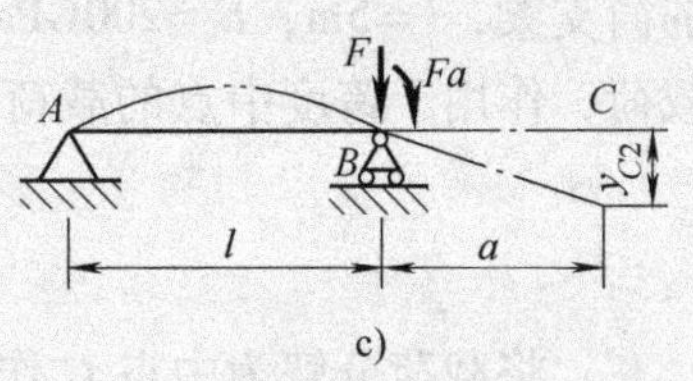

图 7-12 例 7-6 图

解：用叠加法求解。

在表 7-1 中给出的是简支梁和悬臂梁的挠度和转角，为了应用它来解题，将整个梁视为简支梁 AB 和固定端在 B 的悬臂梁 BC 两个部分。

1）视 BC 为悬臂梁，B 为固定端（即暂不考虑 B 截面有转角为 θ_B），查表得 C 截面的挠度和转角分别为

$$y_{C1} = -\frac{Fa^3}{3EI}, \quad \theta_{C1} = -\frac{Fa^2}{2EI}$$

2）AB 段为简支梁。将图 7-12a 中力 F 平移到 B 点，有力 F 及弯矩 $M_B = -Fa$，如图 7-12c 所示，这样在 AB 梁上受到 F、M_B 的作用。

图 7-12c 中，力 F 不会引起简支梁变形，只有力偶 M_B 使 AB 梁变形。查表 7-1 得截面 B 的转角为

$$\theta_B = \frac{M_B l}{3EI} = -\frac{Fal}{3EI}$$

3）AB 段发生刚体转动，B 截面转角为 θ_B，如图 7-12c 所示，从而使截面 C 产生的变形为

$$y_{C2}=a\theta_B=-\frac{Fa^2l}{3EI},\quad \theta_{C2}=\theta_B=-\frac{Fal}{3EI}$$

应用叠加法得截面 C 的总变形为

$$y_C=y_{C1}+y_{C2}=-\frac{Fa^3}{3EI}-\frac{Fa^2l}{3EI}=-\frac{Fa^2}{3EI}(a+l)$$

$$\theta_C=\theta_{C1}+\theta_{C2}=-\frac{Fa^2}{2EI}-\frac{Fal}{3EI}=-\frac{Fa}{6EI}(3a+2l)$$

例 7-7 简支梁受载荷如图 7-13a 所示，已知抗弯刚度 $EI=20\text{kN}\cdot\text{m}^2$，$l=1\text{m}$，$q=30\text{kN/m}$，$M=5\text{kN}\cdot\text{m}$。试用叠加法求梁跨中点的挠度 y_C 和支座截面处的转角 θ_A、θ_B。

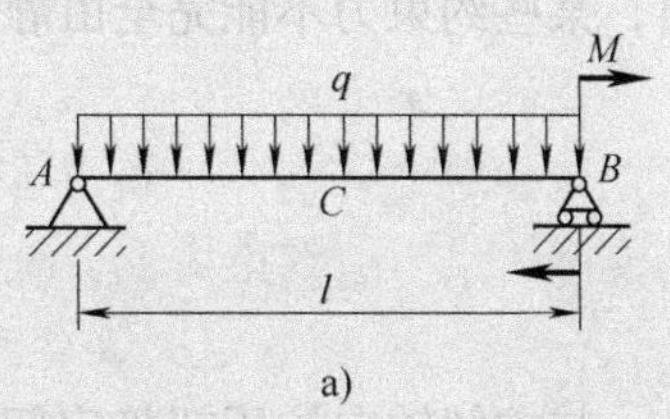

a)

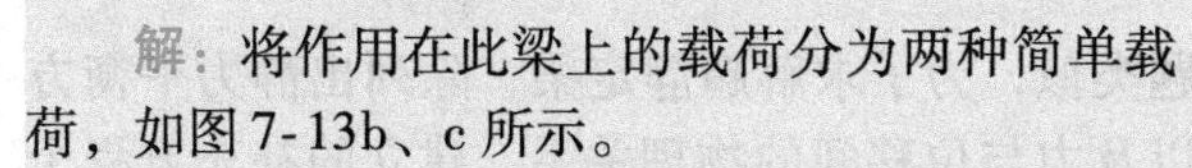

解： 将作用在此梁上的载荷分为两种简单载荷，如图 7-13b、c 所示。

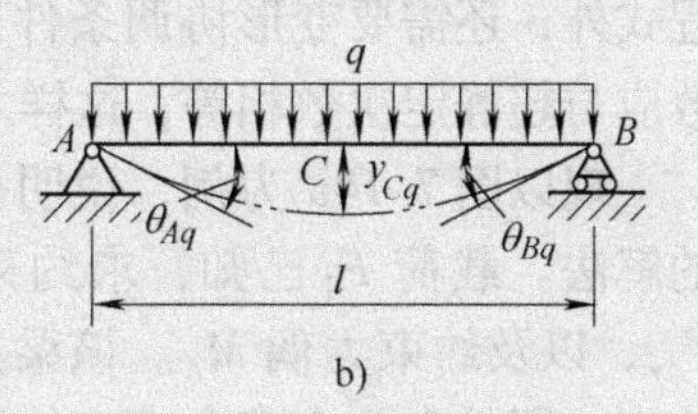

b)

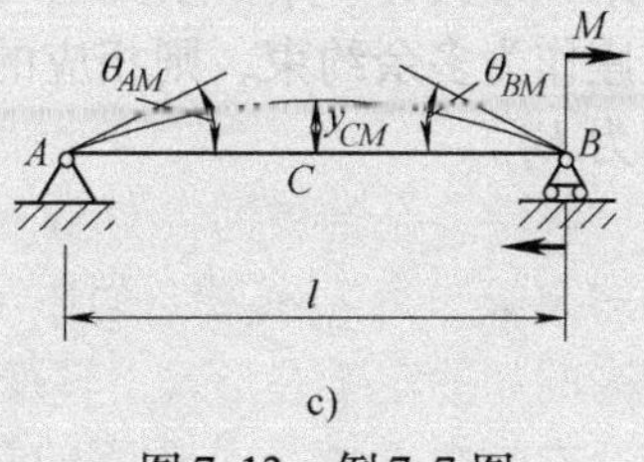

c)

图 7-13 例 7-7 图

1）查表 7-1，查得由 q 单独作用引起的梁跨中点 C 的挠度和支座 A、B 处的转角分别为

$$y_{Cq}=-\frac{5ql^4}{384EI},\ \theta_{Aq}=-\frac{ql^3}{24EI},\ \theta_{Bq}=\frac{ql^3}{24EI}$$

2）查表 7-1，得由 M 单独作用引起的梁跨中点 C 的挠度和支座 A、B 处的转角分别为

$$y_{CM}=\frac{Ml^2}{16EI},\ \theta_{AM}=\frac{Ml}{6EI},\ \theta_{BM}=-\frac{Ml}{3EI}$$

3）运用叠加法，得

$$\begin{aligned}y_C&=y_{Cq}+y_{CM}=-\frac{5ql^4}{384EI}+\frac{Ml^2}{16EI}\\&=\left(-\frac{5\times30\times10^3\times1^4}{384\times20\times10^3}+\frac{5\times10^3\times1^2}{16\times20\times10^3}\right)\text{m}\\&=-0.00391\text{m}=-3.91\text{mm}\end{aligned}$$

$$\begin{aligned}\theta_A&=\theta_{Aq}+\theta_{AM}=-\frac{ql^3}{24EI}+\frac{Ml}{6EI}\\&=\left(-\frac{30\times10^3\times1^3}{24\times20\times10^3}+\frac{5\times10^3\times1}{6\times20\times10^3}\right)\text{rad}=-0.0208\text{rad}=-1°12'\end{aligned}$$

$$\begin{aligned}\theta_B&=\theta_{Bq}+\theta_{BM}=\frac{ql^3}{24EI}-\frac{Ml}{3EI}\\&=\left(\frac{30\times10^3\times1^3}{24\times20\times10^3}-\frac{5\times10^3\times1}{3\times20\times10^3}\right)\text{rad}=-0.0208\text{rad}=-1°12'\end{aligned}$$

第四节 简单超静定梁

前面所讨论梁的约束力由静力学平衡方程即可完全确定，都是静定梁。但在工程实际中，有时为了提高梁的强度和刚度，或由于构造上的需要，往往会给静定梁增加约束，于是，梁未知约束力的数目就超过了静力学平衡方程的数目，某些约束力不能完全由静力学平衡方程求出，这就是超静定梁。

在静定梁上增加的约束，对于维持构件平衡来说是多余的，因此，习惯上常把这种对维持构件平衡并非必要的约束，称为**多余约束**。与多余约束所对应的支座约束力或约束力偶，统称为**多余约束力**。

超静定次数 = 未知约束力总个数 − 独立平衡方程数

与求解轴向拉压超静定问题类似，为了求解超静定梁，除列出静力平衡方程式外，还需要变形协调条件以及力与位移间的物理关系，建立的补充方程个数应与超静定次数相等，这样才能解出全部约束力。

现以图7-14a为例，说明分析超静定梁的解法。载荷 F_1 已知，求约束力 F_2、F_{Ax}、F_{Ay}，以及约束力偶 M_A。该梁具有一个多余约束，即具有一个多余支座约束力。以 B 处支座作为多余约束，则相应的多余支座约束力为 F_2。

解除多余约束即 B 处铰支座，并以相应的多余未知力 F_2 代替它的作用。这样，就把原来的超静定梁在形式上转变成在载荷 F_1 和多余未知力 F_2 共同作用下的静定悬臂梁，如图7-14b所示，称为原超静定梁的相当系统。

为了使相当系统和原超静定梁相同，要求在多余约束处必须符合超静定梁的变形协调条件。在本例中，B 铰支座处的变形协调条件是 B 点的挠度为零，即

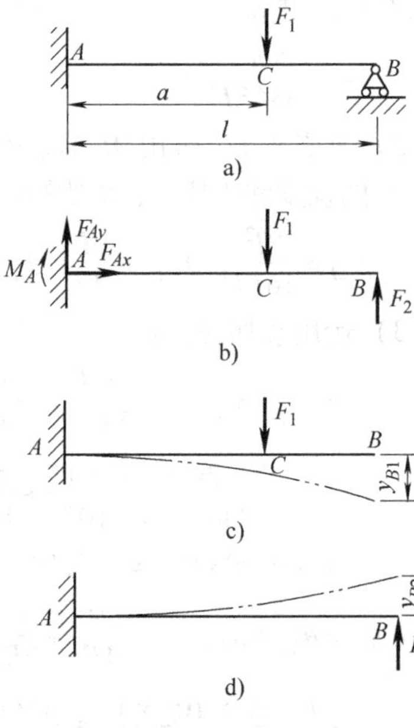

图7-14 超静定梁

$$y_B = 0$$

现在利用叠加法求图7-14b所示梁的 B 点挠度。

由 F_1 力单独作用时，如图7-14c所示，B 点挠度记为 y_{B1}；由 F_2 力单独作用时，如图7-14d所示，B 点挠度记为 y_{B2}。所以 B 点挠度为零的条件，即变形协调条件可写为

$$y_B = y_{B1} + y_{B2} = 0 \qquad (1)$$

由 F_1 力单独作用时，查表 7-1 得

$$y_{B1} = -\frac{F_1 a^2}{6EI}(3l - a) \tag{2}$$

由 F_2 力单独作用时，查表 7-1 得

$$y_{B2} = \frac{F_2 l^3}{3EI} \tag{3}$$

将式（2）、式（3）代入式（1）并求解得

$$F_2 = \frac{F_1}{2}\frac{a^3}{l^3}\left(3\frac{l}{a} - 1\right)$$

F_2 的正号表示实际 F_2 的方向与图 7-14b 假设的方向相同。求出多余约束力后，原来的超静定梁相当于在 F_1 和 F_2 共同作用下的悬臂梁（图 7-14b），进一步的计算就可以采用静力学平衡方程求解。即

$$\begin{cases} \sum_{i=1}^{n} F_{ix} = 0,\ F_{Ax} = 0 \\ \sum_{i=1}^{n} F_{iy} = 0,\ F_{Ay} - F_1 + F_2 = 0 \\ \sum_{i=1}^{n} M_A(F_i) = 0,\ M_A + F_1 a - F_2 l = 0 \end{cases}$$

解得

$$F_{Ax} = 0$$

$$F_{Ay} = F_1\left(1 - \frac{3}{2} \times \frac{a^2}{l^2} + \frac{a^3}{2l^3}\right)$$

$$M_A = F_1 a\left(-1 + \frac{3}{2} \times \frac{a}{l} - \frac{a^2}{2l^2}\right)$$

应该指出，多余约束的选取并不是唯一的，只要是维持平衡额外的约束，都可以视为多余约束，也就是说相当系统可以有不同的选择。

以上分析表明，求解超静定梁的关键在于确定多余约束力，其方法和步骤可概述如下：

1）根据约束力与独立平衡方程的数目，判断梁的超静定次数。

2）解除多余约束，并以相应的多余约束力代替其作用，得到原超静定梁的相当系统。

3）计算相当系统在多余约束处的位移，并根据相应的变形协调条件建立补充方程，由此可求出多余支座约束力。

多余约束力确定后，作用在相当系统上的外力均可求出，由此可通过相当系统计算超静定梁的内力、应力与位移。

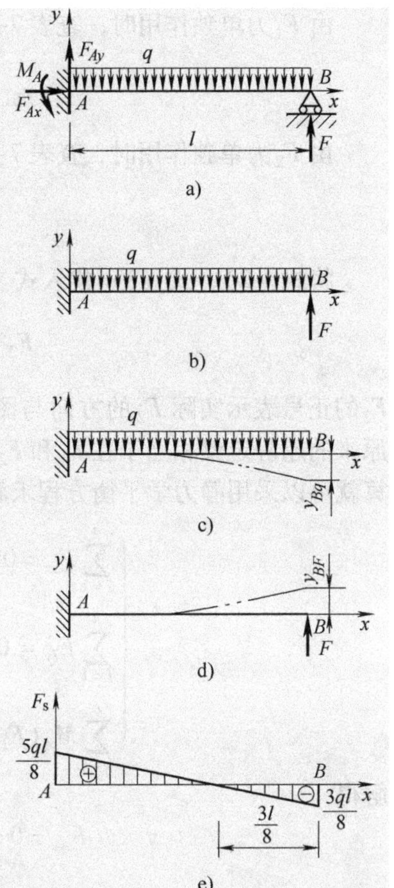

图7-15 例7-8图

例7-8 梁的约束如图7-15a所示，承受均布载荷 q 作用，试求约束力 F、F_{Ax}、F_{Ay}，以及约束力偶 M_A，并画出剪力图和弯矩图。

解：（1）判断梁的超静定次数 图7-15a中梁有三个约束力 F、F_{Ax}、F_{Ay}，以及约束力偶 M_A，由静力平衡条件可建立三个有效的平衡方程，因此它是一次超静定梁。

（2）选择相当系统 将此超静定梁解除一个约束，就得到相当系统。先以 B 支座作为多余约束，将其解除，代以相应的约束力 F，得到图7-15b所示相当系统。

（3）在相当系统上计算解除约束处的变形 根据叠加原理，把图7-15b分解为图7-15c和图7-15d，则从图中可以看出

$$y_B = y_{Bq} + y_{BF}$$

查表7-1得

$$y_{Bq} = -\frac{ql^4}{8EI}, \quad y_{BF} = \frac{Fl^3}{3EI}$$

（4）将相当系统与原超静定梁的变形进行比较，列出补充方程 原梁在支座 B 处不允许有垂直位移，要求相当系统在 B 处的变形与其一致，故 B 截面的挠度应为零。即

$$y_B = y_{Bq} + y_{BF} = -\frac{ql^4}{8EI} + \frac{Fl^3}{3EI} = 0 \qquad (1)$$

（5）求解多余约束力 解方程（1），得

$$F = \frac{3}{8}ql$$

（6）列方程求 A 处支座约束力

$$\sum_{i=1}^{n} F_{ix} = 0, \quad F_{Ax} = 0 \qquad (2)$$

$$\sum_{i=1}^{n} F_{iy} = 0, \quad F_{Ay} + F - ql = 0 \qquad (3)$$

$$\sum_{i=1}^{n} M_A = 0, \quad M_A - \frac{ql^2}{2} + Fl = 0 \qquad (4)$$

将式（1）代入式（3）、式（4），解得

$$F_{Ay} = \frac{5ql}{8}, \quad M_A = \frac{ql^2}{8}$$

（7）画剪力图和弯矩图

剪力方程　　$F_S(x)=\dfrac{5ql}{8}-qx \quad (0<x<l)$

弯矩方程　　$M(x)=-\dfrac{ql^2}{8}+\dfrac{5ql}{8}x-\dfrac{1}{2}qx^2 \quad (0<x\leqslant l)$

按照剪力方程、弯矩方程，画剪力图（图7-15e）和弯矩图（图7-15f）。

第五节　梁的刚度校核与提高梁抗弯刚度的措施

一、梁的刚度条件

在机械设备及工程结构中，许多情况下在按强度条件选择了梁的截面后，往往还需要按梁的刚度条件，检查梁的变形是否在设计条件所允许的范围内，以保证梁的正常工作。

根据工程实际的需要，规定梁的最大挠度和最大转角不超过某一规定值。即梁的刚度条件

$$|y|_{max}\leqslant[y] \tag{7-6}$$

$$|\theta|_{max}\leqslant[\theta] \tag{7-7}$$

式中，$[y]$ 为许可挠度；$[\theta]$ 为许可转角。$[y]$ 和 $[\theta]$ 的数值可以从有关工程设计手册中查到。

例7-9　图7-16所示为一起重机梁，跨长 $l=12\text{m}$，最大起重量 $G=100\text{kN}$，梁为工字钢，许用应力 $[\sigma]=160\text{MPa}$，许可挠度 $[y]=\dfrac{l}{500}$，弹性模量 $E=200\text{GPa}$。试选择工字钢型号。

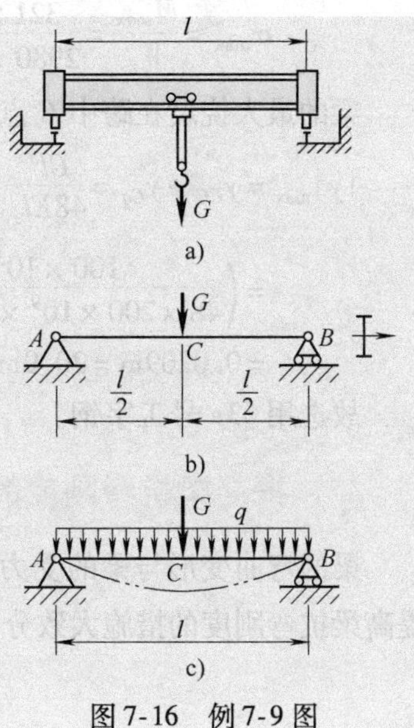

图7-16　例7-9图

解：（1）按正应力强度条件设计截面　由于截面尺寸未定，暂不考虑梁的自重影响。当起吊重物在跨中点 C 时，C 截面将产生最大弯矩和最大挠度。最大弯矩为

$$(M_{max})_G=\frac{1}{4}Gl=\frac{100\times12}{4}\text{kN}\cdot\text{m}=300\text{kN}\cdot\text{m}$$

根据强度条件得

$$W_z\geqslant\frac{(M_{max})_G}{[\sigma]}=\frac{300\times10^3}{160\times10^6}\text{m}^3=1.875\times10^{-3}\text{m}^3=1875\text{cm}^3$$

查附录热轧型钢表4，初选50b号工字钢，$W_z=1940\text{cm}^3$，$I_z=48600\text{cm}^4$。

（2）对初选50b工字钢，进行刚度校核

$$|y|_{\max}=\frac{Gl^3}{48EI_z}=\frac{100\times10^3\times12^3}{48\times200\times10^9\times48600\times10^{-8}}\text{m}=0.037\text{m}=37\text{mm}$$

$$[y]=\frac{l}{500}=\frac{12}{500}\text{m}=0.024\text{m}=24\text{mm}$$

由于$|y|_{\max}>[y]$，所以50b号工字钢不能满足刚度要求，需根据刚度条件重新选择型号，由$[y]=\dfrac{Gl^3}{48EI_z}$得

$$I_z=\frac{Gl^3}{48E[y]}=\frac{100\times10^3\times12^3}{48\times200\times10^9\times24\times10^{-3}}\text{m}^4=7.5\times10^{-4}\text{m}^4=75000\text{cm}^4$$

查附录热轧型钢表4，选63a号工字钢，$I_z=93900\text{cm}^4$，$W_z=2980\text{cm}^3$，单位长度自重$q=121.407\times9.8\text{N/m}=1190\text{N/m}$。

（3）对63a号工字钢，考虑自重影响，对梁的强度和刚度进行校核　如图7-16c所示，梁跨中C点受到自重引起的最大弯矩为

$$(M_{\max})_q=\frac{1}{8}ql^2=\frac{1}{8}\times1190\times12^2\text{N}\cdot\text{m}=2.14\times10^4\text{N}\cdot\text{m}=21.4\text{kN}\cdot\text{m}$$

在梁跨中C点，载荷G和自重q共同引起梁的最大弯矩为

$$M_{\max}=(M_{\max})_q+(M_{\max})_G=(21.4+300)\text{kN}\cdot\text{m}=321\text{kN}\cdot\text{m}$$

C截面上、下边缘受到最大正应力

$$\sigma_{\max}=\frac{M_{\max}}{W_z}=\frac{321\times10^3}{2980\times10^{-6}}\text{Pa}=1.08\times10^8\text{Pa}=108\text{MPa}<[\sigma]$$

梁的最大挠度在跨中C点，查表7-1，并用叠加法得

$$|y|_{\max}=y_{CG}+y_{Cq}=\frac{Gl^3}{48EI_z}+\frac{5ql^4}{384EI_z}$$

$$=\left(\frac{100\times10^3\times12^3}{48\times200\times10^9\times93900\times10^{-8}}+\frac{5\times1190\times12^4}{384\times200\times10^9\times93900\times10^{-8}}\right)\text{m}$$

$$=0.0209\text{m}=20.9\text{mm}<[y]$$

故选用63a号工字钢。

二、提高梁抗弯刚度的措施

梁的弯曲变形与梁的受力、抗弯刚度EI_z、长度以及支座情况有关。因此，提高梁抗弯刚度的措施大致分为以下几类。

1. 合理选择截面形状

影响梁抗弯刚度的截面几何性质是惯性矩 I_z。因此，从提高梁的刚度考虑，增大截面的惯性矩是提高梁抗弯刚度的主要途径。与梁的强度问题一样，可以采用槽形、工字形和空心圆等合理的截面形状。

2. 合理选择材料

影响梁抗弯刚度的材料性能是弹性模量 E，因此，从提高梁的刚度考虑，应选用弹性模量较大的材料。但是各类钢材的弹性模量 E 的数值非常接近，故采用高强度优质钢来提高抗弯刚度是不经济的。

3. 改变梁上的载荷作用位置、方向和作用形式

改变载荷的这些因素，其目的是减小梁的弯矩，这与提高梁的强度措施相同。

4. 减小梁的跨度

由表 7-1 可见，梁的挠度与跨度的二次方（集中力偶作用）、三次方（集中力作用）或者四次方（分布载荷作用）成正比，因此，减小梁的跨度对提高梁的刚度效果显著。如果条件允许，应尽量减小梁的跨度。

5. 增加梁的支座

增加梁的支座也可以减小梁的挠度。例如在图 7-17a 所示的简支梁的跨度中点增设一个支座 C，如图 7-17b 所示，就能使梁的挠度显著减小；在车床上用卡盘夹住工件进行切削时，工件由于切削力而引起弯曲变形，造成加工锥度，这时在工件上除了用尾顶尖外，有时还加用中心支架（图 7-18）或跟刀架，以减小工件的变形，使其锥度显著减小；镗刀杆，若外伸部分过长，可在端部加装尾架（图 7-19），以减小镗刀杆的变形，提高加工精度。

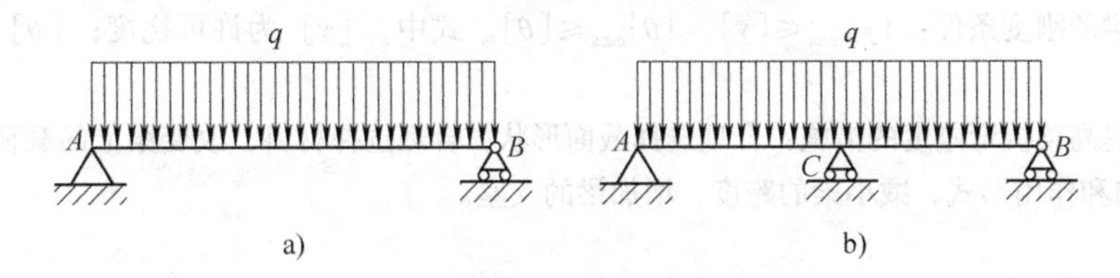

图 7-17 简支梁减小梁跨度

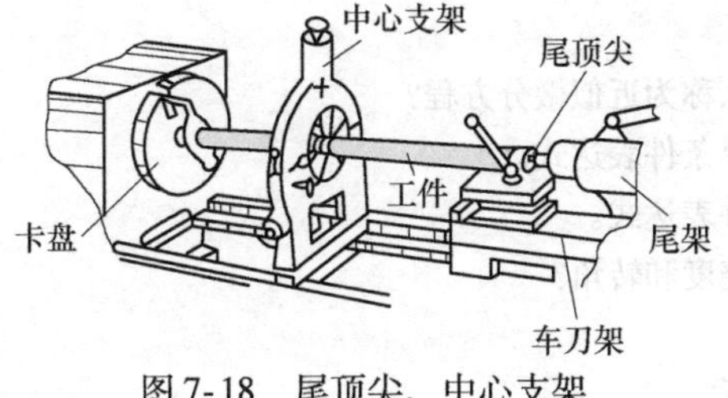

图 7-18 尾顶尖、中心支架

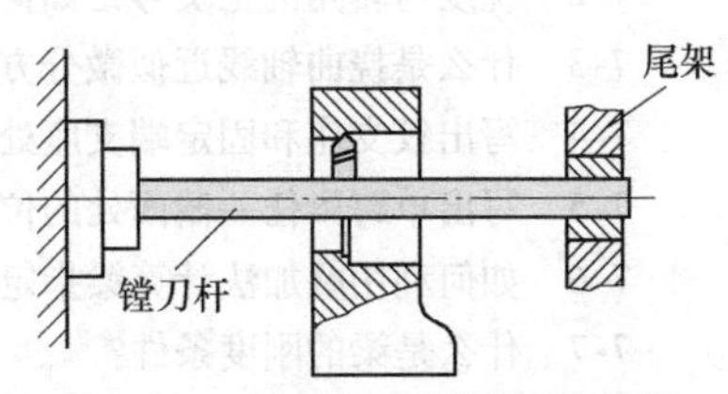

图 7-19 镗刀杆在端部加装尾架

应该指出，采用上述措施后，原来的静定梁就变成超静定梁了。

这种增加支承提高抗弯刚度的措施在工程实际中得到广泛应用。

小 结

- 当梁发生平面弯曲时，变形后梁的轴线变为一条光滑的平面曲线，称梁的挠曲轴线，也称弹性曲线、挠曲线。
- 梁截面形心线位移的垂直分量称为该截面的挠度，用 y 表示；横截面绕中性轴转动产生了角位移，此角位移称为转角，用 θ 表示。挠度和转角的正负号规定如下：挠度与 y 轴正方向同向为正，反之为负；截面转角以逆时针方向转动为正，反之为负。

小变形时 $$\theta \approx \tan\theta = y' = \frac{\mathrm{d}y}{\mathrm{d}x}$$

挠曲线近似微分方程 $$y'' = \frac{M(x)}{EI}$$

转角方程 $$\theta = \frac{\mathrm{d}y}{\mathrm{d}x} = \frac{1}{EI}\int M(x)\,\mathrm{d}x + C$$

挠度方程 $$y = \frac{1}{EI}\iint M(x)\,\mathrm{d}x\mathrm{d}x + Cx + D$$

积分常数 C 和 D，可由梁的边界条件或连续光滑条件来确定。

- 计算梁弯曲变形的叠加原理：在几个载荷同时作用下产生的转角和挠度，分别等于各个载荷单独作用下梁的挠度和转角的叠加。
- 超静定梁：梁未知约束力的数目超过静力学平衡方程的数目，某些约束力不能完全由静力学平衡方程求出。

在静定梁上增加的约束，对于维持构件平衡来说是多余的，因此称为**多余约束**。与多余约束所对应的支座约束力或约束力偶，称为**多余约束力**。

超静定次数 = 未知约束力总个数 - 独立平衡方程数。

- 梁的刚度条件：$|y|_{max} \leqslant [y]$，$|\theta|_{max} \leqslant [\theta]$。式中，$[y]$ 为许可挠度；$[\theta]$ 为许可转角。
- 提高梁抗弯刚度的措施：合理选择截面形状，合理选择材料，改变梁上的载荷作用位置、方向和作用形式，减小梁的跨度，增加梁的支座。

习 题

7-1 什么是梁的挠曲轴线？什么是挠度和转角？它们之间有什么关系？

7-2 挠度与转角的正负号是如何规定的？

7-3 什么是挠曲轴线近似微分方程？为什么称为近似微分方程？

7-4 写出铰支座和固定端支座处的位移边界条件表达式。

7-5 写出单跨梁任一截面处的位移连续条件表达式。

7-6 如何利用叠加法计算梁指定截面处的挠度和转角？

7-7 什么是梁的刚度条件？

7-8 什么是超静定梁？超静定次数如何计算？

7-9　与静定梁相比，超静定梁有哪些优点？

7-10　什么是多余约束？什么是原超静定梁的相当系统？

7-11　什么是超静定梁的变形协调条件？

7-12　图7-20所示的梁，其抗弯刚度 EI 为常量，试求梁的弯矩图，并用积分法求 C 截面的位移。

7-13　用积分法求图7-21所示梁的挠曲线方程，已知 $E=200\text{GPa}$，$I=2.5\times10^{-5}\text{m}^4$。

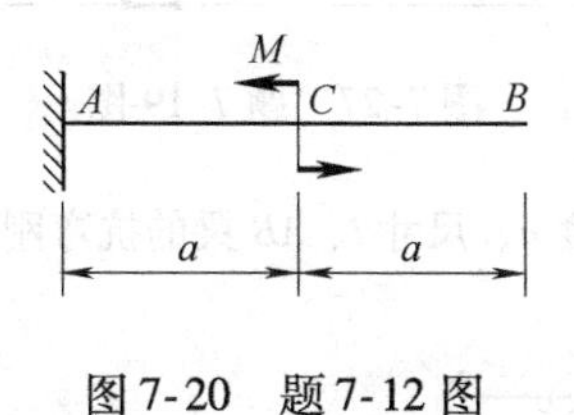

图7-20　题7-12图

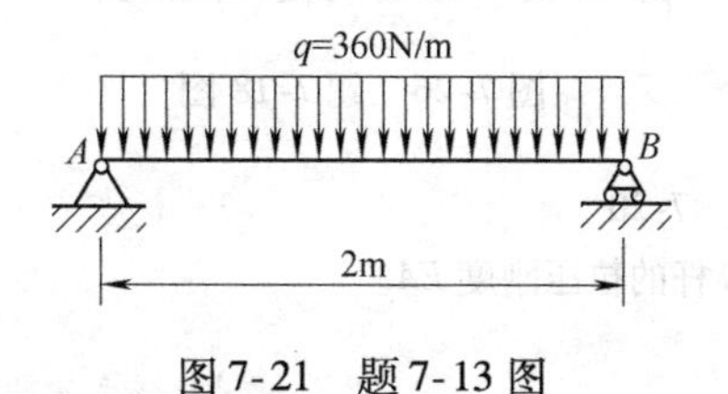

图7-21　题7-13图

7-14　用积分法求图7-22所示梁的挠曲线方程、端截面转角 θ_A 和 θ_B、中点 K 的挠度和最大挠度。设抗弯刚度 EI 为常数。

7-15　已知等直截面梁的抗弯刚度 EI，用叠加法求图7-23所示各梁 C 点的挠度。

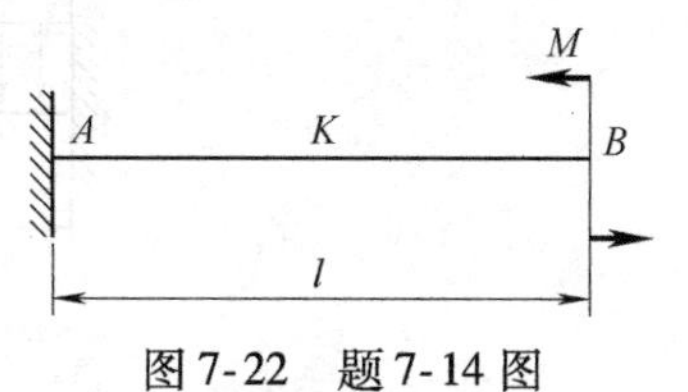

图7-22　题7-14图

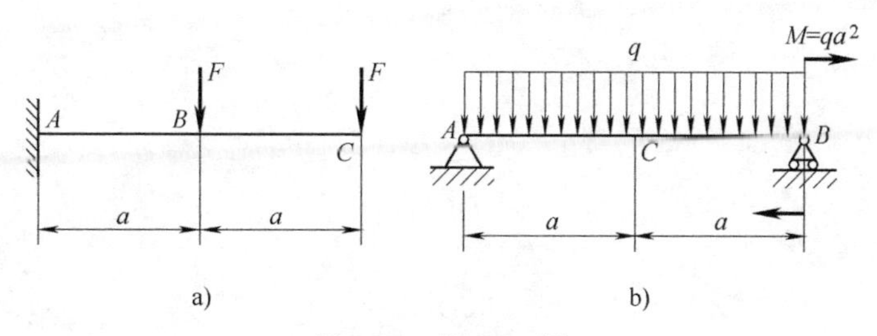

图7-23　题7-15图

7-16　求图7-24所示梁 A 截面的挠度、B 截面的转角。抗弯刚度 EI 为已知。

7-17　设梁的抗弯刚度 EI 为常数，以中间铰为多余约束，求解图7-25所示超静定梁支座 A、B、C 处约束力。

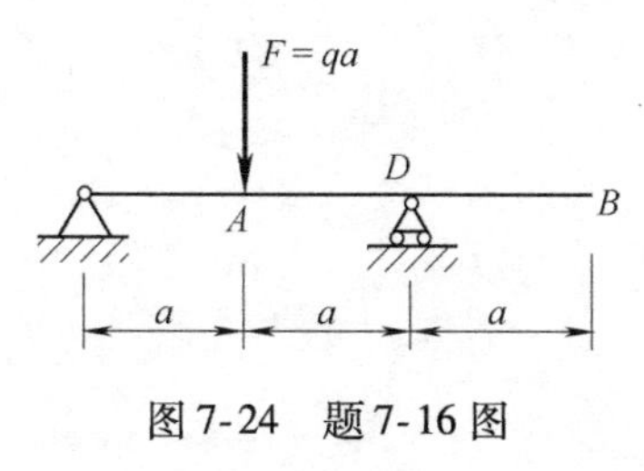

图7-24　题7-16图

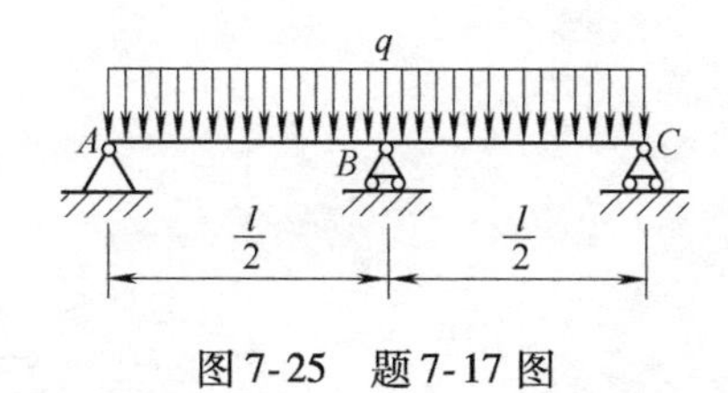

图7-25　题7-17图

7-18　如图7-26所示超静定梁，试求支座约束力，并作内力图。设梁的抗弯刚度 EI 为常数。

7-19 如图7-27所示，梁的抗弯刚度EI为常数，$F=12\text{kN}$。以可动铰链支座B处的约束力作为多余约束，求超静定梁ABC各处的约束力。

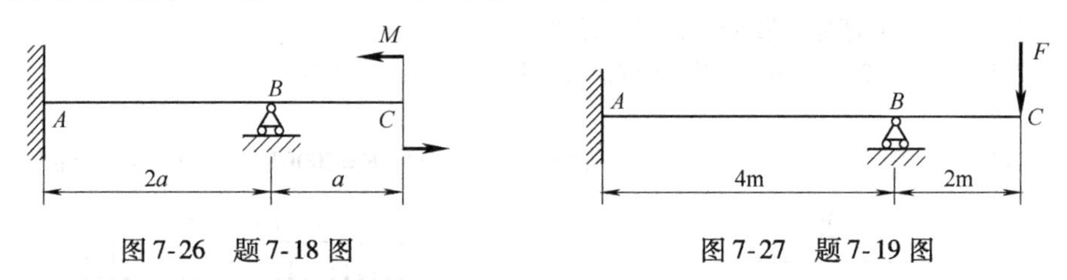

图7-26 题7-18图　　图7-27 题7-19图

7-20 求解图7-28所示BC杆的内力。已知载荷集度q、尺寸l、AB梁的抗弯刚度EI和BC杆的拉压刚度EA。

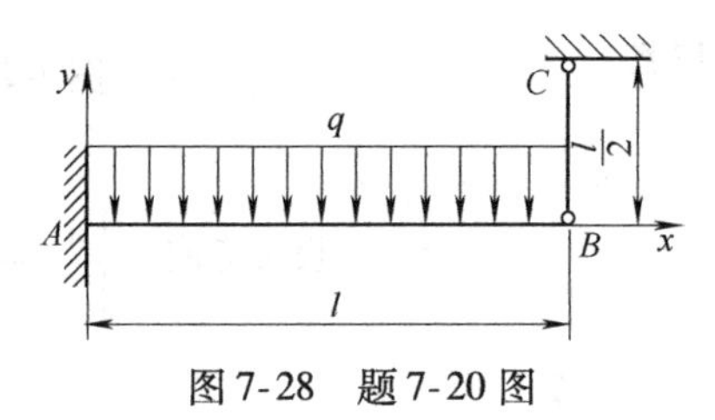

图7-28 题7-20图

第八章

压杆稳定

前面讨论了杆件的拉伸－压缩、剪切、扭转和弯曲四种基本变形，研究了构件发生基本变形时的强度、刚度计算。第二章中对受压杆件的研究，是从强度的观点出发的。即认为只要满足抗压强度条件，就可以保证压杆正常工作。这对短粗的压杆是正确的，但对于细长压杆，在强度破坏之前，可能会首先出现丧失平衡稳定性。即有些承受轴向压力的细长杆件，例如内燃机的连杆（图 8-1）、发动机配气机构中的挺杆（图 8-2）、千斤顶的丝杠（图 8-3）、建筑物中的柱子、桁架结构中的抗压杆、撑杆跳运动员用的杆等，当压力超过一定数值后，在外界扰动下，其直线平衡形式将转变为弯曲形式，从而使杆件丧失正常功能，情形严重者，会造成人员的生命与财产的重大损失，这是与强度失效和刚度失效不同的另一种失效形式，称为**稳定失效**。稳定问题和强度、刚度问题一样，在机械或其零部件的设计中占有重要地位。在工程实际中，要保证构件或结构物正常工作，除了要满足强度、刚度条件外，还必须满足稳定性的要求。

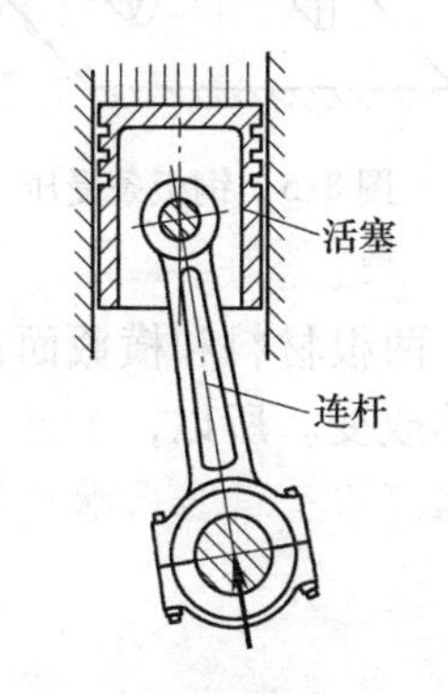

图 8-1　内燃机的连杆

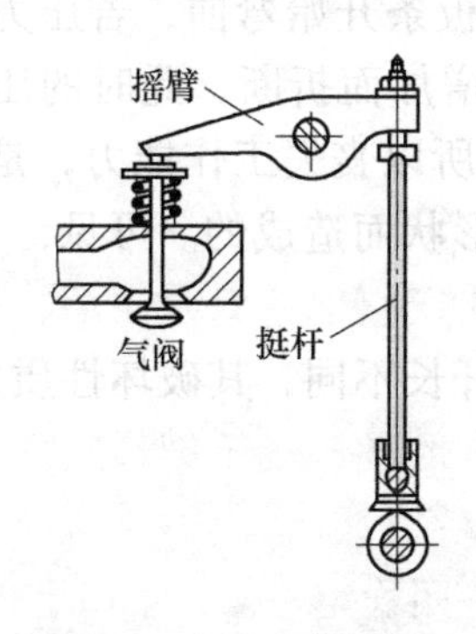

图 8-2　发动机配气机构

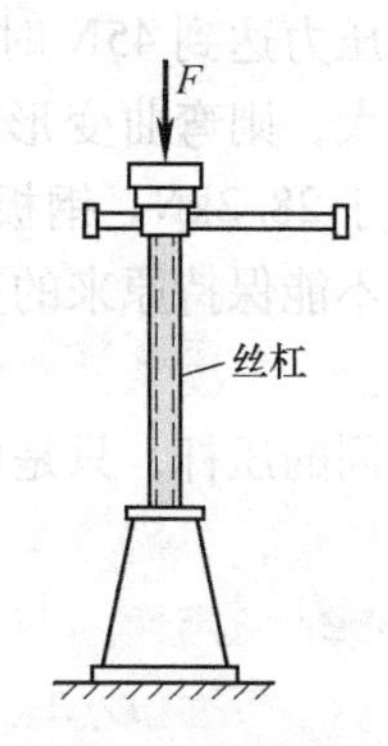

图 8-3　千斤顶

工程实际中不仅细长压杆可能发生失稳现象，其他一些受压力的薄壁构件，如果外力过大，也会发生失稳现象。如图 8-4a 所示，横截面为狭长矩形的薄壁构件，在抗弯能力最大的平面内受过大的横向力作用时，会因失稳而同时发生扭转；图8-4b所示的薄壁圆筒在受到过大的轴向压力作用时，会因失稳而在筒壁上出现褶皱现象。

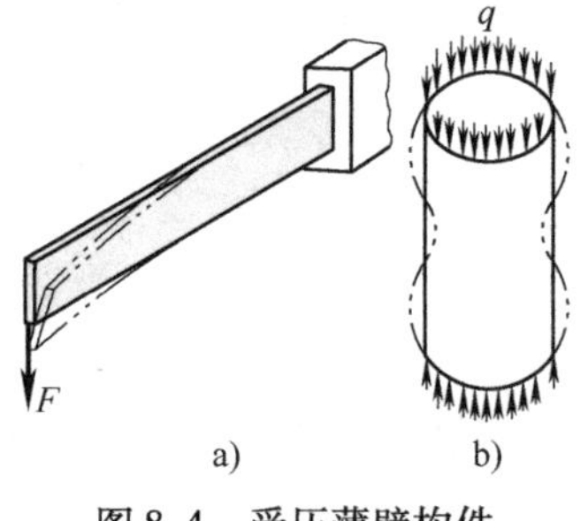

图8-4　受压薄壁构件

由于失稳破坏是突然发生的，往往会给机械和工程结构带来很大的危害，历史上就存在着不少由于失稳而引起的严重事故。因此，在设计细长压杆时，进行稳定计算是非常必要的。本章讨论压杆稳定和压杆设计。

第一节　压杆稳定的概念

第二章中对受压杆件的研究，是从强度的观点出发的。即认为只要满足压缩强度条件，就可以保证压杆正常工作。这对短粗的压杆是正确的，但对于细长压杆来说就不适用了。对于细长的压杆，就不能单纯从强度方面考虑了。如图8-5所示，宽30mm、厚2mm的矩形截面杆，设其材料的抗压强度为$\sigma_b = 470\text{MPa}$，当高为30mm时，将它压坏所需要的力，按抗压强度条件计算得到

$$F_1 = A\sigma_b = 30 \times 10^{-3} \times 2 \times 10^{-3} \times 470 \times 10^6 \text{N} = 28.2\text{kN}$$

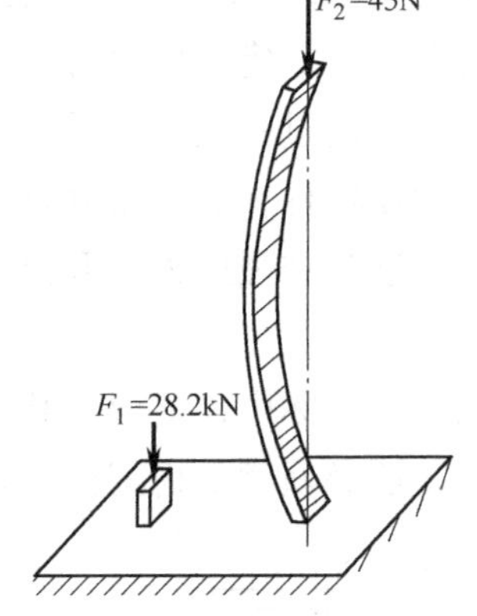

图8-5　钢板条受压

但当钢板条的高度改变为500mm后，实验发现，压力达到45N时，钢板条开始弯曲，若压力继续增大，则弯曲变形急剧增加而折断，此时的压力远小于28.2kN。钢板条之所以丧失工作能力，是由于它不能保持原来的直线形状而造成的。可见，细长压杆的承载能力不取决于它的抗压强度条件，而取决于它保持直线平衡状态的能力。两根材料和横截面都相同的压杆，只是由于杆长不同，其破坏性质发生了质的改变。所以，对于短粗压杆，只需考虑其强度问题；对于细长压杆，则要考虑其原有直线形状平衡状态的稳定性问题。

下面以小球为例说明稳定平衡、不稳定平衡和随遇平衡。

如图8-6a所示，小球在凹面内的O点处于平衡状态。外加扰动使小球偏离平衡位置，当外加扰动撤去后，小球受到重力G和支撑面约束力F_N的作用，总会回到O点，保持其原有的平衡状态。在这种情况下，小球在O点的平衡状态是**稳定平衡状态**。

如图 8-6b 所示，小球在凸面上的 O 点处于平衡状态。一旦外加扰动使小球偏离平衡位置，则小球将滚下，不能回到其原有的平衡状态。在这种情况下，小球在 O 点的平衡状态是**不稳定平衡状态**。

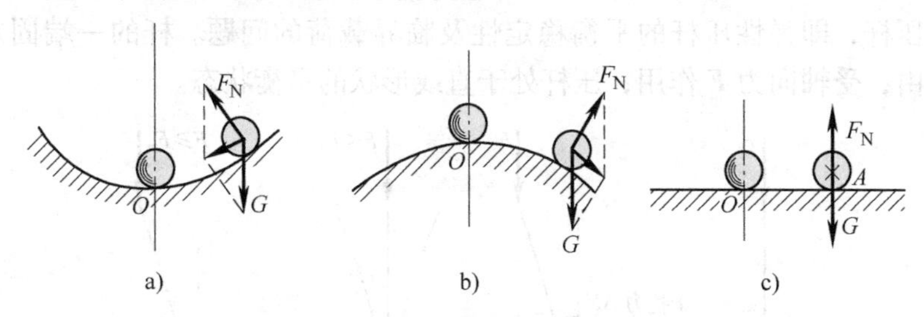

图 8-6　小球的三种平衡

a）稳定平衡　b）不稳定平衡　c）随遇平衡

图 8-6c 所示的小球在平面上的 O 点处于平衡状态。外加扰动使小球偏离平衡位置，当外加扰动撤去后，小球将在新的位置 A 再次处于平衡。在这种情况下，小球在 A 点的平衡状态是**随遇平衡状态**。

上面这个例子说明，要判别小球原来在 O 处的平衡状态稳定与否，必须使小球从原有平衡位置稍有偏离，然后考虑它是否有恢复的趋势或继续偏离的趋势，以确定小球原来是否处于稳定平衡。这是分析、研究平衡稳定性的重要方法。

下面再以图 8-7a 所示的力学模型介绍平衡稳定性。刚性直杆 AB，B 端为铰支，杆可绕其旋转，A 端用刚度系数为 k 的弹簧所支承。在铅垂载荷 F 作用下，该杆在竖直位置保持平衡。

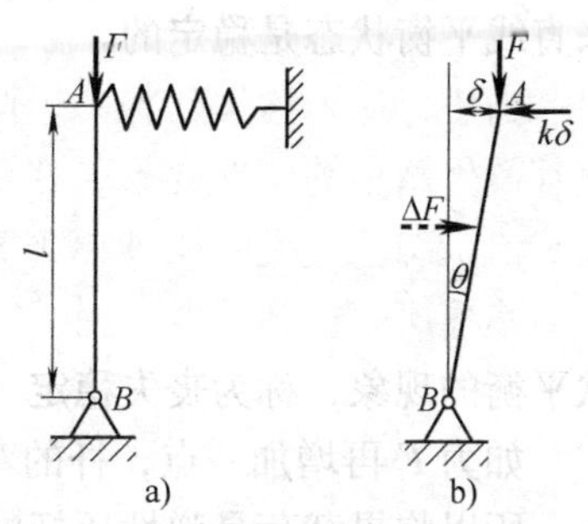

图 8-7　平衡稳定性概念

现在，给杆以微小的侧向干扰力 ΔF，使杆 A 端产生微小的侧向位移 δ（图 8-7b），弹簧作用力对 A 点的力为 $k\delta$。力矩 $k\delta l$ 欲使杆回到原来的竖直平衡位置，力 F 对 B 点的矩 $F\delta$ 则欲使杆继续偏斜，这样当撤去干扰力 ΔF 时，杆可能出现几种情况：

1）如果 $F\delta < k\delta l$，即 $F < kl$，则杆将自动恢复到原来的竖直平衡位置，说明杆原来的竖直平衡状态是稳定的。

2）如果 $F\delta > k\delta l$，即 $F > kl$，则杆将继续偏斜，不能回复到原来的竖直平衡位置，表明其原来的竖直平衡状态是不稳定的。

3）如果 $F\delta = k\delta l$，即 $F = kl$，则杆不仅在竖直位置保持平衡，而且在偏斜状态也能够保持平衡。

由上述分析知道，在 k、l 不变的情况下，杆 AB 在竖直位置的平衡性质，由压力 F 的大小确定。

为了进一步介绍压杆稳定性的概念，现研究图 8-8a 所示的理想状态下的等直细长压杆，即弹性压杆的平衡稳定性及临界载荷的问题。杆的一端固定，另一端自由，受轴向力 F 作用，压杆处于直线形状的平衡状态。

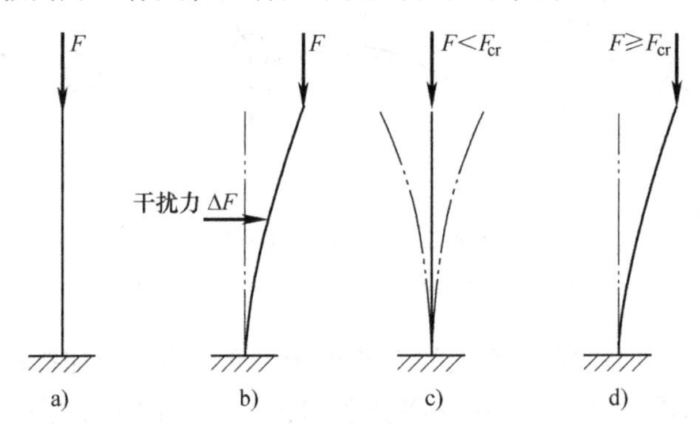

图 8-8 等直细长压杆

当压力 F 逐渐增加，但小于某一极限值时，压杆保持其直线形状的平衡，此时即使作用一微小的侧向干扰力 ΔF，使其产生微小的弯曲变形（图 8-8b），在干扰力 ΔF 除去后，压杆会自行恢复到原来的直线形状的平衡状态，故压杆原来直线平衡状态是稳定的。

当压力逐渐增加到某一极限值时，如果再作用一个微小的侧向干扰力 ΔF，使其产生微小的侧向变形，在除去干扰力后，压杆将不再能够恢复其原来的直线平衡状态，这说明压杆原来直线形状的平衡是不稳定的，上述压力的极限值称为**临界压力**或**临界力**，用 F_{cr} 表示。压杆丧失其直线形状平衡而过渡为曲线形状平衡的现象，称为丧失稳定（或简称失稳）。

如力 F 再增加一点，杆的弯曲变形将显著增加，最后趋向破坏。

所以临界载荷是弹性压杆的直线平衡状态由稳定转变为不稳定的临界值。

现将上述三种状态总结如下：

1）当 $F<F_{cr}$ 时，压杆处于稳定的直线形状的平衡状态。

2）当 $F>F_{cr}$ 时，压杆处于不稳定的直线形状的平衡状态。

3）当 $F=F_{cr}$ 时，压杆处于临界状态，压杆可能处于直线形状平衡状态，也可能处于很微小的曲线形状的平衡状态。

显然，解决压杆稳定问题的关键是确定其临界载荷 F_{cr}。如果将压杆的工作压力限制在由临界载荷所确定的允许范围内，则压杆可以正常工作，不会失稳。

第二节 细长压杆的临界载荷

一、两端铰支细长压杆的临界载荷

由上述分析可知，只有当轴向压力 F 等于临界载荷 F_{cr} 时，压杆才可能在微弯状态保持平衡。因此，使压杆在微弯状态保持平衡的最小轴力，即为压杆的临界载荷 F_{cr}。

所谓细长压杆，就是当压力等于临界载荷时，直杆横截面上的正应力不超过材料比例极限 σ_p 的压杆。由于约束的不同，压杆的临界载荷也不同，下面以两端铰支细长压杆为例，说明计算临界载荷的方法。

如图 8-9a 所示，设细长压杆在轴向力 F 作用下处于微弯平衡状态，则当杆内正应力不超过材料的比例极限 σ_p 时，压杆的挠曲线近似微分方程应满足下述关系式：

$$\frac{d^2y}{dx^2}=\frac{M(x)}{EI} \tag{1}$$

由图 8-9b 可知，压杆 x 截面的弯矩为 $M=-Fy$，代入方程式（1），得

$$\frac{d^2y}{dx^2}=-\frac{Fy}{EI} \tag{2}$$

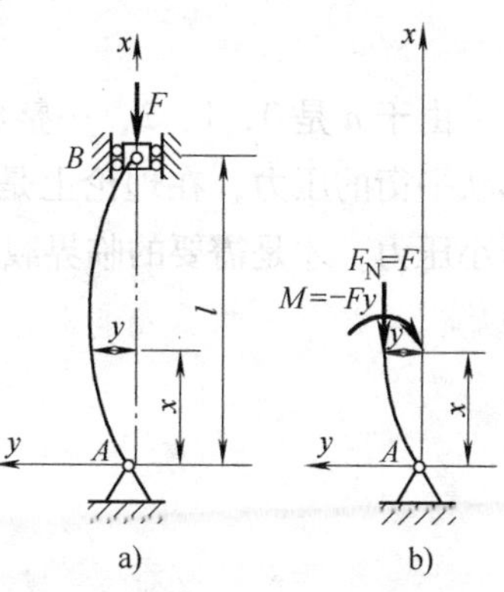

图 8-9 细长压杆微弯平衡状态

由于压杆两端是铰支座，允许杆件在任意纵向平面内发生弯曲变形，因而杆件的微小弯曲变形一定发生在抗弯能力最小的纵向平面内。故上式中的 I 应是横截面最小的惯性矩。

令

$$k^2=\frac{F}{EI} \tag{3}$$

将式（3）代入式（2），得

$$\frac{d^2y}{dx^2}+k^2y=0$$

上述微分方程的通解为

$$y=A\sin kx+B\cos kx \tag{4}$$

式中，A、B 为积分常数。

压杆的边界条件为：

$$x=0 \text{ 时}，y=0;\quad x=l \text{ 时}，y=0$$

将此边界条件代入式（4），解得

$$B=0,\ A\sin kl=0$$

因为 $A\sin kl=0$，这就要求 $A=0$ 或 $\sin kl=0$。假设 $A=0$，则 $y=0$，这表示杆件轴线任意点的挠度皆为零，即仍是直线。这与压杆有微小的弯曲变形的前提假设相矛盾。因此必须是

$$\sin kl=0$$

得到 $$kl=n\pi \quad (n=0,\ 1,\ 2,\ \cdots)$$

即 $$k=\frac{n\pi}{l}$$

把 k 值代入式（3），求出

$$F=\frac{n^2\pi^2EI}{l^2}$$

由于 n 是0，1，2，…整数中的任一整数，故上式表明，使杆件保持为曲线形状平衡的压力，在理论上是多值的。在这些压力中，使杆件保持微小弯曲的最小压力，才是需要的临界载荷 F_{cr}。如果取 $n=0$，则 $F=0$，表示杆件上并无载荷，自然不是所需要的。这样只有取 $n=1$，才使载荷为最小值。于是得临界载荷为

$$F_{cr}=\frac{\pi^2EI}{l^2} \tag{8-1}$$

上式是两端铰支细长压杆临界载荷的计算公式，也称为**两端铰支细长压杆临界载荷的欧拉公式**。

例 8-1 某细长压杆为钢制空心圆管，外径和内径分别为 20mm 和 16mm，杆长 0.8m，钢材的弹性模量 $E=210\text{GPa}$，压杆两端铰支，试求压杆的临界载荷 F_{cr}。

解：压杆横截面的惯性矩为

$$I=\frac{\pi}{64}(D^4-d^4)=\frac{\pi}{64}\times(0.02^4-0.016^4)\text{m}^4=4.63\times10^{-9}\text{m}^4$$

将 I 代入式（8-1），得到压杆的临界载荷

$$F_{cr}=\frac{\pi^2EI}{l^2}=\frac{3.14^2\times210\times10^9\times4.63\times10^{-9}}{0.8^2}\text{N}=15\text{kN}$$

例 8-2 上题中细长压杆截面若改为矩形，$h=2b$，如图 8-10 所示，杆横截面积不变，其他参数不变，即杆长 0.8m，钢材的弹性模量 $E=210\text{GPa}$，压杆两端铰支，试求压杆的临界载荷 F_{cr}。

解：空心圆杆横截面积$\frac{\pi}{4}(D^2-d^2)=\frac{\pi}{4}\times(20^2-16^2)\text{mm}^2=113\text{mm}^2$，矩形截面杆横截面积$A=h\times b=2b^2$，所以$2b^2=113\text{mm}^2$，即$b=7.5\text{mm}$，$h=15\text{mm}$。

压杆横截面的惯性矩为

$$I_y=\frac{1}{12}hb^3=\frac{1}{12}\times0.015\times0.0075^3\text{m}^4=5.27\times10^{-10}\text{m}^4$$

$$I_z=\frac{1}{12}bh^3=\frac{1}{12}\times0.0075\times0.015^3\text{m}^4=2.11\times10^{-9}\text{m}^4$$

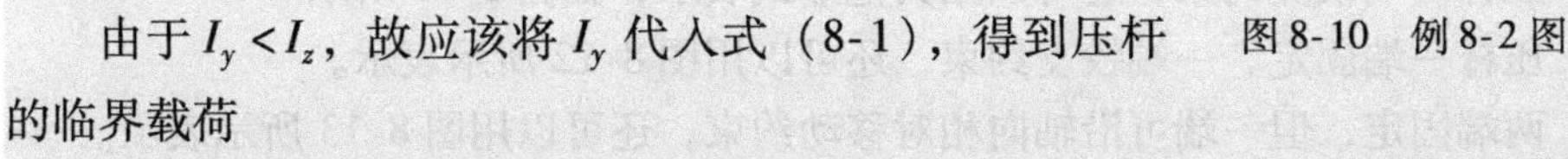

由于$I_y<I_z$，故应该将I_y代入式（8-1），得到压杆的临界载荷

图8-10 例8-2图

$$F_{cr}=\frac{\pi^2EI_y}{l^2}=\frac{3.14^2\times210\times10^9\times5.27\times10^{-10}}{0.8^2}\text{N}=1.71\times10^3\text{N}=1.71\text{kN}$$

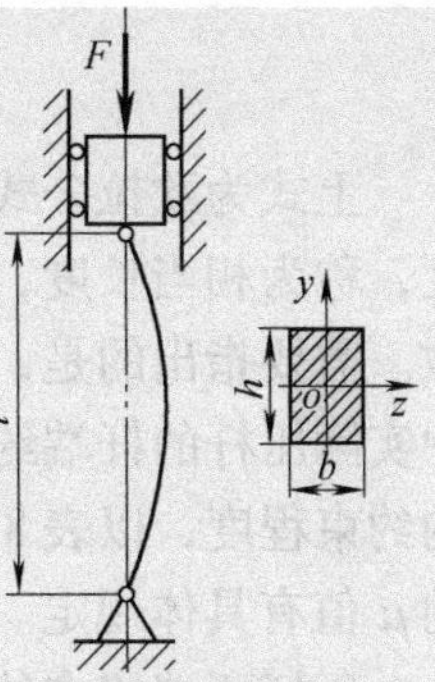

二、其他支座条件下细长压杆的临界应力

在工程实际中，除了上述两端铰支压杆外，还有其他支持方式的压杆。例如一端自由、另一端固定的压杆，一端铰支、另一端固定的压杆，两端固定的压杆等。这些压杆的临界载荷，可采用类似的方法推出其临界力的计算公式，表8-1给出了相应的计算结果。

表8-1 压杆的长度因数

杆端支承情况	一端自由，一端固定	两端铰支	一端铰支，一端固定	两端固定，但一端可沿轴向相对移动
挠曲线形状	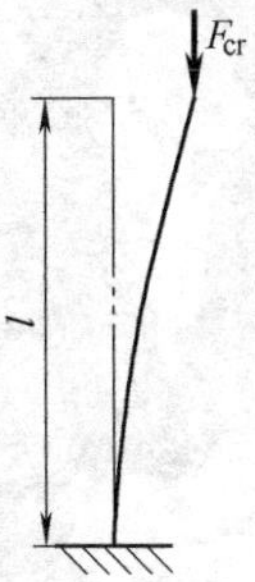	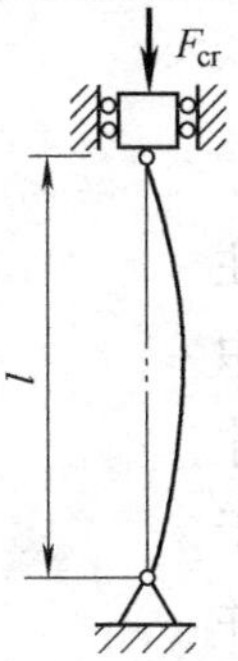	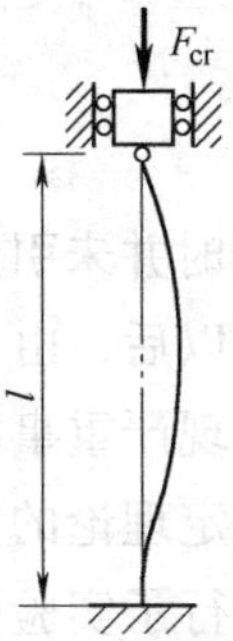	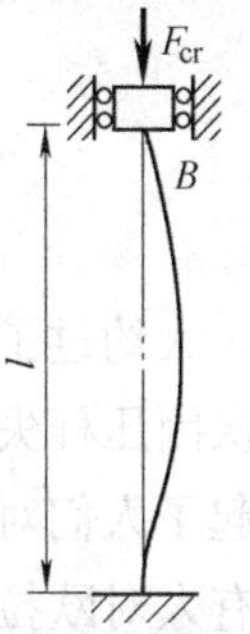
F_{cr}	$F_{cr}=\frac{\pi^2EI}{(2l)^2}$	$F_{cr}=\frac{\pi^2EI}{l^2}$	$F_{cr}=\frac{\pi^2EI}{(0.7l)^2}$	$F_{cr}=\frac{\pi^2EI}{(0.5l)^2}$
长度因数μ	2	1	0.7	0.5

从表中可以看出，上述四种细长压杆的临界载荷公式基本相似，只是分母中l前的系数不同。为了应用方便，将上述各式统一写成如下形式：

$$F_{cr}=\frac{\pi^2 EI}{(\mu l)^2} \tag{8-2}$$

上式为欧拉公式的普遍形式。其中 μl 表示把压杆折算成两端铰支压杆的长度，称为相当长度，μ 称为**长度因数**，表 8-1 中列出了常见细长压杆的长度因数。需要指出的是，表 8-1 中的 μ 值是在理想的杆端约束条件下得出的。工程中实际压杆的杆端约束情况往往比较复杂，其长度因数 μ 应根据杆端实际受到的约束程度，以表 8-1 作为参考来加以选取。在有关设计规范中，对各种压杆的 μ 值有具体规定。

压杆两端铰支约束，还可以用其他形式表示，如图 8-11 所示。

压杆一端固定、一端铰支约束，还可以用图 8-12 所示表示。

两端固定，但一端可沿轴向相对移动约束，还可以用图 8-13 所示表示。

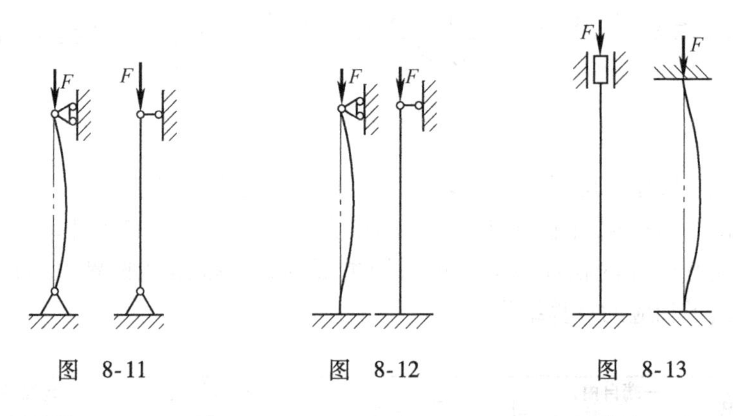

图 8-11　　图 8-12　　图 8-13

上述的细长压杆临界力理论公式，是瑞士著名数学家和力学家欧拉（L. Euler，1707—1783）（图 8-14）在 1744 年提出来的。当时并未引起人们注意。大约过了一百年以后，由于工程中多次因压杆失稳而出现严重事故，这才引起了人们对压杆稳定理论的重视，于是有人对欧拉公式进行了实验验证，并把这一公式用到工程设计中去。现在，欧拉公式仍然是工程上普遍采用的著名公式。

图 8-14　欧拉（L. Euler，1707—1783）

例 8-3　如图 8-15 所示的细长压杆，已知材料的弹性模量 $E=210\text{GPa}$，压杆的长度 $l=5\text{m}$。压杆的横截面为圆形，其直径 $d=60\text{mm}$。求该压杆的临界载

荷 F_{cr}。

解：本题的压杆为一端固定，另一端铰支的细长压杆，$\mu=0.7$。压杆横截面的惯性矩为

$$I=\frac{\pi d^4}{64}=\frac{\pi\times0.06^4}{64}\text{m}^4=6.36\times10^{-7}\text{m}^4$$

由式（8-2）计算压杆的临界载荷为

$$F_{cr}=\frac{\pi^2 EI}{(\mu l)^2}=\frac{3.14^2\times210\times10^9\times6.36\times10^{-7}}{(0.7\times5)^2}\text{N}=1.07\times10^5\text{N}=107\text{kN}$$

例8-4 有一矩形截面压杆如图8-16所示，两端固定，但一端可沿轴向相对移动，材料为钢，已知弹性模量 $E=200\text{GPa}$，杆长 $l=8\text{m}$。试求：1）当截面尺寸为 $b=64\text{mm}$、$h=100\text{mm}$ 时，试计算压杆的临界载荷；2）若截面尺寸为 $b=h=80\text{mm}$，此时压杆的临界载荷为多少？

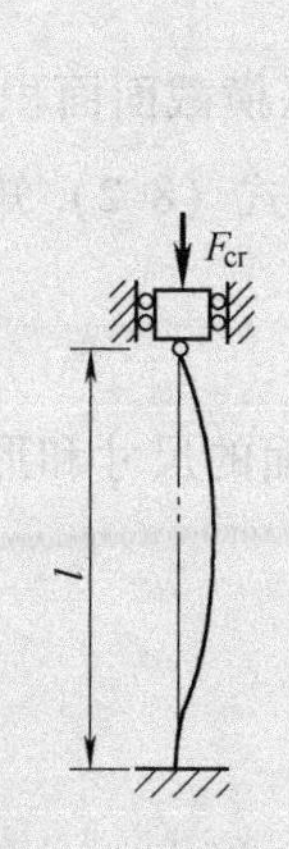

图8-15 例8-3图

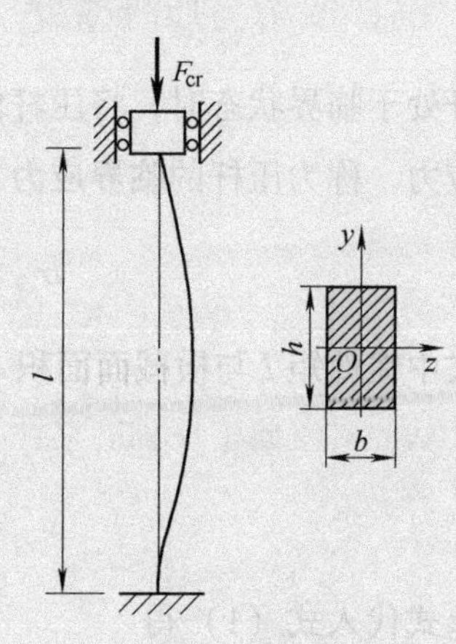

图8-16 例8-4图

解：由于杆两端固定，但一端可沿轴向相对移动，查表8-1得 $\mu=0.5$。

1）截面对 y、z 轴的惯性矩分别为

$$I_y=\frac{hb^3}{12}=\frac{100\times64^3}{12}\text{mm}^4=2.18\times10^6\text{mm}^4=2.18\times10^{-6}\text{m}^4$$

$$I_z=\frac{bh^3}{12}=\frac{64\times100^3}{12}\text{mm}^4=5.33\times10^6\text{mm}^4=5.33\times10^{-6}\text{m}^4$$

因为 $I_y<I_z$，应按 I_y 计算临界载荷，于是将 I_y 代入欧拉公式得

$$F_{cr}=\frac{\pi^2 EI}{(\mu l)^2}=\frac{3.14^2\times200\times10^9\times2.18\times10^{-6}}{(0.5\times8)^2}\text{N}=2.69\times10^5\text{N}=269\text{kN}$$

2）$b=h=80\text{mm}$ 时，截面的惯性矩为

$$I_y = I_z = \frac{bh^3}{12} = \frac{80^4}{12}\text{mm}^4 = 3.41 \times 10^6\text{mm}^4 = 3.41 \times 10^{-6}\text{m}^4$$

代入欧拉公式得临界载荷为

$$F_{cr} = \frac{\pi^2 EI}{(\mu l)^2} = \frac{3.14^2 \times 200 \times 10^9 \times 3.41 \times 10^{-6}}{(0.5 \times 8)^2}\text{N} = 4.2 \times 10^5\text{N} = 420\text{kN}$$

比较上述计算结果，两杆所用材料相同，长度相同，截面面积相等，但正方形的后者其临界压力 F_{cr} 比前者大 56%。

第三节 欧拉公式及经验公式

一、临界应力与压杆柔度

压杆处于临界状态时，将压杆的临界载荷 F_{cr} 除以横截面面积 A，得到横截面上的应力，称为压杆的**临界应力**，用 σ_{cr} 表示。由公式（8-2）知

$$\sigma_{cr} = \frac{F_{cr}}{A} = \frac{\pi^2 EI}{(\mu l)^2 A} \tag{1}$$

上式中惯性矩 I 与横截面面积 A 都是与压杆横截面的尺寸和形状有关的量，令压杆横截面对弯曲中性轴的惯性半径

$$i = \sqrt{\frac{I}{A}} \tag{8-3}$$

将上式代入式（1）得

$$\sigma_{cr} = \frac{\pi^2 E i^2}{(\mu l)^2} = \frac{\pi^2 E}{\left(\frac{\mu l}{i}\right)^2} \tag{2}$$

令压杆的柔度（或长细比）为

$$\lambda = \frac{\mu l}{i} \tag{8-4}$$

则式（2）可写成

$$\sigma_{cr} = \frac{\pi^2 E}{\lambda^2} \tag{8-5}$$

式（8-5）是临界应力形式的欧拉公式，其中柔度 λ 是一个无量纲的量，它综合反映了压杆的长度 l、杆端的约束以及截面尺寸对临界应力 σ_{cr} 的影响。对于一定材料的压杆，其临界应力 σ_{cr} 仅与柔度 λ 有关，λ 值越大，则压杆越细

长，临界应力 σ_{cr} 值也越小，压杆越容易失稳。所以柔度 λ 是压杆稳定计算中的一个重要综合参数。

如果压杆在不同的纵向平面内具有不同的柔度值，由于压杆失稳首先发生在柔度最大的纵向平面内。因此，压杆的临界应力应按柔度的最大值 λ_{max} 计算。

二、欧拉公式的适用范围

欧拉公式是在材料符合胡克定律条件下，即在线弹性范围内，由挠曲线近似微分方程 $\frac{d^2y}{dx^2}=\frac{M}{EI}$ 推导出来的。因此只有当压杆内的临界应力 σ_{cr} 不超过材料的比例极限 σ_p 时，欧拉公式才能适用。具体来说，欧拉公式适用范围是

$$\sigma_{cr}=\frac{\pi^2E}{\lambda^2}\leqslant\sigma_p$$

或

$$\lambda\geqslant\pi\sqrt{\frac{E}{\sigma_p}}$$

记柔度值

$$\lambda_p=\pi\sqrt{\frac{E}{\sigma_p}} \tag{8-6}$$

所以，当 $\lambda\geqslant\lambda_p$ 时，欧拉公式成立。柔度 $\lambda\geqslant\lambda_p$ 的压杆，称为**大柔度杆**，也称细长杆。

由式（8-6）可知，λ_p 值取决于材料的弹性模量 E 和比例极限 σ_p，所以 λ_p 值仅随材料不同而异。例如 Q235 钢，其弹性模量 $E=206\text{GPa}$、比例极限 $\sigma_p=200\text{MPa}$，代入式（8-6）得

$$\lambda_p=\pi\sqrt{\frac{E}{\sigma_p}}=3.14\times\sqrt{\frac{206\times10^9}{200\times10^6}}\approx100$$

这意味着，用 Q235 钢制成的压杆，只有当其柔度 $\lambda\geqslant100$ 时，欧拉公式才适用。

三、经验公式

若压杆的柔度小于 λ_p，则这种压杆的临界力不能再按欧拉公式计算。对于此类压杆，工程中通常采用以实验结果为依据的经验公式来计算其临界应力。

1. 直线型经验公式

直线型经验公式将压杆的临界应力 σ_{cr} 与柔度 λ 表示为以下直线公式，即

$$\sigma_{cr}=a-b\lambda \tag{8-7}$$

式中，λ 为具体压杆的柔度；a、b 为与材料的力学性能有关的常数，单位为 MPa。表 8-2 中列出了几种常用材料的 a、b 值。

表 8-2 几种常用材料的 a、b 值

材料（强度极限 σ_b/MPa，屈服极限 σ_s/MPa）	a/MPa	b/MPa	λ_p	λ_s
Q235 钢 $\sigma_b \geqslant 372$，$\sigma_s = 235$	304	1.12	100	62
优质碳钢 $\sigma_b \geqslant 471$，$\sigma_s = 306$	461	2.568	100	60
硅钢 $\sigma_b \geqslant 510$，$\sigma_s = 353$	578	3.744	100	60
铬钼钢	981	5.296	55	—
铸铁	332	1.454	80	—
硬铝	373	2.15	50	—
松木	28.7	0.19	59	—

上述经验公式也有其适用范围，对于塑性材料的压杆，还要求临界应力不超过压杆材料的屈服极限应力 σ_s，以保证压杆不会因强度不够而发生破坏。所以对于塑性材料制成的压杆，临界应力公式为

$$\sigma_{cr} = a - b\lambda \leqslant \sigma_s$$

由上式得到对应于屈服极限 σ_s 的柔度为

$$\lambda_s = \frac{a - \sigma_s}{b} \tag{8-8}$$

由此可知，只有当压杆的柔度 $\lambda \geqslant \lambda_s$ 时才能用公式（8-7）求解。对于 Q235 钢，$\sigma_s = 235\text{MPa}$，$a = 304\text{MPa}$，$b = 1.12\text{MPa}$，可求得

$$\lambda_s = \frac{304\text{MPa} - 235\text{MPa}}{1.12\text{MPa}} \approx 62$$

综上所述，对于由合金钢、铝合金、铸铁等制作的压杆，根据其柔度可将压杆分为三类，并分别按不同方式处理：

1）$\lambda \geqslant \lambda_p$ 的压杆，称为**大柔度杆**或**细长杆**，按欧拉公式 $\sigma_{cr} = \frac{\pi^2 E}{\lambda^2}$ 计算其临界应力。

2）$\lambda_s \leqslant \lambda < \lambda_p$ 的压杆，称为**中柔度杆**或**中长杆**，按经验公式 $\sigma_{cr} = a - b\lambda$ 计算其临界应力。中柔度杆的 λ 在 60 ~ 100 之间。实验指出，这种压杆的破坏性质接近于大柔度杆，也有较明显的失稳现象。

3）$\lambda < \lambda_s$ 的压杆，称为**小柔度杆**或**短粗杆**，应按强度问题处理，$\sigma_{cr} = \sigma_s$。对绝大多数碳素结构钢和优质碳素结构钢来说，小柔度杆的 λ 在 0 ~ 60 之间。实验证明，这种压杆当应力达到屈服极限 σ_s 时才被破坏，破坏时很难观察到失稳现象。这说明小柔度杆是由于强度不足而被破坏的，应该以屈服极限 σ_s 作为极限应力。对于脆性材料如铸铁制成的压杆，则应取强度极限 σ_b 作为临界应力。

在上述三种情况下，临界应力随柔度 λ 变化的曲线如图 8-17 所示，称为临界应力总图。

2. 抛物线型经验公式

在工程实际中，对于中、小柔度压杆的临界应力计算，也有建议采用抛物线型经验公式的，此公式为

$$\sigma_{cr} = a_1 - b_1\lambda^2 \tag{8-9}$$

式中，a_1、b_1 是与材料有关的常数，单位是 MPa。

例如，在我国原《钢结构设计规范》（TJ 17—74）中，就采用了上述的抛物线型经验公式。这时应该注意，式（8-9）中的 a_1、b_1 值，与式（8-7）中的 a、b 值是不同的。

根据欧拉公式与上述抛物线型经验公式，得低合金结构钢等压杆的临界应力总图（图 8-18）。

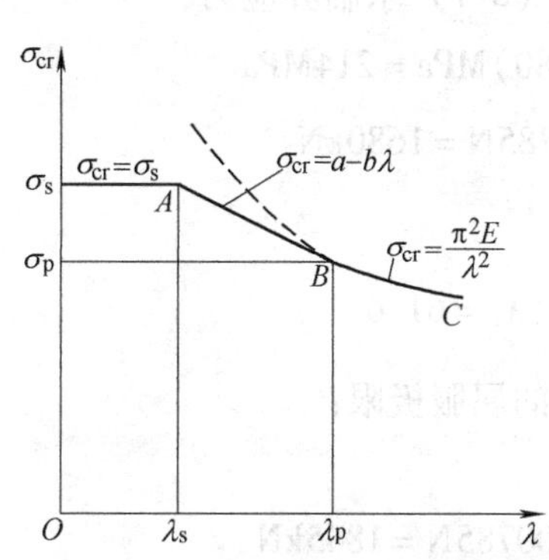

图 8-17 临界应力与柔度关系

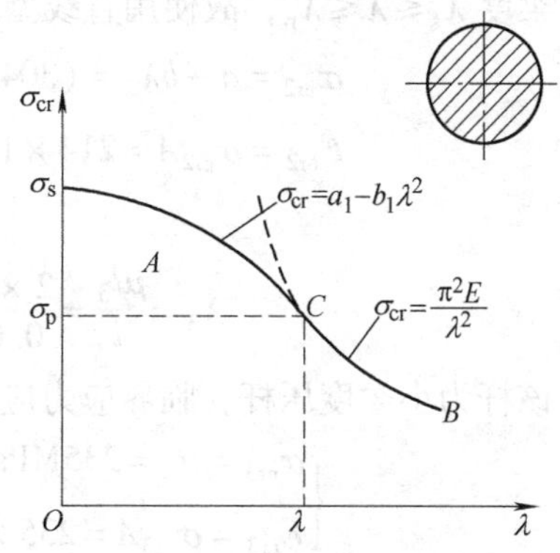

图 8-18 临界应力总图

例 8-5 三根材料相同的圆形截面压杆，均为一端固定、一端自由，如图 8-19 所示，直径均为 $d=100\text{mm}$，皆由 Q235 钢制成，材料的 $E=206\text{GPa}$，$\sigma_p = 200\text{MPa}$，$\sigma_s = 235\text{MPa}$，$a=304\text{MPa}$，$b=1.12\text{MPa}$。试求各杆的临界载荷。

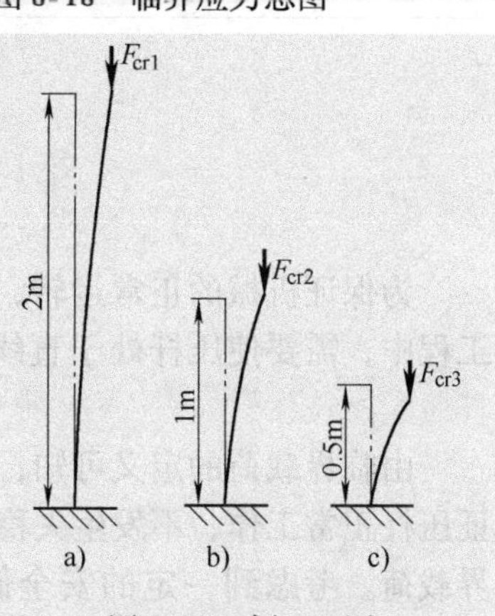

图 8-19 例 8-5 图

解：三根压杆的约束条件相同，材料相同，杆的直径相同，所以三根杆相同的参数为：

$$\lambda_p = \pi\sqrt{\frac{E}{\sigma_p}} = 3.14 \times \sqrt{\frac{206\times10^9}{200\times10^6}} = 100$$

$$\lambda_s = \frac{a-\sigma_s}{b} = \frac{304-235}{1.12} = 61.6$$

$$A = \frac{\pi d^2}{4} = \frac{\pi\times0.1^2}{4}\text{m}^2 = 0.00785\text{m}^2$$

$$i = \sqrt{\frac{I}{A}} = \frac{d}{4} = \frac{0.1}{4}\text{m} = 0.025\text{m}$$

$$\mu = 2$$

(1) 第一根压杆的临界载荷

$$\lambda_1=\frac{\mu l_1}{i}=\frac{2\times2}{0.025}=160>\lambda_p=100$$

$$\sigma_{cr1}=\frac{\pi^2E}{\lambda_1^2}=\frac{3.14^2\times206\times10^9}{160^2}\text{MPa}=79.3\text{MPa}$$

$$F_{cr1}=\sigma_{cr1}A=79.3\times10^6\times0.00785\text{N}=623\text{kN}$$

(2) 第二根压杆的临界载荷

$$\lambda_2=\frac{\mu l_2}{i}=\frac{2\times1}{0.025}=80$$

柔度 $\lambda_s\leqslant\lambda\leqslant\lambda_p$，故使用直线型经验公式（8-7）求临界应力：

$$\sigma_{cr2}=a-b\lambda_2=(304-1.12\times80)\text{MPa}=214\text{MPa}$$

$$F_{cr2}=\sigma_{cr2}A=214\times10^6\times0.00785\text{N}=1680\text{kN}$$

(3) 第三根压杆的临界载荷

$$\lambda_3=\frac{\mu l_3}{i}=\frac{2\times0.5}{0.025}=40<\lambda_s=61.6$$

该杆为小柔度压杆，临界应力应选取材料的屈服极限：

$$\begin{cases}\sigma_{cr3}=\sigma_s=235\text{MPa}\\ F_{cr3}=\sigma_{cr3}A=235\times10^6\times0.00785\text{N}=1845\text{kN}\end{cases}$$

第四节 压杆稳定条件

为保证机械的正常运转，以及机械结构和建筑结构的安全，在机械和建筑工程中，需要使压杆处于直线平衡位置，故对细长压杆和中长压杆，须进行压杆稳定的校核。

由临界载荷的定义可知，F_{cr}相当于稳定性方面的破坏载荷，因此，为了保证压杆正常工作，不发生失稳，必须使压杆所承受的工作压力 F 小于该杆的临界载荷。考虑到一定的安全储备，用一个大于 1 的数（规定的稳定安全因数 $[n_{st}]$）去除临界载荷极限 F_{cr}，得到一个工作载荷的许用值。据此，压杆的稳定条件可表示为

$$F\leqslant\frac{F_{cr}}{[n_{st}]}\tag{8-10}$$

式中，F 为压杆的工作压力。

在工程计算中，常把式（8-10）改写成

$$n=\frac{F_{cr}}{F}\geqslant[n_{st}] \tag{8-11}$$

压杆的工作应力为$\sigma=\frac{F}{A}$，临界应力$\sigma_{cr}=\frac{F_{cr}}{A}$，由式（8-11）得到压杆稳定条件的另一种形式为

$$n=\frac{\sigma_{cr}}{\sigma}\geqslant[n_{st}] \tag{8-12}$$

稳定安全因数$[n_{st}]$一般要高于强度安全因数。这是因为一些难以避免的因素，如杆件的初弯曲、载荷偏心、材料不均匀和支座缺陷等，将严重影响压杆的稳定，明显降低其临界力。而同样这些因素，对强度的影响则不像对稳定的影响那么显著。下面列出几种常用零件的$[n_{st}]$的参考数值：

金属结构中的压杆	$[n_{st}]=1.8\sim3$	机床进给丝杠	$[n_{st}]=2.5\sim4$
水平长丝杠或精密丝杠	$[n_{st}]>4$	矿山、冶金设备中的压杆	$[n_{st}]=4\sim8$
高速发动机挺杆	$[n_{st}]=2\sim5$	低速发动机挺杆	$[n_{st}]=4\sim6$
磨床液压缸活塞杆	$[n_{st}]=2\sim5$	起重螺旋器	$[n_{st}]=3.5\sim5$

需要指出两点：1）截面有局部削弱（如油孔、螺孔等）的压杆，除校核稳定外，还需做强度校核，在强度校核时，面积A为考虑了削弱后的横截面净面积；2）在稳定计算中，A为不考虑削弱的横截面面积。这是因为，压杆的稳定是对杆的整体而言的，横截面的局部削弱对临界力数值的影响很小，可不考虑。

例8-6 已知千斤顶丝杠长度$l=36\text{cm}$，内径$d=36\text{mm}$，如图8-20所示，材料为Q235钢，最大顶起重量$F=50\text{kN}$，规定稳定安全因数$[n_{st}]=4$，试校核丝杠的稳定性。

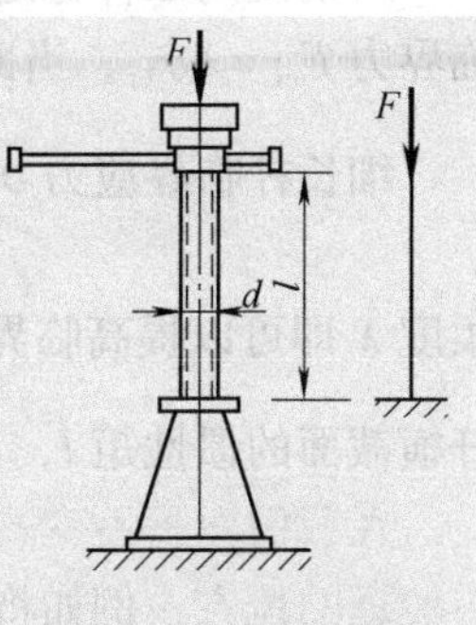

图8-20 例8-6图

解：（1）计算压杆的柔度 千斤顶的丝杠可简化为下端固定上端自由的压杆，其长度因数$\mu=2$，$i=\sqrt{\frac{I}{A}}=\frac{d}{4}=0.009\text{m}$。丝杠的柔度为

$$\lambda=\frac{\mu l}{i}=\frac{2\times0.36}{0.009}=80$$

由例8-5计算可知，Q235钢的$\lambda_p=100$，$\lambda_s=61.6$，故本题中$\lambda_s\leqslant\lambda\leqslant\lambda_p$，丝杠为中柔度杆，采用直线型经验公式计算其临界应力。

（2）计算临界应力 对Q235钢$a=304\text{MPa}$，$b=1.12\text{MPa}$，故丝杠的临界应力为

$$\sigma_{cr}=a-b\lambda=(304-1.12\times80)\text{MPa}=214\text{MPa}$$

临界压力为

$$F_{cr}=\sigma_{cr}A=214\times10^6\times\frac{3.14\times(0.036)^2}{4}\mathrm{N}=218\mathrm{kN}$$

(3) 校核稳定性

$$n=\frac{F_{cr}}{F}=\frac{218}{50}=4.36>[n_{st}]$$

故丝杠的稳定性是足够的。

和强度问题类似，稳定计算也存在三个方面的问题：进行稳定校核，求稳定时的许可载荷，设计压杆的横截面面积。

第五节 提高压杆稳定性的措施

在机械设备中，某些杆件的失稳将造成工作精度降低、零部件失效、影响机械的正常工作，甚至造成设备破坏。例如，当金属切削机床中的丝杠失稳时，会造成加工精度的降低和丝杠寿命的缩短。

一、选择合理的截面形状

所谓提高压杆稳定性，就是在给定面积大小的条件下，提高压杆的临界力。临界力 $F_{cr}=A\sigma_{cr}$，当面积一定时，提高临界力的关键在于提高临界应力 σ_{cr}。

细长杆临界应力 $\sigma_{cr}=\frac{\pi^2E}{\lambda^2}$，中长杆临界应力 $\sigma_{cr}=a-b\lambda$，二者表明，减小柔度 λ 即可以提高临界应力 σ_{cr}。柔度 $\lambda=\frac{\mu l}{i}=\mu l\sqrt{\frac{A}{I}}$，由此可以看出，增大压杆横截面的惯性矩 I，可以提高压杆的临界应力 σ_{cr}。

在截面面积不变的情况下，增大惯性矩的办法是尽可能地把材料放在离形心较远的地方，例如将实心圆形截面改变为空心环形截面（图8-21），两根槽钢布置为图8-22b 所示。如果压杆在各个纵向平面内的支承情况相同，例如球形铰支座和固定端，则应尽可能使截面的最大和最小两个惯性矩相等，即 $I_y=I_z$，这可使压杆在各纵向平面内，有相同或接近相同的抵抗失去稳定性的能力。

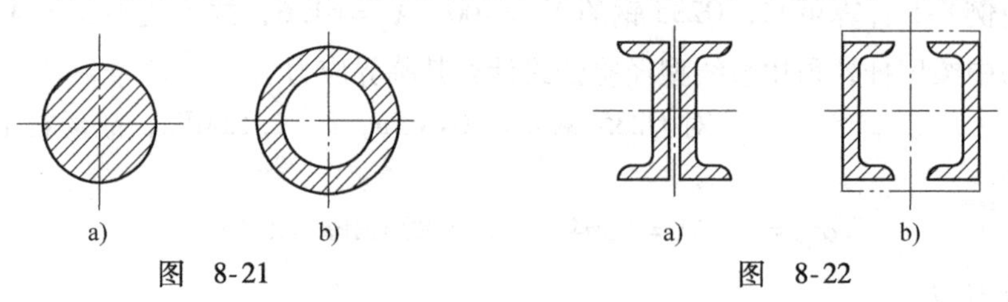

图 8-21　　图 8-22

二、减小压杆长度

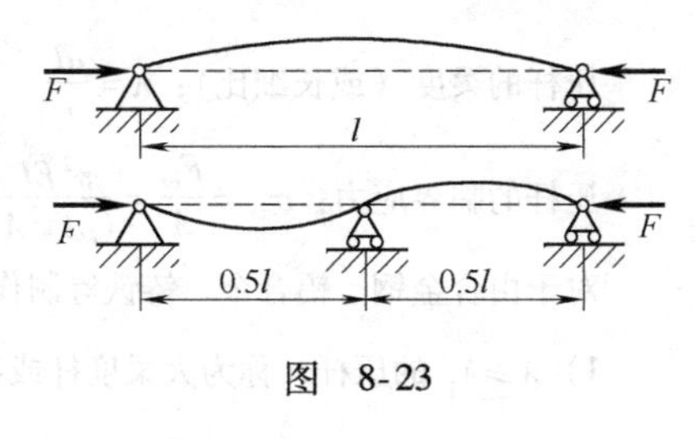

图　8-23

对于大柔度杆，其临界力与杆长 l 的平方成反比。故使压杆长度减小可以明显提高压杆的临界力。若压杆长度不能减小，则可以通过增加压杆的约束点（图 8-23），以减小压杆的计算长度，从而达到提高压杆承载能力的目的。

对于小柔度杆，则不能通过减小压杆长度的办法来提高临界力。

三、改变杆端约束形式

两端铰支细长压杆的临界载荷为 $F_{cr}=\dfrac{\pi^2 EI}{(\mu l)^2}$，由表 8-1 可知，加固杆端支承，长度因数 μ 值降低，可以提高临界载荷 F_{cr}，即提高了压杆的稳定性。一般来说，增加压杆的约束，使其不容易发生弯曲变形，可以提高压杆承载能力。

四、合理选用材料

对于大柔度杆（$\lambda>\lambda_p$），其临界应力 $\sigma_{cr}=\dfrac{\pi^2 E}{\lambda^2}$，与材料的弹性模量 E 成正比，故在其他条件相同的情形下，用弹性模量高的材料制成的压杆，其临界力也高。从材料手册中可以查出，碳钢的弹性模量大于铜、铸铁或铝材料的弹性模量，故钢制压杆的临界力也是这几种材料制成的压杆中最高的。对各种钢材来说，无论是普通碳素钢、合金钢，还是高强度钢，它们的 E 值差别不大，用高强度钢时，临界应力 σ_{cr} 的提高不显著，所以细长压杆用普通钢制造，既合理又经济。

对于中柔度压杆，由经验公式看出，临界应力与材料的强度有关，因此对于中柔度的压杆，可用高强度钢制造以提高稳定性。对小柔度的短粗压杆，本身就是强度问题，高强度钢优于普通碳素钢。

小　结

- 稳定平衡、不稳定平衡与随遇平衡的概念。
- 压杆临界载荷的欧拉公式 $F_{cr}=\dfrac{\pi^2 EI}{(\mu l)^2}$，$\mu$ 称为长度因数。

杆端支承情况	一端自由，一端固定	两端铰支	一端铰支，一端固定	两端固定，但一端可沿轴向相对移动
长度因数 μ	2	1	0.7	0.5

• 压杆横截面对弯曲中性轴的惯性半径：$i=\sqrt{\dfrac{I}{A}}$

• 压杆的柔度（或长细比）：$\lambda=\dfrac{\mu l}{i}$

• 压杆的临界应力：$\sigma_{cr}=\dfrac{F_{cr}}{A}=\dfrac{\pi^2 EI}{(\mu l)^2 A}=\dfrac{\pi^2 E}{\lambda^2}$

• 对于由合金钢、铝合金、铸铁等制作的压杆，根据其柔度可将压杆分为三类：

1）$\lambda \geqslant \lambda_p$ 的压杆，称为大柔度杆或细长杆，按欧拉公式 $\sigma_{cr}=\dfrac{\pi^2 E}{\lambda^2}$ 计算其临界应力。

2）$\lambda_s \leqslant \lambda < \lambda_p$ 的压杆，称为中柔度杆或中长杆，按经验公式 $\sigma_{cr}=a-b\lambda$ 计算其临界应力。

3）$\lambda < \lambda_s$ 的压杆，称为小柔度杆或短粗杆，按强度问题处理。

• 在上述三种情况下，临界应力随柔度 λ 变化的曲线如图 8-17 所示，称为临界应力总图。

• 设 F 为压杆的工作压力，压杆的稳定条件：$n=\dfrac{F_{cr}}{F}\geqslant [n_{st}]$ 或 $n=\dfrac{\sigma_{cr}}{\sigma}\geqslant [n_{st}]$

• 截面有局部削弱（如油孔、螺孔等）的压杆，除校核稳定外，还需做强度校核，在强度校核时，面积 A 为考虑了削弱后的横截面净面积。

• 在稳定计算中，横截面的局部削弱，对临界力数值的影响很小，可不考虑。

• 提高压杆稳定性的措施：选择合理的截面形状；减小压杆长度；改变杆端约束形式，降低长度因数 μ 的数值；合理选用材料。

习 题

8-1 怎样判别结构钢制成的压杆是属于细长杆、中长杆还是短杆？它们的正常工作条件是怎样的？

8-2 试根据欧拉公式来说明选择压杆材料的原则。

8-3 如图 8-24 所示三根细长杆，其材料相同、直径相等。试问哪一种情况的临界力最大，哪一种情况的最小？

8-4 用结构钢制成如图 8-25 所示的构架，$AC=CB$，$d=40\text{mm}$，$E=206\text{GPa}$。规定稳定安全因数 $[n_{st}]=3$，试根据 AB 杆的稳定条件求 CD 杆 D 处工作载荷 F 的许可值。

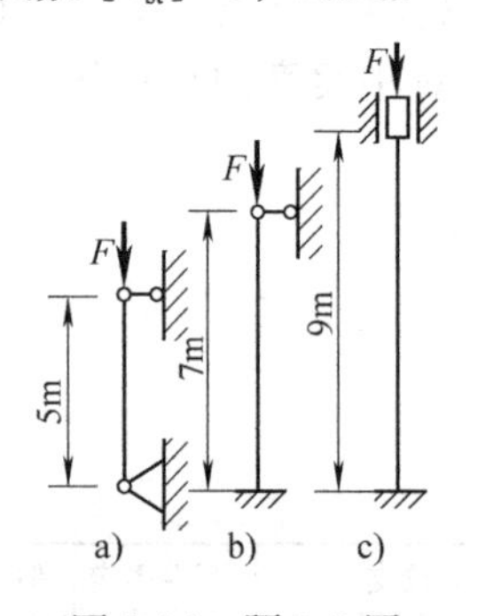

图 8-24 题 8-3 图

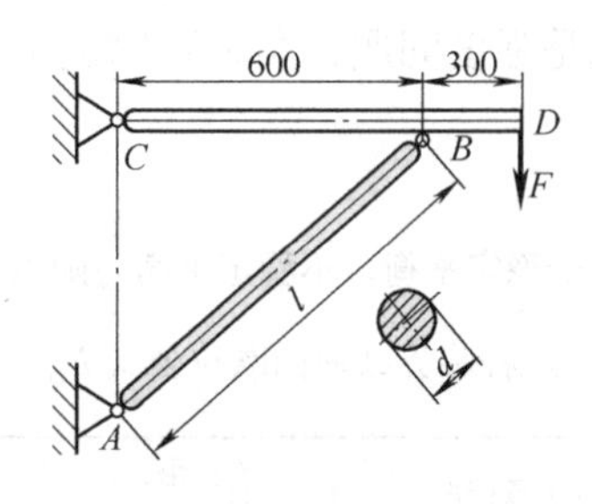

图 8-25 题 8-4 图

8-5　如图8-26所示细长压杆，两端为球铰链支座，杆材料的弹性模量 $E=200\text{GPa}$。试用欧拉公式计算下列三种情形的临界载荷：1）圆截面，直径 $d=25\text{mm}$，杆长 $l=1\text{m}$；2）矩形截面，$h=2b=40\text{mm}$，杆长 $l=1\text{m}$；3）16号工字钢，杆长 $l=2\text{m}$。

8-6　如图8-27所示，一端固定，一端球铰约束的压杆，其矩形截面尺寸为 $30\text{mm}\times50\text{mm}$。若已知材料弹性模量 $E=210\text{GPa}$，比例极限 $\sigma_p=210\text{MPa}$。试计算可应用欧拉公式确定其临界载荷 F_{cr} 的最小杆长 l。

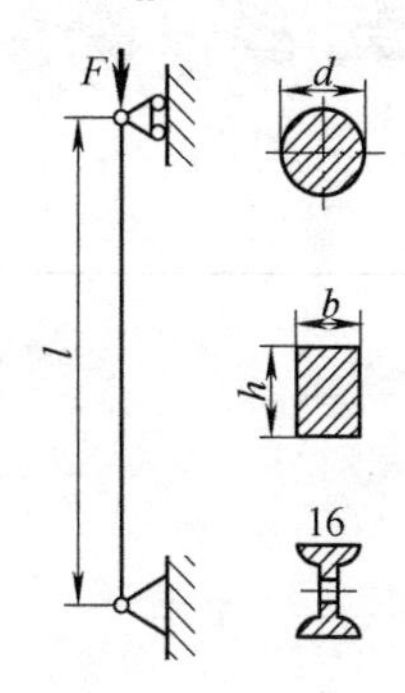

图8-26　题8-5图

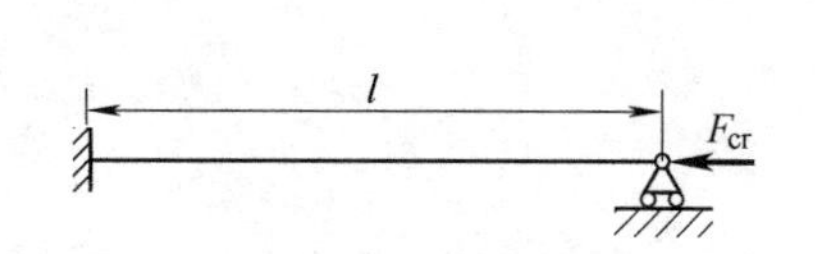

图8-27　题8-6图

8-7　图8-28所示为25a号工字型钢柱，柱长 $l=7\text{m}$，两端固定，规定稳定安全因数 $[n_{st}]=3$，材料为Q235钢，$E=210\text{GPa}$。试求钢柱的许可载荷。

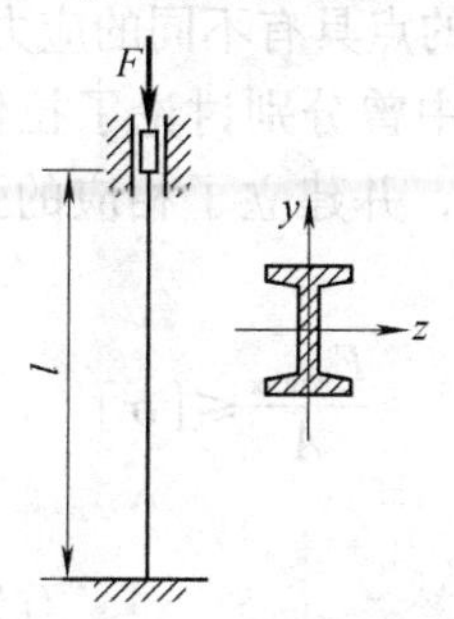

图8-28　题8-7图

第九章 复杂应力状态和强度理论

第一节　应力状态的概念

一、一点处的应力状态

直杆轴向拉伸时，在杆件的同一截面上各点处的应力是相同的，但是应力随所取截面与轴心线夹角的不同而改变；对于圆截面杆扭转或者梁的弯曲，在杆件的同一截面上，不同位置的点具有不同的应力。

本书第二～四、六、七章中曾分别讨论了拉伸－压缩、剪切、扭转和弯曲变形形式下构件截面上的应力，并建立了相应的强度条件。例如拉压杆的强度条件为

$$\frac{F_{\mathrm{Nmax}}}{A}\leqslant[\sigma]$$

但是还有一些有关强度方面的问题，例如工字钢截面梁（图 9-1）在横力弯曲时，其截面上翼缘与腹板交界的各点处，同时有较大的正应力和切应力，对于这样的强度问题，以前没有讨论过。要解决这样的一些问题，就需要全面了解一点处所有截面上在该点处的应力情况。下面通过研究拉杆斜截面上的应力，介绍一点处的应力状态这一重要概念。

设拉杆的任一斜截面 m—m 与其横截面相交成 α 角，如图 9-2a 所示。采用截面法研究此斜截面上的应力，假想沿此面将杆截开，并研究左边部分（图 9-2b）的平衡。由平衡方程 $\sum_{i=1}^{n}F_{ix}=0$，可以得到斜截面上的内力为

$$F_{\alpha}=F$$

设想杆由许多纵向纤维组成，杆拉伸时伸长变形是均匀的，由此推断斜截面上分布内力必然是均匀分布的，即各点处的应力也是相等的，于是得

图 9-1　工字钢

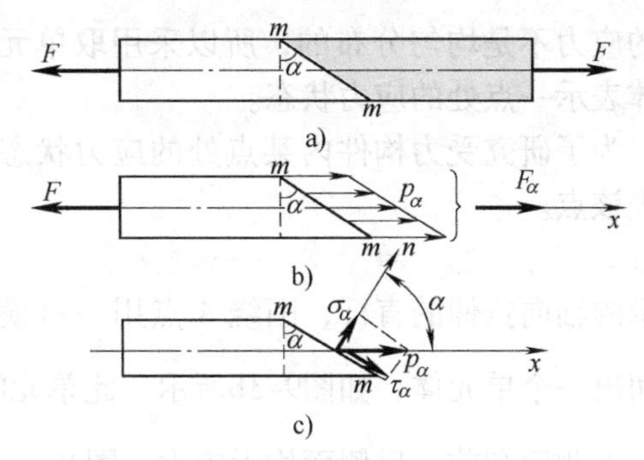

图 9-2　截面法求应力

$$p_\alpha = \frac{F_\alpha}{A_\alpha} = \frac{F}{A_\alpha} \tag{1}$$

式中，p_α 为斜截面上任一点处的总应力，其方向沿 x 轴正向，如图 9-2b 所示；A_α 为斜截面面积。

由几何分析得到斜截面面积 A_α 与横截面面积 A 的关系是 $A_\alpha = \dfrac{A}{\cos\alpha}$，将此代入式（1）得到

$$p_\alpha = \frac{F_\alpha}{\dfrac{A}{\cos\alpha}} = \sigma_0 \cos\alpha \tag{2}$$

式中，σ_0 为杆横截面上的正应力，$\sigma_0 = \dfrac{F}{A}$。

为研究方便，将 p_α 分解为沿斜截面 $m—m$ 的法线分量和切线分量，法线分量称为斜截面上的正应力 σ_α，切线分量称为斜截面上的切应力 τ_α，如图 9-2c 所示。分解后得

$$\sigma_\alpha = p_\alpha \cos\alpha, \qquad \tau_\alpha = p_\alpha \sin\alpha \tag{3}$$

将式（2）代入式（3），整理得

$$\sigma_\alpha = \sigma_0 \cos^2\alpha \tag{9-1}$$

$$\tau_\alpha = \frac{\sigma_0}{2}\sin 2\alpha \tag{9-2}$$

从式（9-1）、式（9-2）可以看到，由于夹角 α 的不断变化，出现对应的各个截面应力也随之变化。将构件受力后，通过该构件内任意一点的所有截面上在该点处的应力情况的总合，称为**该点处的应力状态**。

二、一点处的应力状态的表示方法

上面讨论直杆拉伸斜截面上的应力时，由于横截面上的正应力是均匀分布的，故直接采用了截面法。在第四章第四节讨论圆轴扭转时，因为圆轴横截面

上的应力不是均匀分布的，所以采用取单元体的研究方法。下面介绍用应力单元体表示一点处的应力状态。

为了研究受力构件内某点处的应力状态，可以围绕该点截取一个单元体来代表该点。这个单元体的边长为无穷小量，故单元体各个表面上的应力分布可以看成是均匀的，单元体任一对平行平面上的应力可视为相等的。例如图9-3a所示的轴向拉伸的直杆，围绕A点用一对横截面和一对与杆轴线平行的纵向截面切出一个单元体，如图9-3b所示。此单元的左、右侧面的正应力为$\sigma=\dfrac{F}{A}$，其上、下侧面和前、后侧面均无应力，图9-3b所示的应力单元体称为A点处的原始单元体。为了使画法简便，此单元体可以用图9-3c来表示。

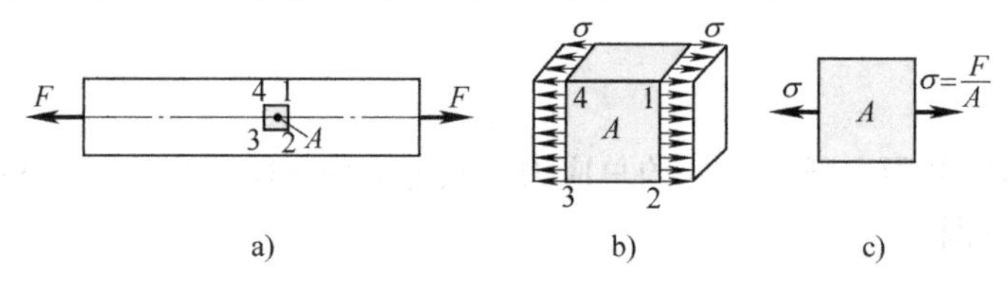

图9-3　直杆受拉时A点应力

当圆杆在扭转时（图9-4a），对于其表面上的B点，可以围绕该点以杆的横截面和径向、周向纵截面截取所得的来代表它的单元体进行研究，如图9-4b所示。横截面上在B点处的切应力$\tau_B=\tau_{\max}=\dfrac{M_T}{W_T}=\dfrac{T}{W_T}$，其中$M_T$为横截面上的扭矩，$W_T$为抗扭截面系数，$T$为外力矩，杆在周向截面上没有应力。又由切应力互等定理可知，杆在径向截面上B点处应该有与τ_B相等的切应力。于是此单元体各侧面上的应力如图9-4b、c所示。对于图9-5a所示横力弯曲下的矩形截面梁，得到m—m截面正应力$\sigma_x=\dfrac{M(x)}{I_z}y$和切应力$\tau_x=\dfrac{F_S(x)S_z^*}{bI_z}$，如图9-5b所示。由切应力互等定理可知$\tau_y=-\tau_x$，得到应力单元体如图9-5c所示。

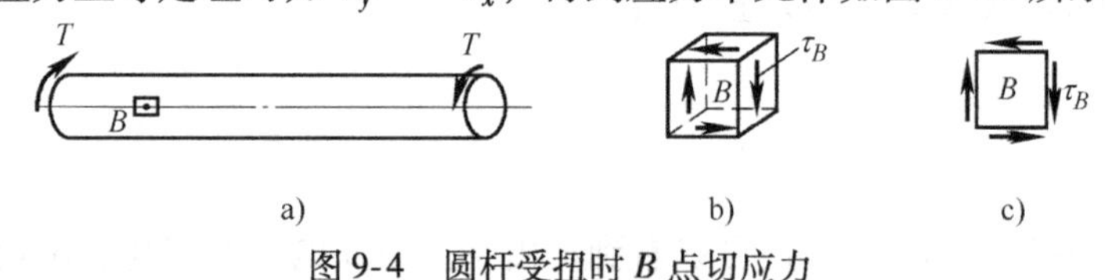

图9-4　圆杆受扭时B点切应力

三、主平面、主应力、应力状态的分类

在一般情况下，表示一点处应力状态的应力单元体，在其各个表面上同时存在有正应力和切应力。但是可以证明：在该点处以不同方式截取的各个单元体中，必有一个特殊的单元体，在这个单元体的侧面上只有正应力而没有切应

力。这样的单元体称为该点处的**主应力单元体或主单元体**。图 9-3c 所示的单元体就是主应力单元体。主单元体的侧面称为**主平面**。主平面上的正应力称为该点处的**主应力**。

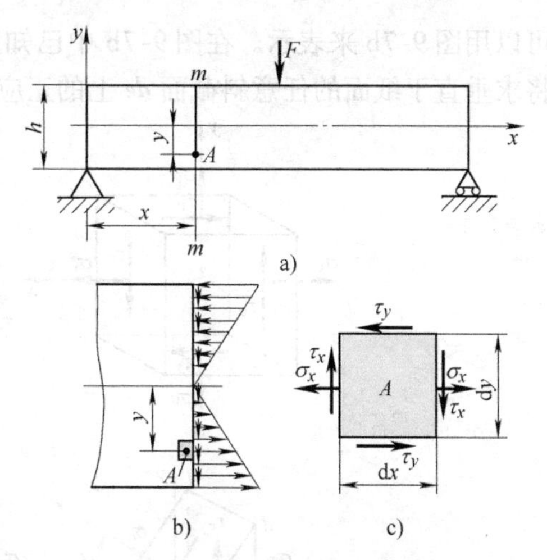

图 9-5　横力弯曲下梁 A 点应力

一般情况下，过一点处所取的主单元体的六个侧面上有三对主应力，我们用 σ_1、σ_2、σ_3 表示，这三者的顺序按代数值大小排列，即 $\sigma_1 \geqslant \sigma_2 \geqslant \sigma_3$。

一点处的应力状态，按照该点处的主应力有几个不为零，而分为三类：

（1）只有一个主应力不等于零的称为**单向应力状态**　如图 9-2 所示的拉杆内任意一点即为单向应力状态。

（2）两个主应力不等于零的称为**二向应力状态**　如图 9-5 所示的横力弯曲 A 点属于二向应力状态。

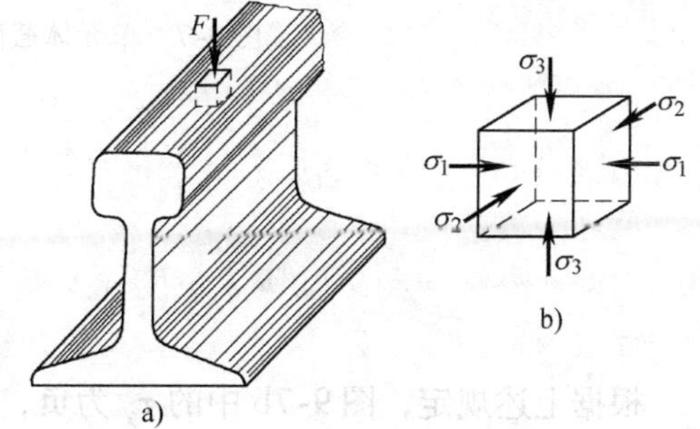

图 9-6　高铁钢轨

（3）三个主应力都不等于零的称为**三向应力状态**　如图 9-6a 所示的高铁钢轨，在车轮压力作用下，钢轨受压部分的材料有向四处扩张的趋势，而周围的材料阻止其向外扩张，故受到周围材料的压力。在钢轨受压区域内可取出图 9-6b 所示的单元体，这个单元体上有三个主应力 σ_1、σ_2、σ_3。这样钢轨与车轮的接触点处的应力状态为三向应力状态。

通常将单向和二向应力状态统称为**平面应力状态**，二向和三向应力状态统称为**复杂应力状态**。

第二节　二向应力状态分析

一、单元体截面上的应力

在平面应力状态下，图 9-7a 表示最一般情况下的应力单元体，为了简化，可以用图9-7b来表示。在图9-7b中已知正应力σ_x、σ_y，切应力τ_x、τ_y，下面将求垂直于纸面的任意斜截面de上的正应力和切应力。首先规定如下：

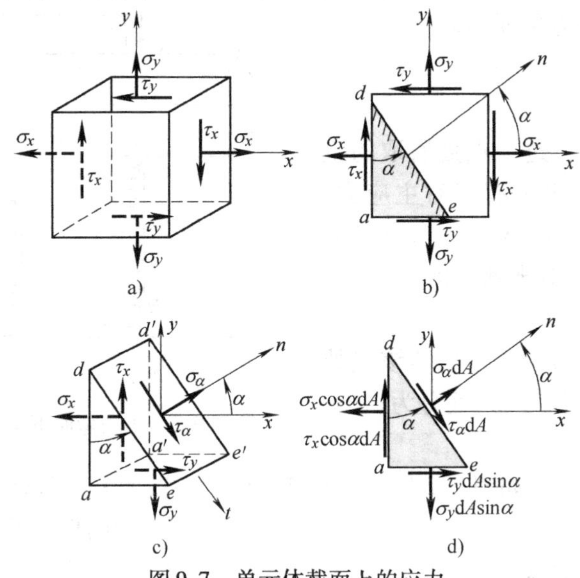

图9-7 单元体截面上的应力

正应力σ：仍以拉应力为正，压应力为负。

切应力τ：当表示切应力的矢，有绕单元体内任一点做顺时针转动趋势时为正，反之为负。

斜截面外法线与x轴所成角度α：从x轴按逆时针转向转到外法线n时为正，反之为负。

根据上述规定，图9-7b中的τ_y为负，其余各应力和α角均为正。

设与xy平面垂直的任意一个斜截面de，其外法线n与x轴的夹角为α。采用截面法，用de截面将单元体截开，保留下半部ade。在图9-7c所示棱柱体ade的ad面上，有已知的应力σ_x、τ_x，在ae面上有已知应力σ_y、τ_y，在de面上假设有未知的正应力σ_α和切应力τ_α。

设de斜截面面积为dA，则ae面的面积为$dA\cdot\sin\alpha$，ad面的面积为$dA\cdot\cos\alpha$。取t和n为参考轴，建立棱柱体ade的受力平衡方程，则对于参考轴n和t分别列如下方程：

$$\sigma_\alpha dA+(\tau_x dA\cos\alpha)\cdot\sin\alpha-(\sigma_x dA\cos\alpha)\cdot\cos\alpha+(\tau_y dA\sin\alpha)\cdot\cos\alpha-(\sigma_y dA\sin\alpha)\cdot\sin\alpha=0 \tag{1}$$

$$\tau_\alpha dA-(\tau_x dA\cos\alpha)\cdot\cos\alpha-(\sigma_x dA\cos\alpha)\cdot\sin\alpha+(\tau_y dA\sin\alpha)\cdot\sin\alpha+(\sigma_y dA\sin\alpha)\cdot\cos\alpha=0 \tag{2}$$

由切应力互等定理有$\tau_x=\tau_y$，考虑三角关系式$\sin^2\alpha=\dfrac{1-\cos2\alpha}{2}$、$\cos^2\alpha=$

$\frac{1+\cos 2\alpha}{2}$以及$2\sin\alpha\cos\alpha=\sin 2\alpha$，对式（1）、式（2）整理得

$$\sigma_\alpha=\frac{\sigma_x+\sigma_y}{2}+\frac{\sigma_x-\sigma_y}{2}\cos 2\alpha-\tau_x\sin 2\alpha \tag{9-3}$$

$$\tau_\alpha=\frac{\sigma_x-\sigma_y}{2}\sin 2\alpha+\tau_x\cos 2\alpha \tag{9-4}$$

利用式（9-3）、式（9-4）可以求得 *de* 斜截面上的正应力 σ_α 和切应力 τ_α。可以看出，斜截面上的应力是角度 α 的函数，正应力 σ_α 和切应力 τ_α 随截面的方位改变而变化。若已知单元体上互相垂直面上的应力 σ_x、τ_x、σ_y、τ_y，则该点处的应力状态即可由式（9-3）、式（9-4）完全确定。

例 9-1　已知构件内某点处的应力单元体如图 9-8 所示，试求斜截面上的正应力 σ_α 和切应力 τ_α。

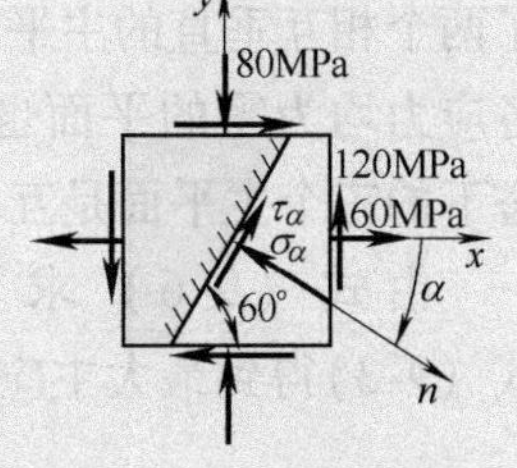

图 9-8　例 9-1 图

解：按照前述正负号规定，$\sigma_x=+60\text{MPa}$，$\tau_x=-120\text{MPa}$，$\sigma_y=-80\text{MPa}$，$\alpha=-30°$。由式（9-3）得

$$\begin{aligned}\sigma_\alpha&=\frac{\sigma_x+\sigma_y}{2}+\frac{\sigma_x-\sigma_y}{2}\cos 2\alpha-\tau_x\sin 2\alpha\\&=\left[\frac{60+(-80)}{2}+\frac{60-(-80)}{2}\times\cos(-60°)-(-120)\times\sin(-60°)\right]\text{MPa}\\&=-78.9\text{MPa}\end{aligned}$$

由式（9-4）得

$$\begin{aligned}\tau_\alpha&=\frac{\sigma_x-\sigma_y}{2}\sin 2\alpha+\tau_x\cos 2\alpha\\&=\left[\frac{60-(-80)}{2}\times\sin(-60°)+(-120)\times\cos(-60°)\right]\text{MPa}=-121\text{MPa}\end{aligned}$$

按照前述正负号规定，将斜截面上的正应力 σ_α 和切应力 τ_α 的方向表示在单元体上，如图 9-8 所示。

二、主应力和极限切应力

1. 主应力和主平面

将式（9-3）对 α 求一次导数有$\frac{\mathrm{d}\sigma_\alpha}{\mathrm{d}\alpha}=\frac{\sigma_x-\sigma_y}{2}(-2\sin 2\alpha)-\tau_x(2\cos 2\alpha)$，令$\left.\frac{\mathrm{d}\sigma_\alpha}{\mathrm{d}\alpha}\right|_{\alpha=\alpha_0}=0$，即

$$\frac{\sigma_x-\sigma_y}{2}\sin 2\alpha_0+\tau_x\cos 2\alpha_0=0 \tag{9-5}$$

取 $\alpha=\alpha_0$，式（9-4）的右边正好与式（9-5）等号的左边相等。这说明极值正应力所在的平面$\left(\left.\frac{\mathrm{d}\sigma_\alpha}{\mathrm{d}\alpha}\right|_{\alpha=\alpha_0}=0\right)$，恰好是切应力 τ_{α_0} 等于零的面，即主平面。由此可知，极值正应力就是主应力。由式（9-5）可得

$$\tan 2\alpha_0=-\frac{2\tau_x}{\sigma_x-\sigma_y} \tag{9-6}$$

因为正切函数的周期为180°，即 $\tan 2\alpha=\tan(2\alpha+180°)$，所以满足式（9-6）的斜截面有角度为 α_0 和 $\alpha_0+90°$ 两个，其中一个是最大正应力所在的平面，另一个是最小正应力所在的平面。α_0 和 $\alpha_0+90°$ 确定了两个相互垂直的主平面，如图9-9所示。再考虑到各应力均为零的平面也是主平面，这样平面应力状态下的三个主平面是互相垂直的。

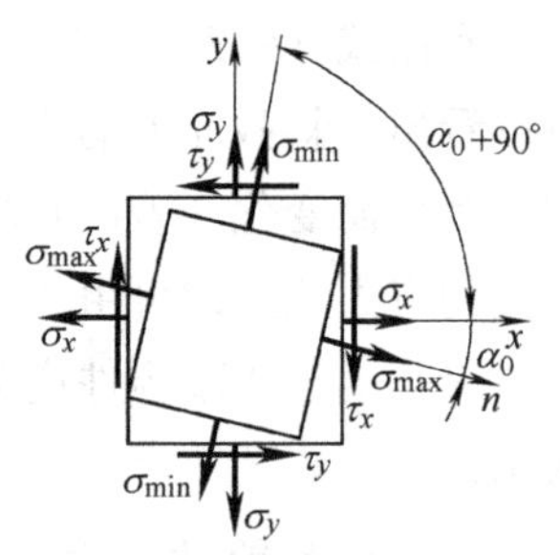

图9-9 主平面

由式（9-6）求出 $\cos 2\alpha_0$ 和 $\sin 2\alpha_0$，代入式（9-3）得到最大主应力和最小主应力分别为

$$\left.\begin{matrix}\sigma_{\max}\\ \sigma_{\min}\end{matrix}\right\}=\frac{\sigma_x+\sigma_y}{2}\pm\sqrt{\left(\frac{\sigma_x-\sigma_y}{2}\right)^2+\tau_x^2} \tag{9-7}$$

确定最大正应力 $\sigma_{\max}$ 和最小正应力 $\sigma_{\min}$ 所在平面方法如下：

1）如果 σ_x 表示两个正应力中代数值较大的一个，即 $\sigma_x>\sigma_y$，则式（9-6）确定的两个角度 α_0 和 $\alpha_0+90°$ 中，绝对值较小的一个确定 $\sigma_{\max}$ 所在的平面。

2）如果 σ_x 表示两个正应力中代数值较小的一个，即 $\sigma_x<\sigma_y$，则式（9-6）确定的两个角度 α_0 和 $\alpha_0+90°$ 中，绝对值较小的一个确定 $\sigma_{\min}$ 所在的平面。

3）当 $\sigma_x=\sigma_y$ 时，如果 τ_x 有使单元体顺时针转动趋势，则 $\sigma_{\max}$ 指向为从 σ_x 所在的 x 轴正向沿顺时针转过45°角，如图9-10a所示；如果 τ_x 有使单元体逆时针转动趋势，则 $\sigma_{\max}$ 指向为从 σ_x 所在的 x 轴正向沿逆时针转过45°，如图9-10b所示。

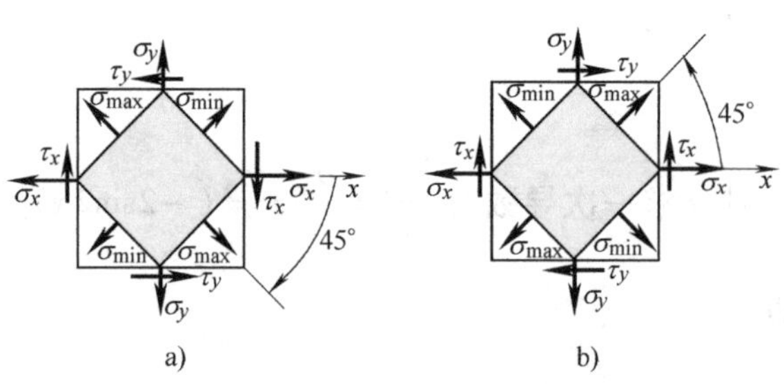

图9-10 最大正应力和最小正应力所在平面

2. 极限切应力及所在平面

按照与上述完全类似的方法，可以求得最大和最小切应力以及它们所在的平面。将式（9-4）对角度 α 求导数，有 $\frac{d\tau_\alpha}{d\alpha}=(\sigma_x-\sigma_y)\cos2\alpha-2\tau_x\sin2\alpha$，令 $\left.\frac{d\tau_\alpha}{d\alpha}\right|_{\alpha=\alpha_1}=0$，得

$$(\sigma_x-\sigma_y)\cos2\alpha_1-2\tau_x\sin2\alpha_1=0$$

由此得

$$\tan2\alpha_1=\frac{\sigma_x-\sigma_y}{2\tau_x} \tag{9-8}$$

满足式（9-8）的 α_1 值同样有两个：α_1 和 $\alpha_1+90°$，从而可以确定两个互相垂直的平面，分别作用有最大和最小切应力。

由式（9-8）求出 $\cos2\alpha_1$ 和 $\sin2\alpha_1$，代入式（9-4）得到最大切应力和最小切应力分别为

$$\left.\begin{matrix}\tau_{max}\\ \tau_{min}\end{matrix}\right\}=\pm\sqrt{\left(\frac{\sigma_x-\sigma_y}{2}\right)^2+\tau_x^2} \tag{9-9}$$

比较式（9-6）和式（9-8）可得

$$\tan2\alpha_1=-\cot2\alpha_0=\tan(2\alpha_0+90°)$$

所以有 $\alpha_1=\alpha_0+45°$，即两个极限切应力所在平面与主平面各成45°角，如图 9-11 所示。

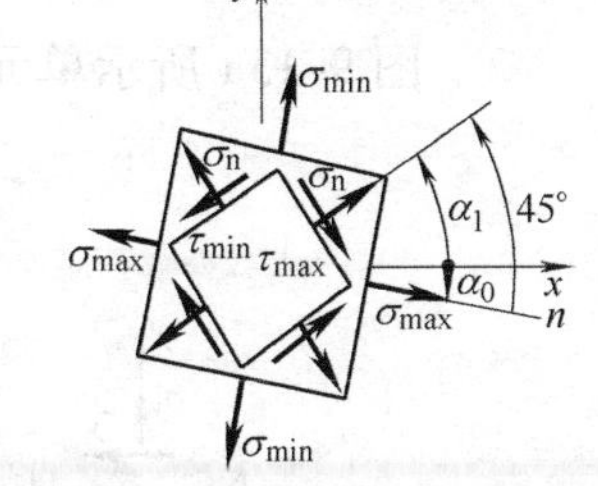

图 9-11　极限切应力所在平面

例 9-2　扭转试验破坏现象如下：低碳钢试件从表面开始沿横截面破坏，如图 9-12a 所示；铸铁试件从表面开始沿与轴线成45°倾角的螺旋曲面破坏，如图 9-12b 所示。试分析并解释它们的破坏原因。

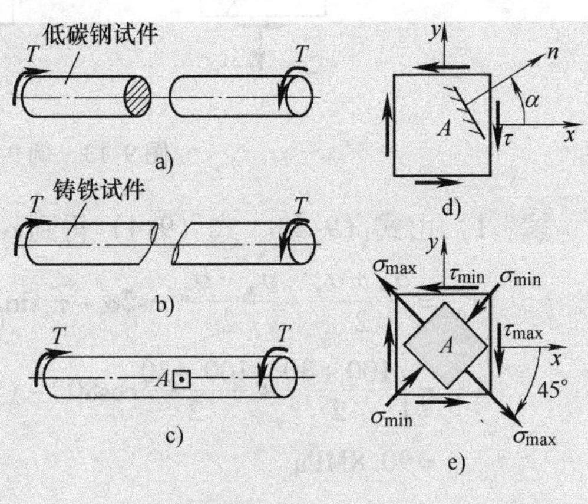

图 9-12　例 9-2 图

解： 圆轴扭转时，试件横截面最外端切应力最大，其数值为

$$\tau=\frac{T}{W_T}$$

所以低碳钢和铸铁两种试件均从表面开始破坏。

为了解释断口的不同，首先确定最大正应力和最大切应力所发生的平面。

从扭转试件表面任一点 A 处截取应力单元体（图 9-12c、d），这时 $\sigma_x=\sigma_y=0$，由式（9-3）、式（9-4）得

$$\sigma_\alpha=-\tau\sin2\alpha,\quad \tau_\alpha=\tau\cos2\alpha$$

由上面公式可见，当 $\alpha=-45°$时，正应力出现最大值，$\sigma_{max}=\tau$；当 $\alpha=0°$时，切应力出现最大值，$\tau_{max}=\tau$。最大正应力 σ_{max}和最大切应力 τ_{max}的表示如图 9-12e 所示。

由于一点处的应力状态与试件材料无关，故图 9-12e 所示的最大应力对低碳钢和铸铁试件分析都适用。低碳钢试件沿横截面（$\alpha=0°$）破坏，对应切应力出现最大值，$\tau_{max}=\tau$，可见低碳钢试件扭转破坏是被剪断的。由于最大切应力 $\tau_{max}=\tau=\sigma_{max}$，所以又说明了低碳钢的抗剪能力低于其抗拉能力。铸铁试件沿与轴线成45°的螺旋曲面破坏，这正好是$\alpha=-45°$时，正应力出现最大值 $\sigma_{max}=\tau$ 所在的平面。由于最大正应力 $\sigma_{max}=\tau$，所以说明了铸铁的抗拉能力低于其抗剪能力，可见扭转试验中铸铁试件是被拉断的。

例 9-3 图 9-13a 所示单元体，$\sigma_x=100\text{MPa}$，$\tau_x=-20\text{MPa}$，$\sigma_y=30\text{MPa}$，试求：1）$\alpha=40°$的斜截面上的正应力 σ_α 和切应力 τ_α；2）确定 A 点处的最大正应力 σ_{max}、最大切应力 τ_{max}和它们所在的位置。

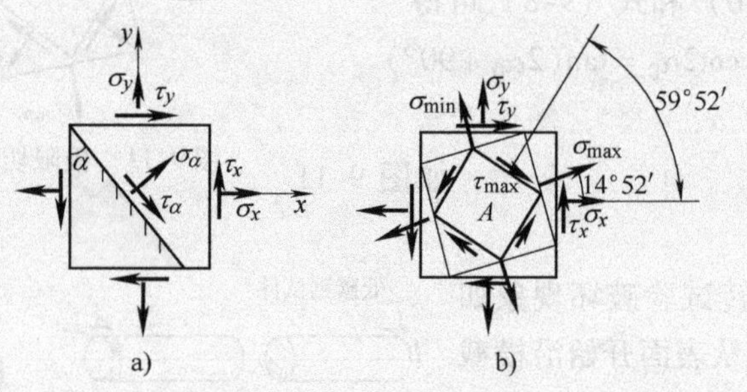

图 9-13 例 9-3 图

解：1）由式（9-3）、式（9-4）得到 $\alpha=40°$的斜截面上的应力为

$$\begin{aligned}\sigma_\alpha&=\frac{\sigma_x+\sigma_y}{2}+\frac{\sigma_x-\sigma_y}{2}\cos2\alpha-\tau_x\sin2\alpha\\&=\left[\frac{100+30}{2}+\frac{100-30}{2}\cos80°-(-20)\times\sin80°\right]\text{MPa}\\&=90.8\text{MPa}\end{aligned}$$

$$\begin{aligned}\tau_\alpha&=\frac{\sigma_x-\sigma_y}{2}\sin2\alpha+\tau_x\cos2\alpha\\&=\left[\frac{100-30}{2}\sin80°+(-20)\times\cos80°\right]\text{MPa}=31\text{MPa}\end{aligned}$$

2）由式（9-7）可知，A 点处的最大正应力为

$$\sigma_{max}=\frac{\sigma_x+\sigma_y}{2}+\sqrt{\left(\frac{\sigma_x-\sigma_y}{2}\right)^2+\tau_x^2}$$

$$=\left[\frac{100+30}{2}+\sqrt{\left(\frac{100-30}{2}\right)^2+(-20)^2}\right]\text{MPa}=105\text{MPa}$$

由式（9-6）得

$$\alpha_0=\frac{1}{2}\arctan\left(-\frac{2\tau_x}{\sigma_x-\sigma_y}\right)=\frac{1}{2}\arctan\left[-\frac{2\times(-20)}{100-30}\right]=14°52'$$

$$\alpha_0+90°=104°52'$$

因为 $\sigma_x>\sigma_y$，故最大正应力 σ_{max} 所在截面的方位角为 α_0 和 $\alpha_0+90°$ 中绝对值较小的一个，即为 $14°52'$。

由式（9-9）可知，A 点处的最大切应力为

$$\tau_{max}=\sqrt{\left(\frac{\sigma_x-\sigma_y}{2}\right)^2+\tau_x^2}=\sqrt{\left(\frac{100-30}{2}\right)^2+(-20)^2}\text{MPa}=40.3\text{MPa}$$

最大切应力 τ_{max} 所在截面的方位角 $\alpha_1=\alpha_0+45°=59°52'$。如图 9-13b 所示。

第三节　三向应力状态分析

一、复杂应力状态下一点处的最大正应力

设一点处的主应力单元体如图 9-14a 所示，研究证明，当主应力按 $\sigma_1\geqslant\sigma_2\geqslant\sigma_3$ 排列时，σ_1 和 σ_3 是一点处三个主平面上代数值最大和最小的主应力，也是该点处所有截面上代数值最大和最小的正应力。将最大和最小的正应力分别用 σ_{max} 和 σ_{min} 表示，则有

$$\sigma_{max}=\sigma_1,\quad\sigma_{min}=\sigma_3\qquad(9\text{-}10)$$

二、复杂应力状态下一点处的最大切应力

分析平行于一个主应力 σ_3 的任一斜截面 m—m 上的应力，如图 9-14a 所示，用截面法研究其左边部分的平衡，建立图 9-14b 所示坐标系。由于前后两个面上与 σ_3 相应的作用力 $\sigma_3\cdot dA_z$ 自成平衡，所以平行于 σ_3 的任意斜截面 m—m 上的应力 σ_α、τ_α 与 σ_3 无关，可以按图 9-14c 所示，运用式（9-3）、式（9-4）

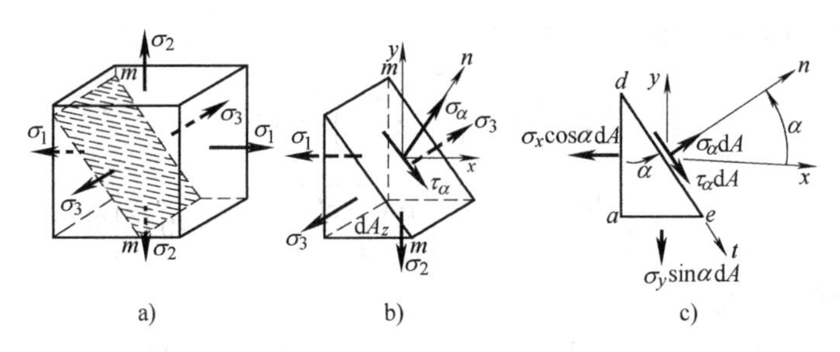

图 9-14 一点处任意斜截面上的应力

计算 σ_α、τ_α。

对于图 9-14a、c 情形，$\sigma_x=\sigma_1$，$\sigma_y=\sigma_2$，$\tau_x=0$，代入式（9-4）得到切应力表达式

$$\tau_\alpha=\frac{\sigma_1-\sigma_2}{2}\sin2\alpha$$

上式当 $\alpha=45°$时，切应力为最大，为$\frac{\sigma_1-\sigma_2}{2}$。将平行于主应力 σ_3 的所有斜截面上的正号极值切应力记为 τ_{12}，则 $\tau_{12}=\frac{\sigma_1-\sigma_2}{2}$。同样可以得到平行于 σ_1 和 σ_2 的两组截面上的正号极值切应力分别为 $\tau_{23}=\frac{\sigma_2-\sigma_3}{2}$ 和 $\tau_{31}=\left|\frac{\sigma_3-\sigma_1}{2}\right|=\frac{\sigma_1-\sigma_3}{2}$。

由于主应力 $\sigma_1\geqslant\sigma_2\geqslant\sigma_3$，所以在 τ_{12}、τ_{23}、τ_{31} 三个极值切应力中，τ_{31} 为最大。进一步研究表明，τ_{31} 还是该点处所有截面上的最大切应力。将此最大切应力用 $\tau_{\max}$ 表示，则有

$$\tau_{\max}=\frac{\sigma_1-\sigma_3}{2} \tag{9-11}$$

第四节 广义胡克定律

设从受力物体内一点取出一主单元体，其上的主应力分别为 σ_1、σ_2 和 σ_3，如图 9-15a 所示，沿三个主应力方向的三个线应变称为**主应变**，分别用 ε_1、ε_2 和 ε_3 表示。

对于各向同性材料，在最大正应力不超过材料的比例极限条件下，可以应

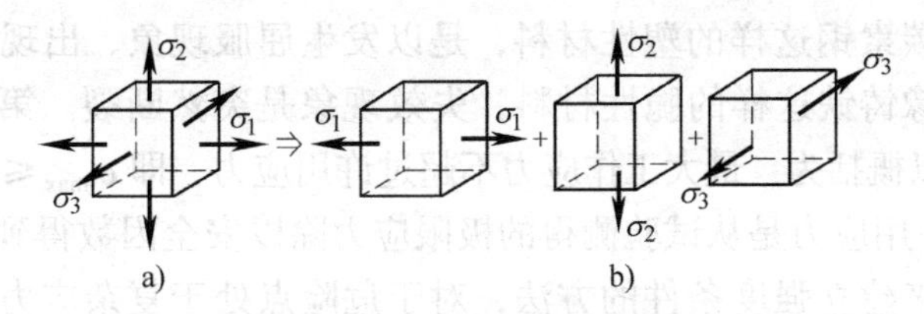

图 9-15　三向应力状态的分解

用胡克定律及叠加法来求主应变。为此将图 9-15a 所示的三向应力状态看成是三个单向应力状态的组合（图 9-15b），先讨论沿主应力 σ_1 的主应变 ε_1。对于 σ_1 单独作用，利用单向应力状态胡克定律，可求得 σ_1 方向与 σ_1 相应的纵向线应变为 σ_1/E；对于 σ_2 单独作用，将引起 σ_2 方向变形，其变形量为 σ_2/E，令横向变形因数为 μ，则 σ_2 方向变形将引起 σ_1 方向相应的线应变为 $-\mu\dfrac{\sigma_2}{E}$；同理，σ_3 单独作用将引起 σ_1 方向相应的线应变 $-\mu\dfrac{\sigma_3}{E}$。将这三项叠加，得

$$\varepsilon_1=\frac{\sigma_1}{E}-\mu\frac{\sigma_2}{E}-\mu\frac{\sigma_3}{E}$$

同样可以得到

$$\varepsilon_2=\frac{\sigma_2}{E}-\mu\frac{\sigma_3}{E}-\mu\frac{\sigma_1}{E}$$

$$\varepsilon_3=\frac{\sigma_3}{E}-\mu\frac{\sigma_1}{E}-\mu\frac{\sigma_2}{E}$$

整理得到以主应力表示的广义胡克定律

$$\begin{cases}\varepsilon_1=\dfrac{1}{E}[\sigma_1-\mu(\sigma_2+\sigma_3)]\\[2ex]\varepsilon_2=\dfrac{1}{E}[\sigma_2-\mu(\sigma_3+\sigma_1)]\\[2ex]\varepsilon_3=\dfrac{1}{E}[\sigma_3-\mu(\sigma_1+\sigma_2)]\end{cases}\tag{9-12}$$

上式建立了复杂应力状态下一点处的主应力与主应变之间的关系。

第五节　强 度 理 论

一、强度理论概述

各种材料因强度不足而引起的失效现象是不同的。通过第二章的讨论可以

知道，像普通碳素钢这样的塑性材料，是以发生屈服现象、出现塑性变形为失效的标志；而像铸铁这样的脆性材料，失效现象是突然断裂。第二～四、六章的强度条件可以概括为：最大工作应力不超过许用应力，即 $\sigma_{max} \leqslant [\sigma]$ 或 $\tau_{max} \leqslant [\tau]$。这里的许用应力是从试验测得的极限应力除以安全因数得到的，这种直接根据试验结果来建立强度条件的方法，对于危险点处于复杂应力状态的情况不再适用。这是因为复杂应力状态下三个主应力的组合是各种各样的，σ_1、σ_2 和 σ_3 之间的比值有无限多种情形，不可能对所有的组合都一一试验以确定其相应的极限应力。

事实上，尽管失效现象比较复杂，但可以归纳为如下两点：

1）材料在外力作用下的破坏形式不外乎有几种类型。

2）同一类型材料的破坏是由某一个共同因素引起的。

人们在长期的实践中，综合多种材料的失效现象和资料，对强度失效提出了各种假说。这些假说认为，材料按断裂或屈服失效，是应力、应变或变形能等其中某一因素引起的。按照这些假说，无论是简单还是复杂应力状态，引起失效的因素是相同的，造成失效的原因与应力状态无关。这些假说称为**强度理论**。利用强度理论，就可以利用简单应力状态下的试验（例如拉伸试验）结果，来推断材料在复杂应力状态下的强度，建立复杂应力状态的强度条件。

强度理论是推测材料强度失效原因的一些假说，它的正确与否以及适用范围，必须在工程实践中加以检验。经常是适用于某类材料的强度理论，并不适用于另一类材料。下面介绍的四种强度理论，都是在常温静载荷下，适用于均匀、连续、各向同性材料的强度理论。

二、四种强度理论

1. 最大拉应力理论（第一强度理论）

这一理论认为引起材料脆性断裂破坏的因素是最大拉压力，它是人们根据早期使用的脆性材料（像天然石、砖和铸铁等）易于拉断而提出的。该理论认为无论什么应力状态下，只要构件内一点处的最大拉压力 σ_1，达到单向应力状态下的极限应力 σ_b，材料就要发生脆性断裂。于是危险点处于复杂应力状态的构件，发生脆性断裂破坏的条件为

$$\sigma_1 = \sigma_b \tag{9-13}$$

将极限应力 σ_b 除以安全因数得到许用应力 $[\sigma]$，于是危险点处于复杂应力状态的构件，按第一强度理论建立的强度条件为

$$\sigma_1 \leqslant [\sigma] \tag{9-14}$$

铸铁等脆性材料在单向拉伸下，断裂发生于拉应力最大的横截面。脆性材料的扭转也是沿拉应力最大的斜面发生断裂。这些用第一强度理论都能很好地

加以解释。但是对于一点处在任何截面上都没有拉应力的情况，第一强度理论就不再适用了，另外该理论没有考虑其他两个应力的影响，显然不够合理。

2. 最大伸长线应变理论（第二强度理论）

这一理论认为最大伸长线应变是引起断裂的主要因素。即无论什么应力状态，只要最大伸长线应变 ε_1 达到单向应力状态下的极限值 ε_u，材料就要发生脆性断裂破坏。假设单向拉伸直到断裂可用胡克定律计算应变，则拉断时伸长线应变的极限值 $\varepsilon_u = \dfrac{\sigma_b}{E}$。于是危险点处于复杂应力状态的构件，发生脆性断裂破坏的条件为

$$\varepsilon_1 = \frac{\sigma_b}{E}$$

将 $\varepsilon_1 = \dfrac{1}{E}[\sigma_1 - \mu(\sigma_2 + \sigma_3)]$ 代入上式，得到断裂破坏条件为

$$\sigma_1 - \mu(\sigma_2 + \sigma_3) = \sigma_b \tag{9-15}$$

将极限应力 σ_b 除以安全因数得到许用应力 $[\sigma]$，于是危险点处于复杂应力状态的构件，按第二强度理论建立的强度条件为

$$\sigma_1 - \mu(\sigma_2 + \sigma_3) \leqslant [\sigma] \tag{9-16}$$

最大伸长线应变理论能够很好地解释石料、混凝土等脆性材料的压缩试验结果，对于一般脆性材料这一理论也是适用的。铸铁在拉－压二向应力且压应力比较大的情况下，试验结果也与这一理论接近。但对于铸铁二向受拉伸（$\sigma_1 > \sigma_2 > 0$），试验结果并不像式（9-15）表明的那样，比单向拉伸安全。另外按照最大伸长线应变理论，二向受压与单向受压强度不同，但混凝土、花岗石和砂岩的试验表明，二向和单向受压强度没有明显差别。

最大拉压力理论和最大伸长线应变理论都是以脆性断裂作为破坏标志的，这对于砖、石、铸铁等脆性材料是十分适用的。但对于工程中大量使用的低碳钢这一类塑性材料，就必须用以屈服（包含显著的塑性变形）作为破坏标志的另一类强度理论。

3. 最大切应力理论（第三强度理论）

这一理论认为最大切应力是引起屈服的主要因素。即无论什么应力状态，只要最大切应力 τ_{max} 达到单向应力状态下的极限切应力 τ_0，材料就要发生屈服破坏。于是危险点处于复杂应力状态的构件发生塑性屈服破坏的条件为

$$\tau_{max} = \tau_0 \tag{9-17}$$

根据轴向拉伸斜截面上的应力公式（9-2）可知极限切应力 $\tau_0 = \dfrac{\sigma_s}{2}$（这时横截面上的正应力为 σ_s），由式（9-11）得 $\tau_{max} = \tau_{13} = \dfrac{\sigma_1 - \sigma_3}{2}$，将这些结果代

入式（9-17），则破坏条件改写为

$$\sigma_1 - \sigma_3 = \sigma_s$$

考虑安全因数后得到强度条件为

$$\sigma_1 - \sigma_3 \leqslant [\sigma] \tag{9-18}$$

式中，$[\sigma]$ 是由材料在轴向拉伸时的屈服极限 σ_s 确定的许用应力。

最大切应力理论能很好地解释塑性材料的屈服现象。例如，低碳钢试件拉伸时出现与轴线成45°方向的滑移线，是材料内部沿这一方向滑移的痕迹。沿这一方向的斜面上切应力也恰为最大。另外最大切应力理论的计算也比较简便，所以应用相当广泛。但式（9-18）中未计入 σ_2 的影响，这一点不够合理。

4. 形状改变比能理论（第四强度理论）

这一理论认为形状改变比能是引起材料屈服破坏的主要因素。即无论什么应力状态，只要构件内一点处的形状改变比能，达到单向应力状态下的极限值，材料就要发生屈服破坏。

在这里略去详细的推导过程，直接给出按照这一理论得到的最后结果。即危险点处于复杂应力状态的构件发生塑性屈服破坏的条件为

$$\sqrt{\frac{1}{2}[(\sigma_1 - \sigma_2)^2 + (\sigma_2 - \sigma_3)^2 + (\sigma_3 - \sigma_1)^2]} = \sigma_s$$

引入安全因数后，得到第四强度理论的强度条件为

$$\sqrt{\frac{1}{2}[(\sigma_1 - \sigma_2)^2 + (\sigma_2 - \sigma_3)^2 + (\sigma_3 - \sigma_1)^2]} \leqslant [\sigma] \tag{9-19}$$

形状改变比能理论是从反映受力和变形的综合影响的应变能出发，来研究材料的强度的，因此比较全面和完善。试验证明，根据这一理论建立的强度条件，对钢、铝、铜等金属塑性材料，比第三强度理论更符合实际，主要原因是它考虑了主应力 σ_2 对材料破坏的影响。

三、强度理论的应用

强度理论的建立，为人们利用轴向拉伸的试验结果，去建立复杂应力状态下的强度条件提供了理论基础。但是，由于材料的破坏是一个非常复杂的问题，而上述四个强度理论都是在一定的历史阶段、一定的条件下，根据各自的观点建立起来的，所以都有一定的局限性，即每个强度理论只适合于某些材料。

在常温和静载荷条件下的脆性材料，破坏形式一般为断裂，所以通常采用第一或第二强度理论。第三和第四强度理论都可以用来建立塑性材料的屈服破坏条件，其中第三强度理论虽然不如第四强度理论更适合于塑性材料，但其误差不大，所以对于塑性材料也经常采用。

把四种强度理论的强度条件写成统一的形式

$$\sigma_r \leqslant [\sigma] \tag{9-20}$$

这里 σ_r 代表（9-14）、（9-16）、（9-18）、（9-19）各式的左端项，即

$$\sigma_{r1} = \sigma_1 \quad （第一强度理论） \tag{9-21}$$

$$\sigma_{r2} = \sigma_1 - \mu(\sigma_2 + \sigma_3) \quad （第二强度理论） \tag{9-22}$$

$$\sigma_{r3} = \sigma_1 - \sigma_3 \quad （第三强度理论） \tag{9-23}$$

$$\sigma_{r4} = \sqrt{\sigma_1^2 + \sigma_2^2 + \sigma_3^2 - \sigma_1\sigma_2 - \sigma_2\sigma_3 - \sigma_3\sigma_1} \quad （第四强度理论） \tag{9-24}$$

$[\sigma]$ 代表单向拉伸时材料的许用应力，式（9-20）意味着将一复杂应力状态转换为一强度相当的单向应力状态，故 σ_r 称为复杂应力状态下的**相当应力**。需要强调的是，σ_r 只是按不同强度理论得出的主应力的综合值，并不是真实存在的应力。

图 9-16 所示的二向应力状态在机械设计中常常遇到，例如圆轴扭转和弯曲的联合、圆轴扭转和拉伸的联合以及梁的弯曲等。这时相当应力的公式还可以进一步简化。为此，首先将 $\sigma_x = \sigma$，$\sigma_y = 0$，$\tau_x = \tau$ 代入式（9-7），得到

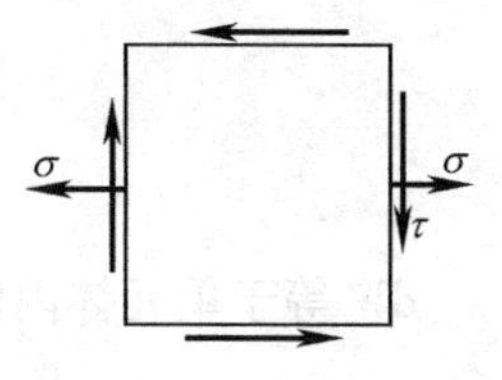

图 9-16　二向应力状态

$$\left.\begin{matrix}\sigma_{max}\\ \sigma_{min}\end{matrix}\right\} = \frac{\sigma}{2} \pm \sqrt{\left(\frac{\sigma}{2}\right)^2 + \tau^2}$$

将主应力按其代数值顺序排列，可得此应力状态下的三个主应力为

$$\sigma_1 = \frac{\sigma}{2} + \sqrt{\left(\frac{\sigma}{2}\right)^2 + \tau^2},\ \sigma_2 = 0,\ \sigma_3 = \frac{\sigma}{2} - \sqrt{\left(\frac{\sigma}{2}\right)^2 + \tau^2} \tag{9-25}$$

采用最大切应力理论，将式（9-25）代入式（9-23），整理得到在此应力状态下的相当应力

$$\sigma_{r3} = \sqrt{\sigma^2 + 4\tau^2} \tag{9-26}$$

同理采用形状改变比能理论，将式（9-25）代入式（9-24），整理得到在此应力状态下的相当应力为

$$\sigma_{r4} = \sqrt{\sigma^2 + 3\tau^2} \tag{9-27}$$

*例 9-4　证明各向同性线弹性材料的弹性模量 E、泊松比 μ 和切变模量 G 之间存在下列关系：

$$G = \frac{E}{2(1+\mu)}$$

证明：对于纯剪切变形，设想从构件中取出图 9-17a 所示单元体，并设单元体的左侧面 $abdc$ 固定，右侧面的剪力为 $\tau\mathrm{d}y\mathrm{d}z$，由于剪切变形，右侧面向下错动的距离为 $\gamma\mathrm{d}x$，从 $efhg$ 位置变化到 $e'f'h'g'$ 位置。若切应力有一增量 $\mathrm{d}\tau$，切应

变的相应增量为 $d\gamma$，右侧面向下位移的增量应为 $d\gamma dx$，剪力 $\tau dydz$ 在位移 $d\gamma dx$ 上完成的功为 $\tau dydz \cdot d\gamma dx$。在应力从0开始逐渐增加的过程中，右侧面上的剪力 $\tau dydz$ 总共完成的功应为

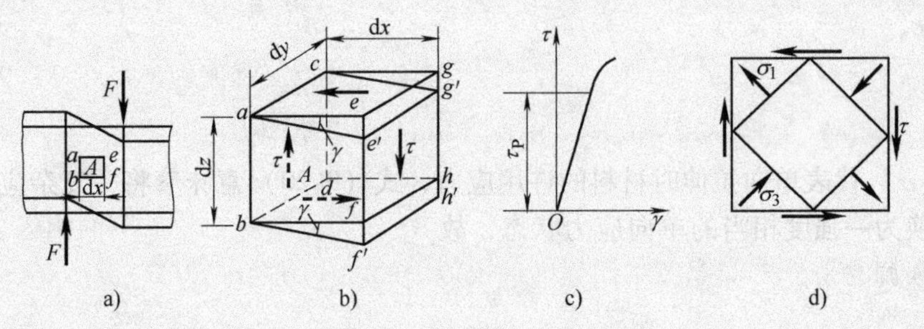

图9-17 例9-4图

$$dW = \int_0^{\gamma_1} \tau dydz \cdot d\gamma dx$$

dW 等于单元体内储存的变形能 dU，故

$$dU = dW = \int_0^{\gamma_1} \tau dydz \cdot d\gamma dx = \left(\int_0^{\gamma_1} \tau d\gamma\right) dV$$

式中，$dV = dxdydz$，为单元体的体积。

以 dU 除以 dV 得到单位体积内的剪切变形能（比能）为

$$u = \frac{dU}{dV} = \int_0^{\gamma_1} \tau d\gamma$$

如图9-17c所示，在线弹性范围内有剪切胡克定律 $\tau = G\gamma$，故上式积分结果为

$$u = \frac{1}{2}\tau\gamma = \frac{\tau^2}{2G} \tag{1}$$

按照例9-2的分析，纯剪切的主应力是（图9-17d）

$$\sigma_1 = \tau, \ \sigma_2 = 0, \ \sigma_3 = -\tau \tag{2}$$

三向应力状态的比能是

$$u = \frac{1}{2}\sigma_1\varepsilon_1 + \frac{1}{2}\sigma_2\varepsilon_2 + \frac{1}{2}\sigma_3\varepsilon_3$$

将广义胡克定律式（9-12）代入上式，得

$$u = \frac{1}{2E}\left[\sigma_1^2 + \sigma_2^2 + \sigma_3^2 - 2\mu(\sigma_1\sigma_2 + \sigma_2\sigma_3 + \sigma_3\sigma_1)\right]$$

将式（2）代入上式，整理得

$$u = \frac{\tau^2(1+\mu)}{E} \tag{3}$$

比较式（1）、式（3），得

$$G=\frac{E}{2(1+\mu)}$$

例 9-5　如图 9-18 所示，设钢的许用拉应力 $[\sigma]=160\text{MPa}$，试按最大切应力理论和形状改变比能理论确定其许用切应力 $[\tau]$。

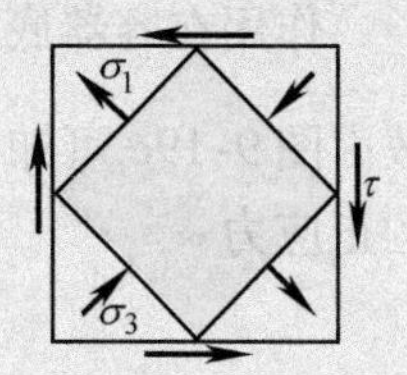

图 9-18　例 9-5 图

解：根据题给条件，要求钢在纯剪切状态下，满足最大切应力理论强度条件和形状改变比能理论强度条件。如图 9-18所示，$\sigma_x=\sigma_y=0$，$\tau_x=\tau$。由式（9-7）得

$$\left.\begin{matrix}\sigma_{\max}\\ \sigma_{\min}\end{matrix}\right\}=\frac{\sigma_x+\sigma_y}{2}\pm\sqrt{\left(\frac{\sigma_x-\sigma_y}{2}\right)^2+\tau_x^2}=\pm\tau$$

于是 $\sigma_1=\tau$，$\sigma_2=0$，$\sigma_3=-\tau$。把 $\sigma_1-\sigma_3=2\tau$ 代入最大切应力理论强度条件即式（9-18），有 $2\tau\leqslant[\sigma]$，所以 $[\tau]=80\text{MPa}$。

把 σ_1、σ_2、σ_3 代入形状改变比能理论强度条件即式（9-19），有

$$\sqrt{\frac{1}{2}\left[(\sigma_1-\sigma_2)^2+(\sigma_2-\sigma_3)^2+(\sigma_3-\sigma_1)^2\right]}=\sqrt{3}\tau\leqslant[\sigma]$$

所以 $[\tau]=92.4\text{MPa}$。

*例 9-6　某圆筒式封闭薄壁容器如图 9-19 所示，已知最大内压力的压强 $p=3\text{MPa}$，容器内径 $D=1\text{m}$，壁厚 $t=10\text{mm}$，材料许用正应力 $[\sigma]=160\text{MPa}$。试按形状改变比能理论校核其强度。

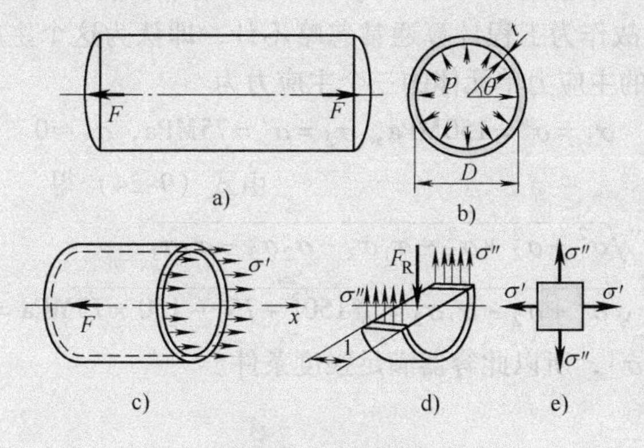

图 9-19　例 9-6 图

解：首先对壁板进行应力分析，确定主应力，然后用形状改变比能理论进行强度校核。

（1）应力分析　由于容器本身的形状和它所受的内压力都对称于轴线，故容器壁只发生沿轴向的伸长和对轴线对称的径向扩张。因此在容器的横截面和径向纵截面上只有拉应力而无切应力。

先分析计算横截面上的拉应力 σ'。

作用在容器底部上的总压力 $F=p\dfrac{\pi D^2}{4}$，其对圆筒是轴向拉力。由于 $t \ll D$，故由图9-19c可知，薄壁圆筒受拉截面面积 $A=t(\pi D)$，由此可得圆筒横截面上的正应力

$$\sigma'=\frac{F}{A}=\frac{F}{t(\pi D)}=\frac{p\dfrac{\pi D^2}{4}}{t\pi D}=\frac{pD}{4t}=\frac{3\times10^6\times1}{4\times0.01}\mathrm{Pa}=7.5\times10^7\mathrm{Pa}=75\mathrm{MPa}。$$

再分析计算容器径向纵截面上的拉应力 σ''。

假想用通过直径的纵截面把容器连同其产生内压力的介质截开，并沿轴线方向截取单位长度，取图9-19d所示分离体。在此分离体上受铅垂向下的内压力 F_R，其值为 $1\times D\times p$。

由于 t 很小，可以认为在纵截面上的拉应力 σ'' 均匀分布，纵截面上与拉应力相应的内力为 $2\times(t\times1\times\sigma'')$，此力将与 F_R 平衡。即

$$2\times(t\times1\times\sigma'')-1\times D\times p=0$$

从而得到 $\sigma''=\dfrac{pD}{2t}=\dfrac{3\times10^6\times1}{2\times0.01}\mathrm{Pa}=150\mathrm{MPa}$。

(2) 确定主应力　以上得到 σ' 和 σ'' 分别是沿容器的轴向和周向的两个主应力，如图9-19e所示。从容器的受力情况可知，在内壁上还受到内压力的直接作用，故沿容器的径向还有另一个值为 p 的主应力存在。但是当 $t\ll D$ 时，p 值比 σ' 和 σ'' 小得多，故作为工程计算通常忽略不计，即认为这个主应力为零。于是从容器壁内取出的主应力单元体的三个主应力为

$$\sigma_1=\sigma''=150\mathrm{MPa},\ \sigma_2=\sigma'=75\mathrm{MPa},\ \sigma_3\approx0$$

(3) 按照形状改变比能理论校核强度　由式(9-24)得

$$\sigma_{r4}=\sqrt{\sigma_1^2+\sigma_2^2+\sigma_3^2-\sigma_1\sigma_2-\sigma_2\sigma_3-\sigma_3\sigma_1}$$

$$=\sqrt{\sigma_1^2+\sigma_2^2-\sigma_1\sigma_2}=\sqrt{150^2+75^2-150\times75}\mathrm{MPa}=130\mathrm{MPa}$$

由于 $\sigma_{r4}\leqslant[\sigma]$，所以此容器满足强度条件。

小　结

- 斜截面上的正应力 $\sigma_\alpha=\sigma_0\cos^2\alpha$，切应力 $\tau_\alpha=\dfrac{\sigma_0}{2}\sin2\alpha$。
- 主应力单元体，主单元体，主平面，主应力 $\sigma_1\geqslant\sigma_2\geqslant\sigma_3$。
- 单向应力状态，二向应力状态，三向应力状态。
- 单向和二向应力状态统称为平面应力状态，二向和三向应力状态统称为复杂应力状态。

- 斜截面上的正应力和切应力

$$\sigma_\alpha = \frac{\sigma_x + \sigma_y}{2} + \frac{\sigma_x - \sigma_y}{2}\cos 2\alpha - \tau_x \sin 2\alpha$$

$$\tau_\alpha = \frac{\sigma_x - \sigma_y}{2}\sin 2\alpha + \tau_x \cos 2\alpha$$

- 一点处的最大切应力　　$\tau_{\max} = \dfrac{\sigma_1 - \sigma_3}{2}$

- 广义胡克定律 $\begin{cases} \varepsilon_1 = \dfrac{1}{E}[\sigma_1 - \mu(\sigma_2 + \sigma_3)] \\ \varepsilon_2 = \dfrac{1}{E}[\sigma_2 - \mu(\sigma_3 + \sigma_1)] \\ \varepsilon_3 = \dfrac{1}{E}[\sigma_3 - \mu(\sigma_1 + \sigma_2)] \end{cases}$

- 四种强度理论

(1) 最大拉应力理论（第一强度理论）　认为引起材料脆性断裂破坏的因素是最大拉压力，它是人们根据早期使用的脆性材料（像天然石、砖和铸铁等）易于拉断而提出的。

(2) 最大伸长线应变理论（第二强度理论）　认为最大伸长线应变是引起断裂的主要因素。即无论什么应力状态，只要最大伸长线应变 ε_1 达到单向应力状态下的极限值 ε_u，材料就要发生脆性断裂破坏。

(3) 最大切应力理论（第三强度理论）　认为最大切应力是引起屈服的主要因素。即无论什么应力状态，只要最大切应力 $\tau_{\max}$ 达到单向应力状态下的极限切应力 τ_0，材料就要发生屈服破坏。

(4) 形状改变比能理论（第四强度理论）　认为形状改变比能是引起材料屈服破坏的主要因素。即无论什么应力状态，只要构件内一点处的形状改变比能达到单向应力状态下的极限值，材料就要发生屈服破坏。

每个强度理论只适合于某些材料。

- 四种强度理论的强度条件写成统一的形式：$\sigma_r \leqslant [\sigma]$，即

$$\sigma_{r1} = \sigma_1 \quad \text{（第一强度理论）}$$

$$\sigma_{r2} = \sigma_1 - \mu\ (\sigma_2 + \sigma_3) \quad \text{（第二强度理论）}$$

$$\sigma_{r3} = \sigma_1 - \sigma_3 \quad \text{（第三强度理论）}$$

$$\sigma_{r4} = \sqrt{\sigma_1^2 + \sigma_2^2 + \sigma_3^2 - \sigma_1\sigma_2 - \sigma_2\sigma_3 - \sigma_3\sigma_1} \quad \text{（第四强度理论）}$$

$[\sigma]$ 代表单向拉伸时材料的许用应力，σ_r 称为复杂应力状态下的相当应力。

- 各向同性线弹性材料的弹性模量 E、泊松比 μ 和切变模量 G 之间关系：$G = \dfrac{E}{2(1+\mu)}$

习　题

9-1　拉伸试件直径 $d = 24\text{mm}$，当在 45°斜截面上的切应力 $\tau = 180\text{MPa}$ 时，其表面上出现滑移线。试求此时试件的拉力 F。

9-2　如图 9-20 所示，求斜截面上的应力（图 9-20 中应力单位均为 MPa）。

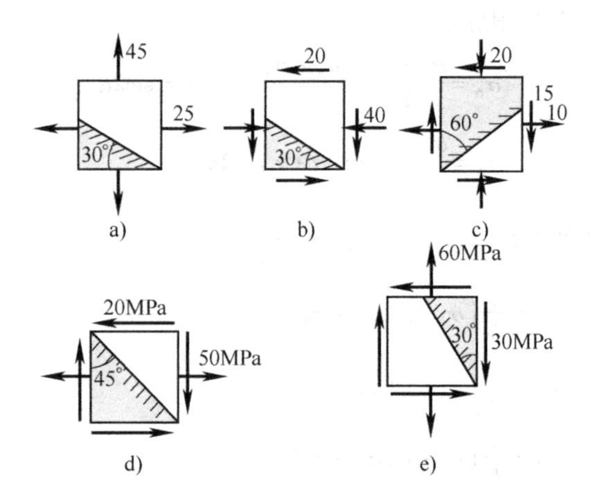

图 9-20 题 9-2 图

9-3 已知单元体的应力状态如图 9-21 所示（应力单位均为 MPa）。试求：1）主应力值和主平面位置，并画在单元体上；2）最大切应力值。

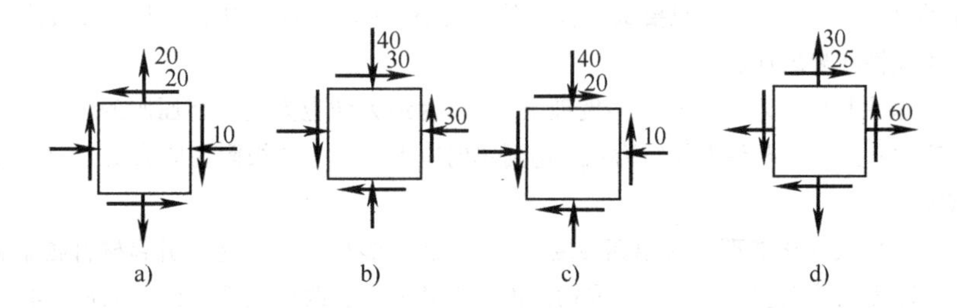

图 9-21 题 9-3 图

9-4 如图 9-22 所示，已知各单元体的应力状态（应力单位均为 MPa）。求最大主应力值和最大切应力值。

9-5 已知应力状态如图 9-23 所示（应力单位均为 MPa）。试求：1）主应力大小及主平面位置；2）在单元体上画出主平面位置及主应力方向；3）最大切应力。

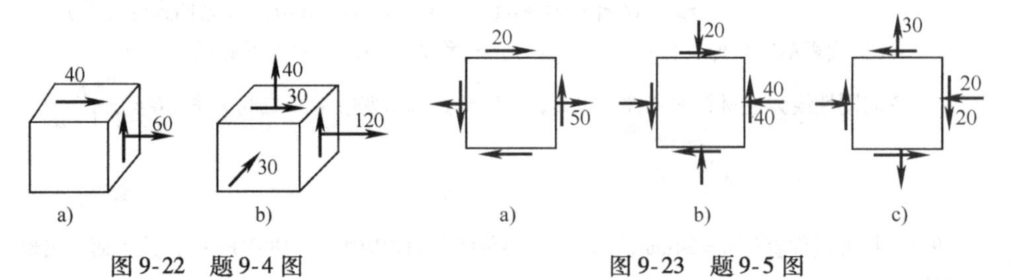

图 9-22 题 9-4 图

图 9-23 题 9-5 图

9-6　如图 9-24 所示，圆轴右端横截面上的最大弯曲应力为 40MPa，最大扭转应力为 30MPa，由于剪力引起的最大切应力为 6MPa。试：1）画出 A、B、C 和 D 点处单元体的应力状态；2）求 A 点的主应力值及最大切应力值。

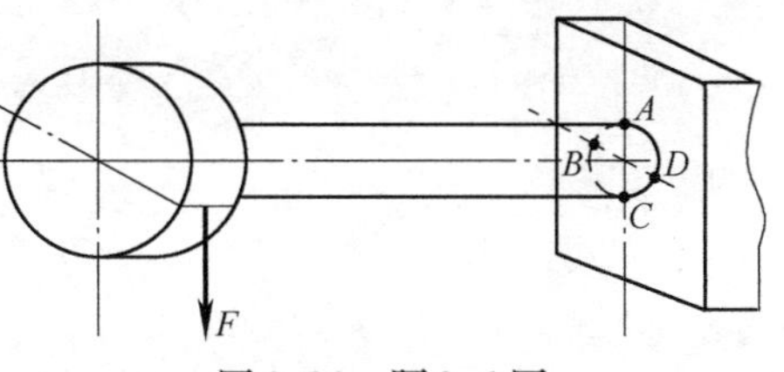

图 9-24　题 9-6 图

9-7　矩形截面梁，尺寸及载荷如图 9-25 所示，尺寸单位为 mm，力 F 作用于梁中点。试：1）画出梁上 A、B、C 点处单元体的应力状态；2）求 A、B、C 点的主应力值及最大切应力值。

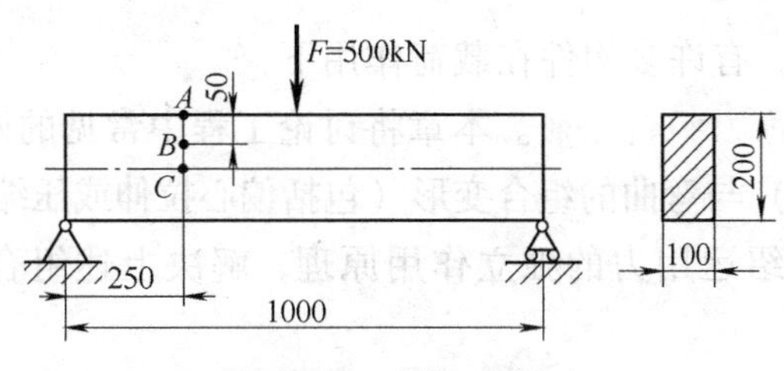

图 9-25　题 9-7 图

9-8　矩形截面钢块，紧密地夹在两块固定刚性厚板之间，受压力 F 的作用，如图 9-26 所示。已知 $a=30\text{mm}$，$b=20\text{mm}$，$l=60\text{mm}$，$F=100\text{kN}$，板所受压力 $F_1=45\text{kN}$，钢的弹性模量 $E=200\text{GPa}$。试求钢块的缩短 Δl 及泊松比 μ。

9-9　平面应力状态如图 9-27 所示，各应力有三种情况：1）$\sigma_x=60\text{MPa}$，$\sigma_y=-80\text{MPa}$，$\tau_x=-40\text{MPa}$；2）$\sigma_x=-40\text{MPa}$，$\sigma_y=50\text{MPa}$，$\tau_x=0$；3）$\sigma_x=0$，$\sigma_y=0$，$\tau_x=45\text{MPa}$。试按第三强度理论和第四强度理论求相当应力 σ_{r3}、σ_{r4}。

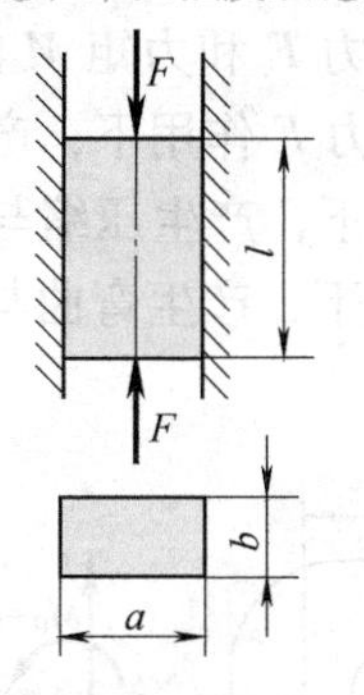

图 9-26　题 9-8 图

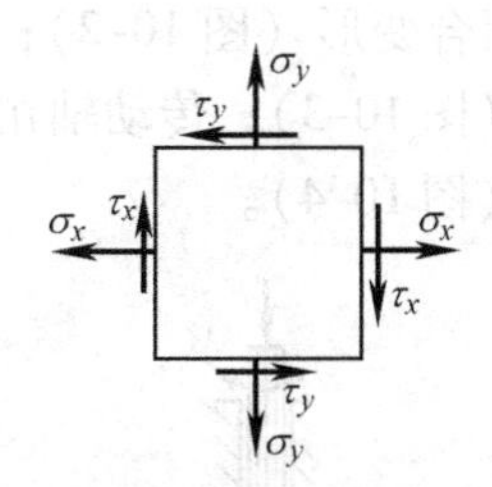

图 9-27　题 9-9 图

9-10　单元体的主应力分别为：1）$\sigma_1=75\text{MPa}$，$\sigma_2=40\text{MPa}$，$\sigma_3=-20\text{MPa}$；2）$\sigma_1=55\text{MPa}$，$\sigma_2=0$，$\sigma_3=-55\text{MPa}$；3）$\sigma_1=0$，$\sigma_2=-30\text{MPa}$，$\sigma_3=-110\text{MPa}$。若材料的许用应力 $[\sigma]=120\text{MPa}$，试用第三强度理论和第四强度理论校核各点的强度。

第十章

组合变形

在工程实际中，有许多构件在载荷作用下，同时产生两种或两种以上的基本变形，这种变形称为组合变形。本章将讨论工程中常见的两种组合变形，即轴向拉伸（或压缩）与弯曲的组合变形（包括偏心拉伸或压缩），以及弯曲与扭转的组合变形。介绍运用力的独立作用原理，解决上述组合变形的强度计算问题。

第一节　组合变形的概念

第二～四章、六～七章讨论了构件发生拉伸（压缩）、剪切、扭转、弯曲等基本变形时的强度、刚度计算。但在工程实际中，有许多构件在载荷作用下，同时产生两种或两种以上的基本变形。例如，钻机在力 F 和力矩 M 的作用下，产生压缩与扭转的组合变形（图 10-1）；机架立柱在力 F 作用下，产生拉伸与弯曲的组合变形（图 10-2）；车刀在切削力 F 的作用下，产生压缩与弯曲的组合变形（图 10-3）；传动轴在带轮张力 F_1、F_2 的作用下，产生弯曲与扭转的组合变形（图 10-4）。

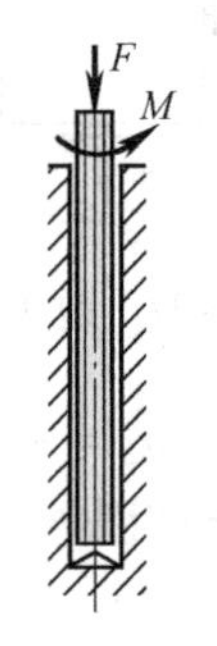

图 10-1　压缩与扭转

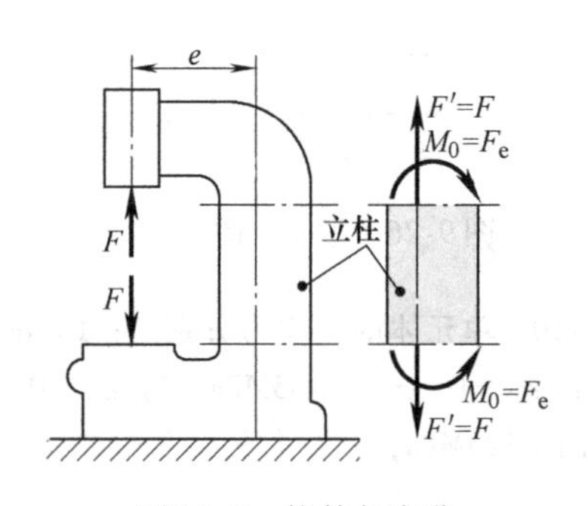

图 10-2　拉伸与弯曲

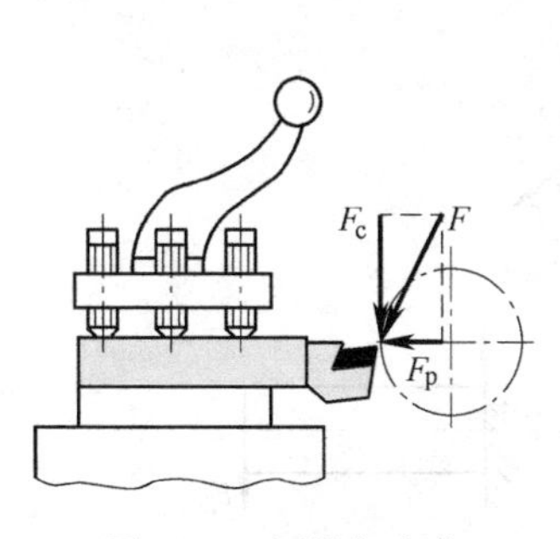

图 10-3 压缩与弯曲

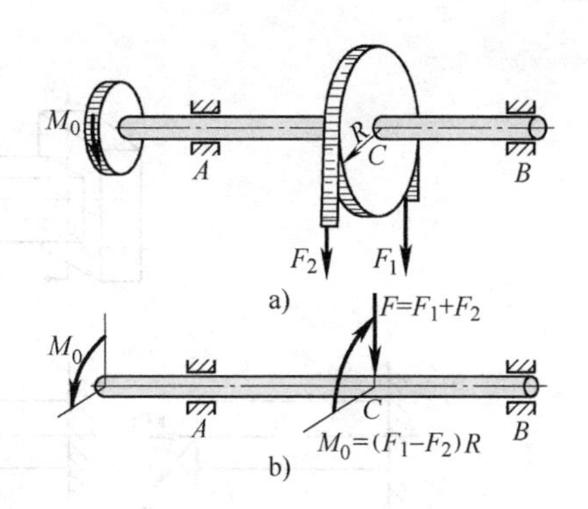

图 10-4 弯曲与扭转

若构件的材料符合胡克定律，且在变形很小的情况下，可认为组合变形中的每一种基本变形都是各自独立的，即各基本变形引起的应力互不影响，故在研究组合变形问题时，可运用叠加原理。

第二节 拉伸（压缩）与弯曲的组合变形

当作用在构件对称面内的外力的作用线与轴线平行但不重合时（图 10-5），或不与轴线垂直或平行而成某一角度时（图 10-6a），外力都将使杆件产生拉弯（或压弯）组合变形。

下面以矩形截面悬臂梁为例，来说明拉弯（或压弯）组合变形的强度计算方法。

如图 10-6a 所示，在悬臂梁的自由端作用一力 F，力 F 位于梁的纵向对称面内，且与梁的轴线成夹角 φ。

图 10-5 拉弯组合变形

1. 外力计算

将力 F 沿轴线和垂直轴线方向分解成两个力 F_1 和 F_2（图 10-6b），$F_1 = F\cos\varphi$，$F_2 = F\sin\varphi$。显然，F_1 使梁发生拉伸变形（图 10-6c），而 F_2 使梁发生弯曲变形（图 10-6d），故梁在力 F 的作用下发生拉伸与弯曲的组合变形。

2. 内力分析，确定危险截面的位置

轴向拉力 F_1 使梁发生拉伸变形，各横截面的轴力相同，均为 $F_N = F_1$。力 F_2 使梁发生弯曲变形，弯矩方程 $M(x) = -F_2(l-x)$，固定端横截面的弯矩绝对值最大 $M_{max} = F_2 l$，所以固定端为危险截面。

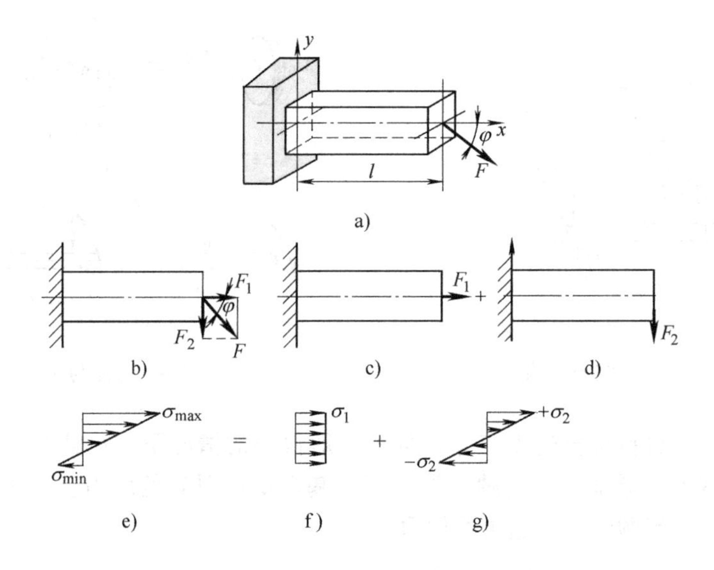

图 10-6 矩形截面悬臂梁组合变形

3. 应力分析，确定危险点的位置

固定端（即危险截面）上，由拉力 F_1 引起的正应力均匀分布，如图 10-6f 所示，其值为

$$\sigma_1=\frac{F_1}{A}$$

在危险截面上下边缘处，弯曲正应力的绝对值最大，其应力分布规律如图 10-6g 所示，最大的应力值为

$$\sigma_2=\frac{M_{\max}}{W_z}=\frac{F_2 l}{W_z}$$

根据叠加原理，可将固定端横截面上的拉伸正应力和弯曲正应力进行叠加。当拉伸正应力小于弯曲正应力时，其应力分布规律如图 10-6e 所示。固定端上下边缘的正应力分别为

$$\sigma_{\max}=\frac{F_1}{A}+\frac{M_{\max}}{W_z},\qquad \sigma_{\min}=\frac{F_1}{A}-\frac{M_{\max}}{W_z}$$

由上式可知，固定端上边缘各点是危险点。

4. 强度计算

因危险点的应力是单向应力状态，所以其强度条件为

$$\sigma_{\max}=\frac{F_1}{A}+\frac{M_{\max}}{W_z}\leqslant[\sigma] \tag{10-1}$$

若 F_1 为压力，则危险截面上、下边缘处的正应力分别为

$$\sigma_{max} = -\frac{F_1}{A} + \frac{M_{max}}{W_z}, \quad \sigma_{min} = -\frac{F_1}{A} - \frac{M_{max}}{W_z}$$

此时，危险截面的下边缘上的各点是危险点，为压应力。它的强度条件为

$$|\sigma|_{max} = |\sigma_{min}| = \left| -\frac{F_1}{A} - \frac{M_{max}}{W_z} \right| \leqslant [\sigma] \qquad (10\text{-}2)$$

对于许用拉压应力不同的材料，例如铸铁，则应对危险截面上的最大拉应力和最大压应力分别按 $[\sigma_+]$ 和 $[\sigma_-]$ 进行强度校核。

例 10-1　夹具如图 10-7a 所示，已知 $F = 2\text{kN}$，$l = 60\text{mm}$，$b = 10\text{mm}$，$h = 22\text{mm}$。材料的许用正应力 $[\sigma] = 160\text{MPa}$。试校核夹具竖杆的强度。

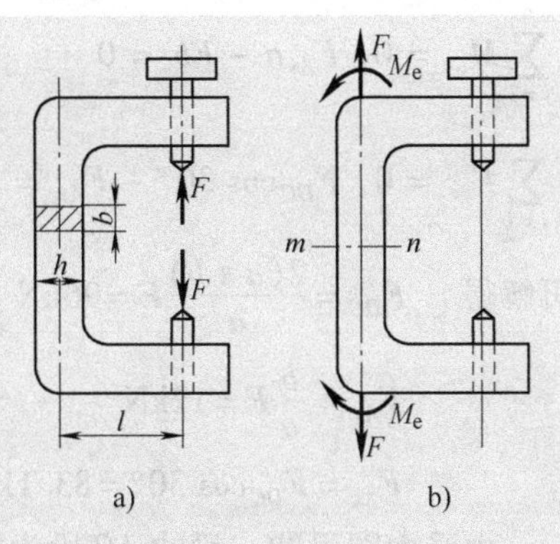

图 10-7　例 10-1 图

解：（1）外力计算　夹具竖杆所受载荷是偏心载荷，将载荷平移到轴线上，得一力 F 和一力偶 $M_e = Fl$（图 10-7b）。力 F 将引起拉伸变形，而力偶 M_e 则引起弯曲变形，所以夹具竖杆在力 F 的作用下将发生拉弯组合变形。

（2）内力分析，确定危险截面的位置　用截面法求夹具竖杆上任一截面 $m—n$ 的内力，其轴力 F_N 和弯矩 M 分别为

$$F_N = F = 2\text{kN}$$

$$M = M_e = 2 \times 10^3 \times 60 \times 10^{-3}\text{N} \cdot \text{m} = 120\text{N} \cdot \text{m}$$

因各横截面的轴力 F_N 和弯矩 M 是相同的，所以各横截面的危险程度是相同的，故可认为 $m—n$ 截面为危险截面。

（3）应力分析，确定危险点的位置　夹具竖杆横截面上的最大拉应力发生在截面右边缘各点处，其值为 $\sigma_{max} = \frac{F}{A} + \frac{M_e}{W_z}$，其中抗弯截面系数 $W_z = \frac{bh^2}{6}$。

（4）强度校核　因危险点的应力为单向应力状态，所以其强度条件为

$$\sigma_{max} = \frac{F}{A} + \frac{M_{max}}{W_z} = \left[\frac{2 \times 10^3}{0.010 \times 0.022} + \frac{120}{\frac{0.010 \times 0.022^2}{6}} \right]\text{Pa}$$

$$= 158\text{MPa} < [\sigma] = 160\text{MPa}$$

故此夹具竖杆的强度是足够的，可以安全工作。

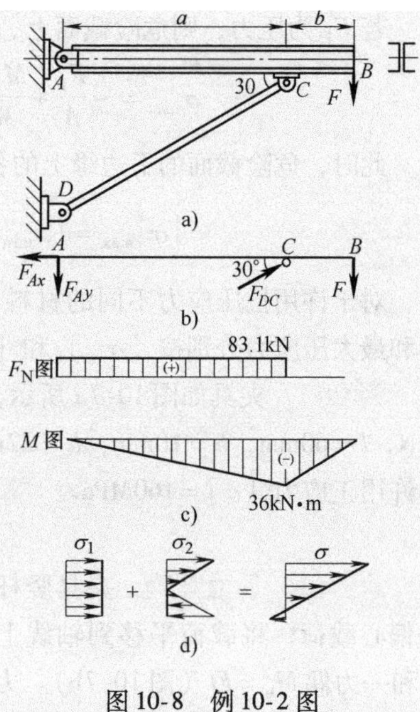

图 10-8 例 10-2 图

例 10-2 如图 10-8a 所示为一起重支架。已知 $a = 3\text{m}$，$b = 1\text{m}$，$F = 36\text{kN}$，AB 梁由两根槽钢组成，材料的许用应力 $[\sigma] = 140\text{MPa}$。试确定 AB 梁槽钢的型号。

解：（1）外力计算 作 AB 梁的受力图，如图 10-8b 所示。由平衡方程

$$\sum_{i=1}^{n} M_A = 0,\ F_{DC}\sin 30° a - F(a + b) = 0$$

$$\sum_{i=1}^{n} M_C = 0,\ F_{Ay}a - Fb = 0$$

$$\sum_{i=1}^{n} F_{ix} = 0,\ F_{DC}\cos 30° - F_{Ax} = 0$$

可解得 $$F_{DC} = \frac{2(a+b)}{a}F = 96\text{kN}$$

$$F_{Ay} = \frac{b}{a}F = 12\text{kN}$$

$$F_{Ax} = F_{DC}\cos 30° = 83.1\text{kN}$$

由受力图可知，梁的 AC 段为拉伸与弯曲的组合变形，而 CB 段为弯曲变形。

（2）内力分析，确定危险截面的位置 作轴力图和弯矩如图 10-8c 所示，故危险截面是 C 截面。危险截面上的轴力 F_N 和弯矩 M 分别为

$$F_N = 83.1\text{kN},\ M = 36\text{kN}\cdot\text{m}$$

（3）应力分析，确定危险点的位置 根据危险截面上的应力分布规律（图 10-8d），可知，危险点在危险截面的上侧边缘。其最大应力值为

$$\sigma_{\max} = \frac{F_N}{A} + \frac{M_{\max}}{W_z}$$

（4）强度计算 因危险点的应力为单向应力状态，所以其强度条件为

$$\sigma_{\max} = \frac{F_N}{A} + \frac{M_{\max}}{W_z} = \left(\frac{83.1\times10^3}{A} + \frac{36\times10^3}{W_z}\right)\text{Pa} \leqslant [\sigma] = 140\text{MPa} \qquad (1)$$

因上式中有两个未知量 A 和 W_z，故要用试凑法求解。用这种方法求解时，可先不考虑轴力 F_N 的影响，仅按弯曲强度条件初步选择槽钢的型号，然后再按式（1）进行校核。由

$$\sigma_{\max} = \frac{M_{\max}}{W_z} \leqslant [\sigma]$$

得 $$W_z \geqslant \frac{36\times10^3}{140\times10^6}\text{m}^3 = 2.57\times10^{-4}\text{m}^3 = 257\ \text{cm}^3$$

查附录热轧型钢表3，选两根18a号槽钢，其抗弯截面系数 $W_z=141\ \mathrm{cm}^3\times 2=282\ \mathrm{cm}^3$，截面面积 $A=25.699\ \mathrm{cm}^2\times 2=51.40\ \mathrm{cm}^2$。将其数值代入式（1）得

$$\sigma_{\max}=\left(\frac{83.1\times 10^3}{51.40\times 10^{-4}}+\frac{36\times 10^3}{282\times 10^{-6}}\right)\mathrm{Pa}=144\mathrm{MPa}>[\sigma]=140\mathrm{MPa}$$

虽然最大应力大于许用应力，但其值不超过许用应力的5%，在工程上是允许的。若最大应力超过许用应力的5%，则应重新选择抗弯截面系数较大的槽钢，并代入（1）式进行强度计算。

第三节　弯曲与扭转的组合变形

机械设备中的传动轴、曲拐等，有时既承受弯矩又承受扭矩，因此弯曲变形和扭转变形同时存在，即产生弯曲与扭转的组合变形。如图10-9a所示曲拐，A 端固定，在曲拐的自由端 O 作用有铅垂向下的集中力 F。下面以此曲拐的 AB 杆为例，说明杆受弯曲与扭转这种组合变形时的强度计算方法和步骤。

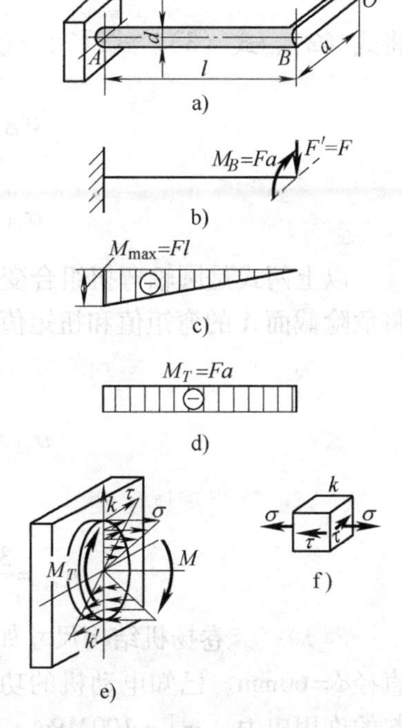

图10-9　曲拐弯扭组合变形

将 O 端的集中载荷 F 向 AB 杆的截面 B 的形心平移，得到一个作用在 B 端与轴线垂直的力 $F'(=F)$ 和一个作用面垂直于轴线的力偶 $M_B(=Fa)$。

由图10-9b可知，力 F' 使轴 AB 产生弯曲变形，力偶 M_B 使轴 AB 产生扭转变形，轴的这种变形称为弯扭组合变形。

单独考虑力 F' 的作用，画出弯矩图10-9c；单独考虑力偶 M_B 的作用，画出扭矩图10-9d。其危险截面 A 的弯矩值和扭矩值分别为

$$M_{\max}=Fl,\ M_T=M_B=Fa \tag{1}$$

危险截面上的弯曲正应力和扭转切应力分布情况见图10-9e。由于 k、k' 两点是危险截面边缘上的点，弯曲正应力和扭转切应力绝对值最大，故为危险点，其正应力和切应力分别为

$$\sigma=\frac{M_{\max}}{W_z} \tag{2}$$

$$\tau=\frac{M_T}{W_p} \tag{3}$$

因危险点是二向应力状态（图10-9f），所以需用强度理论求出相当应力，建立强度条件。为此，可将 $\sigma_x=\sigma$，$\sigma_y=0$，$\tau_x=\tau$ 代入主应力公式，得主应力为

$$\begin{cases}\left.\begin{matrix}\sigma_1\\ \sigma_3\end{matrix}\right\}=\dfrac{\sigma}{2}\pm\sqrt{\left(\dfrac{\sigma}{2}\right)^2+\tau^2}\\ \sigma_2=0\end{cases} \tag{4}$$

轴类零件一般都采用塑性材料——钢材，所以应选用第三或第四强度理论建立强度条件。现将式（4）分别代入第三、第四强度理论的强度条件得

$$\sigma_{r3}=\sqrt{\sigma^2+4\tau^2}\leqslant[\sigma] \tag{5}$$

$$\sigma_{r4}=\sqrt{\sigma^2+3\tau^2}\leqslant[\sigma] \tag{6}$$

因为是圆截面轴，$W_z=\dfrac{\pi d^3}{32}$，$W_p=\dfrac{\pi d^3}{16}=2W_z$，故

$$W_p=2W_z \tag{7}$$

将式（2）、式（3）、式（7）代入式（5）和式（6），可得

$$\sigma_{r3}=\frac{\sqrt{M^2+M_T^2}}{W_z}\leqslant[\sigma] \tag{8}$$

$$\sigma_{r4}=\frac{\sqrt{M^2+0.75M_T^2}}{W_z}\leqslant[\sigma] \tag{9}$$

以上两式是圆轴弯扭组合变形时，按第三、第四强度理论计算的强度条件，将危险截面 A 的弯矩值和扭矩值表达式（1）代入式（8）、式（9），得

按第三强度理论得到的强度条件：

$$\sigma_{r3}=\frac{32F\sqrt{l^2+a^2}}{\pi d^3}\leqslant[\sigma]$$

按第四强度理论得到的强度条件：

$$\sigma_{r4}=\frac{32F\sqrt{l^2+0.75a^2}}{\pi d^3}\leqslant[\sigma]$$

例10-3 卷扬机结构尺寸如图10-10a所示，$l=800\text{mm}$，$R=180\text{mm}$，AB 轴直径 $d=60\text{mm}$。已知电动机的功率 $P=22\text{kW}$，轴 AB 的转速 $n=150\text{r/min}$，轴材料的许用应力 $[\sigma]=100\text{MPa}$，试按第三强度理论、第四强度理论分别校核 AB 轴的强度。

解：（1）外力分析　由功率 P 和转速 n 可计算出电动机输入的力偶矩

$$M_0=9550\frac{P}{n}=9550\times\frac{22}{150}\text{N}\cdot\text{m}=1.4\times10^3\text{N}\cdot\text{m}=1.4\text{kN}\cdot\text{m}$$

于是卷扬机的最大起重量为

$$G=\frac{M_0}{R}=\frac{1.4\times10^3}{0.18}\text{N}=7.78\times10^3\text{N}=7.78\text{kN}$$

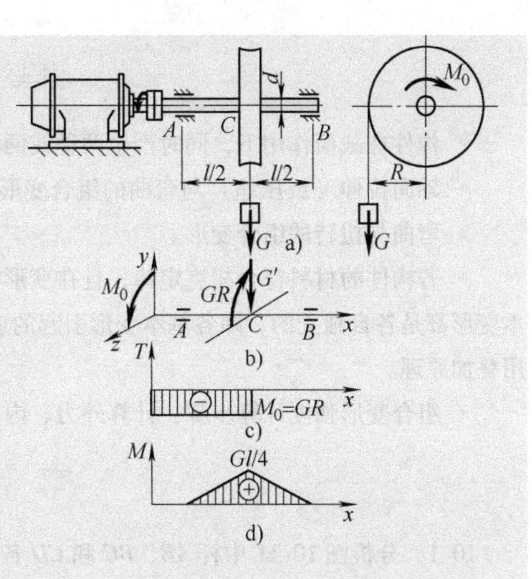

图 10-10　例 10-3 图

将重力 G 向轴线简化，得一平移力 G' 和一矩为 GR 的力偶。轴的计算简图如图 10-10b 所示。

(2) 内力分析，确定危险截面的位置　画出轴的扭矩图和弯矩图，如图 10-10c、d 所示，由内力图可以看出 C_- 截面为危险截面，其上的内力为

$$T=M_0=1.4\text{kN}\cdot\text{m}$$

$$M=\frac{1}{4}Gl=\frac{1}{4}\times7.78\times10^3\times0.8\text{N}\cdot\text{m}$$

$$=1.56\text{kN}\cdot\text{m}$$

(3) 强度计算　按第三强度理论校核，有

$$\sigma_{r3}=\frac{\sqrt{M^2+M_T^2}}{W_z}=\frac{\sqrt{1.56^2+1.4^2}\times10^3}{\frac{3.14\times0.06^3}{32}}\text{Pa}=9.89\times10^7\text{Pa}=98.9\text{MPa}<[\sigma]=100\text{MPa}$$

按第四强度理论校核，有

$$\sigma_{r4}=\frac{\sqrt{M^2+0.75M_T^2}}{W_z}=\frac{\sqrt{1.56^2+0.75\times1.4^2}\times10^3}{\frac{3.14\times0.06^3}{32}}\text{Pa}$$

$$=9.32\times10^7\text{Pa}=93.2\text{MPa}<[\sigma]=100\text{MPa}$$

所以该轴满足强度要求。

综上所述，构件在发生组合变形时的强度计算方法可归纳为如下步骤：

1）计算外力。首先把构件上的载荷进行分解或简化，使分解或简化后的每一种载荷只产生一种基本变形。算出杆件所受的外力值。

2）内力分析——确定危险截面的位置。画出每一种载荷引起的内力图，根据内力图判断危险截面的位置。

3）应力分析——确定危险点的位置。根据危险截面的应力分布规律，判断危险点的位置。

4）强度计算。根据危险点的应力状态和构件的材料特性，选择合适的强度理论进行强度计算。

小　　结

- 构件在载荷作用下，同时产生两种或两种以上的基本变形，这种变形称为组合变形。
- 轴向拉伸（或压缩）与弯曲的组合变形。
- 弯曲与扭转的组合变形。
- 若构件的材料符合胡克定律，且在变形很小的情况下，可认为组合变形中的每一种基本变形都是各自独立的，即各基本变形引起的应力互不影响，在研究组合变形问题时，可运用叠加原理。
- 组合变形强度计算步骤：计算外力、内力分析、应力分析、强度计算。

习　　题

10-1　分析图10-11中杆AB、BC和CD各产生哪些基本变形？

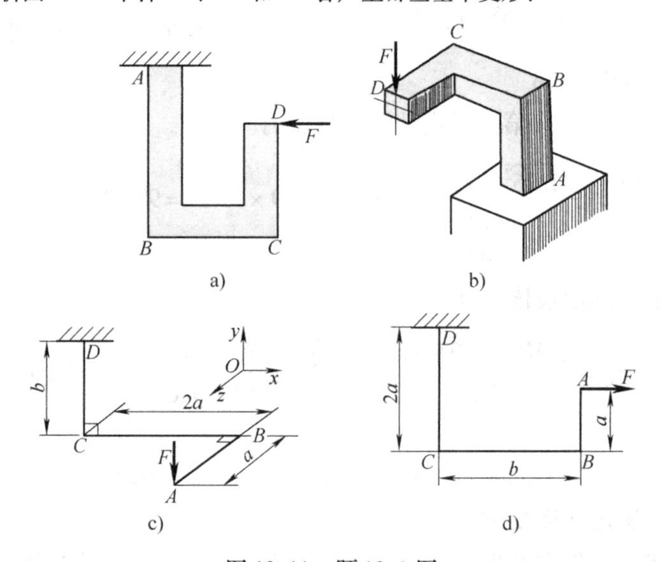

图10-11　题10-1图

10-2　何谓组合变形？计算组合变形强度的方法是什么？

10-3　构件受偏心拉伸（或压缩）时，将产生何种组合变形？横截面上各点是什么应力状态？怎样进行强度计算？

10-4　如图10-12所示杆件，试写出固定端截面上A点和B点处的应力表达式，确定出危险点的位置并画出它的应力状态。

10-5　若在正方形截面短柱的中间处开一个槽如图10-13所示，使横截面面积减少为原截面面积的一半。试求最大正应力比不开槽时增大几倍？

10-6　如图10-14所示悬臂梁，同时受到轴向拉力F、横向载荷q和转矩M_0作用，试指出危险截面、危险点的位置，画出危险点的应力状态。

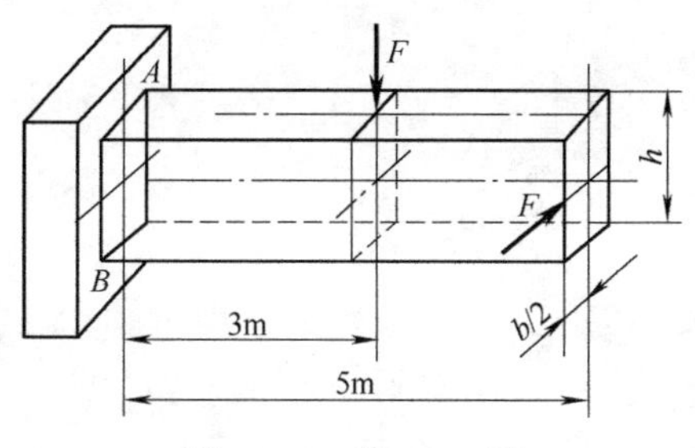

图 10-12 题 10-4 图

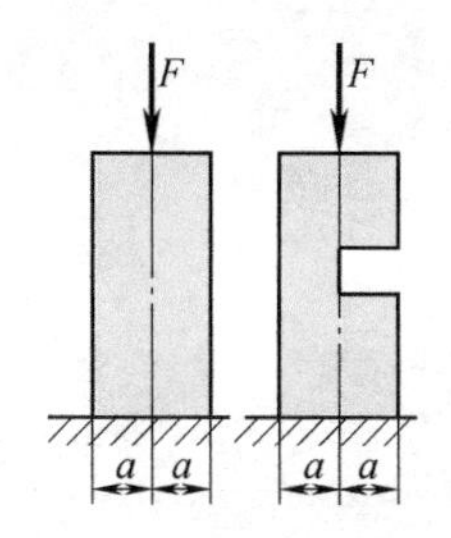

图 10-13 题 10-5 图

10-7 如图 10-15 所示链环，其直径 $d=50\text{mm}$，受到拉力 $F=10\text{kN}$ 的作用。试求链环的最大正应力及其位置。如果将链环的缺口焊接好，则链环的正应力将是原来最大正应力的百分之几？

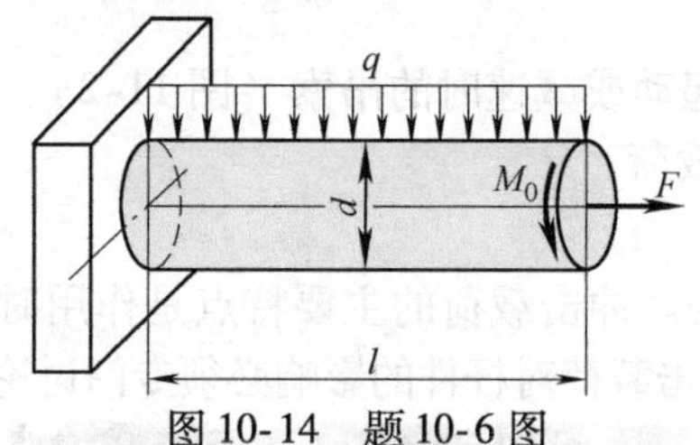

图 10-14 题 10-6 图

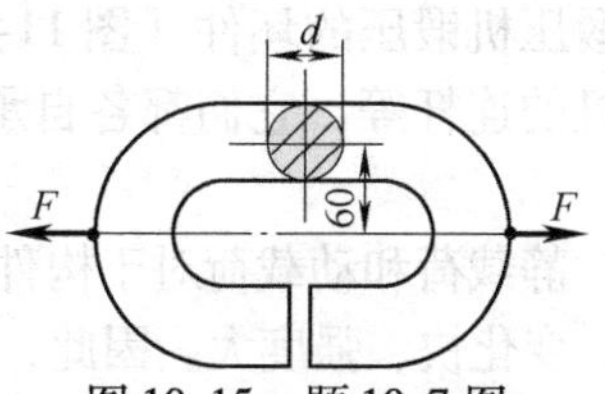

图 10-15 题 10-7 图

10-8 支架 C 点所受载荷 $F=45\text{kN}$，支架的尺寸如图 10-16 所示，许用应力 $[\sigma]=160\text{MPa}$，试选择横梁 AC 的工字钢型号。

10-9 电动机带动带轮如图 10-17 所示，轴的直径 $d=40\text{mm}$，带轮直径 $D=300\text{mm}$、重量 $G=600\text{N}$，若电动机的功率 $P=14\text{kW}$、转速 $n=1630\text{r/min}$。带轮紧边拉力与松边拉力之比为 $F_1/F_2=2$，轴的许用应力 $[\sigma]=120\text{MPa}$。试按第三强度理论校核轴的强度。

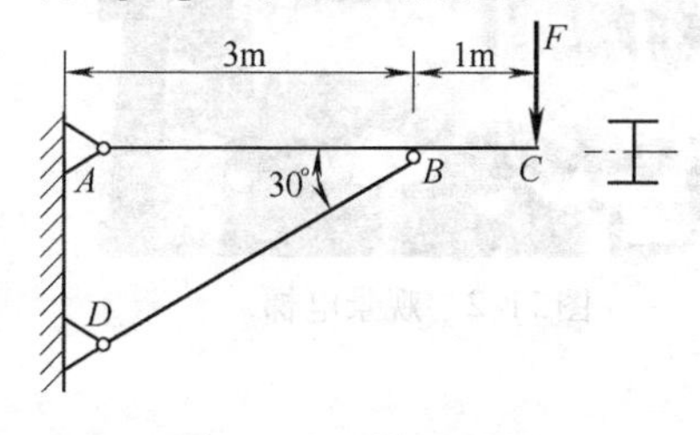

图 10-16 题 10-8 图

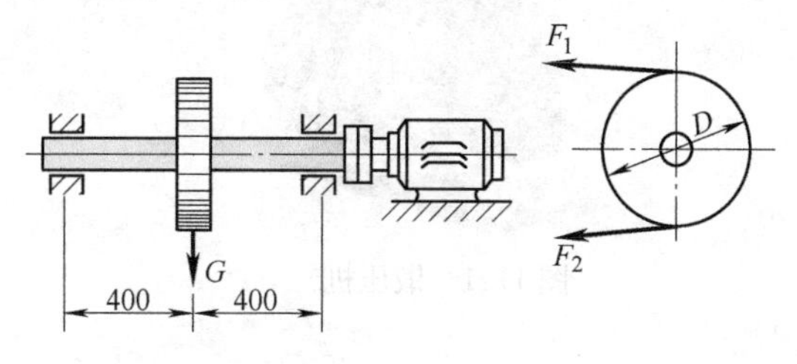

图 10-17 题 10-9 图

10-10 如图 10-18 所示的传动轴，装有两个齿轮。齿轮 C 上的圆周力 $F_C=10\text{kN}$，直径 $d_C=150\text{mm}$，齿轮 D 的圆周力 $F_D=5\text{kN}$，直径 $d_D=300\text{mm}$，若 $[\sigma]=80\text{MPa}$，试用第四强度理论设计轴的直径。

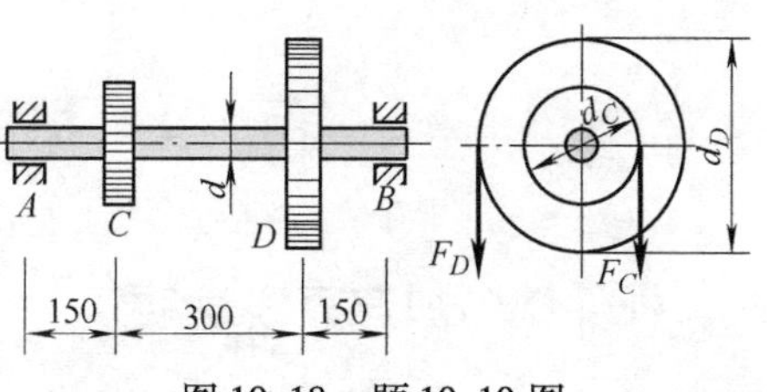

图 10-18 题 10-10 图

第十一章 动载荷和疲劳

在前面讨论杆件变形时，所加载荷的特点是由零缓慢地增加到某一数值，以后保持不变，即是**静载荷**。由静载荷产生的应力，称为**静应力**。

但在工程实际中，除了受静载荷作用的构件外，还会遇到构件在动载荷作用下的问题。所谓**动载荷**主要是指随时间而变化的载荷，特别是冲击载荷。例如锻压机锻压的坯件（图 11-1）、电梯轿厢起动或减速时的吊索（图 11-2）、内燃机的连杆等，它们都各自承受着不同的动载荷。

凡是由动载荷引起的构件的应力称为**动应力**。

静载荷和动载荷对于构件的作用是不同的。冲击载荷的主要特点是作用时间短、变化快、强度大。因此，动载荷特别是冲击载荷对杆件的影响必须专门讨论。

图 11-1　锻压机

图 11-2　观景电梯

第一节　惯性力问题

一、杆件做匀加速直线运动

起重机钢丝绳向上加速吊起重物，钢丝绳就受到动载荷的作用，如果加速度过大将导致绳索被拉断。向上加速的电梯轿厢、钢丝绳同样受到动载荷的作用。

实验结果表明，只要应力不超过比例极限，胡克定律仍适用于动载荷下应力、应变的计算，弹性模量也与静载荷下的数值相同。

下面以图 11-3a 所示的升降机为例，说明构件做等加速直线运动时动应力的计算方法。设吊笼的重量为 mg，上升加速度为 a；钢丝绳的横截面面积为 A，密度为 ρ。要求计算钢丝绳在距离吊笼顶为 x 的横截面m—m上的应力。

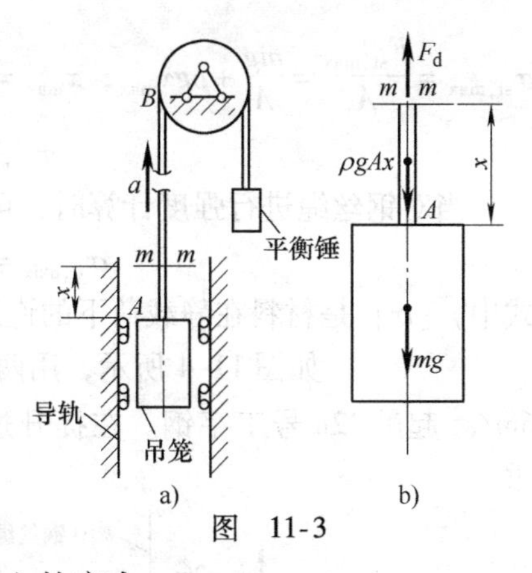

图 11-3

为了计算横截面 m—m 上的应力，首先求该截面上的内力。采用截面法，将钢丝绳假想地沿横截面 m—m 截开，研究其下面部分的受力情况。吊笼受重力 mg，长 x 的钢丝绳受重力 ρgAx，截取部分对钢丝绳横截面 m—m 拉力 F_d，如图 11-3b 所示。建立如下动力学方程

$$F_d - mg - \rho gAx = (m + \rho Ax)a$$

式中，ρAx 为长 x 的钢丝绳的质量。由此得到横截面 m—m 的轴力为

$$\begin{aligned} F_d &= mg + \rho gAx + (m + \rho Ax)a \\ &= m(g + a) + \rho gAx\left(1 + \frac{a}{g}\right) \\ &= (mg + \rho gAx)\left(1 + \frac{a}{g}\right) \end{aligned} \tag{1}$$

当升降机匀速上升时，加速度 $a = 0$，钢丝绳的拉力 $F_{st} = mg + \rho gAx$，即与重力平衡。

由式（1）得到

$$F_d = F_{st}\left(1 + \frac{a}{g}\right) \tag{2}$$

将上式等号两边同除以钢丝绳横截面 A，得到动应力

$$\sigma_d = \sigma_{st}\left(1 + \frac{a}{g}\right) \tag{3}$$

引入记号 $K_d = 1 + \dfrac{a}{g}$，则式（2）、式（3）可分别写为

$$F_d = K_d F_{st}, \quad \sigma_d = K_d \sigma_{st} \tag{11-1}$$

K_d 称为**动荷因数**，它表示构件在动载荷作用下其内力和应力为静载荷 $mg + \rho gAx$ 作用下的内力和应力的倍数。

由式（1）可知，x 越大 F_d 越大，所以危险截面在钢丝绳的最上端，

$\sigma_{st,max}=\frac{F_{st,max}}{A}=\frac{mg}{A}+\rho g x_{max}$，$x_{max}=l_{AB}$。该截面上的动应力为

$$\sigma_{d,max}=K_d\sigma_{st,max}$$

当对钢丝绳进行强度计算时，可以根据上式列出强度条件为

$$\sigma_{d,max}=K_d\sigma_{st,max}\leqslant[\sigma]$$

式中，$[\sigma]$是材料在静载荷下的许用应力。

例 11-1 如图 11-4 所示，用两根直径为 10mm 的相同钢丝绳以加速度 $a=6\text{m/s}^2$ 起吊 32a 号工字钢。在提升过程中，工字钢保持水平，若不计钢丝绳自重，试求钢丝绳横截面上的应力。

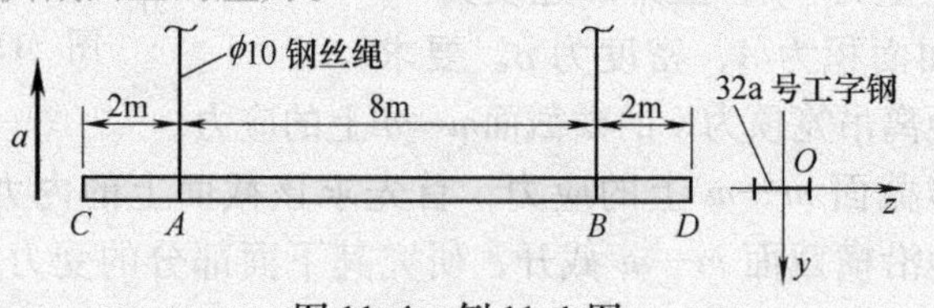

图 11-4 例 11-1 图

解：由附录热轧型钢表 4 查得，32a 号工字钢单位长度的质量为 52.717kg/m，被起吊的工字钢重量为 $mg=(52.717\times9.8\times12)\text{N}=6200\text{N}=6.2\text{kN}$，静止在空中或匀速起吊时，每根钢丝绳的拉力 $F_{st}=\frac{1}{2}mg$，拉应力 σ_{st} 为

$$\sigma_{st}=\frac{F_{st}}{\frac{\pi d^2}{4}}=\frac{\frac{1}{2}\times6.2\times10^3}{\frac{3.14\times(10\times10^{-3})^2}{4}}\text{N/m}^2=39.5\times10^6\text{N/m}^2$$

动荷因数 $K_d=1+\frac{a}{g}=1+\frac{6}{9.8}=1.612$，$\sigma_d=K_d\sigma_j=1.612\times39.5\text{MPa}=63.7\text{MPa}$。

例 11-2 如图 11-5 所示为矿井用升降机，笼箱质量 300kg，设计起吊重物最大质量 2700kg，起吊钢丝绳的横截面面积 $A=90\text{cm}^2$，密度 $\rho=7.6\times10^3\text{kg/m}^3$，下垂长度 $l=250\text{m}$。当以等加速度 $a=2\text{m/s}^2$ 上升时，试求：（1）动荷因数 K_d。（2）求钢丝绳最大应力。

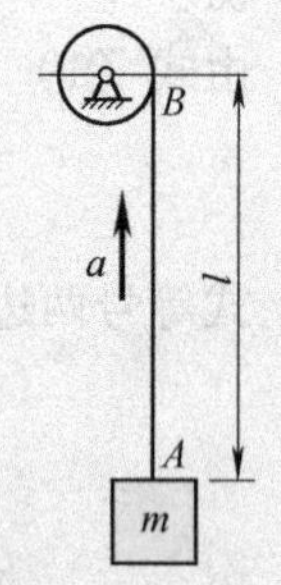

图 11-5 例 11-2 图

解：1）动荷因数

$$K_d=1+\frac{a}{g}=1+\frac{2}{9.8}=1.2$$

2）钢丝绳最大应力发生在 B 截面：

$$\begin{aligned}F_{st,max}(x)&=mg+\rho gAx_{max}=[(300+2700)\times9.8+7.6\times10^3\times9.8\times90\times10^{-4}\times250]\text{N}\\&=1.97\times10^5\text{N}=197\text{kN}\end{aligned}$$

$$\sigma_{\mathrm{st,max}}=\frac{F_{\mathrm{st,max}}}{A}=21.9\mathrm{MPa}$$

$$\sigma_{\mathrm{d,max}}=K_{\mathrm{d}}\sigma_{\mathrm{st,max}}=26.3\mathrm{MPa}$$

二、构件匀速转动时的应力计算

工程中除了做等加速直线运动的构件外，还有许多构件做高速旋转运动，如计算机硬盘、高速火车车轮、飞轮离心式压缩机的转子、高速公路上行驶的汽车车轮、带轮、齿轮等，如图 11-6 所示。因离心力造成的高速旋转部件应力大幅提高，在设计时应给予重视。

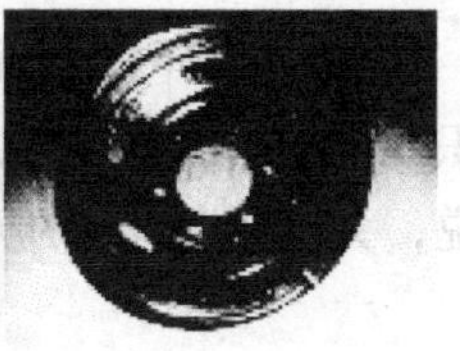

图 11-6　旋转件

在设计飞轮时，要求用料少而惯性大，所以常把飞轮设计成轮缘厚、中间薄的样式。若不考虑轮辐的影响，可以近似地认为飞轮的质量绝大部分集中在轮缘上，将飞轮简化为一个绕中心旋转的圆环（图 11-7a）。设圆环的平均半径为 R，壁厚 t，径向横截面为 A，材料密度为 ρ，飞轮旋转的角速度为 ω。

1. 求加速度

当圆环匀角速转动时，环内各点只有向心加速度。假设圆环的厚度 t 远小于飞轮的平均半径 R，则可认为环上各点的向心加速度与圆环轴线上各点的加速度相等，即

$$a_{\mathrm{n}}=\omega^2 R$$

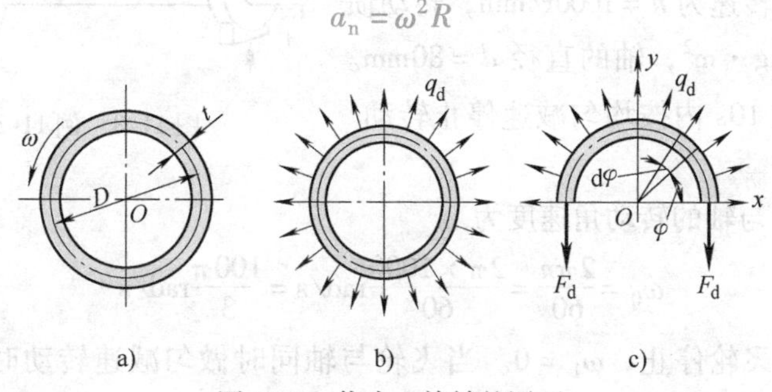

图 11-7　绕中心旋转的圆环

2. 求惯性力

圆环质量沿轴线均匀分布，线密度为 ρA，惯性力密度为

$$q_{\mathrm{d}}=\rho A a_{\mathrm{n}}=\rho A\omega^{2}R$$

q_{d} 的方向如图 11-7b 所示，与 a_{n} 方向相反。

3. 求内力和应力

如图 11-7c 所示，用截面法把圆环沿 x 轴对称切开，取其上半部分为研究对象，由平衡条件 $\sum_{i=1}^{n}F_{iy}=0$，得 $2F_{\mathrm{d}}=\int_{0}^{\pi}q_{\mathrm{d}}R\sin\varphi\mathrm{d}\varphi=2q_{\mathrm{d}}R$，即

$$F_{\mathrm{d}}=q_{\mathrm{d}}R=A\rho\omega^{2}R^{2}$$

设圆环中心线上各点的线速度为 v，则圆环截面上的动应力为

$$\sigma_{\mathrm{d}}=\frac{F_{\mathrm{d}}}{A}=\rho\omega^{2}R^{2}=\rho v^{2} \tag{11-2}$$

式（11-2）表明，圆环横截面上的应力仅与材料密度 ρ 和线速度 v 有关，而与横截面面积 A 无关，所以增大圆环横截面面积并不能降低圆环截面上的动应力。也就是说，为降低圆环的应力，应限制圆环的直径或转速，以及选用密度较小的材料。

圆环的强度条件为

$$\sigma_{\mathrm{d}}=\rho v^{2}\leqslant[\sigma] \tag{11-3}$$

根据强度条件，为保证飞轮安全工作，轮缘允许的线速度为

$$v\leqslant\sqrt{\frac{[\sigma]}{\rho}} \tag{11-4}$$

上式表明，为保证圆环的强度，必须对其边缘点的速度加以限制。工程上将这一速度称为**极限速度**，对应的转速称为**极限转速**。

例 11-3 在 AB 轴的 B 端有一个质量很大的飞轮（图 11-8），与飞轮相比，轴的质量可以忽略不计。轴的另一端 A 装有制动离合器。飞轮的转速为 $n=1000\mathrm{r/min}$，转动惯量为 $J_{x}=600\mathrm{kg\cdot m^{2}}$，轴的直径 $d=80\mathrm{mm}$。制动时使轴在 10s 内按均匀减速停止转动。求轴内的最大动应力。

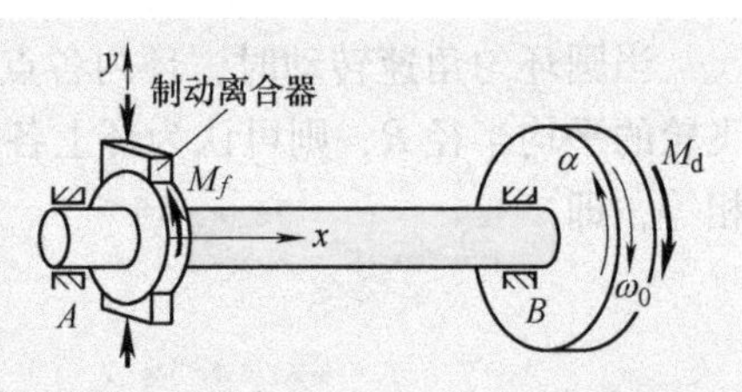

图 11-8 例 11-3 图

解：飞轮与轴的转动角速度为

$$\omega_{0}=\frac{2\pi n}{60}=\frac{2\pi\times1000}{60}\mathrm{rad/s}=\frac{100\pi}{3}\mathrm{rad/s}$$

制动 10s 飞轮停止，$\omega_{1}=0$。当飞轮与轴同时做匀减速转动时，其角加速度为

$$\alpha=\frac{\omega_{1}-\omega_{0}}{t}=\frac{0-\dfrac{100\pi}{3}}{10}\mathrm{rad/s^{2}}=-\frac{10\pi}{3}\mathrm{rad/s^{2}}$$

等号右边的负号只是表示 α 与 ω_0 方向相反，如图 11-8 所示。设作用于轴上的摩擦力矩为 M_f，即

$$M_f = J_x\alpha = 600 \times \left(-\frac{10\pi}{3}\right)\text{N} \cdot \text{m} = -6280\text{N} \cdot \text{m} = -6.28\text{kN} \cdot \text{m}$$

M_f 为负表示与 ω_0 方向相反。AB 轴由于摩擦力矩 M_f 引起扭转变形，横截面上的扭矩为

$$T = |M_f| = 6.28\text{kN} \cdot \text{m}$$

横截面上的最大扭转切应力为

$$\tau_{max} = \frac{T}{W_p} = \frac{6.28 \times 10^3}{\frac{\pi}{16} \times (80 \times 10^{-3})^3}\text{Pa} = 6.25 \times 10^7\text{Pa} = 62.5\text{MPa}$$

例 11-4　钢质飞轮匀角速转动（图 11-9），轮缘外径 $D = 1.8\text{m}$，内径 $d = 1.4\text{m}$，材料密度为 $\rho = 7.85 \times 10^3\text{kg/m}^3$。要求轮缘内的应力不得超过许用应力 $[\sigma] = 60\text{MPa}$，轮辐影响不计。试计算飞轮的极限转速 n。

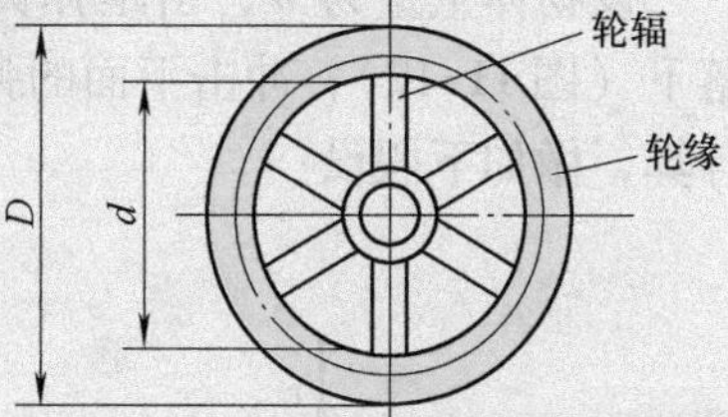

图 11-9　例 11-4 图

解： 根据强度条件，为保证飞轮安全工作，由式（11-4）得到轮缘允许的线速度

$$v \leqslant \sqrt{\frac{[\sigma]}{\rho}} = \sqrt{\frac{60 \times 10^6}{7.85 \times 10^3}}\text{m/s} = 87.4\text{m/s}$$

根据线速度 v 与转速 n 的关系式

$$v = \frac{2\pi n}{60}R = \frac{2\pi n}{60} \cdot \frac{(D+d)/2}{2}$$

得极限转速

$$n = \frac{120v}{\pi(D+d)} = \frac{120 \times 87.4}{3.14 \times (1.8 + 1.4)}\text{r/min} = 1044\text{r/min}$$

第二节　冲击应力

当运动物体（冲击物）以一定的速度作用到静止构件（被冲击物）上时，构件将受到很大的作用力（冲击载荷），这种现象称为**冲击**，被冲击构件因受到冲击而引起的应力称为**冲击应力**。在工程实际中，冲击载荷作用是常常遇到的，如汽锤锻造、落锤打桩（图 11-10）、金属冲压加工、内燃机活塞承受的燃爆压力、传动轴突然制动等，都是常见的冲击情况。

图 11-10 落锤打桩机

由于被冲击构件的阻碍，冲击物在冲击的过程中，其速度急剧下降，表示冲击物获得很大的负值加速度，同时，由于冲击物的惯性，它将施加给被冲击物很大的惯性力，从而使构件内产生很大的应力与较大的变形。由于冲击持续的时间非常短促，而且冲击过程复杂，加速度大小很难测定，因此，冲击时的应力计算不能采用动静法计算，通常采用偏于安全的能量法。

在实际问题中，一个受冲击的梁（图 11-11a、b）或受冲击的杆（图 11-11c），以及其他受冲击的弹性构件，都可以看成是一个弹簧（图11-11d），只是不同情况下弹簧刚度不同而已。

设物体重量为 W，由距弹簧顶端为 h 的高度自由落下（图 11-12），冲击下面的弹簧，使其产生的最大弹性变形为 Δ_d。为了简化计算，做如下假设：

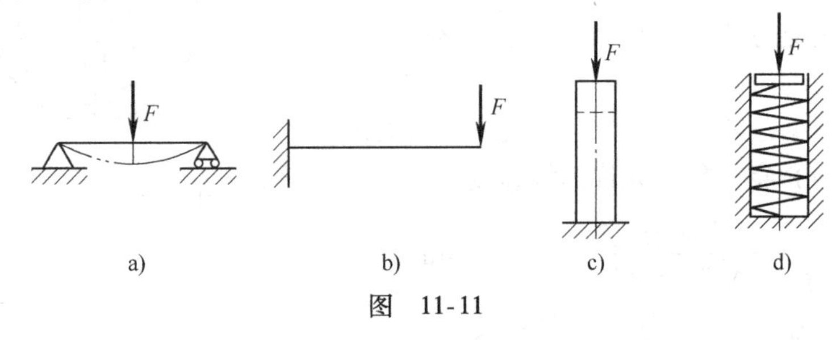

图 11-11

1）冲击物的变形可以忽略不计，被冲击构件可以看成是一个弹簧，它的质量很小，可忽略不计。

2）冲击中，冲击物一旦与受冲构件接触，就相互附着成为一个自由度的运动系统，冲击物与被冲击物一起运动，不发生分离。

3）冲击载荷不是过分的大，保证被冲击构件受力后仍服从胡克定律。

4）假设冲击过程中没有其他形式的能量损失，机械能守恒定律仍然成立。

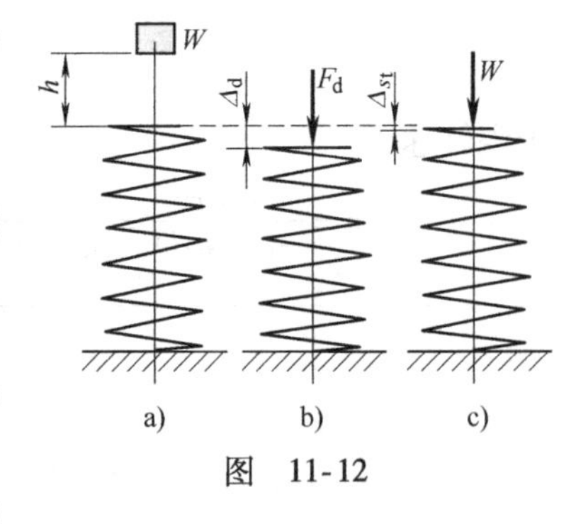

图 11-12

物体自由落下冲击弹簧构件，由于受冲击构件的阻抗，冲击物的速度迅速减小到零。此时，弹簧的缩短量达到最大值 Δ_d，如图 11-12b 所示。该情况下，冲击物所减少的势能是 $V=W(h+\Delta_d)$。由于冲击物下落的初速度和最终速度都为0，故动能均为0，这样根据机械能守恒定律，被冲击物内所增加的变形能

$$U_d = V = W(h+\Delta_d) \tag{1}$$

弹簧内所增加的变形能 U_d 等于冲击载荷在冲击过程中所做的功。冲击过程中力和变形均由零开始增加到最终值 F_d 和 Δ_d，在材料服从胡克定律的情况下，冲击力所做的功为

$$U_d = \frac{1}{2}F_d\Delta_d \tag{2}$$

由式（1）、式（2）得

$$W(h+\Delta_d) = \frac{1}{2}F_d\Delta_d \tag{3}$$

若重物 W 以静载荷的方式作用于构件上，构件相应的静变形为 Δ_{st}，如图 11-12c 所示。在弹性范围内，变形与载荷成正比，即$\dfrac{F_d}{\Delta_d}=\dfrac{W}{\Delta_{st}}$，所以冲击载荷

$$F_d = W\frac{\Delta_d}{\Delta_{st}} \tag{4}$$

以式（4）代入式（3），得出 $W(h+\Delta_d)=\dfrac{1}{2}W\dfrac{\Delta_d^2}{\Delta_{st}}$，整理得

$$\Delta_d^2 - 2\Delta_{st}\Delta_d - 2h\Delta_{st} = 0$$

解上述一元二次方程，得

$$\Delta_d = \Delta_{st} \pm \sqrt{\Delta_{st}^2 + 2h\Delta_{st}} = \Delta_{st}\left(1 \pm \sqrt{1+\frac{2h}{\Delta_{st}}}\right)$$

为了求出冲击时的最大缩短量，上式中根号前取正号，得

$$\Delta_d = \Delta_{st}\left(1 + \sqrt{1+\frac{2h}{\Delta_{st}}}\right) \tag{11-5}$$

规定动荷因数

$$K_d = \frac{\Delta_d}{\Delta_{st}} = 1 + \sqrt{1+\frac{2h}{\Delta_{st}}} \tag{11-6}$$

这样式（4）化为

$$F_d = K_d W$$

因为冲击应力也与载荷和变形成正比，故有

$$\sigma_d = K_d\sigma_{st}$$

可见，只要首先求出动荷因数 K_d，然后用 K_d 乘以静载荷、静应力和静变形，即可求得冲击时的载荷、应力和变形。

若 $h=0$，即载荷突然加在弹性体上，$K_d = 1+\sqrt{1+\dfrac{2h}{\Delta_{st}}}=2$，这说明突加载荷所引起的应力 σ_d 和变形 Δ_d 为静载荷时的两倍。

受冲击载荷作用时，构件的强度条件

$$\sigma_{d,\max} = K_d\sigma_{st} \leqslant [\sigma] \tag{11-7}$$

应该注意，上述方法仅仅是一个简化的近似方法。实际上，冲击物并非绝对刚体，而被冲击构件也不完全是没有质量的线性弹性体。此外，冲击过程中还有其他的能量损失，即冲击物所减少的动能和势能并不会全部转化为被冲击构件的变形能。但上面这些经过简化而得出的近似公式，不但使计算简化，而且由于不计其他能量损失等因素，也使所得结果偏于安全，因此在工程中被广泛采用。

还应指出：根据上述有关公式计算出来的最大冲击应力，只有在不超过材料的比例极限时，才能应用，因为在公式的推导过程中运用了胡克定律。

例 11-5 水平安装的悬臂梁 AB，在 B 点受一重物的冲击，如图 11-13 所示。已知：$l=1.2\text{m}$，重物质量 $m=100\text{kg}$，$h=120\text{mm}$；梁用 14 号工字钢，材料的弹性模量 $E=200\text{GPa}$。试求梁危险点处的冲击应力。

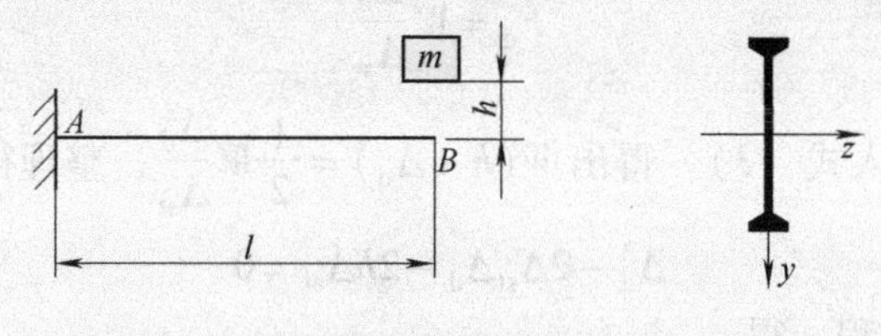

图 11-13 例 11-5 图

解： 由附录热轧型钢表 4 查出 14 号工字钢的 $I_z=712\text{cm}^4$，$W_z=102\text{cm}^3$。在静载荷作用下，悬臂梁上 B 点的挠度为

$$\Delta_{st} = \frac{mgl^3}{3EI_z} = \frac{100\times9.8\times1.2^3}{3\times200\times10^9\times712\times10^{-8}}\text{m} = 3.96\times10^{-4}\text{m} = 0.396\text{mm}$$

由式（11-6），得动荷因数为

$$K_d = 1+\sqrt{1+\frac{2h}{\Delta_{st}}} = 1+\sqrt{1+\frac{2\times0.12}{0.396\times10^{-3}}} = 25.6$$

当静载荷 mg 作用于 B 点时，梁在固定端处横截面最外（上、下）边缘上的点为危险点，其静应力为

$$\sigma_{st} = \frac{M_{\max}}{W_z} = \frac{mgl}{W_z} = \frac{980\times1.2}{102\times10^{-6}}\text{Pa} = 11.5\text{MPa}$$

故危险点处的冲击应力为

$$\sigma_d = K_d\sigma_{st} = 25.6\times11.5\text{MPa} = 294\text{MPa}$$

例 11-6 如图 11-14 所示为一装有飞轮的轴，已知飞轮的回转半径 $\rho=300\text{mm}$，质量 $m=500\text{kg}$；轴直径 $d=60\text{mm}$，轴的转速 $n=180\text{r/min}$；材料的切变模量 $G=80\text{GPa}$。试求当轴在 12s 钟内制动时，轴内的最大切应力。

解：轴制动前角速度 $\omega_0=\frac{2\pi\times180}{60}\text{rad/s}=6\pi\ \text{rad/s}$，制动中角加速度

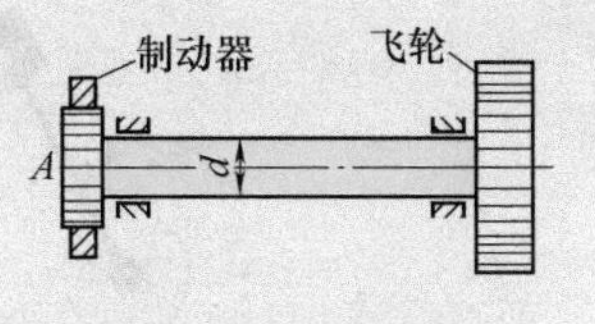

图 11-14　例 11-6 图

$$\alpha=\frac{\omega-\omega_0}{t}=\frac{0-6\pi}{12}\text{rad/s}^2=-\frac{\pi}{2}\text{rad/s}^2$$

式中，负号表示轴的角加速度的方向与转向相反。

飞轮的转动惯量为

$$J=m\rho^2=500\times0.3^2\text{kg}\cdot\text{m}^2=45\text{kg}\cdot\text{m}^2$$

制动器制动力矩大小为

$$T_f=J\alpha=45\times\left(-\frac{\pi}{2}\right)\text{N}\cdot\text{m}=-22.5\pi\ \text{N}\cdot\text{m}$$

最大切应力为

$$\tau_{d,max}=\frac{|T_f|}{W_p}=\frac{22.5\pi}{\frac{\pi\times0.06^3}{16}}\text{Pa}=1.67\text{MPa}$$

第三节　冲击韧度

材料在冲击载荷作用下，虽然其变形和破坏过程仍可分为弹性变形、塑性变形和断裂破坏几个阶段，但其力学性能与静载时有明显的差别，主要表现为屈服点与静载时相比有较大的提高，但塑性却明显下降，材料产生明显的脆性倾向，图 11-15 所示为冲击拉伸与静拉伸的 F-Δl 图。为了衡量材料抵抗冲击的能力，工程上提出了冲击韧度的概念，它是由冲击试验确定的。

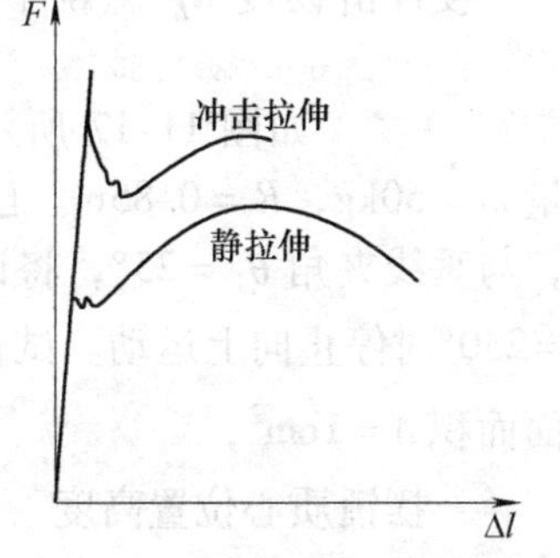

图 11-15　冲击拉伸与静拉伸对比

摆锤式冲击试验机如图 11-16a 所示，通用的标准试样是两端简支的弯曲试样，试样中央开有半圆形切槽，称为 U 形切槽试样，如图 11-16b 所示。实验时，将试件置于实验机的支架上，并使切槽位于受拉的一侧（图11-16c）。当重摆从一定高度自由落下将试件冲断时，冲断试件所消耗的功 W 除以切槽处的最小横截面面积 A，就得到材料的冲击韧度

$$a_K=\frac{W}{A}\qquad(11\text{-}8)$$

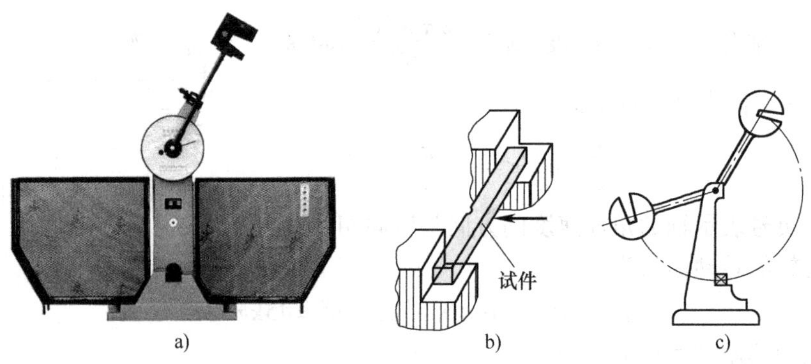

图 11-16

a_K 的单位为 J/cm^2（焦/厘米^2），其值越大表示材料抗冲击的能力越强。一般来说，塑性材料的抗冲击能力远高于脆性材料，例如低碳钢的冲击韧度就高于铸铁。冲击韧度表明了带缺口的试件在冲击破坏时，断裂面上单位面积所吸收的能量，是评定材料塑性变形和抵抗冲击能力的一种实用指标。

冲击韧度 a_K 值的大小与试件的切槽形状和深度、试验的温度、材料的化学成分以及热处理等因素有关，为了便于比较，测定 a_K 时要求采用标准试件。试件切槽的目的是为了使切槽区域高度应力集中，切槽附近区域内集中吸收较多的能量。实验时，每组不少于四根试件，以避免材料不均匀和切槽不准的影响。

低温冷脆现象：实验结果表明，一些材料的冲击韧度 a_K 值，随着温度的降低而减小。当实验温度降低到某一温度范围时，其冲击韧度值急剧降低，材料变脆。使冲击韧度 a_K 急剧下降的温度称为**转变温度**，低碳钢的转变温度是 -40℃。铜合金、铝合金等没有冷脆现象。

例 11-7 如图 11-17 所示冲击试验，摆锤质量 $m=50\text{kg}$，$R=0.85\text{m}$。已知摆锤初始静止时，与垂线夹角 $\theta_1=25°$，将试件冲断后，摆到 $\theta_2=230°$时停止向上运动。试件切槽处的最小横截面面积 $A=1\text{cm}^2$，求材料的冲击韧度 a_K。

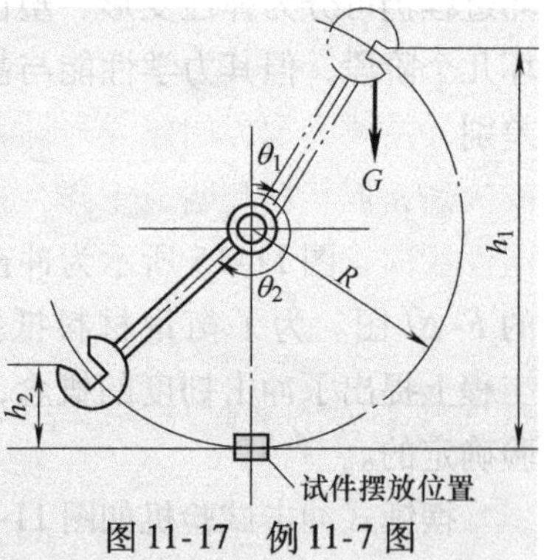

图 11-17 例 11-7 图

解：摆锤质心位置高度

$$h_1=R+R\cos\theta_1=R+R\cos25°$$

$$h_2=R-R\cos(\theta_2-180°)=R-R\cos50°$$

冲断试件所消耗的功

$$W=mg(h_1-h_2)=mgR(\cos25°+\cos50°)=645\text{J}$$

材料的冲击韧度

$$a_K=\frac{W}{A}=\frac{645}{1}\text{J/cm}^2=645\text{J/cm}^2$$

第四节 交变应力与疲劳失效

一、交变应力

在工程实际中，有许多构件在工作时受到随时间而交替变化的应力，这种应力称为**交变应力或循环应力**。产生交变应力的原因，一种是由于载荷的大小、方向或位置等随时间做交替的变化，例如连杆、桥梁、起重机大梁等；另一种是虽然载荷不随时间而变化，但构件本身在旋转，例如图 11-18 所示火车车厢下的车轴。

图 11-18

以图 11-19a 所示车轴为例来分析应力随时间变化的过程，轴承受车厢传来的载荷。将车轴简化为一梁（图 11-19b），图 11-19c 为弯矩图，两车轮 A、B 之间的一段处于纯弯曲状态，该段任一横截面上任一点 k 处（图 11-19d）的弯曲正应力为 $\sigma = \frac{M}{I_z}y$。设车轴以等角速度 ω 转动，则 $y = \frac{d}{2}\sin\varphi = \frac{d}{2}\sin\omega t$。由此得到 k 点正

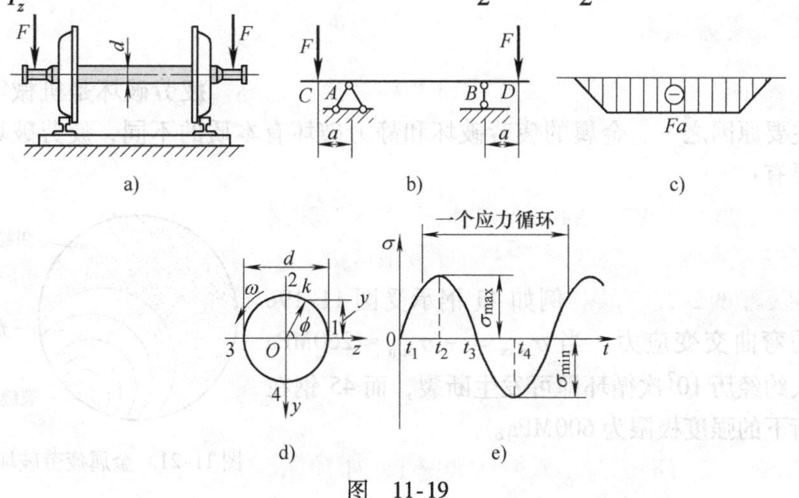

图 11-19

应力计算公式为

$$\sigma = \frac{M}{I_z}y = \frac{M}{I_z}\frac{d}{2}\sin\omega t$$

将上式中 σ 与 t 的关系用图 11-19e 表示，图中 t_1、t_2、t_3、t_4 分别表示 k 点在图 11-19d 中所示位置 1、2、3、4 的时刻。

由图 11-19 可见，车轴每旋转一圈，k 点的应力经历如下变化过程：$0 \to \sigma_{\max} \to 0 \to \sigma_{\min} \to 0$，称之为应力循环一次。由于车轴不停地旋转，$k$ 点的应力反复经受上述应力循环。横截面上除轴心外，其他各点的应力也经历类似的循环变化。

讨论齿轮上任意一个齿的齿根处 A 点的应力，如图 11-20a 所示，在传动过程中，轴每旋转一周，这个齿便啮合一次，每一次啮合 A 点的弯曲正应力就由零变化到某一最大值，然后再回到零。齿轮不断地转动，A 点的应力也就不断地做周期性变化。以时间 t 为横坐标、弯曲正应力 σ 为纵坐标，应力随时间变化的关系曲线如图 11-20b 所示。

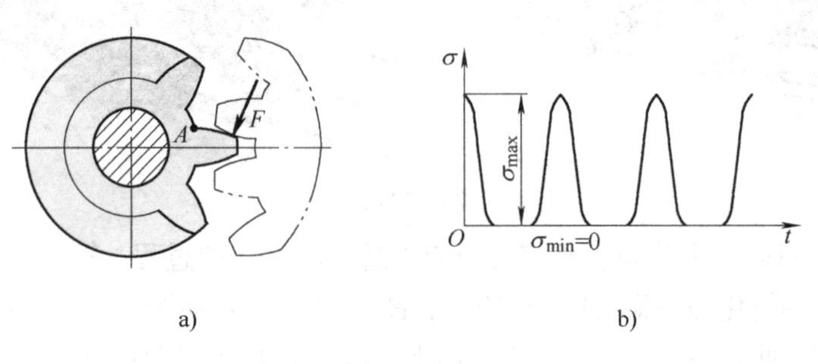

a)　　　　b)

图　11-20

二、疲劳破坏

金属在交变应力作用下发生的破坏称为**疲劳破坏**。疲劳破坏是机械零件失效的主要原因之一。金属的疲劳破坏和静力破坏有本质的不同，疲劳破坏的特点主要有：

1）长期在交变应力下工作的构件，虽然其最大工作应力远小于其静载荷下的强度极限应力，也会出现突然的断裂事故。例如 45 钢承受图 11-19e 所示的弯曲交变应力，当 $\sigma_{\max} = -\sigma_{\min} \approx 260\text{MPa}$ 时，大约经历 10^7 次循环即可发生断裂，而 45 钢在静载荷下的强度极限为 600MPa。

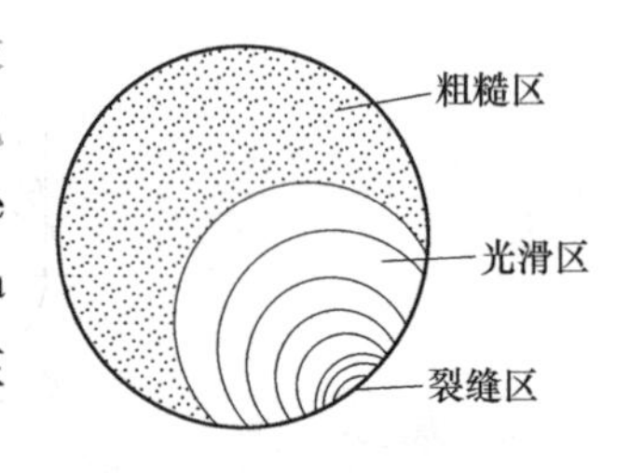

图 11-21　金属疲劳破坏断口

2）金属疲劳破坏时，其断口如图 11-21 所示，

即明显地呈现两个不同的区域：光滑区和粗糙区。

3）即使是塑性很好的材料，也常常在没有明显的塑性变形情况下发生脆性断裂。

疲劳破坏的过程可以分为三个阶段：

1）金属内部存在着缺陷，当交变应力的大小超过了一定限度，疲劳裂纹首先发生在高应力区域的缺陷处（通常称为**疲劳源**）。

2）随着交变应力的继续，裂纹从疲劳源向纵深扩展。在扩展过程中，随着应力的交替变化，裂纹两边的材料时分时合互相研磨，因而形成断面的光滑区域。

3）随着裂纹的扩展，截面被削弱较多，直到截面的残存部分的抗力不足时，就突然断裂，突然断裂处呈现粗糙颗粒状。这种突然断裂属于**脆性断裂**。

由于疲劳破坏是在构件运转过程中，以及没有明显的塑性变形情况下突然发生的，故往往造成严重的后果。据统计，在机械零件失效中大约有80%以上属于疲劳破坏。在历史上曾经发生过多次疲劳破坏的重大事故，特别是高速运转的动力机械，疲劳破坏在构件的各种破坏中占有很大的比例。这一现象的出现促使人们研究疲劳破坏的机理，并用来指导工程实际。对于轴、齿轮、轴承、叶片、弹簧等承受交变载荷的零件，要选择抵抗疲劳破坏能力较强的材料来制造。

讨论一般情况下的交变应力随时间的变化曲线，如图11-22所示，应力每重复变化一次的过程，称为一个**应力循环**，重复变化的次数称为**循环次数**。这时最大应力 σ_{max} 与最小应力 σ_{min} 数值不相等，我们把 σ_{min} 与 σ_{max} 的比值称为**循环特征或应力比**，即

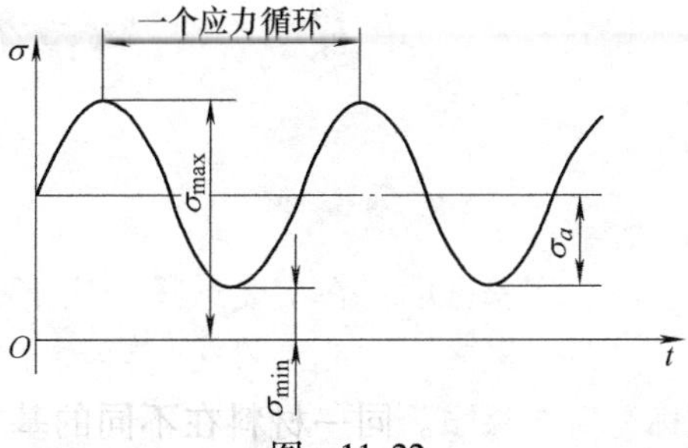

一个应力循环
σ
σ_{max}
σ_a
O
t
σ_{min}

图　11-22

$$r=\frac{\sigma_{min}}{\sigma_{max}} \tag{11-9}$$

最大应力 σ_{max} 与最小应力 σ_{min} 的代数平均值称为**平均应力** σ_m，最大应力 σ_{max} 与最小应力 σ_{min} 的代数差的一半称为**应力幅度** σ_a，即

$$\sigma_m=\frac{\sigma_{max}+\sigma_{min}}{2}=\frac{\sigma_{max}}{2}(1+r) \tag{11-10}$$

$$\sigma_a=\frac{\sigma_{max}-\sigma_{min}}{2}=\frac{\sigma_{max}}{2}(1-r) \tag{11-11}$$

在工程实际中，可以将交变应力归纳成如下三种类型：

1）**对称循环应力**。如图 11-23 所示，对称循环应力中 $\sigma_{max}=-\sigma_{min}$，故$r=\dfrac{\sigma_{min}}{\sigma_{max}}=-1$。

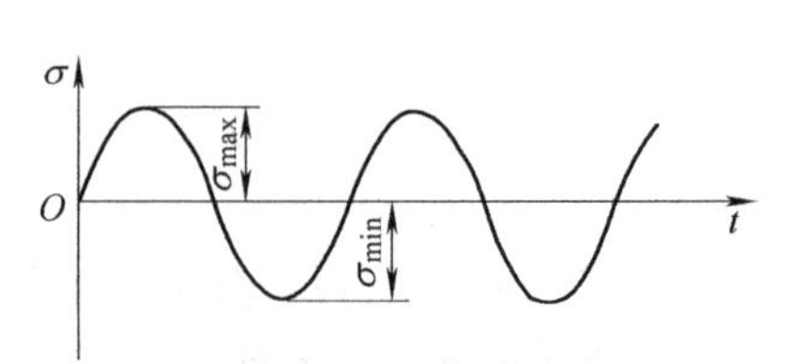

图 11-23 对称循环应力

2）**脉动循环应力**。如图 11-24 所示，脉动循环应力中 $\sigma_{min}=0$，故 $r=\dfrac{\sigma_{min}}{\sigma_{max}}=0$。

3）**不变应力**。如图 11-25 所示，这种应力也就是静载荷下的应力，这时 $\sigma_{max}=\sigma_{min}$，故 $r=\dfrac{\sigma_{min}}{\sigma_{max}}=1$。

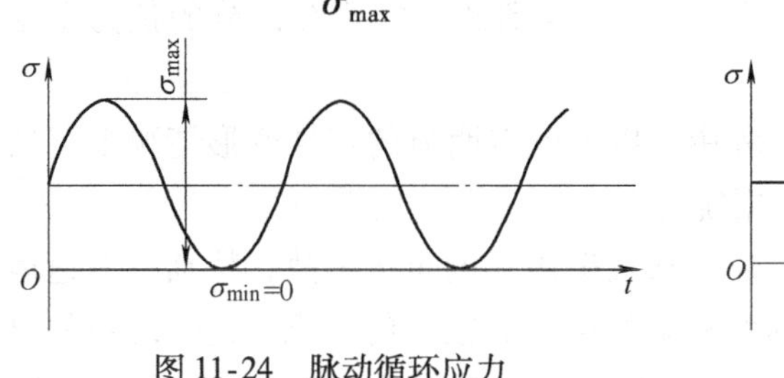

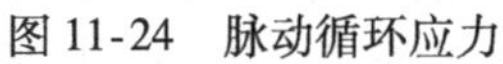

图 11-24 脉动循环应力

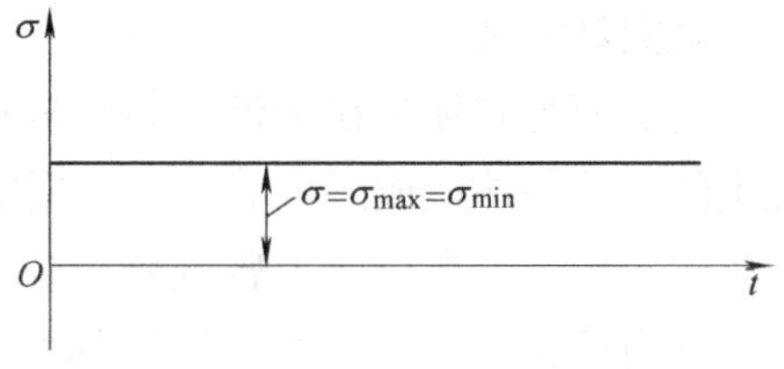

图 11-25 不变应力

第五节 材料持久极限及影响因素

一、材料持久极限

通过实验证明，在交变载荷作用下，构件内应力的最大值（绝对值）如果不超过某一极限，则此构件可以经历无数次循环而不破坏，将这个应力的极限值称为**持久极限**。同一材料在不同的基本变形形式和循环特性下，它的持久极限是不同的。用$(\sigma_r)_l$、σ_r 和 τ_r 分别表示循环特征为 r 时材料在拉伸-压缩、弯曲和扭转交变应力下的持久极限。同一材料在同一种基本变形形式下的持久极限，以对称循环下的持久极限为最低。所以通常**以对称循环交变应力**下的持久极限，作为材料在交变应力下的主要强度指标。

疲劳试验可在相应的各种疲劳试验机上进行，图 11-26 所示为纯弯曲疲劳试验机，图 11-27 所示为大型结构疲劳试验机。

取数根标准钢料试件分别加放不同大小的对称循环载荷，在疲劳试验机上进行弯曲试验，用光滑小试件（图 11-28）在专用的疲劳试验机（图 11-29）上进行试验。

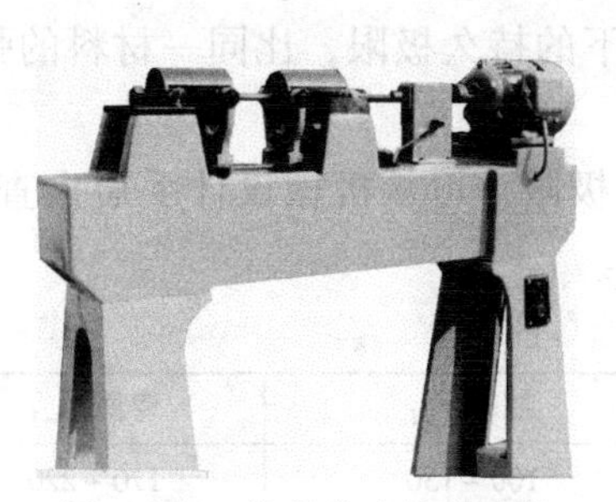

图 11-26　纯弯曲疲劳试验机

图 11-27　大型结构疲劳试验机

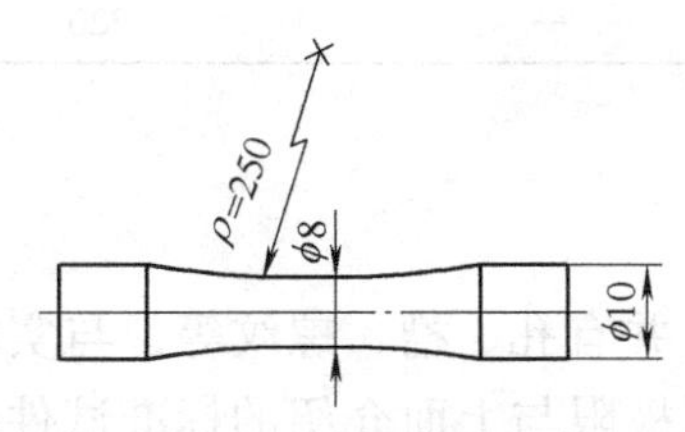

图 11-28　疲劳试验试件

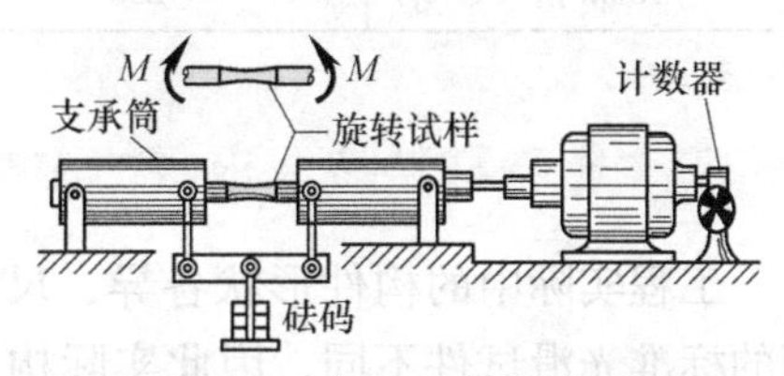

图 11-29　标准试件疲劳试验

测定时，取直径 $d=7\sim10$mm 表面磨光的标准试样 6～10 根，逐根依次置于弯曲疲劳试验机上（图 11-29）。试件通过心轴随电动机以 2900r/min 的转速转动，在载荷的作用下，试件中部受纯弯曲作用。试件最小直径横截面上的最大弯曲应力为 $\sigma_{max}=\dfrac{M}{W_z}$。试件每旋转一周，其横截面周边各点经受一次对称的应力循环。

记录下最大应力 σ_{max} 和断裂时的循环次数 N，得到图 11-30 所示的**疲劳曲线**。从图中可以看出，应力 σ_{max} 越小，循环次数 N 就越大。当 σ_{max} 降到一定数值后，其对应的 N 大约为 10^7 时，图线逐渐变为水平，这时其纵坐标值就是材料在对称循环交变应力下的**持久极限 σ_{-1}**。

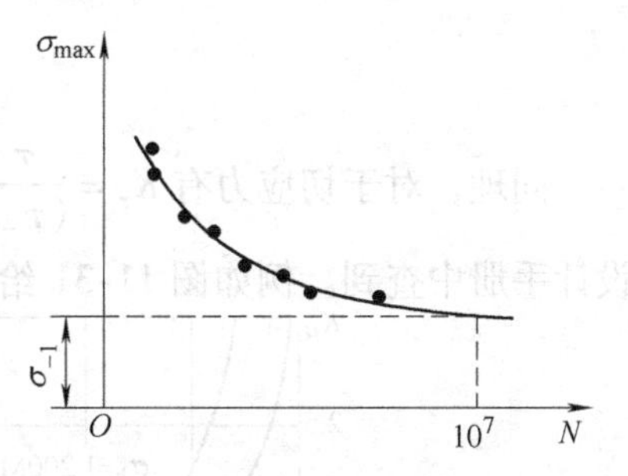

图 11-30　疲劳曲线

对于含铝或镁的有色金属，它们的疲劳曲线不明显地趋于水平，对于这类材料，通常选定一个有限次数 $N_0=10^8$，称为**循环基数**，并将其所对应的最大应力作为持久极限。

常用材料的持久极限可以从有关手册中查得。

对于低碳钢，在对称循环交变应力下，其拉伸-压缩、弯曲和扭转时的持久极限与其静载荷下拉伸强度极限分别有下列关系：

$$(\sigma_{-1})_l \approx 0.3\sigma_b,\ \sigma_{-1} \approx 0.4\sigma_b,\ \tau_{-1} \approx 0.25\sigma_b$$

由上面各关系可以看出，对称循环交变应力下的持久极限，比同一材料的强度极限 σ_b 要低得多。

各种材料在对称循环交变应力下的持久极限，可从机械设计手册中查到。表11-1列出了几种材料的对称循环持久极限。

表 11-1 几种材料的对称循环持久极限（正火钢） （单位：MPa）

材料	拉伸-压缩 $(\sigma_{-1})_l$	扭转 τ_{-l}	弯曲 σ_{-1}
Q235 钢	120～160	100～130	170～220
45 钢	190～250	150～200	250～340
16Mn 钢	200	—	320

二、影响材料持久极限的主要因素

工程实际中的构件形状各异、尺寸不一，并有孔、槽、螺纹等，与实验室用的标准光滑试件不同，因此实际构件的持久极限与上面介绍的标准试件的持久极限有所不同，所以需要考虑影响持久极限的一些主要因素。

1. 构件外形的影响

实际中有的构件其截面尺寸由于需要会发生急剧的变化，例如零件上的缺口、轴肩、槽、孔等，在这些地方将出现应力集中，使局部应力增高，显著降低构件的疲劳极限。用 σ_{-1} 表示光滑试件对称循环时的疲劳极限，$(\sigma_{-1})_K$ 表示有应力集中的试件的疲劳极限，则**有效应力集中因数**

$$K_\sigma = \frac{\sigma_{-1}}{(\sigma_{-1})_K} > 1 \tag{11-12}$$

同理，对于切应力有 $K_\tau = \dfrac{\tau_{-1}}{(\tau_{-1})_K}$。有效应力集中因数 K_σ 和 K_τ 均可从机械设计手册中查到。例如图11-31给出了部分阶梯形圆轴纯弯曲时的有效应力集

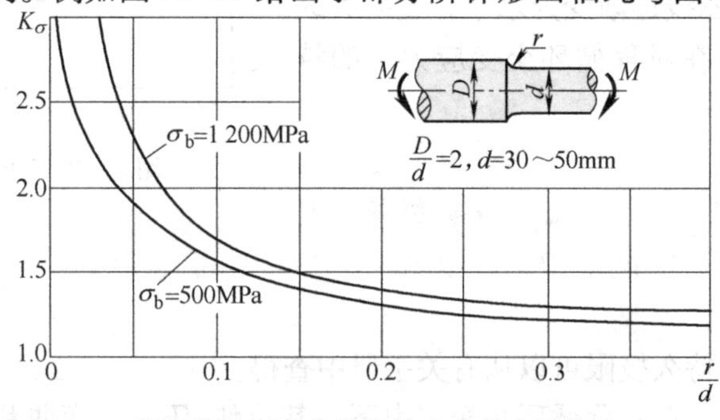

图 11-31 弯曲的有效应力集中因数

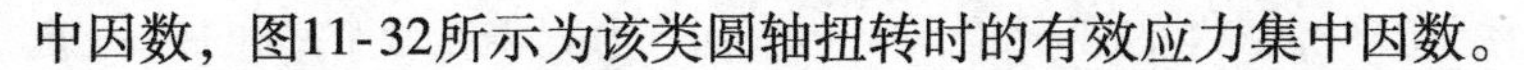

中因数，图11-32所示为该类圆轴扭转时的有效应力集中因数。

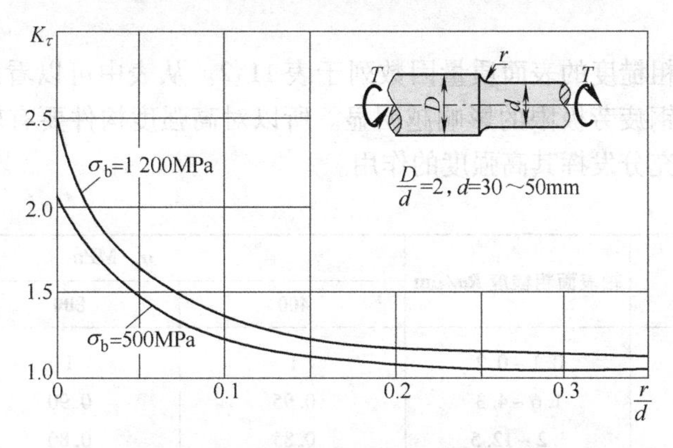

图 11-32 扭转的有效应力集中因数

在静载荷作用下，应力集中程度用理论应力集中因数来表示，它与材料性质无关，只与构件的形状有关。从图 11-31、图 11-32 可以看出：有效应力集中因数不但与构件的形状变化有关，而且与材料的强度极限 σ_b，即与材料的性质有关。应力集中将使持久极限降低，因此在设计制造承受交变应力的构件时，要尽量设法减低或避免应力集中。在轴类零件中根据结构的可能，尽量使半径过渡缓和，避免急剧变化，通常采用圆角过渡等措施，如图 11-33 所示。例如某厂研制 88kW 转子发动机时，偏心轴的过渡半径由最初的 $r=0.4$mm 增加到 3mm，其运转工作寿命由 200h 增大到 600h。

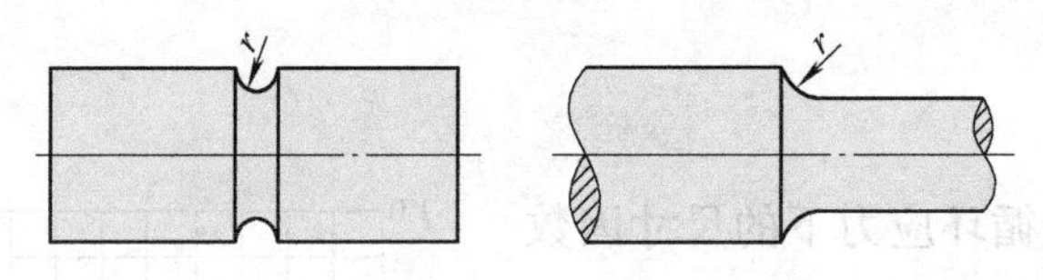

图 11-33

2. 表面粗糙度及表层的强度

加工后表面粗糙度数值越大，持久极限越低。为了提高构件的持久极限，可以采用将构件的表面进行磨光的方法。提高构件表层的强度，可以提高构件抵抗疲劳的能力。例如对构件中最大应力所在的表面进行热处理或化学处理（高频淬火、渗氮、渗碳和碳氮共渗等），或对表面层用滚压、喷丸等冷加工方法，以提高构件的持久极限。

表面质量对疲劳极限的影响，可以用表面质量因数 β 来表示：

$$\beta=\frac{(\sigma_{-1})_\beta}{\sigma_{-1}} \tag{11-13}$$

式中，σ_{-1}为表面磨光标准试件的疲劳极限；$(\sigma_{-1})_\beta$为其他加工情况的构件的疲劳极限。

不同表面粗糙度的表面质量因数列于表11-2。从表中可以看出，表面越粗糙，对高强度钢疲劳极限的影响越明显。所以对高强度构件要有较高的表面加工质量，才能充分发挥其高强度的作用。

表11-2 表面质量因数β

加工方法	轴表面粗糙度 Ra/μm	σ_b/MPa		
		400	800	1200
磨削	0.1~0.2	1	1	1
车削	1.6~4.3	0.95	0.90	0.80
粗车	3.2~12.5	0.85	0.80	0.65
未加工表面	—	0.75	0.65	0.45

高频淬火、渗氮、渗碳和碳氮共渗、喷丸硬化、滚子滚压等各种强化方法，可以使表面质量因数$\beta>1$，具体数据可从机械设计相关手册中查到。

3. 尺寸的影响

试验是用直径为7~10mm的标准小试件测定的，实际工作构件大小各异，随着试件横截面尺寸的增大，持久极限相应地降低。这是由于构件尺寸越大，材料中包含的缺陷越多，产生疲劳裂纹的可能性就越大，因而降低了疲劳极限。

用σ_{-1}表示光滑标准试件的疲劳极限，$(\sigma_{-1})_\varepsilon$表示光滑大试件的疲劳极限，则尺寸因数

$$\varepsilon_\sigma=\frac{(\sigma_{-1})_\varepsilon}{\sigma_{-1}}<1 \tag{11-14}$$

同理，扭转循环应力下的尺寸因数$\varepsilon_\tau=\dfrac{(\tau_{-1})_\varepsilon}{\tau_{-1}}$。图11-34所示为钢材在弯曲循环应力下的尺寸因数，可以看出，构件尺寸越大，尺寸因数越小，即疲劳极限越低。

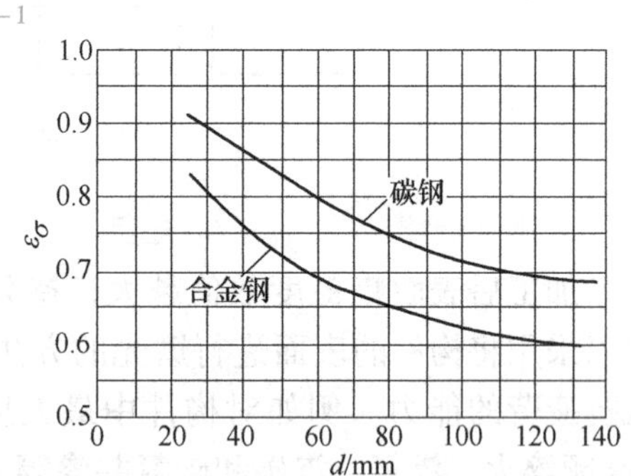

图11-34 弯曲循环应力下的尺寸因数

综合考虑上述三种因素的影响，得到构件在对称循环交变应力下的疲劳极限为

$$\sigma^0_{-1}=\frac{\varepsilon_\sigma\beta}{K_\sigma}\sigma_{-1} \tag{11-15}$$

除了上述三种影响因素外，还有其他的因素影响疲劳极限，如受腐蚀、高

温等也会降低构件的疲劳极限，其影响此处不再赘述，需要时可查阅有关手册。

三、对称循环下的疲劳强度计算

由式（11-15）得到构件在对称循环下的疲劳极限，除以安全因数 n，得到构件的疲劳许用应力

$$[\sigma_{-1}]=\frac{\varepsilon_\sigma\beta}{K_\sigma}\frac{\sigma_{-1}}{n} \tag{11-16}$$

构件的强度条件

$$\sigma_{\max}\leqslant[\sigma_{-1}] \tag{11-17}$$

式中，$\sigma_{\max}$是构件危险点上交变应力的最大应力。

在疲劳强度计算中，还可以采用由安全因数表示的强度条件。将构件的疲劳极限与它的实际最大工作应力之比，称为**实际工作安全因数**，有

$$n_\sigma=\frac{\sigma_{-1}^0}{\sigma_{\max}}=\frac{\varepsilon_\sigma\beta\sigma_{-1}}{K_\sigma\sigma_{\max}}$$

由安全因数表示的强度条件：构件工作安全因数 n_σ，大于规定的疲劳安全因数 n，即

$$n_\sigma\geqslant n \tag{11-18}$$

规定的疲劳安全因数：

1）材质均匀，计算精确时，$n=1.3\sim1.5$。

2）材质不均匀，计算精度较低时，$n=1.5\sim1.8$。

3）材质差，计算精度很低时，$n=1.8\sim2.5$。

第六节　提高构件疲劳强度的措施

疲劳失效是由裂纹扩展引起的，而裂纹的形成主要在应力集中的部位和材料的表面，所以减缓应力集中或增大表面层材料的强度，对提高疲劳强度是很有效的。提高构件的疲劳强度，主要从合理选材、优化结构和提高表面质量几个方面考虑。

一、合理选材

为提高构件的疲劳强度，应选择对应力集中敏感性低的材料。在各种钢材中，通常强度极限较低的材料，对应力集中的敏感性也较低，相同外形尺寸改变处的有效应力集中因数也较低，其构件的疲劳强度相对自身而言也较高。

静强度设计时希望强度极限较高的材料，而考虑疲劳强度时宜选择强度极限较低的材料，设计时要对二者的要求相权衡，以确定合适的材料。

选材还需要考虑工作环境。例如，在低温下工作的构件，应选择韧性更好的材料；在腐蚀环境中工作的构件，应选择耐蚀性强的材料等。

二、优化结构

应力集中是造成疲劳失效的主要原因。因此，在设计构件的外形时，为了避免或减小应力集中，设计中要尽量避免构件横截面有急剧突变。

对于阶梯轴，采用半径足够大的过渡圆角（图 11-35），可降低应力集中。随着 r 的增大，有效应力集中因数迅速减小。另外，可以根据结构情况，采用减荷槽（图 11-36）、退刀槽（图 11-37）、间隔环（图 11-38）来减缓应力集中。

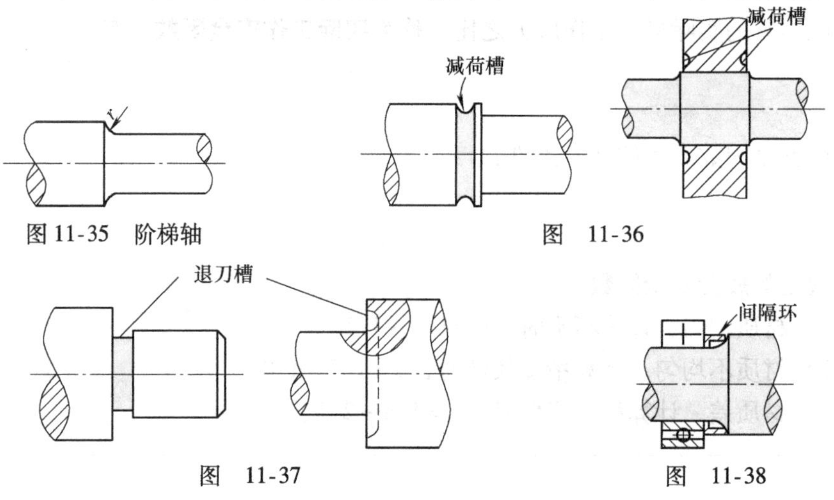

图 11-35 阶梯轴　　图 11-36

图 11-37　　图 11-38

构件上少开孔口，特别是在承受最大拉应力的表面上尽量不开孔口。若必须开设时，尽量使用圆形或椭圆形孔口。对于轴上开孔处，可将孔开穿，以降低应力集中的影响。

为减小应力集中影响，设计焊接件时，要求焊缝尽量远离高应力区，尽量避免焊缝交汇，对焊缝进行磨削加工使焊缝平滑。角焊缝采用坡口焊，如图 11-39b 所示的坡口焊接，应力集中程度要比图 11-39a 所示的无坡口焊接小得多。

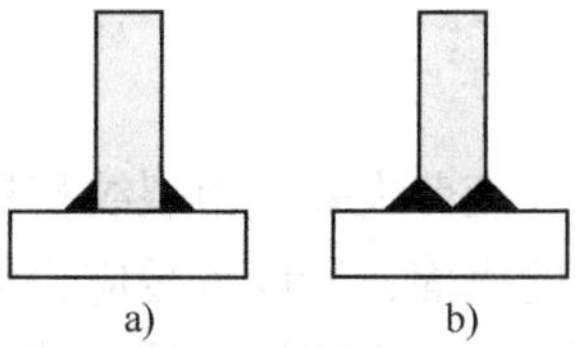

a)　　b)

图 11-39

三、提高构件表面质量

构件弯曲或扭转时表层的应力一般较大，加上构件表面的切削刀痕又将引起应力集中，故容易形成疲劳裂纹。降低表面粗糙度值，可以减弱切削刀痕引起的应力集中，从而提高构件的疲劳强度。特别是高强度构件，对应力集中较敏感，只有采用精加工方法，才能有利于发挥材料的高强度性能。此外，应尽量避免构件表面的机械损伤和化学腐蚀。

提高构件表面层的强度，是提高构件疲劳强度的重要措施。生产上通常采用表面热处理（如高频淬火）、化学处理（如表面渗碳或渗氮）和表面机械强化（如滚压、喷丸）等方法，使构件表面层强度提高。表面热处理、化学处理过程中，操作时应严格控制工艺规程，勿造成表面微细裂纹；否则，反而会降低疲劳极限。

尽量避免构件表面受到机械碰伤（如刀痕、打记号）和化学损伤（如腐蚀、氧化脱碳、生锈等）。

小　结

- 动载荷是指随时间而变化的载荷，特别是冲击载荷。由动载荷引起的构件的应力称为动应力。
- 杆件做匀加速直线运动，动荷因数 $K_{\mathrm{d}}=1+\frac{a}{g}$，$F_{\mathrm{d}}=K_{\mathrm{d}}F_{\mathrm{st}}$，$\sigma_{\mathrm{d}}=K_{\mathrm{d}}\sigma_{\mathrm{st}}$。
- 圆环匀速转动时的强度条件为 $\sigma_{\mathrm{d}}=\rho v^2\leqslant[\sigma]$，根据强度条件，为保证飞轮安全工作，轮缘允许的线速度为 $v\leqslant\sqrt{\frac{[\sigma]}{\rho}}$。工程上将线速度 $\sqrt{\frac{[\sigma]}{\rho}}$ 称为极限速度，对应的转速称为极限转速。
- 当运动物体以一定的速度作用到静止构件上时，构件将受到很大的作用力，这种现象称为冲击。规定动荷因数 $K_{\mathrm{d}}=\frac{\Delta_{\mathrm{d}}}{\Delta_{\mathrm{st}}}=1+\sqrt{1+\frac{2h}{\Delta_{\mathrm{st}}}}$，有 $\sigma_{\mathrm{d}}=K_{\mathrm{d}}\sigma_{\mathrm{st}}$。
- 突加载荷所引起的应力 σ_{d} 和变形 Δ_{d} 为静载荷时的两倍。
- 受冲击载荷作用时，构件的强度条件 $\sigma_{\mathrm{d,max}}=K_{\mathrm{d}}\sigma_{\mathrm{st}}\leqslant[\sigma]$。
- 材料的冲击韧度 $a_K=\frac{W}{A}$，a_K 的单位为 $\mathrm{J/cm^2}$（焦/厘米^2），其值越大表示材料抗冲击的能力越强。
- 一些材料的冲击韧度 a_K 值，随着温度的降低而减小，当温度降低到某一温度范围时，其冲击韧度值急剧降低，材料变脆，这种现象称为低温冷脆现象。
- 使冲击韧度 a_K 急剧下降的温度称为转变温度，低碳钢的转变温度是 $-40℃$。铜合金、铝合金等没有冷脆现象。
- 构件在工作时受到随时间而交替变化的应力，这种应力称为交变应力或循环应力。
- 金属在交变应力作用下发生的破坏称为疲劳破坏。疲劳破坏的特点主要有：

1）长期在交变应力下工作的构件，虽然其最大工作应力远小于其静载荷下的强度极限应力，也会出现突然的断裂事故。

2）金属疲劳破坏时，其断口明显地呈现两个不同的区域：光滑区和粗糙区。

3）即使是塑性很好的材料，也常常在没有明显的塑性变形情况下发生脆性断裂。

- 循环特征或应力比 $r=\frac{\sigma_{min}}{\sigma_{max}}$，平均应力 $\sigma_m=\frac{\sigma_{max}+\sigma_{min}}{2}=\frac{\sigma_{max}}{2}(1+r)$，应力幅度$\sigma_a=\frac{\sigma_{max}-\sigma_{min}}{2}=\frac{\sigma_{max}}{2}(1-r)$。
- 将交变应力归纳为：对称循环应力，脉动循环应力，不变应力。
- 在交变载荷作用下，构件内应力的最大值（绝对值）如果不超过某一极限，则此构件可以经历无数次循环而不破坏，将这个应力的极限值称为持久极限。
- 疲劳曲线如图 11-30 所示。
- 对于含铝或镁的有色金属，它们的疲劳曲线不明显地趋于水平，对于这类材料，通常选定一个有限次数 $N_0=10^8$，称为循环基数，并将其所对应的最大应力作为持久极限。
- 构件在对称循环交变应力下的疲劳极限为 $\sigma_{-1}^0=\frac{\varepsilon_\sigma\beta}{K_\sigma}\sigma_{-1}$，疲劳许用应力$[\sigma_{-1}]=\frac{\varepsilon_\sigma\beta}{K_\sigma}\frac{\sigma_{-1}}{n}$，要求构件危险点上交变应力的最大应力 $\sigma_{max}\leqslant[\sigma_{-1}]$。
- 构件实际工作时安全因数 $n_\sigma=\frac{\sigma_{-1}^0}{\sigma_{max}}=\frac{\varepsilon_\sigma\beta\sigma_{-1}}{K_\sigma\sigma_{max}}$，规定的疲劳安全因数为 n，由安全因数表示的强度条件：$n_\sigma\geqslant n$
- 提高构件疲劳强度的措施：合理选材，优化结构，提高构件表面质量。

习 题

11-1 试说明动载荷下杆件强度计算的一般方法。

11-2 钳工用锤子打凿子加工试件，如图 11-40 所示。试分析凿子杆截面上产生的是静载荷应力还是动载荷应力。

11-3 卷扬机上的钢丝绳，以 $a=3\text{m/s}^2$ 的加速度向上提升重量为 $G=50\text{kN}$ 的重物，如图11-41所示。如果不计钢索的重量，试计算钢索的起吊力。

图 11-40 题 11-2 图　　图 11-41 题 11-3 图

11-4 怎样的应力称为脉动循环应力？怎样的应力称为对称循环应力？试各举出一个工程实例。

11-5 什么叫循环特性？对称循环应力和脉动循环应力的循环特性各为多少？

11-6 交变应力中的最大应力与材料的持久极限相同吗？试加以说明。

11-7 如图 11-42 所示，有一桥式起重机，吊着质量 $m=8000\text{kg}$ 的重物，已知重物在最初的 2s 内按照匀加速被向上提升了 1m。已知吊索横截面面积 $A=4\text{cm}^2$。问此时吊索内应力多少？

11-8 如图 11-43 所示，有一钢索 AB，其下端吊着质量为 2250kg 的重物，以速度 $v=2\text{m/s}$ 下降。当吊索放长到 $l=12\text{m}$ 时，滑轮突然卡住，即 B 处不动。已知钢索的横截面积 $A=12\text{cm}^2$，弹性模量 $E=200\text{GPa}$。试求吊索内最大应力为多少？

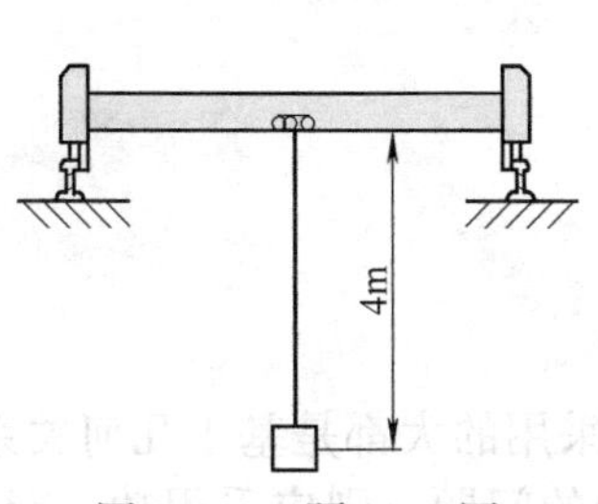

图 11-42 题 11-7 图

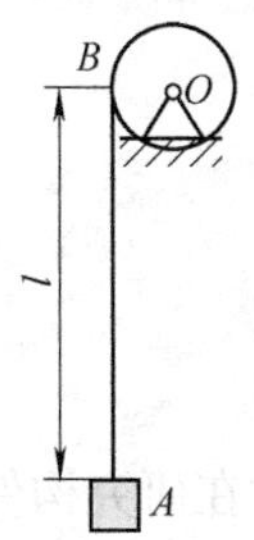

图 11-43 题 11-8 图

11-9 图 11-44 所示飞轮轮缘的线速度为 $v=36\text{m/s}$，飞轮材料的密度 $\rho=7.6\times10^3\text{kg/m}^3$。若不计轮辐的影响，试求轮缘的最大正应力。

11-10 如图 11-45 所示，$d=300\text{mm}$、长 $l=6\text{m}$ 的圆木桩下端固定、上端自由，并受重量 $W=5\text{kN}$ 的重锤作用，已知木材的弹性模量 $E=10\text{GPa}$。求下述情况下木桩内的最大正应力：1）重锤以突加载荷方式作用于木桩（图 11-45a）；2）重锤从离木桩上端高 0.5m 处自由落下（图 11-45b）；3）重锤从离木桩上端高 1m 处自由落下（图 11-45c）。

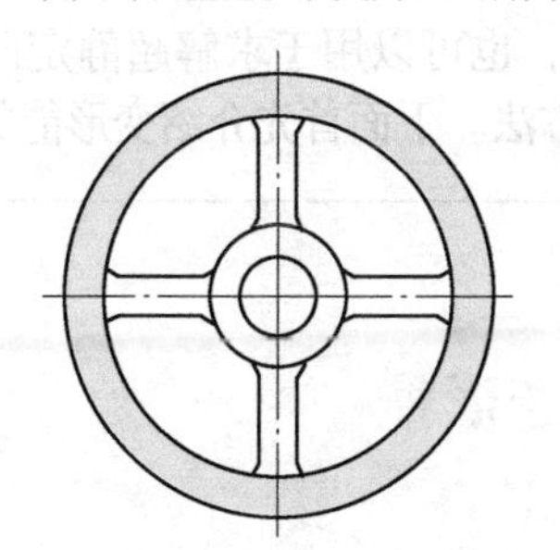

图 11-44 题 11-9 图

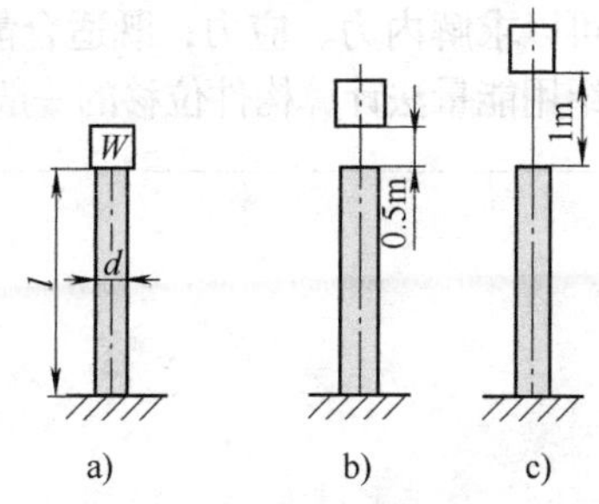

图 11-45 题 11-10 图

11-11 如图 11-46 所示，试计算各交变应力的应力比、平均应力与应力幅。

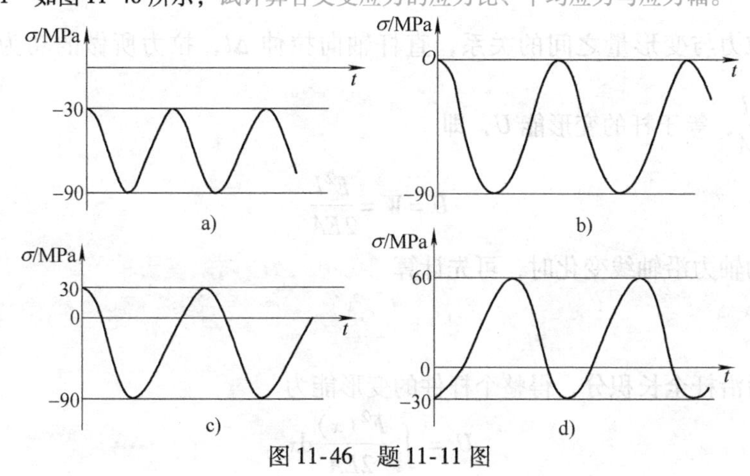

图 11-46 题 11-11 图

第十二章

能　量　法

前面各章在研究构件的变形或位移中所采用的大都是基于几何关系的方法，适于求解简单的、基本的问题。对于较复杂的问题，则应采用功、能关系去分析和计算构件的变形或位移，即**能量法**。

弹性体在外力作用下会发生弹性变形。随着变形的产生，外力在其相应的位移上做了功，同时弹性体由于变形而储存了能量，这种能量叫作**变形能**。能量原理中最基本的概念是功、能及其转变与守恒的规律，各种与功和能有关的原理和定理统称为**能量原理**。

能量法分析过程简单，应用范围十分广泛，既可以确定任意点、沿任意方向的位移，也可以求解内力、应力；既适合静定问题，也可以用于求解超静定问题。本章主要介绍用能量法计算构件位移的一般原理和方法。下面首先介绍变形能的计算。

第一节　杆件的变形能

1. 拉压杆的变形能

如图 12-1a 所示，杆在拉力 F 的作用下产生变形，变形量为 Δl；图 12-1b 表明了拉力与变形量之间的关系，直杆轴向拉伸 Δl，拉力所做的功为 $W=\frac{1}{2}F\Delta l=\frac{F^2 l}{2EA}$，等于杆的变形能 U，即

$$U=W=\frac{F^2 l}{2EA} \tag{12-1}$$

杆的轴力沿轴线变化时，可先计算长为 $\mathrm{d}x$ 微段内的变形能

$$\mathrm{d}U=\frac{F^2(x)}{2EA}\mathrm{d}x$$

然后沿杆全长积分，得整个杆件的变形能为

$$U=\int_l \frac{F^2(x)}{2EA}\mathrm{d}x \tag{12-2}$$

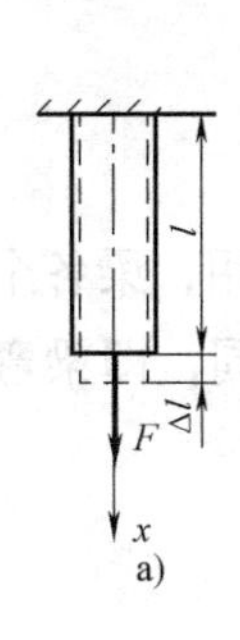

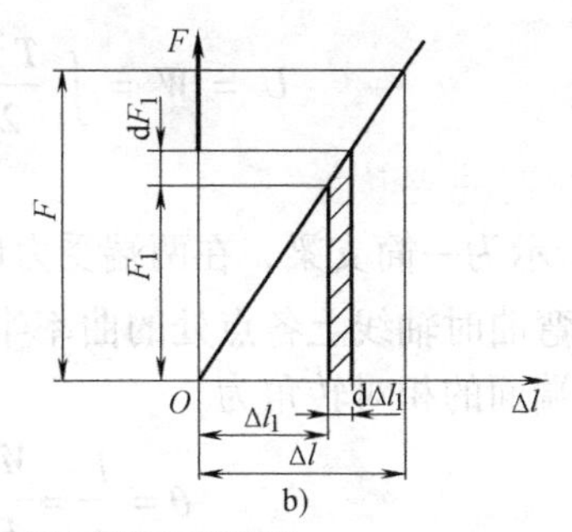

图 12-1　拉压杆的变形能

2. 受扭圆轴的变形能

如图 12-2a 所示圆杆，在外力偶矩 M_e 的作用下，轴端的扭转角为 φ。当材料在弹性范围内时，扭转角和外力偶矩 M_e 成正比，故外力偶矩所做的功 W 可用如图 12-2b 所示的三角形面积 OAB 表示，即

$$W=\frac{1}{2}M_e\varphi$$

将 $\varphi=\dfrac{Tl}{GI_p}$代入上式，考虑到圆轴的扭矩 $T=M_e$，得到圆轴扭转时的变形能为

$$U=W=\frac{T^2 l}{2GI_p} \tag{12-3}$$

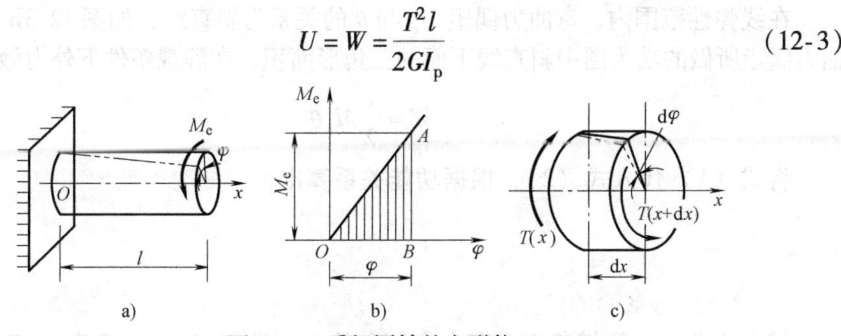

图 12-2　受扭圆轴的变形能

当扭矩沿轴线作为变量 $T(x)$ 时，先截取微段轴 dx，如图 12-2c 所示，微段右端的扭矩 $T(x+dx)=T(x)+\Delta T(x)$，略去扭矩的微小增量 $\Delta T(x)$，近似认为作用于微段轴 dx 两端面上的扭矩为 $T(x)$，设两端面的相对转角为 $d\varphi$，此时对微段轴来说，在缓慢加载的过程中它在 $d\varphi$ 上所做的功为 $dW=\dfrac{1}{2}T(x)d\varphi$，即微段轴所储存的变形能为

$$dU=dW=\frac{1}{2}T(x)d\varphi$$

将 $d\varphi=\dfrac{T(x)dx}{GI_p}$代入上式，并沿轴向积分，得到圆轴扭转时的变形能为

$$U = W = \int_l \frac{T^2(x)}{2GI_p}\mathrm{d}x \tag{12-4}$$

3. 梁纯弯曲时的变形能

图12-3a所示为一简支梁，在两端受力偶矩 M_e 作用，梁各个横截面上的弯矩均为 M_e，纯弯曲时轴线上各点处的曲率半径 ρ 均相同，即梁弯曲后的轴线为一圆弧。A、B 端面的相对转角为

$$\theta = \frac{l}{\rho} = \frac{M_e l}{EI} \tag{1}$$

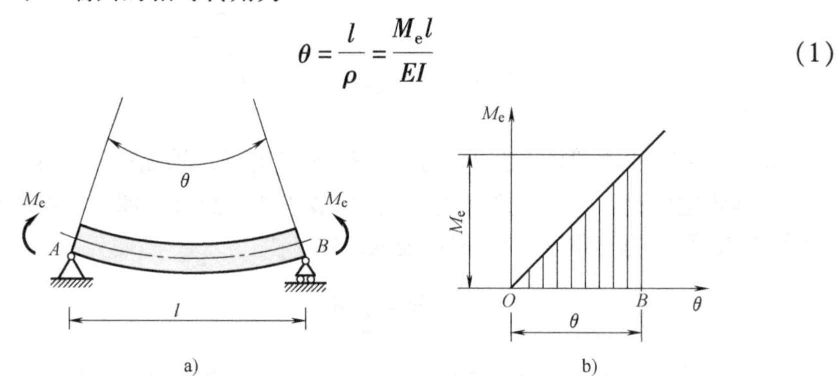

图12-3 梁纯弯曲时的变形能

在线弹性范围内，弯曲力偶矩 M_e 与 θ 的关系为斜直线，如图12-3b所示，弯曲力偶矩所做的功为图中斜直线下面的三角形面积，在静载条件下外力做的功为

$$W = \frac{1}{2}M_e\theta \tag{2}$$

将式（1）代入式（2），根据功能关系算出纯弯曲时的变形能为

$$U = W = \frac{M_e^2 l}{2EI} \tag{12-5}$$

4. 梁横力弯曲时的变形能

横力弯曲时，梁横截面上存在弯矩和剪力，且弯矩 $M(x)$ 和剪力 $F_S(x)$ 都随截面位置 x 而变化，这时应分别计算弯曲时的变形能和剪切变形能。但在细长梁的情况下，剪切的变形能比弯曲变形能小很多，可以不计，所以只需计算弯曲变形能。

从梁内取出长为 $\mathrm{d}x$ 的微段如图12-4所示，其左右两截面上的弯矩应分别是 $M(x)$、$M(x)+\mathrm{d}M(x)$。计算变形能时，省略增量 $\mathrm{d}M(x)$，把微段看成纯弯曲的情况，则微段的变形能为

$$\mathrm{d}U = \mathrm{d}W = \frac{M^2(x)\mathrm{d}x}{2EI}$$

积分求得全梁的变形能

$$U = W = \int_l \frac{M^2(x)}{2EI}\mathrm{d}x \tag{12-6}$$

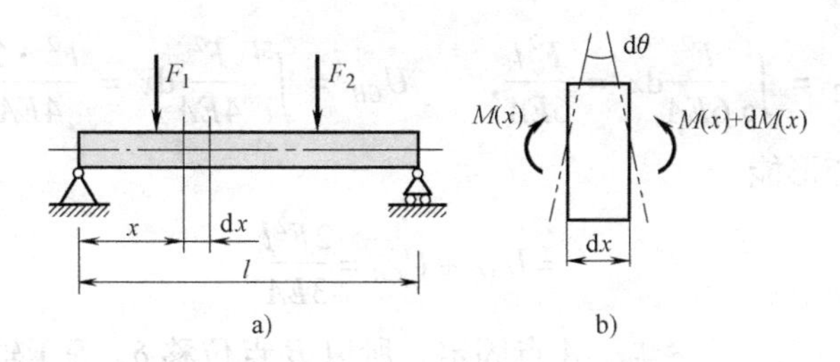

图 12-4　梁横力弯曲时的变形能

如 $M(x)$ 的表达式在梁的各段内不相同，则上述积分应分段进行，然后求其总和。

综合式（12-1）、式（12-3）和式（12-5），可统一写成

$$U = W = \frac{1}{2}F\delta$$

式中，F 为广义力；δ 是与 F 对应的广义位移。表 12-1 为广义力与对应的广义位移（即 F、δ 在拉伸、扭转和弯曲时各自具体代表的对象）。在线弹性的情况下，广义力与广义位移之间是线性关系。

表 12-1　广义力与对应的广义位移

变形情形	拉　伸	扭　转	弯　曲
广义力 F	拉力 F	扭转力偶矩 T	弯曲力矩 M
广义位移 δ	线位移 Δl	扭转角 φ	转角 θ

5. 组合变形杆件的变形能

对于组合变形下的杆件，其截面上存在轴力 $F_N(x)$、弯矩 $M(x)$ 和扭矩 $T(x)$ 几种内力。在线弹性和小变形条件下，各种内力只在各自引起的变形上做功，组合变形杆件的总变形能等于与各种内力相应的变形能之和，即

$$U = \int_l \frac{F_N^2(x)}{2EA}dx + \int_l \frac{M^2(x)}{2EI}dx + \int_l \frac{T^2(x)}{2GI_P}dx \tag{12-7}$$

例 12-1　阶梯轴 AB 如图 12-5 所示，B 点受轴向拉力 F 作用。设轴由同一材料制成，弹性模量为 E，两个截面的横截面面积分别为 $3A$ 和 $2A$，求轴的变形能和轴向伸长量 Δl。

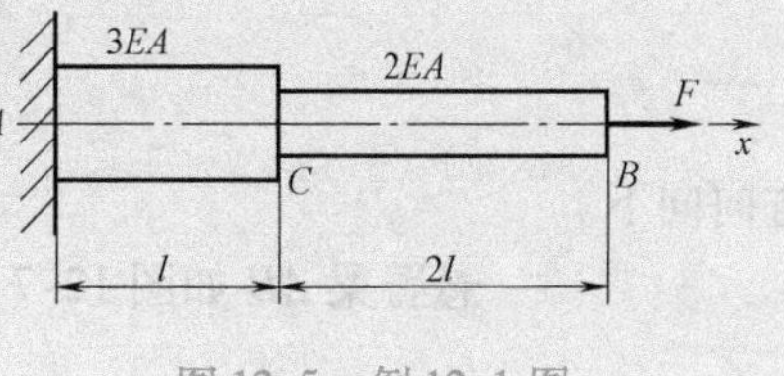

图 12-5　例 12-1 图

解：（1）计算变形能　取水平方向为 x 轴，原点在 A 点，如图 12-5 所示。AC 和 CB 两段的轴力均等于 F，根据式（12-2）得到各段轴的变形能

$$U_{AC} = \int_0^l \frac{F^2}{6EA}\mathrm{d}x = \frac{F^2 l}{6EA}, \qquad U_{CB} = \int_l^{3l} \frac{F^2}{4EA}\mathrm{d}x = \frac{F^2 \cdot 2l}{4EA}$$

整个轴的变形能

$$U = U_{AC} + U_{CB} = \frac{2F^2 l}{3EA}$$

(2) 计算轴向伸长量 Δl A 点固定，所以 B 点位移 δ_B 等于轴 AB 的轴向伸长量 Δl。外力 F 所做功

$$W = \frac{1}{2}F\delta_B$$

根据功能原理 $U = W$，得

$$\frac{2F^2 l}{3EA} = \frac{1}{2}F\delta_B$$

由此解出

$$\Delta l = \delta_B = \frac{4Fl}{3EA}$$

例 12-2 受集中力 F 作用的悬臂梁，如图 12-6 所示，其抗弯刚度 EI 为已知常数，试求该梁 B 点处的挠度 y_B。

解：梁的弯矩方程为

$$M(x) = -F(l - x)$$

根据式（12-6）得到梁的变形能为

$$U = W = \int_0^l \frac{[-F(l-x)]^2}{2EI}\mathrm{d}x = \frac{F^2 l^3}{6EI}$$

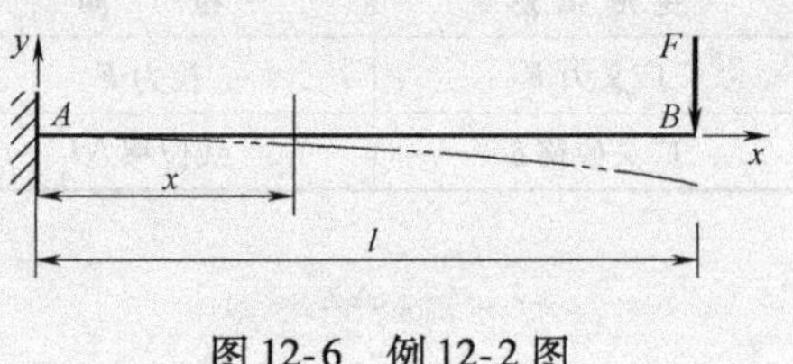

图 12-6 例 12-2 图

设 B 点的线位移为 y_B，在变形过程中力 F 所做的功为

$$W = \frac{1}{2}Fy_B$$

根据功能原理 $U = W$，得

$$\frac{F^2 l^3}{6EI} = \frac{1}{2}Fy_B$$

求出 B 点处的挠度

$$y_B = \frac{Fl^3}{3EI}$$

方向向下。

例 12-3 悬臂梁 AB 如图 12-7 所示，已知梁的抗弯刚度 EI 为常量，试计算其变形能以及 B 截面的转角。

解：梁任一横截面上的弯矩 $M(x)=M_e$，为常量，根据式（12-6）得到梁的变形能为

$$U=\int_0^l \frac{M_e^2}{2EI}dx=\frac{M_e^2 l}{2EI}$$

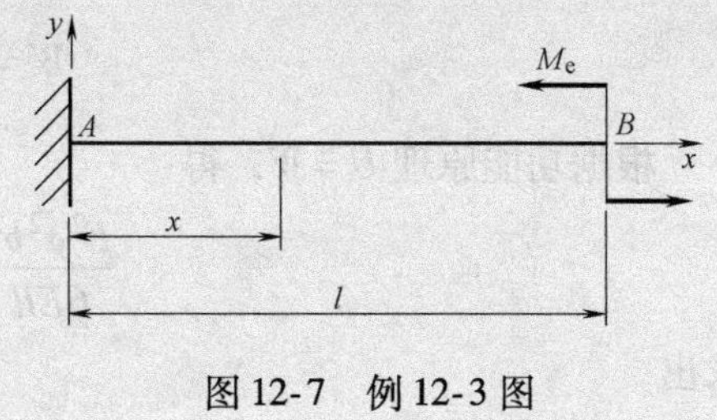

图 12-7　例 12-3 图

梁上外力矩所做的功

$$W=\frac{1}{2}M_e\theta_B$$

根据功能原理 $U=W$，得

$$\frac{M_e^2 l}{2EI}=\frac{1}{2}M_e\theta_B$$

求出 B 截面的转角

$$\theta_B=\frac{M_e l}{EI}$$

转向为逆时针方向，与 M_e 一致。

例 12-4　简支梁 AB 如图 12-8 所示，C 点受集中力 F 作用，设梁的抗弯刚度 EI 为常量，求梁的变形能以及梁 C 点处的挠度 y_C。

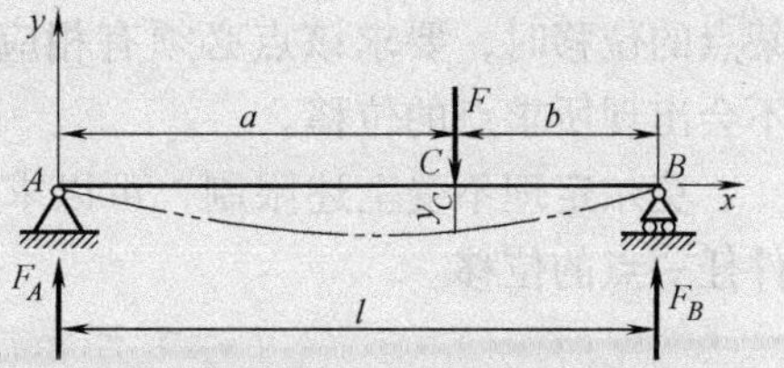

图 12-8　例 12-4 图

解：由平衡方程求出支座约束力

$$F_A=\frac{Fb}{l},\qquad F_B=\frac{Fa}{l}$$

分别列写各段梁的弯矩方程

AC 段　$$M_{AC}(x)=F_A x=\frac{Fb}{l}x\qquad (0\leqslant x\leqslant a)$$

CB 段　$$M_{CB}(x)=F_B(l-x)=\frac{Fa}{l}(l-x)\qquad (a\leqslant x\leqslant l)$$

由于 AC、CB 两段梁的弯矩方程不同，故整个梁的变形能应分段计算，然后求其总和，即

$$U=U_{AC}+U_{CB}=\int_0^a \frac{M_{AC}^2(x)}{2EI}dx+\int_a^l \frac{M_{CB}^2(x)}{2EI}dx$$

$$=\frac{1}{2EI}\left[\int_0^a\left(\frac{Fb}{l}x\right)^2dx+\int_a^l\left(\frac{Fa}{l}\right)^2(l-x)^2dx\right]$$

$$=\frac{F^2a^2b^2}{6EIl}$$

梁上外力所做的功

$$W=\frac{1}{2}Fy_C$$

根据功能原理 $U=W$，得

$$\frac{F^2a^2b^2}{6EIl}=\frac{1}{2}Fy_C$$

求出

$$y_C=\frac{Fa^2b^2}{3EIl}$$

第二节 莫尔定理

从以上几个例题可以看出，直接利用变形能等于外力功这一关系来求杆件某点的位移时，要求该点必须有相应的力作用。否则，在外力功的表达式中就不会出现所求点的位移。

莫尔定理不受上述限制，可以求杆件任一点的位移。

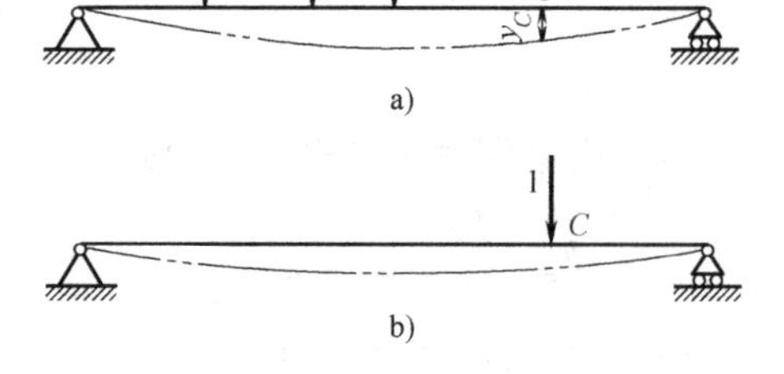

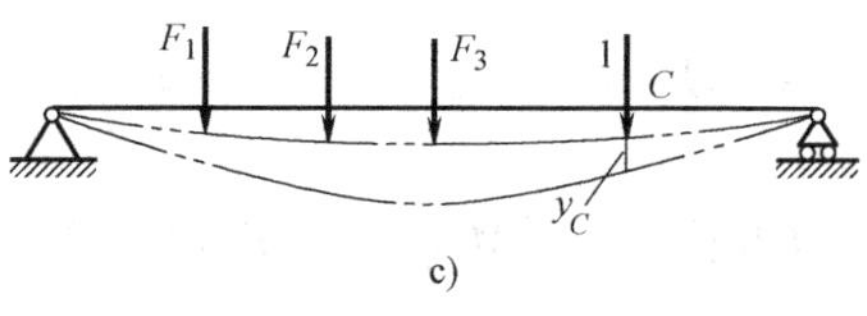

图 12-9 弯曲变形

假定所研究的梁处于小变形情况，且材料服从胡克定律，设梁在 F_1、F_2、F_3 作用下发生弯曲变形（图 12-9a），变形能为

$$U=\int_l\frac{M^2(x)}{2EI}\mathrm{d}x \tag{3}$$

式中，$M(x)$是在 F_1、F_2、F_3 作用下梁截面上的弯矩。现求在上述载荷下，梁轴线上任意点 C 的位移 y_C。

1）设在 F_1、F_2、F_3 载荷作用之前，先在 C 点沿位移 y_C 的方向作用一个大小为 1 的单位力（图 12-9b），此力使梁截面上产生弯矩 $M_0(x)$，单位力作用后梁的变形能为

$$U_0=\int_l\frac{M_0^2(x)}{2EI}\mathrm{d}x$$

2）已经作用单位力后，再将原来的载荷 F_1、F_2、F_3 作用于梁上（图 12-9c）。由于梁为小变形，且满足胡克定律应用条件，故 F_1、F_2、F_3 引起的位移不会由于预先作用单位力而变化，因而梁因受 F_1、F_2、F_3 作用而储存的

变形能仍为 $U=\int_l \frac{M^2(x)}{2EI}\mathrm{d}x$，$C$ 点因这些力的作用而发生的位移 y_C 也仍然不变。不过，C 点上已有单位力作用，且单位力与 y_C 的方向一致，于是在作用 F_1、F_2、F_3 的过程中，单位力又做功 $1\cdot y_C$。

于是，按照先作用单位力后作用 F_1、F_2、F_3 的顺序加力，梁的变形能为

$$U_{总}=U_0+U+1\cdot y_C=\int_l \frac{M_0^2(x)}{2EI}\mathrm{d}x+\int_l \frac{M^2(x)}{2EI}\mathrm{d}x+1\cdot y_C \tag{1}$$

另一方面，在单位力 1 和 F_1、F_2、F_3 共同作用下，梁的弯矩应为 $M(x)+M_0(x)$。由式（12-6）得到梁的变形能

$$\begin{aligned}U_{总}&=\int_l \frac{[M(x)+M_0(x)]^2}{2EI}\mathrm{d}x\\&=\int_l \frac{M^2(x)}{2EI}\mathrm{d}x+\int_l \frac{M_0^2(x)}{2EI}\mathrm{d}x+\int_l \frac{M(x)M_0(x)}{EI}\mathrm{d}x\end{aligned} \tag{2}$$

由式（1）与式（2）得

$$y_C=\int_l \frac{M(x)M_0(x)}{EI}\mathrm{d}x \tag{12-8}$$

上述方法叫作**单位载荷法**，是由德国人莫尔（图 12-10）于 1882 年首先提出的，故又称**莫尔定理**，或**莫尔积分**。莫尔曾设计了不少一流的钢桁架结构和德国一些著名的桥梁，他是 19 世纪欧洲最杰出的土木工程师之一。

在计算某一梁截面 C 的转角时，则在该截面上作用单位力偶矩，并把该力偶矩引起的弯矩记为 $M_0(x)$，而由原载荷引起的弯矩记为 $M(x)$，得到

$$\theta_C=\int_l \frac{M(x)M_0(x)}{EI}\mathrm{d}x \tag{12-9}$$

对承受扭转的杆件，某一截面 C 的转角为

$$\varphi_C=\int_l \frac{T(x)T_0(x)}{GI_p}\mathrm{d}x \tag{12-10}$$

式中，$T_0(x)$ 是单位力偶矩引起的扭矩；$T(x)$ 是原载荷作用下横截面上的扭矩。

图 12-10 莫尔（1835—1918）

莫尔定理是计算线弹性结构位移的有效工具。

例 12-5 图 12-11a 所示悬臂梁，已知梁的抗弯刚度为 EI，试用莫尔定理计算自由端 B 截面的挠度和转角。

解：（1）计算 B 截面的挠度 y_B 在梁的 B 截面施加竖直向下的单位力（图 12-11b），在单位力作用下，梁的弯矩方程为

$$M_0(x) = -1 \times (l-x)$$

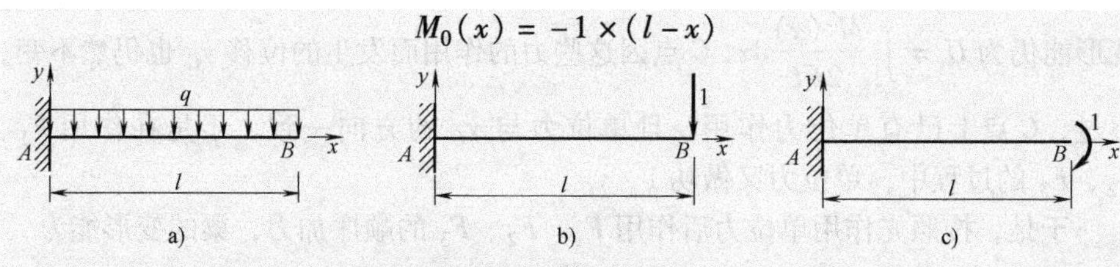

图 12-11 例 12-5 图

在实际分布载荷 q 作用下，梁的弯矩方程为

$$M(x) = -\frac{1}{2}q(l-x)^2$$

将 $M_0(x)$、$M(x)$ 代入式(12-8)，即得 B 截面的挠度

$$y_B = \int_0^l \frac{M(x)M_0(x)}{EI}\mathrm{d}x = \frac{q}{2EI}\int_0^l (l-x)^3\mathrm{d}x = \frac{ql^4}{8EI} \quad (\text{向下})$$

(2) 计算 B 截面的转角 θ_B 在梁的 B 截面施加顺时针转向的单位力偶(图 12-11c)，在单位力偶作用下，梁的弯矩方程为

$$M_0(x) = -1$$

在实际分布载荷 q 作用下，梁的弯矩方程为

$$M(x) = -\frac{1}{2}q(l-x)^2$$

将 $M_0(x)$、$M(x)$ 代入式(12-9)，即得 B 截面的转角

$$\theta_B = \int_0^l \frac{M(x)M_0(x)}{EI}\mathrm{d}x = \frac{q}{2EI}\int_0^l (l-x)^2\mathrm{d}x = \frac{ql^3}{6EI} \quad (\text{顺时针转向})$$

例 12-6 图 12-12a 所示简支梁，抗弯刚度 EI 为常量。试用莫尔定理求梁跨中截面 C 处的挠度 y_C 和 B 端的转角 θ_B。

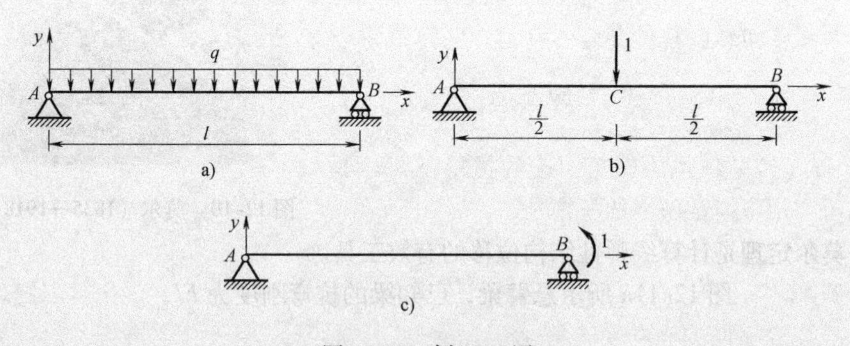

图 12-12 例 12-6 图

解： 均布载荷 q 在全梁引起的弯矩方程为

$$M(x)=\frac{ql}{2}x-\frac{qx^2}{2}$$

（1）求截面 C 处的挠度 y_C　在梁中央 C 处加单位力，如图 12-12b 所示。弯矩方程分别为

AC 段　　$M_0(x)=0.5x$　　$(0\leqslant x\leqslant l/2)$

CB 段　　$M_0(x)=0.5(l-x)$　　$(l/2\leqslant x\leqslant l)$

将 $M_0(x)$、$M(x)$ 代入式（12-8），即得截面 C 处的挠度

$$y_C=\frac{1}{EI}\int_0^{l/2}0.5x\left(\frac{ql}{2}x-\frac{qx^2}{2}\right)\mathrm{d}x+\frac{1}{EI}\int_{l/2}^{l}0.5(l-x)\left(\frac{ql}{2}x-\frac{qx^2}{2}\right)\mathrm{d}x=\frac{5ql^4}{384EI}\quad（向下）$$

（2）求 B 端的转角 θ_B　在 B 端加单位力偶，如图 12-12c 所示。全梁的弯矩方程为 $M_0(x)=\dfrac{x}{l}$，将 $M_0(x)$、$M(x)$ 代入式(12-9)，即得 B 端的转角

$$\theta_B=\frac{1}{EI}\int_0^{l}\frac{x}{l}\left(\frac{ql}{2}x-\frac{qx^2}{2}\right)\mathrm{d}x=\frac{ql^3}{24EI}\quad（逆时针转向）$$

第三节　卡 氏 定 理

设在图 12-13 所示梁上作用有 n 个力 F_1，F_2，…，F_n，其相应的位移分别为 y_1，y_2，…，y_n。在施加载荷的过程中，外力所做的功转变成梁的变形能。这样，变形能应为广义力 F_i 的函数，即

$$U=f(F_1,F_2,\cdots,F_n)\tag{1}$$

如果将第 i 个外力增加一微量 $\mathrm{d}F_i$，则相应的变形能增量为 $\Delta U=\dfrac{\partial U}{\partial F_i}\mathrm{d}F_i$。这时，梁的变形能为

$$U+\frac{\partial U}{\partial F_i}\mathrm{d}F_i\tag{2}$$

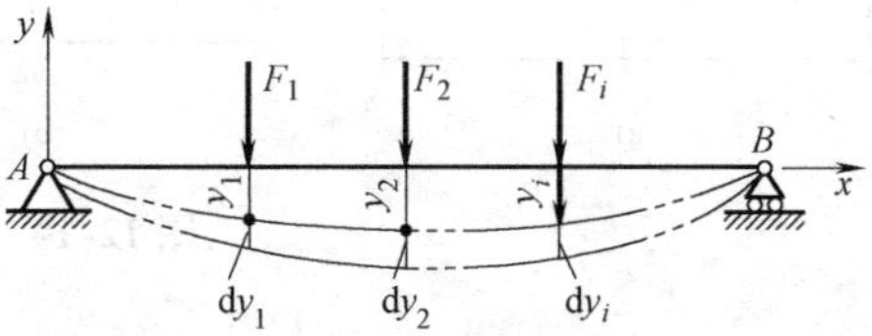

图 12-13　多个力作用下的梁位移

改变加力顺序，设想先施加 $\mathrm{d}F_i$，后施加 F_1，F_2，…，F_n。

（1）在施加 $\mathrm{d}F_i$ 时，其作用点沿 $\mathrm{d}F_i$ 方向的位移为 $\mathrm{d}y_i$，梁的变形能为 $\dfrac{1}{2}\mathrm{d}F_i\cdot\mathrm{d}y_i$。

（2）再施加 F_1，F_2，…，F_n 时，尽管梁上已有了 $\mathrm{d}F_i$，但 F_1，F_2，…，F_n 的效应并不因此而改变，n 个力所做的功仍等于如式（1）所示的变形能 $U=f(F_1,F_2,\cdots,F_n)$。不过，在施加 F_1，F_2，…，F_n 的过程中，在 F_i 的方向（即

dF_i 的方向）上又发生了位移 y_i，力 dF_i 做功 $dF_i \cdot y_i$。

这样，在施加 F_1，F_2，…，F_n 时，总共做功 $U + dF_i \cdot y_i$。

（3）因此，在这种加载方式下梁的变形能为

$$\frac{1}{2}dF_i \cdot dy_i + U + dF_i \cdot y_i \tag{3}$$

根据弹性梁的变形能与加力次序无关的性质，令式（2）和式（3）相等，并略去二阶微量 $\frac{1}{2}dF_i \cdot dy_i$，得

$$y_i = \frac{\partial U(F_1, F_2, \cdots, F_n)}{\partial F_i} \quad (i = 1, 2, \cdots, n) \tag{12-11}$$

式（12-11）表明，梁的变形能对某一载荷 F_i 的偏导数等于在该载荷处沿载荷方向的位移，这就是**卡氏定理**，也称**卡氏第二定理**，这是由意大利工程师A. 卡斯蒂利亚诺（1847—1884）于1873年提出的。卡氏定理对其他线弹性结构也是适用的。

对于横力弯曲，变形能由式（12-6）得 $U = \int_l \frac{M^2(x)}{2EI}dx$，由卡氏定理得，$y_i = \frac{\partial U}{\partial F_i} = \frac{\partial}{\partial F_i}\int_l \frac{M^2(x)}{2EI}dx$，即

$$y_i = \int_l \frac{M(x)}{EI}\frac{\partial M(x)}{\partial F_i}dx \tag{12-12}$$

例12-7 均布载荷 q 作用的悬臂梁如图12-14a所示，试求自由端 B 截面的挠度 y_B 和转角 θ_B。

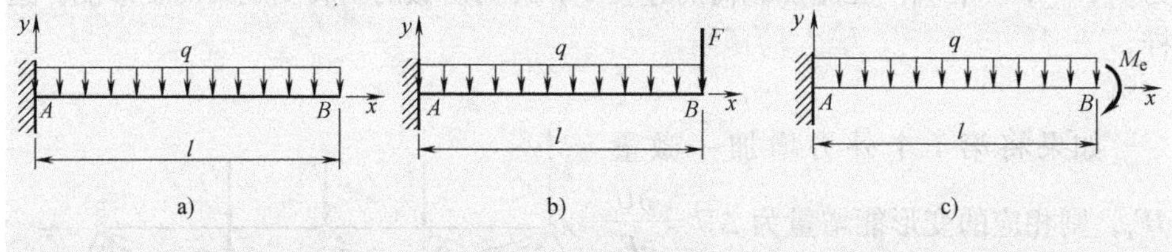

图12-14 例12-7图

解：（1）求自由端 B 截面的挠度 y_B 由于在 B 截面处没有与挠度 y_B 对应的外力作用，因此不能直接利用卡式定理。在这种情况下，可首先在 B 截面处添加一个力 F（图12-14b），这样就可以根据卡式定理求出梁在载荷 q 和力 F 共同作用下 B 截面的挠度 y_B。最后，再令 $F = 0$，即得均布载荷 q 单独作用下 B 截面的挠度。

在载荷 q 和 F 的共同作用下，梁的弯矩方程为 $M(x) = -F(l-x) - \frac{q}{2}(l-$

$x)^2$，一阶偏导数为$\frac{\partial M}{\partial F} = -(l-x)$。将弯矩方程和一阶偏导数代入式（12-12），得到在载荷 q 和力 F 的共同作用下，B 截面的挠度

$$y_B = \int_0^l \frac{-F(l-x) - 0.5q(l-x)^2}{EI}[-(l-x)]\mathrm{d}x = \frac{l^3}{EI}\left(\frac{F}{3} + \frac{ql}{8}\right)\text{（向下）}$$

在上述结果中，令 $F=0$，即得在载荷 q 单独作用下，待求的 B 截面的挠度

$$y_B = \frac{ql^4}{8EI}\text{（向下）}$$

（2）自由端 B 截面的转角 θ_B　首先在 B 截面处添加一个力偶矩 M_e（图 12-14c），这样可根据卡式定理求出梁在载荷 q 和力偶矩 M_e 共同作用下 B 截面的转角 θ_B。最后，令 $M_e=0$，即得到在均布载荷 q 单独作用下自由端 B 截面的转角 θ_B。

在载荷 q 和力偶矩 M_e 的共同作用下，梁的弯矩方程为 $M(x) = -\frac{q}{2}(l-x)^2 - M_e$，一阶偏导数为$\frac{\partial M}{\partial M_e} = -1$。将弯矩方程和一阶偏导数代入式（12-12），得到在载荷 q 和力偶矩 M_e 的共同作用下，B 截面的转角

$$\theta_B = \int_0^l \frac{-0.5q(l-x)^2 - M_e}{EI} \times (-1)\mathrm{d}x = \frac{l}{EI}\left(\frac{ql^2}{6} + M_e\right)\text{（顺时针）}$$

在上述结果中，令 $M_e=0$，即得在载荷 q 单独作用下，待求的 B 截面的转角

$$\theta_B = \frac{ql^3}{6EI}\text{（顺时针）}$$

*例 12-8　刚架 ABC 如图 12-15a 所示，设刚架的抗弯强度 EI 为常量，不计轴力影响，求 A 点的竖直位移 y_A。

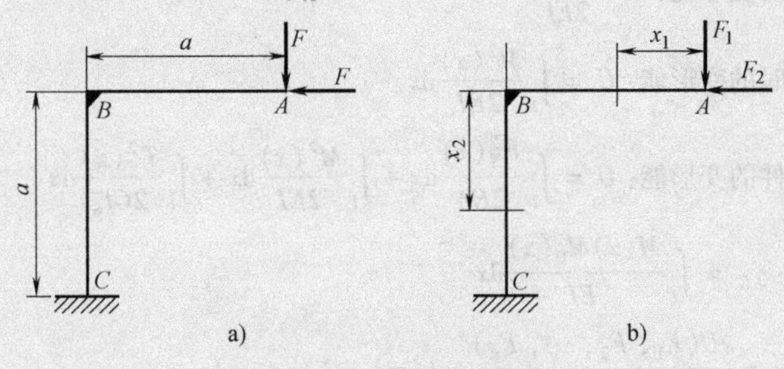

图 12-15　例 12-8 图

解：由卡氏定理知，整个刚架的变形能 U 对 A 点的竖直方向的力 F 取偏导数，等于 A 点的竖直位移。

如图 12-15a 所示，刚架 A 点同时受水平方向的力 F 和竖直方向的力 F。为

了避免求偏导时混淆，将这两个力 F 加以区别，记竖直方向的力 F 为 F_1、水平方向的力 F 为 F_2，如图 12-15b 所示，将应变能表达为 F_1 和 F_2 的函数。

在替换了力 F 的符号后，AB 段、BC 段的弯矩方程及其偏导数分别为

$$M(x_1) = -F_1x_1,\quad \frac{\partial M(x_1)}{\partial F_1} = -x_1$$

$$M(x_2) = -F_1a + F_2x_2,\quad \frac{\partial M(x_2)}{\partial F_1} = -a$$

将上述结果代入式(12-12)得

$$\begin{aligned} y_A &= \int_0^a \frac{M(x_1)}{EI}\frac{\partial M(x_1)}{\partial F_1}dx_1 + \int_0^a \frac{M(x_2)}{EI}\frac{\partial M(x_2)}{\partial F_1}dx_2 \\ &= \int_0^a \frac{-F_1x_1}{EI}(-x_1)dx_1 + \int_0^a \frac{-F_1a + F_2x_2}{EI}(-a)dx_2 \\ &= \frac{F_1a^3}{3EI} + \frac{F_1a^3}{EI} - \frac{F_2a^3}{2EI} \end{aligned}$$

最后令上式中 $F_1 = F_2 = F$，得

$$y_A = \frac{5Fa^3}{6EI}\ (\text{向下})$$

小　结

拉压杆的变形能：$U = \int_l \frac{F_N^2(x)}{2EA}dx$

受扭圆轴的变形能：$U = \int_l \frac{T^2(x)}{2GI_p}dx$

梁纯弯曲时的变形能：$U = \frac{M_e^2 l}{2EI}$

梁横力弯曲时的变形能：$U = \int_l \frac{M^2(x)}{2EI}dx$

组合变形杆件的变形能：$U = \int_l \frac{F_N^2(x)}{2EA}dx + \int_l \frac{M^2(x)}{2EI}dx + \int_l \frac{T^2(x)}{2GI_p}dx$

单位载荷法：$y_C = \int_l \frac{M(x)M_0(x)}{EI}dx$

卡氏定理：$y_i = \frac{\partial U(F_1, F_2, \cdots, F_n)}{\partial F_i}\quad (i=1, 2, \cdots, n)$

习　题

12-1　试计算图 12-16 所示阶梯轴的变形能。已知材料的弹性模量为 E；AB 段的横截面

面积为 $2A$，长度为 l；BC 段的横截面面积为 A，长度为 $1.2l$。

12-2 如图 12-17 所示，圆轴 A 端固定，B、C 端受转矩 M 的作用，已知圆轴直径为 d，材料的切变模量为 G，试计算其变形能。

12-3 图 12-18 所示悬臂梁，设 EI 为常数，试运用莫尔定理、卡氏定理分别求截面 B 的挠度和转角。

12-4 用单位载荷法计算如图 12-19 所示梁 C 截面处的位移，设梁的抗弯刚度 EI 为常数。

12-5 图 12-20 所示悬臂梁，设 EI 为常数，试运用莫尔定理求截面 B 的挠度。

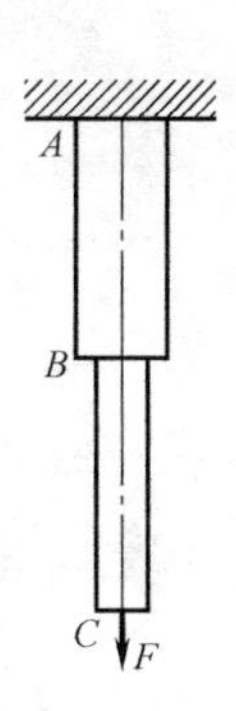

图 12-16 题 12-1 图

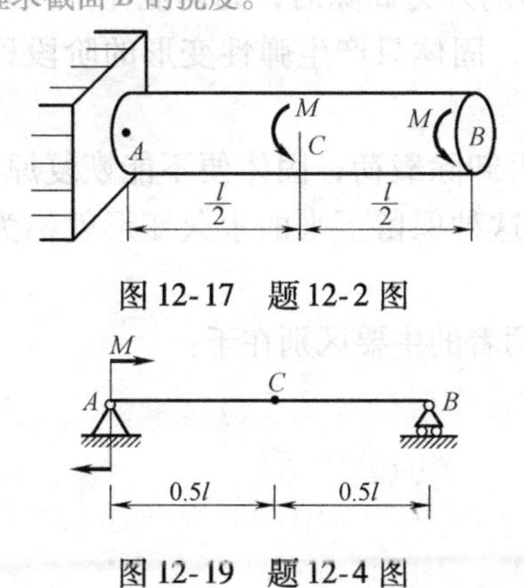

图 12-17 题 12-2 图

图 12-19 题 12-4 图

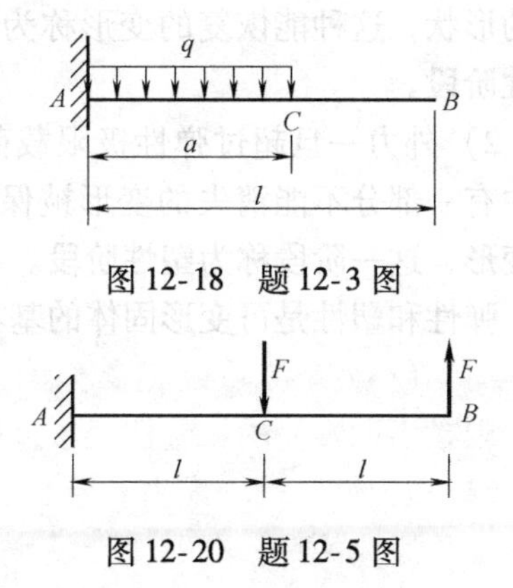

图 12-18 题 12-3 图

图 12-20 题 12-5 图

*第十三章　杆件的塑性变形

杆件在受力的过程中所发生的变形可分为两个阶段：

1）当外力小于弹性极限时，在引起变形的外力卸除后，固体能完全恢复原来的形状，这种能恢复的变形称为**弹性变形**，固体只产生弹性变形的阶段称为**弹性阶段**。

2）外力一旦超过弹性极限载荷，这时再卸除载荷，固体便不能恢复原状，其中有一部分不能消失的变形被保留下来，这种保留下来的永久变形就称为**塑性变形**，这一阶段称为**塑性阶段**。

弹性和塑性是可变形固体的基本属性，两者的主要区别在于：

1）弹性变形是可以完全恢复的，即弹性变形过程是一个可逆的过程；塑性变形则是不可恢复的，塑性变形过程是一个不可逆的过程。

2）在弹性阶段，应力和应变之间存在一一对应的单值函数关系，而且通常还假设是线性关系；在塑性阶段，应力和应变之间通常不存在一一对应的关系，而且是非线性关系。

在工程问题中，绝大部分构件必须在弹性范围内工作，不允许出现塑性变形，所以以前主要讨论杆件在线弹性阶段内工作的变形和强度，很少论及塑性变形。但在工程实际中，有些问题必须要考虑塑性变形，如工件表层可能因加工而引起塑性变形，零件的某些部位也会由于应力过高而出现塑性变形。此外，对构件极限承载能力的计算和残余应力的研究，都需要塑性变形的知识。至于金属的压力加工，则是金属在受外力作用下产生塑性变形而获得所需形状和尺寸的加工方法，由于它利用了塑性变形不能恢复的性质，因此这种加工过程也称为金属塑性成形加工。

本章仅讨论在常温、静载下，金属材料的一些塑性性质、杆件基本变形的塑性分析和杆件因塑性变形引起的残余应力等。至于对塑性变形更深入的讨论，应参考有关塑性力学的著作。

第一节　金属材料的塑性性质

关于材料的力学性能，在第二章第三节曾经讨论过。现将与塑性变形有关的部分做一些简单回顾。

图 13-1 所示是低碳钢拉伸的应力-应变曲线，图中 a、b、c 三点对应的应力分别是**比例极限** σ_p、**弹性极限** σ_e、**屈服极限** σ_s。应力小于 σ_p 时，材料是线弹性的，应力和应变服从胡克定律；应力超过 σ_s 后，将出现明显的塑性变形。由于 a、b、c 三点相当接近，所以工程中近似地把 σ_s 作为线弹性范围的边界。

应力超过屈服极限 σ_s 后，应力和应变的关系是非线性的，应变 ε 中将包含弹性应变 ε_e 和塑性应变 ε_p 两部分，即

$$\varepsilon = \varepsilon_e + \varepsilon_p \tag{13-1}$$

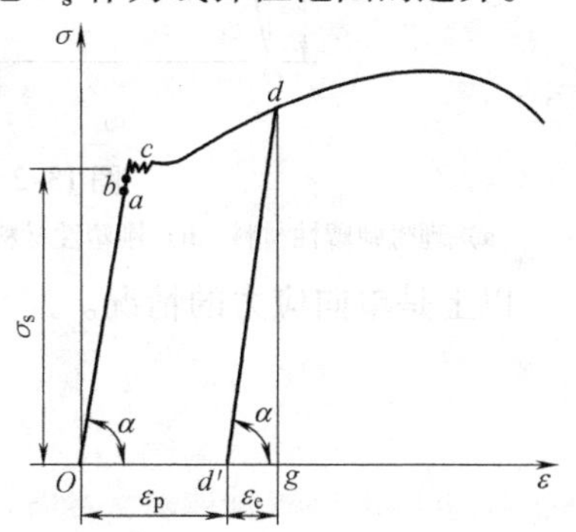

图 13-1　应力-应变曲线

这时如果将外力逐渐解除，在卸载的过程中，应力和应变沿直线 dd' 变化，且 dd' 近似地平行于弹性范围内的直线 Oa。当外力完全解除，应力 σ 等于零时，已经恢复的应变 $d'g$ 为弹性应变 ε_e，不再消失的应变 Od' 即为塑性应变 ε_p。由于塑性应变 ε_p 不能恢复，所以它是不可逆的。在加载过程和卸载过程中，应力-应变关系遵循不同的规律，是塑性阶段与弹性阶段的重要区别。

由于塑性变形时应力和应变的关系是非线性的，所以研究比较困难。为了降低问题的复杂程度，需要将材料的应力-应变关系进行必要的简化：

1）如果材料有较长的屈服流动阶段，且应变并未超出这一阶段，或者材料强化程度不明显，则可简化为**理想弹塑性材料**，其应力-应变关系如图 13-2a 所示。

2）如果理想弹塑性材料的塑性变形较大，致使应变中的弹性部分可以忽略，则可简化为**刚塑性材料**，其应力-应变关系如图 13-2b 所示。

3）材料强化程度比较明显，以斜直线表示其强化阶段，而弹性变形又不能忽略，则简化为**线性强化弹塑性材料**，其应力-应变关系如图 13-2c 所示。

4）如果材料强化程度比较明显，而弹性变形又可以忽略，则可简化为**线性强化刚塑性材料**，其应力-应变关系如图 13-2d 所示。

有时也把应力-应变关系近似地表示为幂函数

$$\sigma = c\varepsilon^n \tag{13-2}$$

式中，c 和 n 皆为常量。

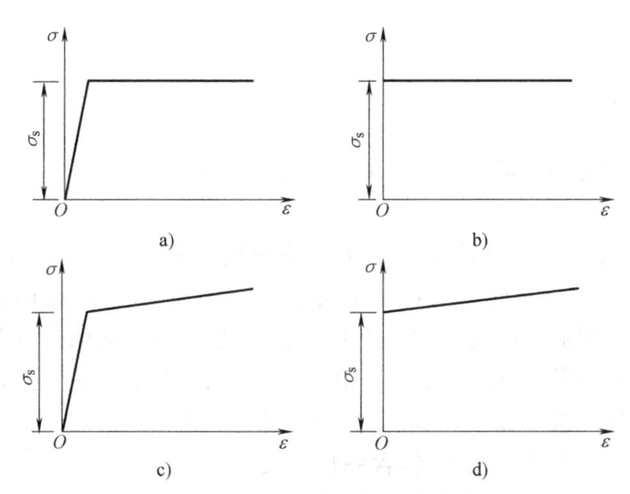

图 13-2 应力-应变关系的简化

a）理想弹塑性材料 b）刚塑性材料 c）线性强化弹塑性材料 d）线性强化刚塑性材料

以上是单向应力的情况。对于复杂应力状态，当材料出现塑性变形时，根据最大切应力理论，塑性条件是

$$\sigma_1 - \sigma_3 = \sigma_s \tag{13-3}$$

式（13-3）也称为**特雷斯卡塑性条件**。根据形状改变比能理论，塑性条件是

$$(\sigma_1 - \sigma_2)^2 + (\sigma_2 - \sigma_3)^2 + (\sigma_3 - \sigma_1)^2 = 2\sigma_s^2 \tag{13-4}$$

式（13-4）也称为**米泽斯塑性条件**。在复杂应力状态下，塑性变形的应力-应变关系更加复杂，读者可参阅塑性力学方面的书籍。

第二节 拉伸和压缩杆系的塑性分析

在静定拉压杆系中，各杆轴力均可由静力平衡条件求出。应力最大的杆件将首先出现塑性变形。若材料可以简化为理想弹塑性材料（图 13-2a），则当系统中有一根杆件发生塑性变形时，拉压杆系已成为几何可变的“机构”，丧失了承载能力，这时的载荷就是**极限载荷**，因此静定拉压杆系的塑性分析一般比较简单。至于超静定拉压杆系，则讨论起来比较复杂。

要判断一个超静定杆系在什么情况下达到极限状态，必须根据杆系的具体情况进行分析。下面以图 13-3a 所示两端固定的杆件为例进行说明。设杆的横截面面积为 A，材料弹性模量为 E，外力 F 作用点 C 处的位移为 δ。

1. AC、CB 段均处于弹性阶段

当载荷较小时，杆件是弹性状态，如图 13-3b 所示的 Oa 段，由胡克定律

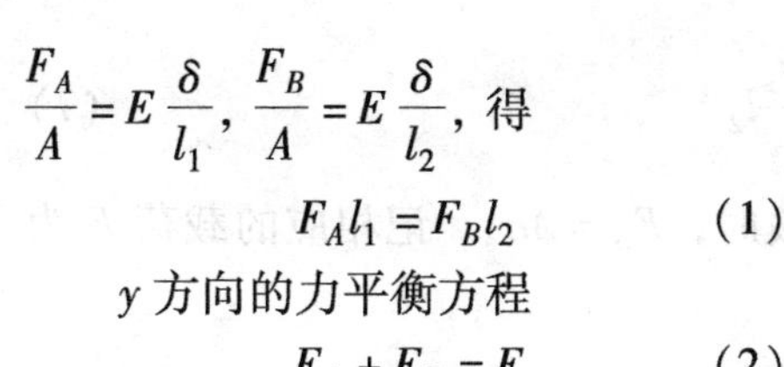

$\dfrac{F_A}{A}=E\dfrac{\delta}{l_1}$，$\dfrac{F_B}{A}=E\dfrac{\delta}{l_2}$，得

$$F_A l_1 = F_B l_2 \tag{1}$$

y 方向的力平衡方程

$$F_A + F_B = F \tag{2}$$

由式（1）和式（2）得杆件两端的约束力为

$$F_A=\frac{Fl_2}{l_1+l_2},\ F_B=\frac{Fl_1}{l_1+l_2} \tag{3}$$

力 F 作用点 C 的位移为

$$\delta=\frac{F_A l_1}{EA}=\frac{F_B l_2}{EA}=\frac{Fl_1 l_2}{EA(l_1+l_2)} \tag{4}$$

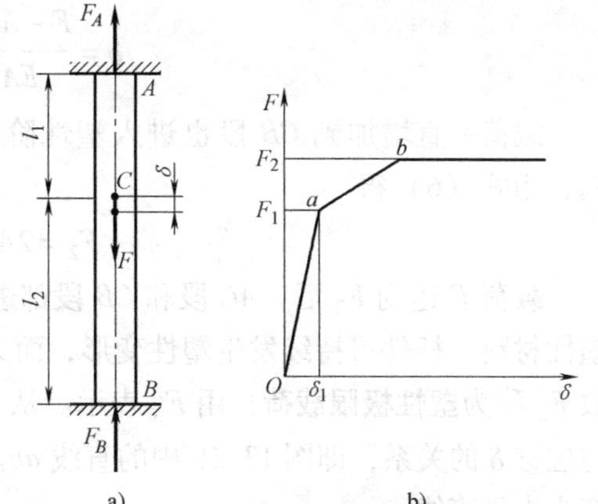

图 13-3　超静定杆系的极限状态

2. AC 段塑性阶段，CB 段弹性阶段

如果 $l_1<l_2$，则 $F_A>F_B$。随着 F 的增加，AC 段的应力将首先达到屈服极限 σ_s，相应的载荷 F 记为 F_1，此时点 C 的位移为 δ_1，则由式（3）求得

$$F_A=\frac{F_1 l_2}{l_1+l_2}=A\sigma_s \tag{5}$$

即

$$F_1=\frac{A\sigma_s(l_1+l_2)}{l_2}$$

将式（5）代入式（4），得

$$\delta_1=\frac{\sigma_s l_1}{E}$$

在载荷 F 从零加载到 F_1 的过程中，F 及 δ 的关系由图 13-3b 中的直线 Oa 表示。如果按照应力 σ 不能超过屈服极限 σ_s 的强度要求（即要求杆在弹性阶段工作），则 F_1 就是危险载荷，即**弹性极限载荷**。但实际的工作情况是，虽然这时 AC 段已进入塑性阶段，而 CB 段却仍处于弹性阶段，杆件并未失去承载能力，载荷还可以继续增加。

3. AC、CB 段均为塑性阶段

若材料为理想弹塑性材料，当载荷 F 大于 F_1 时，AC 段的变形可以增大，但轴力恒为常量 $A\sigma_s$，载荷 F 与位移 δ 的关系由图 13-3b 中的直线 ab 表示。

由 y 方向的力平衡方程可知

$$F_B = F - A\sigma_s \tag{6}$$

将式（6）代入式（4）$\left(\text{即 }\delta=\dfrac{F_B l_2}{EA}\right)$，得到力 F 与 C 点位移 δ 的关系为

$$\delta = \frac{F - A\sigma_s}{EA} l_2 \tag{7}$$

载荷一直增加到 CB 段也进入塑性阶段时，$F_B = A\sigma_s$，记相应的载荷 F 为 F_2，由式（6）得

$$F_2 = 2A\sigma_s$$

载荷 F 达到 F_2 后，AC 段和 CB 段都进入塑性变形阶段，由于假设是理想弹塑性材料，杆件可持续发生塑性变形，而无需增加载荷，它已失去了承载能力，故 F_2 称为**塑性极限载荷**，用 F_p 表示。从 F_1 到 F_2，由式（7）可以得出载荷 F 与位移 δ 的关系，即图 13-3b 中的直线 ab。达到极限载荷 F_p 后，F 与 δ 的关系变为水平直线。

以上讨论的三个阶段，包括了载荷从零增加到极限载荷 F_p 的全过程。如果仅求极限载荷 F_p，则可令 AC 段和 CB 段的轴力都等于极限值 $A\sigma_s$，由平衡方程（2）直接求出极限载荷为

$$F_p = 2A\sigma_s$$

例 13-1 超静定结构如图 13-4 所示，$\alpha = 30°$，设三杆的材料相同，弹性模量均为 E，横截面面积同为 A。试求使结构开始出现塑性变形的载荷 F_1 和极限载荷 F_p。

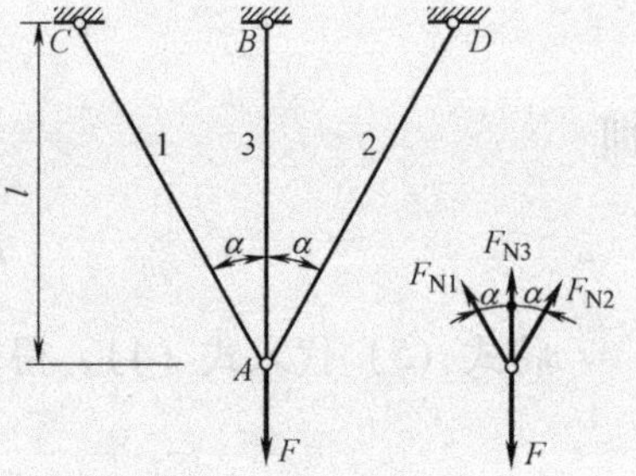

图 13-4 例 13-1 图

解：分别以 F_{N1}、F_{N2}、F_{N3} 表示三根杆的轴力。由拉压超静定分析得（详细可参考第二章例 2-10）

$$F_{N1} = F_{N2} = \frac{F\cos^2\alpha}{1 + 2\cos^3\alpha} = \frac{F}{3.065},$$

$$F_{N3} = \frac{F}{1 + 2\cos^3\alpha} = \frac{F}{2.3} \tag{1}$$

可见 $F_{N3} > F_{N1}$。当载荷逐渐增加时，杆 3 的应力首先达到 σ_s，这时的载荷即为 F_1，于是有

$$F_{N3} = A\sigma_s \tag{2}$$

由式（1）和式（2）得

$$F_1 = 2.3A\sigma_s \tag{3}$$

载荷 F 继续增加，杆 3 的轴力 F_{N3} 保持为 $A\sigma_s$，杆 1 和杆 2 处于弹性阶段，轴力 F_{N1} 和 F_{N2} 不断增加，直至达到 $A\sigma_s$，此时相应的载荷 F 即为极限载荷 F_p，由节点 A 的 y 方向平衡方程 $F_{N1}\cos\alpha + F_{N2}\cos\alpha + F_{N3} - F = 0$，得

$$A\sigma_s\cos\alpha + A\sigma_s\cos\alpha + A\sigma_s - F = 0$$

即

$$F_P = 2A\sigma_s\cos\alpha + A\sigma_s = 2.732A\sigma_s \tag{4}$$

比较式（3）和式（4）有

$$\frac{F_P}{F_1} = 1.19$$

上式表明：对于如图 13-4 所示的超静定结构，当 $\alpha = 30°$时，塑性极限载荷 F_p 比弹性极限载荷 F_1 增大 19%。

第三节　圆轴扭转的塑性分析

1. 弹性阶段

第四章讨论了圆轴扭转变形，得到线弹性阶段横截面切应力为

$$\tau_\rho = \frac{T\rho}{I_p},\ \tau_{max} = \frac{T}{W_p} \tag{1}$$

切应力沿半径按照线性规律分布，如图 13-5a 所示。随着扭矩 T 的增加，截面边缘处的最大切应力 τ_{max} 首先达到屈服极限 τ_s，此时对应的扭矩 T 为开始出现塑性变形的扭矩，即**弹性极限扭矩** T_1，由式（1）可知

$$T_1 = W_p\tau_s = \frac{1}{2}\pi r^3\tau_s \tag{2}$$

对于理想弹塑性材料，切应力 τ 与切应变 γ 的关系如图 13-5b 所示。

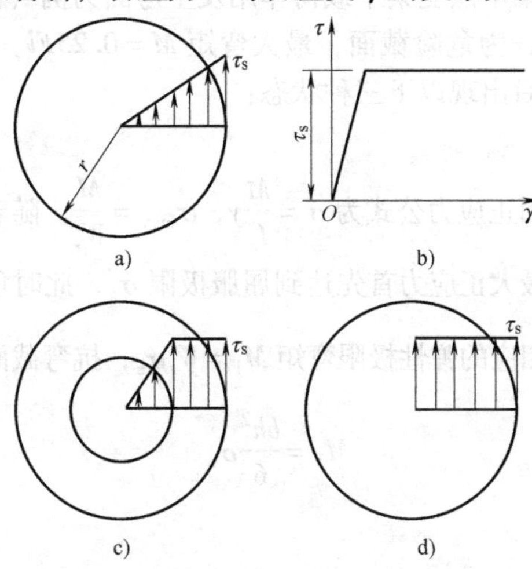

图 13-5　圆轴扭转的塑性分析

2. 弹塑性阶段

如果扭矩继续增加，横截面靠近边缘部分的切应力相继达到 τ_s，塑性屈服区逐渐扩大，而中间部分仍处在弹性阶段的区域不断减小，如图 13-5c 所示。

3. 塑性极限状态

随着扭矩不断增加，横截面上的塑性区将继续扩大，弹性区最后只剩下圆心周围很小的一个圆，该圆内的剪力相对圆心的力臂很小，它对抵抗外力矩的贡献很小，所以可以认为整个截面上的切应力分布是均匀的（图 13-5d），与此相应的扭矩称为**极限扭矩** T_p，$T_p = \int_A \rho\tau_s \mathrm{d}A = \tau_s\int_0^r 2\pi\rho^2 \mathrm{d}\rho$，即

$$T_p = \frac{2}{3}\pi r^3 \tau_s \tag{3}$$

由式（2）和式（3）可知，$T_p = 1.33T_1$，所以从开始出现塑性变形到极限状态，扭矩增加了 1/3。

达到极限扭矩 T_p 后，即使不增加扭矩，轴的扭转变形还会增加，此时轴已经丧失了工作能力，被损坏。值得注意的是，在机器中，轴类零件发生破坏的主要原因是疲劳，极限扭矩 T_p 只是扭矩沿一个方向单调增加的极限值，所以实际意义是有限的。

第四节 塑性弯曲和塑性铰

以矩形截面简支梁中点受集中载荷作用发生弯曲为例（图 13-6），显然载荷作用面所受弯矩最大，为危险截面，最大弯矩 $M = 0.25Fl$。随着载荷 F 从零逐渐增加，危险截面先后出现以下三种状态：

1. 弹性阶段

梁弯曲变形横截面正应力公式为 $\sigma = \frac{M}{I_z}y$，$\sigma_{max} = \frac{M}{W_z}$。随着载荷的增加，危险截面上、下边缘处的最大正应力首先达到屈服极限 σ_s，此时危险截面上、下边缘处的材料开始屈服，相应的弹性极限弯矩 $M_1 = W_z\sigma_s$，抗弯截面模数 $W_z = \frac{bh^2}{6}$，即

$$M_1 = \frac{bh^2}{6}\sigma_s \tag{13-5}$$

2. 弹塑性阶段

危险截面上、下边缘处首先出现塑性变形后，随着载荷的继续增加，塑性

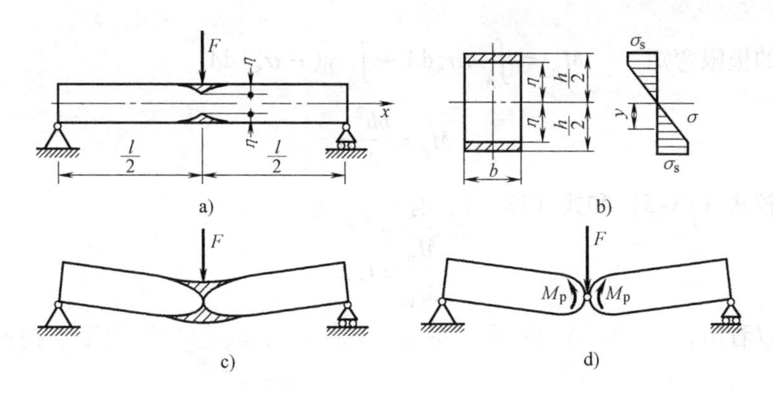

图 13-6 矩形截面简支梁中点受集中荷载

变形向危险截面左、右两侧扩大，如图 13-6a 中阴影部分所示；同时，危险截面靠近上、下边缘的区域应力也相继达到屈服极限 σ_s，形成塑性区，而中间部分仍处在弹性阶段为弹性区，如图 13-6b 所示。这时，危险截面弯矩

$$M = \int_A y\sigma \mathrm{d}A = 2\int_{\eta}^{\frac{h}{2}} y\sigma_s b\mathrm{d}y + 2\int_0^{\eta} y\sigma_s \frac{y}{\eta} b\mathrm{d}y$$

即

$$M = b\left(\frac{h^2}{4} - \frac{\eta^2}{3}\right)\sigma_s$$

3. 塑性极限状态

随着载荷的不断增加，塑性区扩大到整个危险截面，各点正应力均达到屈服极限 σ_s，梁处于塑性极限状态（图 13-6c），相应的弯矩 M_p 称为**极限弯矩**。由于材料是理想弹塑性的，所以这时截面的转动已经不受限制，这相当于在截面上有一个铰链，而且在铰链的两侧作用了数值等于 M_p 的力偶矩，如图 13-6d 所示，这种情况称为**塑性铰**。

塑性铰形成后，对继续沿着以前弹塑性变形方向的转动没有约束，而对反向的转动有约束，所以塑性铰是单向铰。相比塑性铰的变形，梁在其两侧部分的变形可以不计，因此可以把塑性铰两侧部分看成刚体。这时梁已经可以看成是“用铰链把两根刚杆连接起来的机构”，显然梁已失去了承载能力。

当梁的危险截面处于塑性极限状态时，设受拉区面积为 A_1，受压区面积为 A_2，两者的分界线即为截面的中性轴。由于梁截面上的轴力为零，即

$$F_N = \int_{A_1} \sigma_s \mathrm{d}A - \int_{A_2} \sigma_s \mathrm{d}A = 0$$

算得

$$A_1 = A_2 \tag{13-6}$$

式（13-6）表明，梁的危险截面处于塑性极限状态时，中性轴将截面分为面积相等两部分。

梁的极限弯矩 $M_p = \int_{A_1} y\sigma_s \mathrm{d}A + \int_{A_2} y(-\sigma_s)\mathrm{d}A$

算得

$$M_p = \frac{bh^2}{4}\sigma_s \tag{13-7}$$

比较式（13-5）和式（13-7），有

$$\frac{M_p}{M_1} = 1.5$$

可以看出，对于本例的矩形截面梁，塑性极限状态的承载能力比弹性极限状态时提高了50%。

第五节 残余应力的概念

当承载构件某些局部的应力超过屈服极限 σ_s 时，这些部位将出现塑性变形，但构件的其他部分还是弹性变形。这时，若将所承受的载荷全部卸去，则已经发生塑性变形的部分不能恢复其原来的尺寸，同时阻碍弹性部分变形的恢复，从而引起内部相互作用的应力，这种应力称为**残余应力**。残余应力是当物体没有外部因素作用时，在物体内部保持平衡而存在的应力。切削加工、喷丸、铸、锻、冷拔、折弯、焊接和金属热处理等的不均匀塑性变形或相变都可能引起残余应力。

凡是没有外部作用，物体内部保持自相平衡的应力，称为**物体的固有应力**，或称为**初应力**。残余应力是一种固有应力。

若按残余应力作用的范围来分类，则可分为宏观残余应力与微观残余应力两大类。宏观残余应力是在宏观范围内分布的，它的大小、方向和性质等可用通常的物理的或机械的方法进行测量。微观残余应力属于显微视野范围内的应力，依其作用的范围，又可细分为微观结构应力和晶内亚结构应力。

残余应力有时是有害的，如会引起机械零件的翘曲或扭曲变形，甚至开裂，经淬火或磨削后在表面会出现裂纹。残余应力的存在有时不会立即表现为缺陷，当零件在工作中因工作应力与残余应力叠加，而使总应力达到强度极限时，便出现裂纹和断裂。零件的残余应力大部分可通过适当的热处理来消除。

适当的、分布合理的残余压应力可能成为提高疲劳强度、提高抗应力腐蚀的能力，从而延长零件和构件使用寿命的因素；而不适当的残余应力则会降低疲劳强度，产生应力腐蚀，失去尺寸精度，甚至导致变形、开裂等早期失效事故。

设矩形截面梁为理想弹塑性材料，在弯矩最大的截面上已有部分面积变为塑性区，如图 13-7a 所示，把卸载过程设想为在梁上作用一个逐渐增加的弯矩，其方向与加载时弯矩的方向相反，当这一弯矩在数值上等于原来的弯矩时，载荷即已完全解除。但是在卸载过程中，应力-应变关系是线性的，由图 13-7b 中的直线 dd' 表示。而与上述卸载弯矩对应的应力是按线性规律分布的，如图 13-7c所示。将加载和卸载两种应力进行叠加，得到卸载后余留的应力（图 13-7d），这就是残余应力。

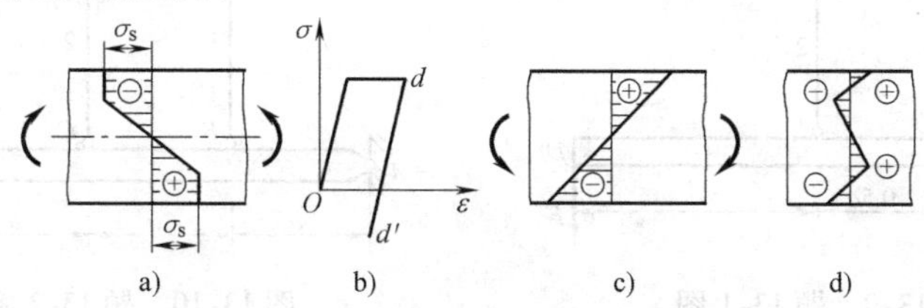

图 13-7　矩形截面梁上的残余应力

对具有残余应力的梁，如再作用一个与第一次加载方向相同的弯矩，则应力-应变关系沿图 13-7b 中的直线 $d'd$ 变化。新增加的应力沿梁截面的高度方向也是线性分布的。就最外层的“纤维”而言，直到新增加的应力与残余应力叠加的结果等于 σ_s 时，才再次出现塑性变形。可见，只要第二次加载与第一次加载的方向相同，则因第一次加载而出现的残余应力提高了第二次加载的弹性范围。

对于拉压超静定杆系，若在某些杆件发生塑性变形后卸载，也将引起残余应力，例如图 13-8 所示的桁架，如在杆 3 已发生塑性变形，而杆 1 和杆 2 仍然是弹性变形的情况下卸载，则杆 3 的塑性变形会阻碍杆 1 和杆 2 恢复原长度，这就将引起残余应力。

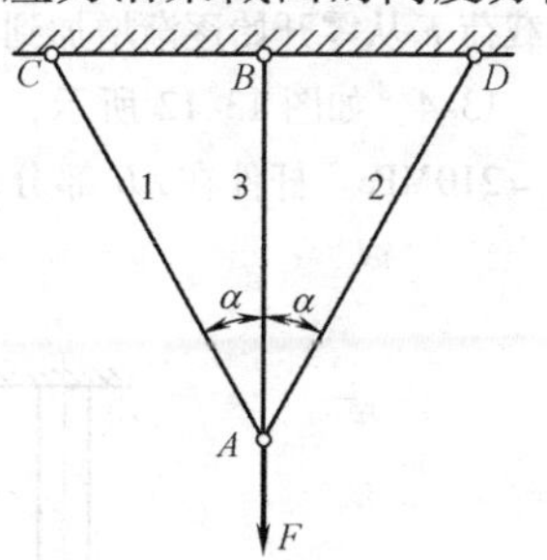

图 13-8　桁架的残余应力

小　结

外力一旦超过弹性极限载荷，这时再卸除载荷，固体便不能恢复原状，其中有一部分不能消失的变形被保留下来，这种保留下来的永久变形就称为塑性变形。

理想弹塑性材料，刚塑性材料，线性强化弹塑性材料，线性强化刚塑性材料。

拉伸和压缩杆系的塑性分析。

圆轴的塑性扭转。

塑性弯曲和塑性铰。

当承载构件某些局部的应力超过屈服极限 σ_s 时，若将所承受的载荷全部卸去，则已经发生塑性变形的部分不能恢复其原来的尺寸，同时阻碍弹性部分变形的恢复，从而引起内部相互作用的应力，称为残余应力。

习　题

13-1　图13-9所示结构的水平杆 AD 为刚性杆，杆1和杆2由同一理想弹塑性材料制成，横截面面积均为 A。试求该结构的弹性极限载荷 F_1 和极限载荷 F_P。

13-2　如图13-10所示，水平杆 AD 为刚性杆，杆1和杆2由同一理想弹塑性材料制成，横截面面积 $A_1=2A$，$A_2=A$。试求该结构的弹性极限载荷 M_1 和极限载荷 M_P。

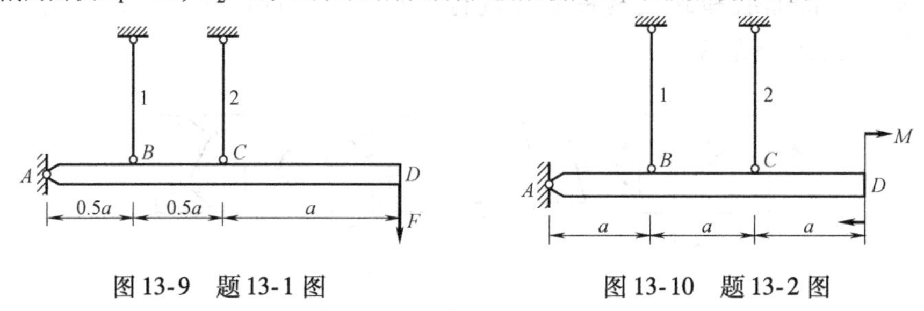

图13-9　题13-1图　　　图13-10　题13-2图

13-3　如图13-11所示，杆件的上端固定，下端与固定支座间有0.1mm的间隙。材料为理想弹塑性材料，$E=200\text{GPa}$，$\sigma_s=220\text{MPa}$。杆件横截面面积为 400mm^2。若作用于截面 B 上的载荷 F 从零开始逐渐增加到极限值，作图表示力 F 作用点 B 处的位移 δ 与 F 的关系。

13-4　如图13-12所示，杆件的上、下端固定，材料为理想弹塑性材料，$E=210\text{GPa}$，$\sigma_s=210\text{MPa}$。杆件在 AB 部分的横截面面积为 500mm^2，BC 部分为 300mm^2。试求：1）当 $F_0=63\text{kN}$ 时，B 点位移 δ 为多少？2）当 $F_0=163\text{kN}$ 时，B 点位移 δ 为多少？

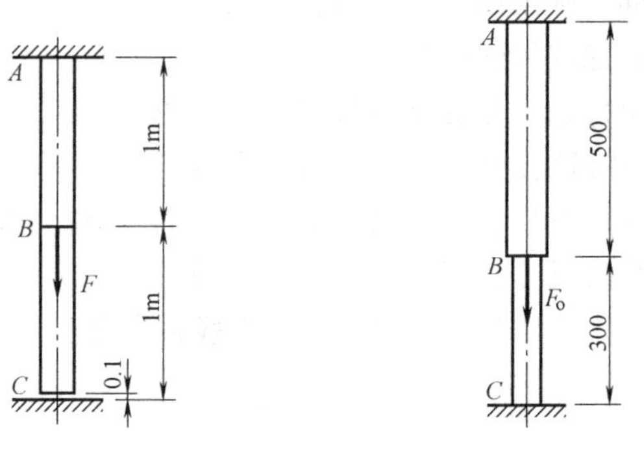

图13-11　题13-3图　　　图13-12　题13-4图

13-5　试求图13-13所示结构开始出现塑性变形时的载荷 F。设材料是理想弹塑性的，且各杆材料相同，横截面面积均为 A，屈服极限为 σ_s。

13-6　直径 $d=120\text{mm}$ 的实心圆轴，受扭转力偶矩 T 作用。轴的材料为理想弹塑性，屈服极限为 $\tau_s=150\text{MPa}$。试求：1）轴外表面屈服时的扭矩 T_1；2）当扭转力偶矩加大，弹性区最后只剩下圆心周围很小的一个圆时，求此时的扭转力偶矩 T_P。

13-7　图13-14所示的矩形截面简支梁，材料为理想弹塑性材料，屈服极限为 $\sigma_s=220\text{MPa}$，梁上作用均布载荷 q，求弹性极限载荷 q_1 和塑性极限载荷 q_P。

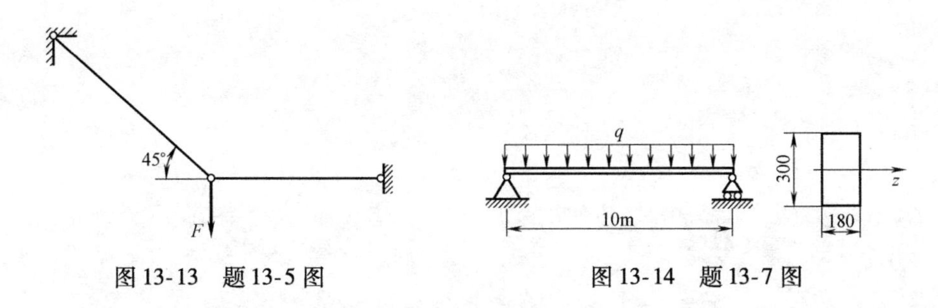

图 13-13　题 13-5 图　　　　图 13-14　题 13-7 图

13-8　实心圆轴扭转到达塑性极限状态后卸载，试求卸载后圆轴中心处和边缘处的残余应力。问哪些位置上的残余应力为零？

*第十四章　复合材料、聚合物及陶瓷材料的力学性能

第一节　复合材料的增强效应

复合材料是指两种或两种以上互不相溶（熔）的材料通过一定的方式组合成一种新型的材料，如各种输电线路上所用的电缆，通常是在钢线外绕以铜线，铜线因电阻小而主要用于输送电流，钢线则用于承受由电缆自重或台风等引起的拉力；胶合板通过木材叠层提高了刚度和强度，并且改善了热膨胀性能与受潮后的容涨特性；塑性材料的钢筋和脆性材料的混凝土相结合，使得钢筋混凝土构件具有很好的抵抗拉伸和压缩的能力；玻璃纤维缠绕的压力容器则是由强度较高的复合材料制作。波音 787 飞机（图 14-1）大量运用了新型复合材料，即在环氧树脂中嵌入多层碳化纤维，形成更轻、更持久耐用的复合材料。图 14-2所示为采用碳纤维复合材料的中国 C919 客机。

图 14-1　波音 787 飞机

图 14-2　C919 客机

复合材料的使用已经具有几千年的历史，我国曾使用草秸来增强由泥巴建造的茅屋；欧洲中世纪武士们的头盔被做成叠层结构以提高刚度和强度。

20 世纪 40 年代，因航空工业的需要而发展了玻璃纤维增强塑料，从此出现了复合材料这一名称。20 世纪 50 年代以后，陆续发展了碳纤维、石墨纤维和硼

纤维等高强度、高弹性模量纤维。20 世纪 70 年代又出现了芳纶纤维和碳化硅纤维。这些高强度、高弹性模量纤维能与合成树脂、碳、石墨、陶瓷和橡胶等非金属基体或铝、镁和钛等金属基体复合，构成各具特色的复合材料。

进入 21 世纪后，先进的复合材料得到了突飞猛进的发展，质量轻、比强度大的玻璃纤维增强塑料（俗称玻璃钢）得到了广泛的应用，如玻璃钢游艇、小型人行玻璃钢桥、冷却塔和储水箱等；陶瓷基复合材料的零件应用于汽车发动机。在日常生活中，用复合材料制成的自行车只有几千克（图 14-3），由复合材料制成的冲浪板、高尔夫球棒、钓鱼竿和网球拍等运动器械走俏市场。

图 14-3　复合材料制成的自行车

根据复合材料中增强材料的几何形状，复合材料可以分为：颗粒复合材料，由颗粒增强材料和基体组成；纤维增强复合材料，由纤维和基体组成；叠层复合材料，由多种片状材料叠合组成。

近年来，纤维增强复合材料在工程中的应用越来越广泛，它以韧性好的金属或塑料为基体将纤维材料镶嵌在其中，两者牢固地粘接成整体。纤维材料可以是玻璃、碳、硼、石棉或其他高强度脆性材料。

由于纤维材料的嵌入，使材料的性能得到明显改善，如聚苯乙烯塑料加入玻璃纤维后，抗拉强度可从 600MPa 提高到 1000MPa，弹性模量从 3GPa 提高到 8GPa，−40℃时的冲击强度可提高 10 倍；碳纤维环氧树脂基体复合材料，其弹性模量比基体材料提高了约 60 倍，强度提高了 30 倍。

与金属等各向同性材料不同，纤维增强复合材料具有明显的各向异性，主要表现在平行于纤维方向的增强性能明显，而在垂直于纤维方向的增强性能则不显著。表 14-1 中列出了几种复合材料、金属材料的密度与弹性模量。可以看出，强度明显不同，其中 E_C 和 E'_C 分别为平行和垂直于纤维方向的弹性模量。

表 14-1　几种复合材料、金属材料的密度与弹性模量

材　料	E_C/GPa	E'_C/GPa	密度/(kg/m³)
碳纤维/环氧树脂	180	10	1600
芳伦纤维/环氧树脂	76	5.5	1460
玻璃纤维/环氧树脂	39	8.4	1800
铝合金	70		2770
钢	210		7800

连续纤维在基体中呈同向平行排列的复合材料，称为单向连续纤维增强复合材料，简称单向复合材料。图14-4所示为铺层示意图，图14-5所示为铺层横截面示意图。如果零件或构件在各个方向上的性能要求都很高，只采用一个方向纤维增强复合材料不能满足要求时，必须采用一种叠层结构，这种结构中的每一层纤维都按照一定的方向铺设（图14-6），称为**叠层复合材料**。在此只介绍单向复合材料。

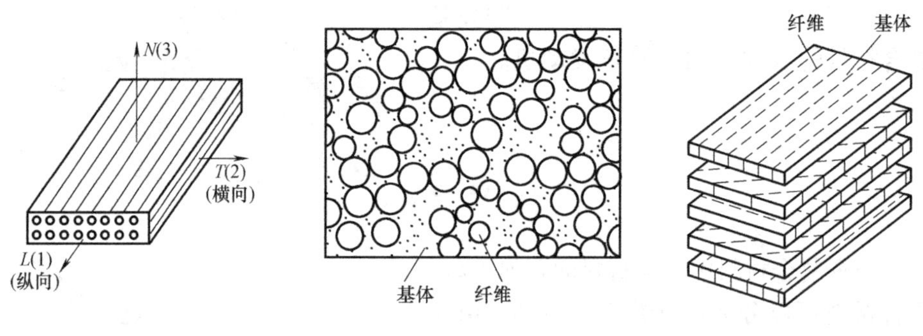

图14-4 铺层示意　　图14-5 铺层横截面示意　　图14-6 叠层复合材料

复合材料的弹性模量不仅与基体和纤维材料的弹性模量有关，而且还与两种材料的体积比有关。为了研究方便，做出如下基本假设：

1）各组分材料都是均匀连续的。纤维平行、等距地排列，其性质与直径也是均匀的。纤维与基体结合良好。当复合材料受力时，在与纤维相同的方向上各组分的应变相等。

2）各相在复合状态下，其性能与未复合前相同。基体和纤维是各向同性的。单向复合材料加载前无应力。

1. 纵向弹性模量

在计算单向复合材料的纵向弹性模量时，将复合材料看成两种弹性体并联，并且简化成有一定规则形状和分布的模型。图14-7所示为单向复合材料的简化力学模型。假设复合材料受到拉伸力 F_c，其中纤维承受 F_f，基体承受 F_m，有

$$F_c = F_f + F_m \tag{14-1}$$

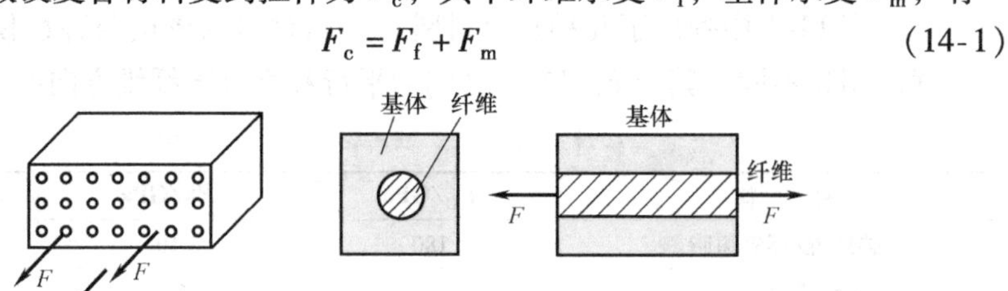

图14-7 单向复合材料的简化力学模型

纤维、基体承受拉力的计算公式为

$$\begin{cases} F_f = \sigma_f A_f = E_f \varepsilon_f A_f \\ F_m = \sigma_m A_m = E_m \varepsilon_m A_m \end{cases} \tag{14-2}$$

式中，σ_f、σ_m 为纤维、基体的纵向应力；A_f、A_m 为纤维、基体的横截面面积；E_f、E_m 为纤维、基体的弹性模量；ε_f、ε_m 为纤维、基体的线应变。

设单向复合材料纵向弹性模量为 E_c，纵向线应变为 ε_c，则复合材料所受的平均拉伸应力为

$$\sigma_c = E_c \varepsilon_c \tag{14-3}$$

$$\sigma_c = \frac{F_c}{A_c} = \frac{F_f + F_m}{A_c} = \frac{E_f \varepsilon_f A_f + E_m \varepsilon_m A_m}{A_c} = E_f \varepsilon_f V_f + E_m \varepsilon_m V_m \tag{14-4}$$

式中，$V_f = \dfrac{A_f}{A_c}$、$V_m = \dfrac{A_m}{A_c}$分别为纤维、基体的体积分数，$V_f + V_m = 1$。

根据等应变假设，$\varepsilon_c = \varepsilon_f = \varepsilon_m$，由式（14-3）和式（14-4）得到单向复合材料的纵向弹性模量计算公式

$$E_c = E_f V_f + E_m (1 - V_f) \tag{14-5}$$

2. 横向弹性模量

横向弹性模量的计算要比纵向弹性模量的计算复杂得多，准确性也差。在此选择一个比较简单的数学模型，假定在整个复合材料中纤维的性质和直径是均匀的，且纤维是连续和彼此平行的，图14-8所示复合材料在横向受力（即载荷方向垂直于纤维），应力为 σ'_c。由纤维和基体构成的等厚度铺层，在载荷作用下，复合材料沿横向的伸长量为

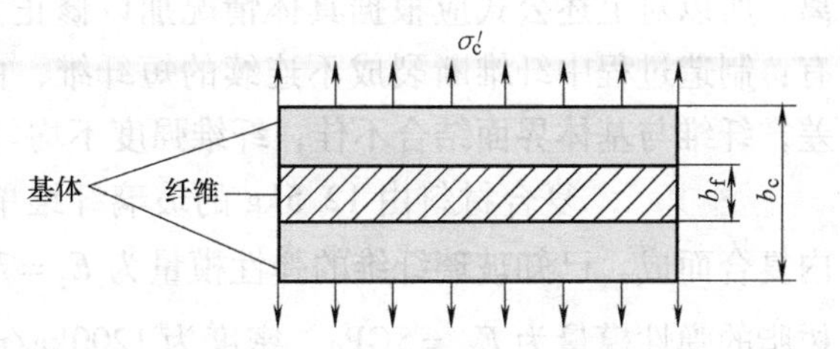

图 14-8　复合材料沿横向的伸长量

$$\delta'_c = \delta'_f + \delta'_m \tag{14-6}$$

其中

$$\begin{cases} \delta'_c = \varepsilon'_c b_c = \dfrac{\sigma'_c}{E'_c} b_c \\ \delta'_f = \varepsilon'_f b_f = \dfrac{\sigma'_f}{E_f} b_f \\ \delta'_m = \varepsilon'_m b_m = \dfrac{\sigma'_m}{E_m} b_m \end{cases} \tag{14-7}$$

式中，δ'_c、δ'_f、δ'_m是复合材料、纤维、基体的伸长量；ε'_c、ε'_f、ε'_m是复合材料、

纤维、基体的线应变；b_c、b_f、b_m 是复合材料、纤维、基体的横向累积宽度；σ'_c、σ'_f、σ'_m是复合材料、纤维、基体的横向拉应力；E'_c是复合材料的横向弹性模量；E_f、E_m 是纤维、基体的弹性模量。

将式（14-7）代入式（14-6），得到

$$\frac{\sigma'_c}{E'_c}b_c=\frac{\sigma'_f}{E_f}b_f+\frac{\sigma'_m}{E_m}b_m$$

将等应力条件 $\sigma'_c=\sigma'_f=\sigma'_m$代入上式，整理得到

$$\frac{1}{E'_c}=\frac{1}{E_f}\frac{b_f}{b_c}+\frac{1}{E_m}\frac{b_m}{b_c} \tag{14-8}$$

对于等厚度铺层，纤维的体积分数 $V_f=\frac{A_f}{A_c}=\frac{b_f}{b_c}$，基体的体积分数 $V_m=\frac{A_m}{A_c}=\frac{b_m}{b_c}=1-V_f$，将纤维的体积分数和基体的体积分数代入式（14-8），得到复合材料横向弹性模量 E'_c的计算式$\frac{1}{E'_c}=\frac{1}{E_f}V_f+\frac{1}{E_m}(1-V_f)$，即

$$E'_c=\frac{E_fE_m}{V_fE_m+(1-V_f)E_f} \tag{14-9}$$

前面的讨论均建立在理想化模型的基础上，而实际情况与理论模型有所偏离，所以对上述公式应根据具体情况加以修正。影响复合材料弹性模量的因素有：制造过程中纤维断裂成不连续的短纤维，由于工艺问题引起的纤维取向偏差，纤维与基体界面结合不佳，纤维强度不均匀等。

例14-1　复合材料由12.5kg的玻璃纤维单方向嵌入90kg的环氧树脂基体内复合而成。已知玻璃纤维的弹性模量为 $E_f=72\text{GPa}$，密度为 2500kg/m^3；环氧树脂的弹性模量为 $E_m=5\text{GPa}$，密度为 1200kg/m^3。试求这种复合材料的纵向和横向弹性模量。

解：12.5kg复合材料中，玻璃纤维增强材料所占体积为 $\frac{12.5\text{kg}}{2500\text{kg/m}^3}=0.005\text{m}^3$，环氧树脂基体材料所占体积为 $\frac{90\text{kg}}{1200\text{kg/m}^3}=0.075\text{m}^3$，总体积为 0.08m^3。于是，玻璃纤维与复合材料总体积之比（即纤维的体积分数）为

$$V_f=\frac{0.005\text{m}^3}{0.08\text{m}^3}=0.0625$$

根据式（14-5），纵向弹性模量为

$$E_c=E_fV_f+E_m(1-V_f)=[72\times0.0625+5\times(1-0.0625)]\text{GPa}=9.19\text{GPa}$$

根据式（14-9），横向弹性模量为

$$E_c'=\frac{E_fE_m}{V_fE_m+(1-V_f)E_f}=\frac{72\times5}{0.0625\times5+(1-0.0625)\times72}\text{Pa}=5.31\text{GPa}$$

$\frac{E_c}{E_m}=1.84$，$\frac{E_c'}{E_m}=1.06$，即复合材料的纵向弹性模量 E_c 和横向弹性模量 E_c' 分别比基体材料的弹性模量 E_m 增加 84% 和 6%，纵向增加量明显高于横向增加量。另一方面，由于玻璃纤维所占体积分数为 6.25%，所以与基体相比，复合材料的弹性模量增加量不十分显著。

3. 纤维增强效应

对于单向复合材料，当外力作用方向与纤维方向平行时，由于纤维的存在，其所能承受的应力值将会超过基体的极限应力值，这种现象称为**纤维增强效应**。增强的效果不仅与纤维和基体的极限应力有关，而且还与纤维在整个复合材料中所占的体积比有关。

如图 14-9 所示，f 表示纤维的应力-应变曲线，m 表示基体的应力-应变曲线。随着载荷加大，变形增加，纤维所受应力大于基体应力；当达到纤维抗拉强度极限 σ_{fb}时，纤维断裂，此时基体在绝大多数情况下不能支持整个复合材料所受的载荷，复合材料随之破坏。

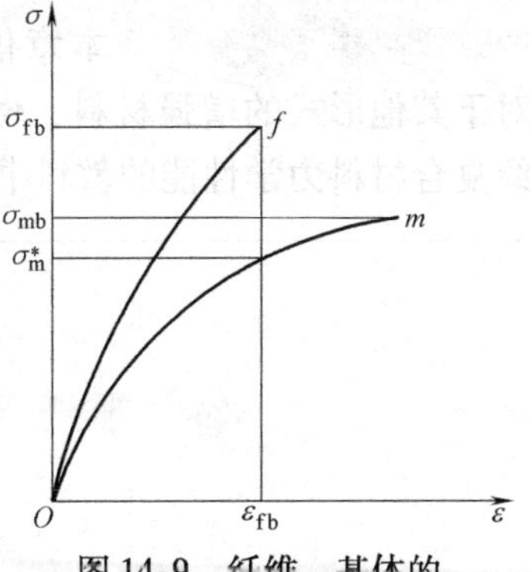

图 14-9　纤维、基体的应力-应变曲线

由式（14-4）可知，复合材料的平均应力（也称名义应力）$\sigma_c=E_f\varepsilon_fV_f+E_m\varepsilon_mV_m$。由胡克定律 $\sigma_f=E_f\varepsilon_f$，$\sigma_m=E_m\varepsilon_m$，得到

$$\sigma_c=\sigma_fV_f+\sigma_m(1-V_f) \tag{14-10}$$

式中，σ_f、σ_m 分别为纤维的纵向应力和基体的纵向应力。

在图 14-9 中，纤维横截面上的应力达到强度极限 σ_{fb}时，相应的极限应变值为 ε_{fb}，基体沿纤维方向的应变值与其相等，基体横截面上的应力为 σ_m^*。应用式（14-10）得到复合材料的强度极限

$$\sigma_{cb}=\sigma_{fb}V_f+\sigma_m^*(1-V_f) \tag{14-11}$$

对于有明显屈服平台的基体材料，式（14-11）的应用范围是 $\sigma_{cb}\geqslant\sigma_{mb}$，$\sigma_{mb}$为基体强度极限。

例 14-2　某复合材料以环氧树脂为基体，高弹性模量碳纤维为增强纤维。已知碳纤维的强度极限为 $\sigma_{fb}=2100\text{MPa}$，增强纤维的体积比为 $V_f=40\%$，极限应变值为 $\varepsilon_{fb}=0.5\%$，环氧树脂对应于应变值 ε_{fb}的应力为 $\sigma_m^*=26.5\text{MPa}$。环氧树脂的极限应变值为 2%，强度极限为 $\sigma_{mb}=80\text{MPa}$。试求这种复合材料的强度极限值。

解：环氧树脂的极限应变值为2%，大于高弹性模量碳纤维的 ε_{fb}（0.5%）。但当达到碳纤维抗拉极限应变值 ε_{fb}时，纤维断裂，设此时环氧树脂基体不能支持整个复合材料所受的载荷，复合材料随之破坏。运用式（14-11）得到

$$\sigma_{cb}=\sigma_{fb}V_f+\sigma_m^*(1-V_f)=[2100\times40\%+26.5\times(1-40\%)]\text{MPa}=856\text{MPa}$$

即复合材料的强度极限值为 856MPa，远大于环氧树脂基体强度极限 σ_{mb}（80MPa），满足式（14-11）的应用条件，本题假设正确。

综上所述，作为结构材料使用的纤维增强复合材料，是以高性能的玻璃纤维、碳纤维、硼纤维、有机纤维、陶瓷纤维和晶须等为增强材料，以树脂、金属和陶瓷为基体复合材料。但在实际工程中，复合材料的增强效应是一个比较复杂的问题，影响因素有两种材料的黏合力、聚合力、弹性模量、泊松比、强度以及热膨胀系数等。本章仅介绍了纤维增强复合材料沿着纵向受载的情形。对于其他形式的增强材料，例如颗粒状增强材料的增强效应分析，可以参考介绍复合材料力学性能的教科书。

第二节　聚合物的力学性能

高分子材料是由各类单体分子通过聚合反应而形成的，又称**聚合物**或**高聚物**，它包括天然聚合物和人工合成聚合物两大类。天然聚合物有木材、橡胶、黄麻、丝、毛发和角等；人工合成聚合物有工程塑料、合成纤维、合成橡胶和胶黏剂等。由于聚合物具有轻巧、性价比高和便于加工等优点，在工业和日常生活中已经得到广泛应用，人工合成聚合物的生产规模在体积上早已超过金属产量的总和。一般所说的高分子，是指它们的相对分子质量大于10000，由各原子呈共价键结合的长键状大分子组成，聚合过程的细节决定了所形成聚合物的类型。

按聚合物的结构性能和用途，可概括地分为热塑性塑料、热固性塑料、纤维和橡胶四类。

1）**热塑性塑料**即通常所称的塑料，受热时能够熔融，可使用普通成型工艺进行模制或反复模制，聚乙烯、聚氯乙烯、聚丙烯、聚苯丙烯、聚四氟乙烯、聚酯、聚酰胺、聚酰亚胺、聚甲醛、ABS（丙烯腈-丁二烯-苯乙烯的共聚物）等都属于此类。

2）**热固性塑料**坚硬而难于加工，加热时只能降解，不能熔融，酚醛树脂、脲醛树脂、聚氨酯、硅树脂以及高性能的环氧树脂、胶黏剂等均属此类。

3）**纤维**分为天然纤维和化学纤维。化学纤维又分为改性纤维素（人造纤

维，如黏胶纤维）与合成纤维。重要的合成纤维品种有：聚酯纤维，如涤纶（聚对苯二甲酸乙二酯）；聚酰胺纤维，如尼龙-66；烯类纤维，如腈纶（聚丙烯腈）和维尼纶（聚乙烯醇甲醛）。

4）**橡胶**是室温下的高弹性材料，可以产生很大的变形而不丧失弹性，天然橡胶、丁苯橡胶、丁腈橡胶、异戊二烯橡胶、氯丁橡胶、硅橡胶、聚氨酯橡胶等均属此类。

塑料、纤维和橡胶之间并无严格的界限，有的聚合物可制成纤维，也可用作塑料等。

钢铁等金属材料，在常温下的应力-应变关系均与时间无关。但对于混凝土和塑料等黏弹性材料，当应力保持不变时，应变随时间的增加而增加，这种现象称为蠕变；当应变保持不变时，应力随时间的增加而减小，这种现象称为松弛。与金属材料相比，聚合物的主要力学性能特点为密度小、弹性变形量大、弹性模量小和黏弹性明显。聚合物的主要力学性能表现为：

1）聚合物为密度最小的工程材料，其密度一般为1000～2000kg/m^3，仅为钢铁材料的1/8～1/4，不到工程陶瓷密度的一半。重量轻、强重比大是聚合物的突出优点。

2）聚合物的弹性变形量可达100%～1000%，而一般金属材料的只有0.1%～1.0%。

3）聚合物刚度差，弹性模量为0.4～4.0GPa，而一般金属材料的为50～300GPa。

4）聚合物黏弹性明显，受载后其应变落后于应力，常温下即会产生明显的蠕变变形和应力松弛。

聚合物在外力作用下极易受温度和载荷作用时间的影响，因此其力学性能的变化幅度较大。图14-10所示为非晶态聚合物的弹性模量E随温度T变化的典型曲线。对于非晶态聚合物，存在玻璃化的转变温度T_g，以T_g为界，聚合物被分成玻璃态和橡胶态：玻璃态的力学性能接近脆性玻璃，弹性模量的取值约为GPa量级；在橡胶态期间具有很高的非线性弹性变形能力，弹性模量的取值约为MPa量级。表14-2列出了一些塑料的拉伸、压缩力学性能。

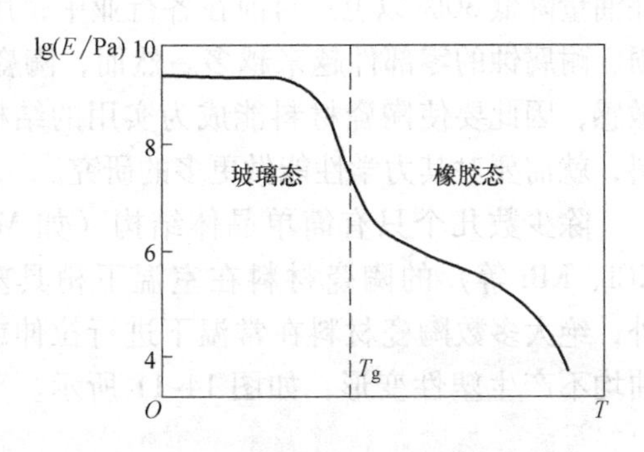

图14-10　非晶态聚合物的弹性模量E随温度T变化的典型曲线

表 14-2 一些塑料的拉伸、压缩力学性能

聚合物	弹性模量/MPa	拉伸屈服强度/MPa	拉伸极限强度/MPa	拉伸断裂伸长（%）	压缩屈服应力/MPa
低密度聚乙烯	138～276	6.8～13.6	10.2～17.2	400～700	
高密度聚乙烯	414～1035	17～34	17.2～37.4	100～600	20.4～34
聚四氟乙烯	414	10.2～13.6	13.6～27.2	100～350	10.2～13.6
聚丙烯	1035～1552	20.4～27.2	23.8～37.4	200～600	34～54.4
尼龙-66	1242～2760	57.8～78.2	61.2～81.6	60～300	54.4～88.4
聚碳酸酯	2415	54.4～68	54.4～68	60～120	68～81.6

第三节 陶瓷材料的力学性能

陶瓷与金属材料、高分子材料并列为当代三大固体材料。传统的陶瓷制品以天然黏土为原料，通过混料、成形、烧结而成，其性能特点是强度低而脆。新型工程陶瓷采用高纯度、超细的人工合成材料，精确控制其化学组成，经过特殊工艺加工而得到的结构精细、力学性能和热学性质优良的陶瓷材料。常用的工程陶瓷材料有氮化硅、碳化硅、氧化铝和氧化锆增韧陶瓷。工程陶瓷材料的力学性能特点是耐高温、硬度高、弹性模量大、耐磨损、耐腐蚀和抵抗蠕变能力强。在发动机上使用高性能的工程陶瓷材料，除耐磨损和耐腐蚀外，还由于材料耐高温而无需冷却系统，可使热效率提高 20%，发动机重量减轻 20%，耗油量降低 30% 以上。目前在各行业中，用工程陶瓷材料制作的耐高温、耐磨损、耐腐蚀的零部件越来越多。然而，陶瓷材料大都是脆性材料，对缺陷十分敏感，因此要使陶瓷材料能成为实用的结构材料，就需要对其力学性能做更多的研究。

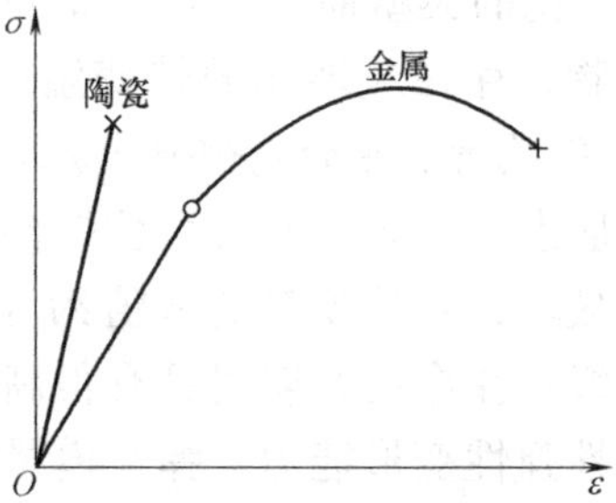

图 14-11 应力-应变曲线

除少数几个只有简单晶体结构（如 MgO、KCl、KBr 等）的陶瓷材料在室温下稍具塑性外，绝大多数陶瓷材料在常温下进行拉伸或弯曲均不产生塑性变形，如图 14-11 所示。陶瓷材料是脆性材料，在常温下基本不出现或极少出现塑性变形，大都在弹性变形阶段结束后立即发生脆性断裂，因而其延伸率 δ 和断面收缩率 Ψ 均近似为零。可以认为，陶

瓷材料的抗拉强度 σ_b 和屈服强度 $\sigma_{0.2}$ 在数值上是相等的。脆性材料的拉伸试验只能测定其弹性模量（表 14-3）和断裂强度（表 14-4）。

表 14-3　常温下陶瓷材料与金属材料的弹性模量

名　称	弹性模量/GPa	名　称	弹性模量/GPa	名　称	弹性模量/GPa
氧化铝	380	钢	210	尖晶石	240
95% 氧化铝陶瓷	300	铝	70	氧化锆	190
氧化镁	210	石英玻璃	73	铜	110

表 14-4　材料的抗拉强度和抗压强度

材　料	抗拉强度/MPa	抗压强度/MPa
化工陶瓷	30 ~ 40	250 ~ 400
透明石英玻璃	50	200
烧结尖晶石	134	1900
99% 烧结氧化铝	265	2990
烧结碳化硼	300	3000
铸铁 FC10	100 ~ 150	400 ~ 600
优质碳素结构钢 45	598	
合金结构钢 40Cr	981	

与金属材料相比，陶瓷材料的弹性变形特点为：

1）陶瓷材料的弹性模量比金属大得多，常高出 1 倍至几倍。陶瓷材料的弹性模量不仅与结合键有关，还与其组成相的种类、分布比例及气孔率有关，因此陶瓷的成形与烧结工艺对弹性模量影响重大。

2）陶瓷材料的压缩弹性模量高于拉伸弹性模量。

3）陶瓷材料压缩时的强度比拉伸时大得多。这是脆性材料的一个特点或优点。

4）和金属材料相比，陶瓷材料在高温下具有良好的抵抗蠕变的能力，而且在高温下也具有一定的塑性。

陶瓷弹性模量的决定因素：

1）热膨胀系数小的一般具有较高的弹性模量。

2）熔点越高，弹性模量就越高。

3）随着气孔率的增加，陶瓷材料的弹性模量急剧下降。

4）单晶陶瓷在不同的晶向上一般具有不同的弹性模量。

影响陶瓷强度的主要因素如下：

1）当材料成分相同时，气孔率的不同将引起强度的显著差异，例如当气孔率为10%时，陶瓷的强度降低到无气孔时的50%。

2）对结构陶瓷材料来说，获得细晶粒组织对提高室温情况下的强度是有利的。

3）晶界相的性质、厚度、晶粒形状。

陶瓷材料的一个最大的特点就是高温强度比金属的高得多。汽车用燃气发动机的预计温度为1370℃，在这样的工作温度下，镍、铬、钴系的超耐热合金已无法承受，但氮化硅、碳化硅陶瓷却大有希望。

大多数陶瓷在生产和使用过程中都处于高温状态，而陶瓷材料的导热性差，因此温度变化所引起的热应力会导致陶瓷构件失效。材料遭受的急剧温度变化，称为**热震**。陶瓷材料承受一定程度的温度急剧变化而结构不致被破坏的性能称为**抗热震性**，又称**抗热冲击性**或**热稳定性**。

材料热震失效可分为两大类：一类是瞬时断裂，称为**热震断裂**；另一类是材料在热震中产生新裂纹，以及新裂纹与原有裂纹扩展造成开裂、剥落等，进一步出现碎裂和变质，最终导致整体破坏，称为**热震损伤**。

一般情况下，材料的热膨胀系数越小，则抗热震性就越好，这是因为材料因温度变化而引起的体积变化小，相应产生的温度应力小；热导率越大，材料内部的温差越小，由温差引起的应力差就越小，抗热震性就越好；材料固有强度越高，承受热应力而不致破坏的强度就越大，抗热震性就越好；弹性模量越大，材料产生弹性变形而缓解和释放热应力的能力就越强，抗热震性就越好。

本章介绍了复合材料、聚合物和工业陶瓷的一些最基本的力学性能，随着先进制造技术的不断发展，新材料、新工艺越来越多地运用于生产实际，了解和掌握复合材料、聚合物、工业陶瓷的特性，对于机械专业的学生来说是很重要的。

小　　结

复合材料是指两种或两种以上互不相溶（熔）的材料通过一定的方式组合成一种新型的材料。复合材料可以分为颗粒复合材料、纤维增强复合材料和叠层复合材料。

连续纤维在基体中呈同向平行排列的复合材料，称为单向复合材料。

单向复合材料的纵向弹性模量为 $E_c = E_f V_f + E_m(1 - V_f)$，横向弹性模量为 $E'_c = \dfrac{E_f E_m}{V_f E_m + (1 - V_f) E_f}$。

对于单向复合材料，当外力作用方向与纤维方向平行时，由于纤维的存在，其所能承受的应力值将会超过基体的极限应力值，这种现象称为纤维增强效应。

纤维横截面上的应力达到强度极限σ_{fb}时，基体横截面上的应力为σ_m^*，复合材料的强度极限$\sigma_{cb}=\sigma_{fb}V_f+\sigma_m^*(1-V_f)$，此公式的应用范围是$\sigma_{cb}\geqslant\sigma_{mb}$，$\sigma_{mb}$为基体强度极限。

高分子材料是由各类单体分子通过聚合反应而形成的，又称聚合物或高聚物，它包括天然聚合物和人工合成聚合物两大类。

按聚合物的结构性能和用途，可分为热塑性塑料、热固性塑料、纤维和橡胶四类。

对于黏弹性材料，当应力保持不变时，应变随时间的增加而增加，这种现象称为蠕变；当应变保持不变时，应力随时间的增加而减小，这种现象称为松弛。

与金属材料相比，聚合物的主要力学性能特点为密度小、弹性变形量大、弹性模量小和黏弹性明显。

聚合物被分成玻璃态和橡胶态：玻璃态期间的力学性能接近脆性玻璃；橡胶态期间具有很高的非线性弹性变形能力。

与金属材料相比，陶瓷材料的弹性变形特点为：

1）陶瓷材料的弹性模量比金属大得多。

2）陶瓷材料的压缩弹性模量高于拉伸弹性模量。

3）陶瓷材料压缩时的强度比拉伸时大得多。

4）陶瓷材料在高温下具有良好的抵抗蠕变的能力，而且在高温下也具有一定的塑性。

陶瓷弹性模量的决定因素：热膨胀系数，熔点，气孔率等。

影响陶瓷强度的主要因素：气孔率，晶粒组织，晶界相的性质、厚度和晶粒形状。

材料遭受的急剧温度变化，称为热震。

陶瓷材料承受一定程度的温度急剧变化而结构不致被破坏的性能称为抗热震性。

热震断裂，热震损伤。

习　题

14-1　纤维的体积分数对复合材料的纵向抗拉强度有什么影响？

14-2　影响复合材料弹性模量的主要因素有哪些？

14-3　哪些因素影响复合材料的强度？

14-4　什么是纤维增强效应？

14-5　复合材料以环氧树脂为基体，单方向嵌入玻璃纤维复合而成。已知环氧树脂的弹性模量$E_m=5\text{GPa}$，玻璃纤维的弹性模量$E_f=85\text{GPa}$，体积分数$V_f=0.3$。试求复合材料的纵向弹性模量E_c和横向弹性模量E_c'。

14-6　某复合材料以铜为基体，钨丝为增强纤维。已知钨丝的强度极限$\sigma_{fb}=2069\text{MPa}$，钨丝的体积分数$V_f=0.25$，极限应变值$\varepsilon_{fb}=15\%$；而铜对应此应变值的应力$\sigma_m^*=55.2\text{MPa}$，铜的强度极限$\sigma_{mb}=207\text{MPa}$。试求这种复合材料的强度极限值$\sigma_{cb}$。

14-7　按聚合物的结构性能和用途可分为哪四类？列出每一类的五种材料。

14-8　聚合物被分成玻璃态和橡胶态，对应的力学性能如何？

14-9　什么是蠕变？什么是松弛？

14-10　与金属材料相比，聚合物的主要力学性能特点是什么？

14-11　解释名词：热震，抗热震性，热震断裂，热震损伤。

14-12　与金属材料相比，陶瓷材料的弹性变形特点是什么？

14-13　列举你遇到的工业陶瓷的应用例子。

14-14　陶瓷弹性模量的决定因素有哪些？

14-15　影响陶瓷强度的主要因素有哪些？

附录　热轧型钢表（GB/T 706—2008）

表 1　等边角钢截面尺寸、截面面积、理论重量及截面特性

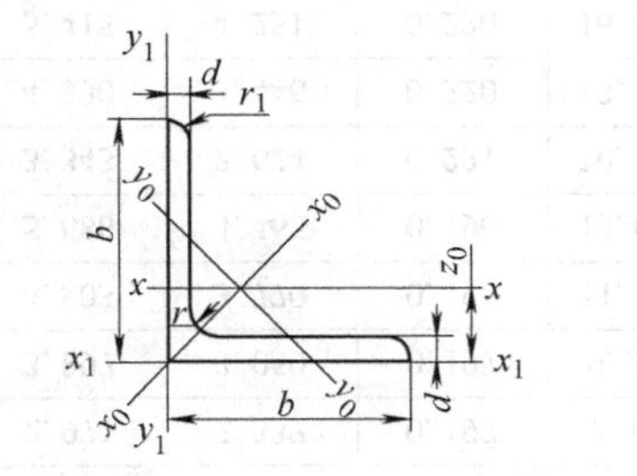

b——边宽度；

d——边厚度；

r——内圆弧半径；

r_1——边端内弧半径；

z_0——重心距离。

型号	截面尺寸/mm			截面面积 /cm²	理论重量 /(kg/m)	外表面积 /(m²/m)	惯性矩/cm⁴				惯性半径/cm			截面模数/cm³			重心距离/cm
	b	d	r				I_x	I_{x1}	I_{x0}	I_{y0}	i_x	i_{x0}	i_{y0}	W_x	W_{x0}	W_{y0}	z_0
2	20	3	3.5	1.132	0.889	0.078	0.40	0.81	0.63	0.17	0.59	0.75	0.39	0.29	0.45	0.20	0.60
		4		1.459	1.145	0.077	0.50	1.09	0.78	0.22	0.58	0.73	0.38	0.36	0.55	0.24	0.64
2.5	25	3		1.432	1.124	0.098	0.82	1.57	1.29	0.34	0.76	0.95	0.49	0.46	0.73	0.33	0.73
		4		1.859	1.459	0.097	1.03	2.11	1.62	0.43	0.74	0.93	0.48	0.59	0.92	0.40	0.76
3.0	30	3	4.5	1.749	1.373	0.117	1.46	2.71	2.31	0.61	0.91	1.15	0.59	0.68	1.09	0.51	0.85
		4		2.276	1.786	0.117	1.84	3.63	2.92	0.77	0.90	1.13	0.58	0.87	1.37	0.62	0.89
3.6	36	3		2.109	1.656	0.141	2.58	4.68	4.09	1.07	1.11	1.39	0.71	0.99	1.61	0.76	1.00
		4		2.756	2.163	0.141	3.29	6.25	5.22	1.37	1.09	1.38	0.70	1.28	2.05	0.93	1.04
		5		3.382	2.654	0.141	3.95	7.84	6.24	1.65	1.08	1.36	0.70	1.56	2.45	1.00	1.07

（续）

型号	截面尺寸/mm			截面面积/cm^2	理论重量/(kg/m)	外表面积/(m^2/m)	惯性矩/cm^4				惯性半径/cm			截面模数/cm^3			重心距离/cm
	b	d	r				I_x	I_{x1}	I_{x0}	I_{y0}	i_x	i_{x0}	i_{y0}	W_x	W_{x0}	W_{y0}	z_0
4	40	3	5	2.359	1.852	0.157	3.59	6.41	5.69	1.49	1.23	1.55	0.79	1.23	2.01	0.96	1.09
		4		3.086	2.422	0.157	4.60	8.56	7.29	1.91	1.22	1.54	0.79	1.60	2.58	1.19	1.13
		5		3.791	2.976	0.156	5.53	10.74	8.76	2.30	1.21	1.52	0.78	1.96	3.10	1.39	1.17
4.5	45	3		2.659	2.088	0.177	5.17	9.12	8.20	2.14	1.40	1.76	0.89	1.58	2.58	1.24	1.22
		4		3.486	2.736	0.177	6.65	12.18	10.56	2.75	1.38	1.74	0.89	2.05	3.32	1.54	1.26
		5		4.292	3.369	0.176	8.04	15.2	12.74	3.33	1.37	1.72	0.88	2.51	4.00	1.81	1.30
		6		5.076	3.985	0.176	9.33	18.36	14.76	3.89	1.36	1.70	0.8	2.95	4.64	2.06	1.33
5	50	3	5.5	2.971	2.332	0.197	7.18	12.5	11.37	2.98	1.55	1.96	1.00	1.96	3.22	1.57	1.34
		4		3.897	3.059	0.197	9.26	16.69	14.70	3.82	1.54	1.94	0.99	2.56	4.16	1.96	1.38
		5		4.803	3.770	0.196	11.21	20.90	17.79	4.64	1.53	1.92	0.98	3.13	5.03	2.31	1.42
		6		5.688	4.465	0.196	13.05	25.14	20.68	5.42	1.52	1.91	0.98	3.68	5.85	2.63	1.46
5.6	56	3	6	3.343	2.624	0.221	10.19	17.56	16.14	4.24	1.75	2.20	1.13	2.48	4.08	2.02	1.48
		4		4.390	3.446	0.220	13.18	23.43	20.92	5.46	1.73	2.18	1.11	3.24	5.28	2.52	1.53
		5		5.415	4.251	0.220	16.02	29.33	25.42	6.61	1.72	2.17	1.10	3.97	6.42	2.98	1.57
		6		6.420	5.040	0.220	18.69	35.26	29.66	7.73	1.71	2.15	1.10	4.68	7.49	3.40	1.61
		7		7.404	5.812	0.219	21.23	41.23	33.63	8.82	1.69	2.13	1.09	5.36	8.49	3.80	1.64
		8		8.367	6.568	0.219	23.63	47.24	37.37	9.89	1.68	2.11	1.09	6.03	9.44	4.16	1.68
6	60	5	6.5	5.829	4.576	0.236	19.89	36.05	31.57	8.21	1.85	2.33	1.19	4.59	7.44	3.48	1.67
		6		6.914	5.427	0.235	23.25	43.33	36.89	9.60	1.83	2.31	1.18	5.41	8.70	3.98	1.70
		7		7.977	6.262	0.235	26.44	50.65	41.92	10.96	1.82	2.29	1.17	6.21	9.88	4.45	1.74
		8		9.020	7.081	0.235	29.47	58.02	46.66	12.28	1.81	2.27	1.17	6.98	11.00	4.88	1.78

6.3	63	4	7	4.978	3.907	0.248	19.03	33.35	30.17	7.89	1.96	2.46	1.26	4.13	6.78	3.29	1.70
		5		6.143	4.822	0.248	23.17	41.73	36.77	9.57	1.94	2.45	1.25	5.08	8.25	3.90	1.74
		6		7.288	5.721	0.247	27.12	50.14	43.03	11.20	1.93	2.43	1.24	6.00	9.66	4.46	1.78
		7		8.412	6.603	0.247	30.87	58.60	48.96	12.79	1.92	2.41	1.23	6.88	10.99	4.98	1.82
		8		9.515	7.469	0.247	34.46	67.11	54.56	14.33	1.90	2.40	1.23	7.75	12.25	5.47	1.85
		10		11.657	9.151	0.246	41.09	84.31	64.85	17.33	1.88	2.36	1.22	9.39	14.56	6.36	1.93
7	70	4	8	5.570	4.372	0.275	26.39	45.74	41.80	10.99	2.18	2.74	1.40	5.14	8.44	4.17	1.86
		5		6.875	5.397	0.275	32.21	57.21	51.08	13.31	2.16	2.73	1.39	6.32	10.32	4.95	1.91
		6		8.160	6.406	0.275	37.77	68.73	59.93	15.61	2.15	2.71	1.38	7.48	12.11	5.67	1.95
		7		9.424	7.398	0.275	43.09	80.29	68.35	17.82	2.14	2.69	1.38	8.59	13.81	6.34	1.99
		8		10.667	8.373	0.274	48.17	91.92	76.37	19.98	2.12	2.68	1.37	9.68	15.43	6.98	2.03
7.5	75	5	9	7.412	5.818	0.295	39.97	70.56	63.30	16.63	2.33	2.92	1.50	7.32	11.94	5.77	2.04
		6		8.797	6.905	0.294	46.95	84.55	74.38	19.51	2.31	2.90	1.49	8.64	14.02	6.67	2.07
		7		10.160	7.976	0.294	53.57	98.71	84.96	22.18	2.30	2.89	1.48	9.93	16.02	7.44	2.11
		8		11.503	9.030	0.294	59.96	112.97	95.07	24.86	2.28	2.88	1.47	11.20	17.93	8.19	2.15
		9		12.825	10.068	0.294	66.10	127.30	104.71	27.48	2.27	2.86	1.46	12.43	19.75	8.89	2.18
		10		14.126	11.089	0.293	71.98	141.71	113.92	30.05	2.26	2.84	1.46	13.64	21.48	9.56	2.22
8	80	5		7.912	6.211	0.315	48.79	85.36	77.33	20.25	2.48	3.13	1.60	8.34	13.67	6.66	2.15
		6		9.397	7.376	0.314	57.35	102.50	90.98	23.72	2.47	3.11	1.59	9.87	16.08	7.65	2.19
		7		10.860	8.525	0.314	65.58	119.70	104.07	27.09	2.46	3.10	1.58	11.37	18.40	8.58	2.23
		8		12.303	9.658	0.314	73.49	136.97	116.60	30.39	2.44	3.08	1.57	12.83	20.61	9.46	2.27
		9		13.725	10.774	0.314	81.11	154.31	128.60	33.61	2.43	3.06	1.56	14.25	22.73	10.29	2.31
		10		15.126	11.874	0.313	88.43	171.74	140.09	36.77	2.42	3.04	1.56	15.64	24.76	11.08	2.35

（续）

型号	截面尺寸/mm			截面面积/cm²	理论重量/(kg/m)	外表面积/(m²/m)	惯性矩/cm⁴				惯性半径/cm			截面模数/cm³			重心距离/cm
	b	d	r				I_x	I_{x1}	I_{x0}	I_{y0}	i_x	i_{x0}	i_{y0}	W_x	W_{x0}	W_{y0}	z_0
9	90	6	10	10.637	8.350	0.354	82.77	145.87	131.26	34.28	2.79	3.51	1.80	12.61	20.63	9.95	2.44
		7		12.301	9.656	0.354	94.83	170.30	150.47	39.18	2.78	3.50	1.78	14.54	23.64	11.19	2.48
		8		13.944	10.946	0.353	106.47	194.80	168.97	43.97	2.76	3.48	1.78	16.42	26.55	12.35	2.52
		9		15.566	12.219	0.353	117.72	219.39	186.77	48.66	2.75	3.46	1.77	18.27	29.35	13.46	2.56
		10		17.167	13.476	0.353	128.58	244.07	203.90	53.26	2.74	3.45	1.76	20.07	32.04	14.52	2.59
		12		20.306	15.940	0.352	149.22	293.76	236.21	62.22	2.71	3.41	1.75	23.57	37.12	16.49	2.67
10	100	6	12	11.932	9.366	0.393	114.95	200.07	181.98	47.92	3.10	3.90	2.00	15.68	25.74	12.69	2.67
		7		13.796	10.830	0.393	131.86	233.54	208.97	54.74	3.09	3.89	1.99	18.10	29.55	14.26	2.71
		8		15.638	12.276	0.393	148.24	267.09	235.07	61.41	3.08	3.88	1.98	20.47	33.24	15.75	2.76
		9		17.462	13.708	0.392	164.12	300.73	260.30	67.95	3.07	3.86	1.97	22.79	36.81	17.18	2.80
		10		19.261	15.120	0.392	179.51	334.48	284.68	74.35	3.05	3.84	1.96	25.06	40.26	18.54	2.84
		12		22.800	17.898	0.391	208.90	402.34	330.95	86.84	3.03	3.81	1.95	29.48	46.80	21.08	2.91
		14		26.256	20.611	0.391	236.53	470.75	374.06	99.00	3.00	3.77	1.94	33.73	52.90	23.44	2.99
		16		29.627	23.257	0.390	262.53	539.80	414.16	110.89	2.98	3.74	1.94	37.82	58.57	25.63	3.06
11	110	7	12	15.196	11.928	0.433	177.16	310.64	280.94	73.38	3.41	4.30	2.20	22.05	36.12	17.51	2.96
		8		17.238	13.535	0.433	199.46	355.20	316.49	82.42	3.40	4.28	2.19	24.95	40.69	19.39	3.01
		10		21.261	16.690	0.432	242.19	444.65	384.39	99.98	3.38	4.25	2.17	30.68	49.42	22.91	3.09
		12		25.200	19.782	0.431	282.55	534.60	448.17	116.93	3.35	4.22	2.15	36.05	57.62	26.15	3.16
		14		29.056	22.809	0.431	320.71	625.16	508.01	133.40	3.32	4.18	2.14	41.31	65.31	29.14	3.24
12.5	125	8	14	19.750	15.504	0.492	297.03	521.01	470.89	123.16	3.88	4.88	2.50	32.52	53.28	25.86	3.37
		10		24.373	19.133	0.491	361.67	651.93	573.89	149.46	3.85	4.85	2.48	39.97	64.93	30.62	3.45
		12		28.912	22.696	0.491	423.16	783.42	671.44	174.88	3.83	4.82	2.46	41.17	75.96	35.03	3.53
		14		33.367	26.193	0.490	481.65	915.61	763.73	199.57	3.80	4.78	2.45	54.16	86.41	39.13	3.61
		16		37.739	29.625	0.489	537.31	1048.62	850.98	223.65	3.77	4.75	2.43	60.93	96.28	42.96	3.68

14	140	10	14	27.373	21.488	0.551	514.65	915.11	817.27	212.04	4.34	5.46	2.78	50.58	82.56	39.20	3.82
		12		32.512	25.522	0.551	603.68	1099.28	958.79	248.57	4.31	5.43	2.76	59.80	96.85	45.02	3.90
		14		37.567	29.490	0.550	688.81	1284.22	1093.56	284.06	4.28	5.40	2.75	68.75	110.47	50.45	3.98
		16		42.539	33.393	0.549	770.24	1470.07	1221.81	318.67	4.26	5.36	2.74	77.46	123.42	55.55	4.06
15	150	8		23.750	18.644	0.592	521.37	899.55	827.49	215.25	4.69	5.90	3.01	47.36	78.02	38.14	3.99
		10		29.373	23.058	0.591	637.50	1125.09	1012.79	262.21	4.66	5.87	2.99	58.35	95.49	45.51	4.08
		12		34.912	27.406	0.591	748.85	1351.26	1189.97	307.73	4.63	5.84	2.97	69.04	112.19	52.38	4.15
		14		40.367	31.688	0.590	855.64	1578.25	1359.30	351.98	4.60	5.80	2.95	79.45	128.16	58.83	4.23
		15		43.063	33.804	0.590	907.39	1692.10	1441.09	373.69	4.59	5.78	2.95	84.56	135.87	61.90	4.27
		16		45.739	35.905	0.589	958.08	1806.21	1521.02	395.14	4.58	5.77	2.94	89.59	143.40	64.89	4.31
16	160	10	16	31.502	24.729	0.630	779.53	1365.33	1237.30	321.76	4.98	6.27	3.20	66.70	109.36	52.76	4.31
		12		37.441	29.391	0.630	916.58	1639.57	1455.68	377.49	4.95	6.24	3.18	78.98	128.67	60.74	4.39
		14		43.296	33.987	0.629	1048.36	1914.68	1665.02	431.70	4.92	6.20	3.16	90.95	147.17	68.24	4.47
		16		49.067	38.518	0.629	1175.08	2190.82	1865.57	484.59	4.89	6.17	3.14	102.63	164.89	75.31	4.55
18	180	12		42.241	33.159	0.710	1321.35	2332.80	2100.10	542.61	5.59	7.05	3.58	100.82	165.00	78.41	4.89
		14		48.896	38.383	0.709	1514.48	2723.48	2407.42	621.53	5.56	7.02	3.56	116.25	189.14	88.38	4.97
		16		55.467	43.542	0.709	1700.99	3115.29	2703.37	698.60	5.54	6.98	3.55	131.13	212.40	97.83	5.05
		18		61.055	48.634	0.708	1875.12	3502.43	2988.24	762.01	5.50	6.94	3.51	145.64	234.78	105.14	5.13

（续）

型号	截面尺寸/mm			截面面积/cm^2	理论重量/(kg/m)	外表面积/(m^2/m)	惯性矩/cm^4				惯性半径/cm			截面模数/cm^3			重心距离/cm
	b	d	r				I_x	I_{x1}	I_{x0}	I_{y0}	i_x	i_{x0}	i_{y0}	W_x	W_{x0}	W_{y0}	z_0
20	200	14	18	54.642	42.894	0.788	2103.55	3734.10	3343.26	863.83	6.20	7.82	3.98	144.70	236.40	111.82	5.46
		16		62.013	48.680	0.788	2366.15	4270.39	3760.89	971.41	6.18	7.79	3.96	163.65	265.93	123.96	5.54
		18		69.301	54.401	0.787	2620.64	4808.13	4164.54	1076.74	6.15	7.75	3.94	182.22	294.48	135.52	5.62
		20		76.505	60.056	0.787	2867.30	5347.51	4554.55	1180.04	6.12	7.72	3.93	200.42	322.06	146.55	5.69
		24		90.661	71.168	0.785	3338.25	6457.16	5294.97	1381.53	6.07	7.64	3.90	236.17	374.41	166.65	5.87
22	220	16	21	68.664	53.901	0.866	3187.36	5681.62	5063.73	1310.99	6.81	8.59	4.37	199.55	325.51	153.81	6.03
		18		76.752	60.250	0.866	3534.30	6395.93	5615.32	1453.27	6.79	8.55	4.35	222.37	360.97	168.29	6.11
		20		84.756	66.533	0.865	3871.49	7112.04	6150.08	1592.90	6.76	8.52	4.34	244.77	395.34	182.16	6.18
		22		92.676	72.751	0.865	4199.23	7830.19	6668.37	1730.10	6.73	8.48	4.32	266.78	428.66	195.45	6.26
		24		100.512	78.902	0.864	4517.83	8550.57	7170.55	1865.11	6.70	8.45	4.31	288.39	460.94	208.21	6.33
		26		108.264	84.987	0.864	4827.58	9273.39	7656.98	1998.17	6.68	8.41	4.30	309.62	492.21	220.49	6.41
25	250	18	24	87.842	68.956	0.985	5268.22	9379.11	8369.04	2167.41	7.74	9.76	4.97	290.12	473.42	224.03	6.84
		20		97.045	76.180	0.984	5779.34	10426.97	9181.94	2376.74	7.72	9.73	4.95	319.66	519.41	242.85	6.92
		24		115.201	90.433	0.983	6763.93	12529.74	10742.67	2785.19	7.66	9.66	4.92	377.34	607.70	278.38	7.07
		26		124.154	97.461	0.982	7238.08	13585.18	11491.33	2984.84	7.63	9.62	4.90	405.50	650.05	295.19	7.15
		28		133.022	104.422	0.982	7700.60	14643.62	12219.39	3181.81	7.61	9.58	4.89	433.22	691.23	311.42	7.22
		30		141.807	111.318	0.981	8151.80	15705.30	12927.26	3376.34	7.58	9.55	4.88	460.51	731.28	327.12	7.30
		32		150.508	118.149	0.981	8592.01	16770.41	13615.32	3568.71	7.56	9.51	4.87	487.39	770.20	342.33	7.37
		35		163.402	128.271	0.980	9232.44	18374.95	14611.16	3853.72	7.52	9.46	4.86	526.97	826.53	364.30	7.48

注：截面图中的 $r_1 = 1/3d$ 及表中 r 的数据用于孔型设计，不做交货条件。

表 2 不等边角钢截面尺寸、截面面积、理论重量及截面特性

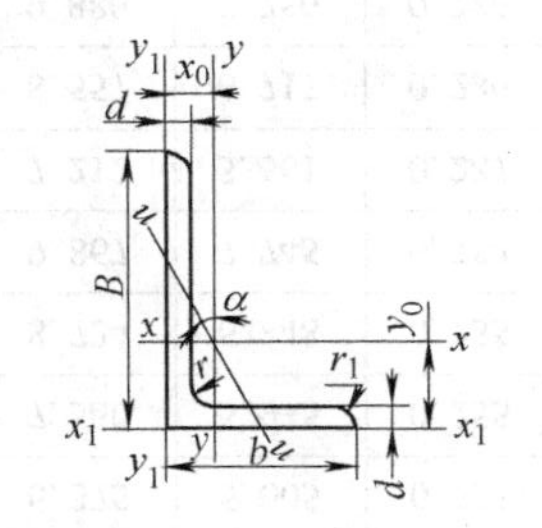

B——长边宽度；
b——短边宽度；
d——边厚度；
r——内圆弧半径；
r_1——边端圆弧半径；
x_0——重心距离；
y_0——重心距离。

型号	截面尺寸/mm				截面面积	理论重量	外表面积	惯性矩/cm^4					惯性半径/cm			截面模数/cm^3			tgα	重心距离/cm	
	B	b	d	r	/cm^2	/(kg/m)	/(m^2/m)	I_x	I_{x1}	I_y	I_{y1}	I_u	i_x	i_y	i_u	W_x	W_y	W_u		x_0	y_0
2.5/1.6	25	16	3	3.5	1.162	0.912	0.080	0.70	1.56	0.22	0.43	0.14	0.78	0.44	0.34	0.43	0.19	0.16	0.392	0.42	0.86
			4		1.499	1.176	0.079	0.88	2.09	0.27	0.59	0.17	0.77	0.43	0.34	0.55	0.24	0.20	0.381	0.46	1.86
3.2/2	32	20	3		1.492	1.171	0.102	1.53	3.27	0.46	0.82	0.28	1.01	0.55	0.43	0.72	0.30	0.25	0.382	0.49	0.90
			4		1.939	1.522	0.101	1.93	4.37	0.57	1.12	0.35	1.00	0.54	0.42	0.93	0.39	0.32	0.374	0.53	1.08
4/2.5	40	25	3	4	1.890	1.484	0.127	3.08	5.39	0.93	1.59	0.56	1.28	0.70	0.54	1.15	0.49	0.40	0.385	0.59	1.12
			4		2.467	1.936	0.127	3.93	8.53	1.18	2.14	0.71	1.36	0.69	0.54	1.49	0.63	0.52	0.381	0.63	1.32
4.5/2.8	45	28	3	5	2.149	1.687	0.143	4.45	9.10	1.34	2.23	0.80	1.44	0.79	0.61	1.47	0.62	0.51	0.383	0.64	1.37
			4		2.806	2.203	0.143	5.69	12.13	1.70	3.00	1.02	1.42	0.78	0.60	1.91	0.80	0.66	0.380	0.68	1.47
5/3.2	50	32	3	5.5	2.431	1.908	0.161	6.24	12.49	2.02	3.31	1.20	1.60	0.91	0.70	1.84	0.82	0.68	0.404	0.73	1.51
			4		3.177	2.494	0.160	8.02	16.65	2.58	4.45	1.53	1.59	0.90	0.69	2.39	1.06	0.87	0.402	0.77	1.60
5.6/3.6	56	36	3	6	2.743	2.153	0.181	8.88	17.54	2.92	4.70	1.73	1.80	1.03	0.79	2.32	1.05	0.87	0.408	0.80	1.65
			4		3.590	2.818	0.180	11.45	23.39	3.76	6.33	2.23	1.79	1.02	0.79	3.03	1.37	1.13	0.408	0.85	1.78
			5		4.415	3.466	0.180	13.86	29.25	4.49	7.94	2.67	1.77	1.01	0.78	3.71	1.65	1.36	0.404	0.88	1.82

（续）

型号	截面尺寸/mm				截面面积	理论重量	外表面积	惯性矩/cm^4					惯性半径/cm			截面模数/cm^3			tgα	重心距离/cm	
	B	b	d	r	/cm^2	/(kg/m)	/(m^2/m)	I_x	I_{x1}	I_y	I_{y1}	I_u	i_x	i_y	i_u	W_x	W_y	W_u		x_0	y_0
6.3/4	63	40	4	7	4.058	3.185	0.202	16.49	33.30	5.23	8.63	3.12	2.20	1.14	0.88	3.87	1.70	1.40	0.398	0.92	1.87
			5		4.993	3.920	0.202	20.02	41.63	6.31	10.86	3.76	2.00	1.12	0.87	4.74	2.07	1.71	0.396	0.95	2.04
			6		5.908	4.638	0.201	23.36	49.98	7.29	13.12	4.34	1.96	1.11	0.86	5.59	2.43	1.99	0.393	0.99	2.08
			7		6.802	5.339	0.201	26.53	58.07	8.24	15.47	4.97	1.98	1.10	0.86	6.40	2.78	2.29	0.389	1.03	2.12
7/4.5	70	45	4	7.5	4.547	3.570	0.226	23.17	45.92	7.55	12.26	4.40	2.26	1.29	0.98	4.86	2.17	1.77	0.410	1.02	2.15
			5		5.609	4.403	0.225	27.95	57.10	9.13	15.39	5.40	2.23	1.28	0.98	5.92	2.65	2.19	0.407	1.06	2.24
			6		6.647	5.218	0.225	32.54	68.35	10.62	18.58	6.35	2.21	1.26	0.98	6.95	3.12	2.59	0.404	1.09	2.28
			7		7.657	6.011	0.225	37.22	79.99	12.01	21.84	7.16	2.20	1.25	0.97	8.03	3.57	2.94	0.402	1.13	2.32
7.5/5	75	50	5	8	6.125	4.808	0.245	34.86	70.00	12.61	21.04	7.41	2.39	1.44	1.10	6.83	3.30	2.74	0.435	1.17	2.36
			6		7.260	5.699	0.245	41.12	84.30	14.70	25.87	8.54	2.38	1.42	1.08	8.12	3.88	3.19	0.435	1.21	2.40
			8		9.467	7.431	0.244	52.39	112.50	18.53	34.23	10.87	2.35	1.40	1.07	10.52	4.99	4.10	0.429	1.29	2.44
			10		11.590	9.098	0.244	62.71	140.80	21.96	43.43	13.10	2.33	1.38	1.06	12.79	6.04	4.99	0.423	1.36	2.52
8/5	80	50	5		6.375	5.005	0.255	41.96	85.21	12.82	21.06	7.66	2.56	1.42	1.10	7.78	3.32	2.74	0.388	1.14	2.60
			6		7.560	5.935	0.255	49.49	102.53	14.95	25.41	8.85	2.56	1.41	1.08	9.25	3.91	3.20	0.387	1.18	2.65
			7		8.724	6.848	0.255	56.16	119.33	46.96	29.82	10.18	2.54	1.39	1.08	10.58	4.48	3.70	0.384	1.21	2.69
			8		9.867	7.745	0.254	62.83	136.41	18.85	34.32	11.38	2.52	1.38	1.07	11.92	5.03	4.16	0.381	1.25	2.73
9/5.6	90	56	5	9	7.212	5.661	0.287	60.45	121.32	18.32	29.53	10.98	2.90	1.59	1.23	9.92	4.21	3.49	0.385	1.25	2.91
			6		8.557	6.717	0.286	71.03	145.59	21.42	35.58	12.90	2.88	1.58	1.23	11.74	4.96	4.13	0.384	1.29	2.95
			7		9.880	7.756	0.286	81.01	169.60	24.36	41.71	14.67	2.86	1.57	1.22	13.49	5.70	4.72	0.382	1.33	3.00
			8		11.183	8.779	0.286	91.03	194.14	27.15	47.93	16.34	2.85	1.56	1.21	15.27	6.41	5.29	0.380	1.36	3.04

10/6. 3	100	63	6	10	9. 617	7. 550	0. 320	99. 06	199. 71	30. 94	50. 50	18. 42	3. 21	1. 79	1. 38	14. 64	6. 35	5. 25	0. 394	1. 43	3. 24
			7		11. 111	8. 722	0. 320	113. 45	233. 00	35. 26	59. 14	21. 00	3. 20	1. 78	1. 38	16. 88	7. 29	6. 02	0. 394	1. 47	3. 28
			8		12. 534	9. 878	0. 319	127. 37	266. 32	39. 39	67. 88	23. 50	3. 18	1. 77	1. 37	19. 08	8. 21	6. 78	0. 391	1. 50	3. 32
			10		15. 467	12. 142	0. 319	153. 81	333. 06	47. 12	85. 73	28. 33	3. 15	1. 74	1. 35	23. 32	9. 98	8. 24	0. 387	1. 58	3. 40
10/8	100	80	6		10. 637	8. 350	0. 354	107. 04	199. 83	61. 24	102. 68	31. 65	3. 17	2. 40	1. 72	15. 19	10. 16	8. 37	0. 627	1. 97	2. 95
			7		12. 301	9. 656	0. 354	122. 73	233. 20	70. 08	119. 98	36. 17	3. 16	2. 39	1. 72	17. 52	11. 71	9. 60	0. 626	2. 01	3. 0
			8		13. 944	10. 946	0. 353	137. 92	266. 61	78. 58	137. 37	40. 58	3. 14	2. 37	1. 71	19. 81	13. 21	10. 80	0. 625	2. 05	3. 04
			10		17. 167	13. 476	0. 353	166. 87	333. 63	94. 65	172. 48	49. 10	3. 12	2. 35	1. 69	24. 24	16. 12	13. 12	0. 622	2. 13	3. 12
11/7	110	70	6	10	10. 637	8. 350	0. 354	133. 37	265. 78	42. 92	69. 08	25. 36	3. 54	2. 01	1. 54	17. 85	7. 90	6. 53	0. 403	1. 57	3. 53
			7		12. 301	9. 656	0. 354	153. 00	310. 07	49. 01	80. 82	28. 95	3. 53	2. 00	1. 53	20. 60	9. 09	7. 50	0. 402	1. 61	3. 57
			8		13. 944	10. 946	0. 353	172. 04	354. 39	54. 87	92. 70	32. 45	3. 51	1. 98	1. 53	23. 30	10. 25	8. 45	0. 401	1. 65	3. 62
			10		17. 167	13. 476	0. 353	208. 39	443. 13	65. 88	116. 83	39. 20	3. 48	1. 96	1. 51	28. 54	12. 48	10. 29	0. 397	1. 72	3. 70
12. 5/8	125	80	7	11	14. 096	11. 066	0. 403	227. 98	454. 99	74. 42	120. 32	43. 81	4. 02	2. 30	1. 76	26. 86	12. 01	9. 92	0. 408	1. 80	4. 01
			8		15. 989	12. 551	0. 403	256. 77	519. 99	83. 49	137. 85	49. 15	4. 01	2. 28	1. 75	30. 41	13. 56	11. 18	0. 407	1. 84	4. 06
			10		19. 712	15. 474	0. 402	312. 04	650. 09	100. 67	173. 40	59. 45	3. 98	2. 26	1. 74	37. 33	16. 56	13. 64	0. 404	1. 92	4. 14
			12		23. 351	18. 330	0. 402	364. 41	780. 39	116. 67	209. 67	69. 35	3. 95	2. 24	1. 72	44. 01	19. 43	16. 01	0. 400	2. 00	4. 22
14/9	140	90	8	12	18. 038	14. 160	0. 453	365. 64	730. 53	120. 69	195. 79	70. 83	4. 50	2. 59	1. 98	38. 48	17. 34	14. 31	0. 411	2. 04	4. 50
			10		22. 261	17. 475	0. 452	445. 50	913. 20	140. 03	245. 92	85. 82	4. 47	2. 56	1. 96	47. 31	21. 22	17. 48	0. 409	2. 12	4. 58
			12		26. 400	20. 724	0. 451	521. 59	1 096. 09	169. 79	296. 89	100. 21	4. 44	2. 54	1. 95	55. 87	24. 95	20. 54	0. 406	2. 19	4. 66
			14		30. 456	23. 908	0. 451	594. 10	1 279. 26	192. 10	348. 82	114. 13	4. 42	2. 51	1. 94	64. 18	28. 54	23. 52	0. 403	2. 27	4. 74

（续）

型号	截面尺寸/mm				截面面积	理论重量	外表面积	惯性矩/cm^4					惯性半径/cm			截面模数/cm^3			tgα	重心距离/cm	
	B	b	d	r	/cm^2	/(kg/m)	/(m^2/m)	I_x	I_{x1}	I_y	I_{y1}	I_u	i_x	i_y	i_u	W_x	W_y	W_u		x_0	y_0
15/9	150	90	8	12	18.839	14.788	0.473	442.05	898.35	122.80	195.96	74.14	4.84	2.55	1.98	43.86	17.47	14.48	0.364	1.97	4.92
			10		23.261	18.260	0.472	539.24	1 122.85	148.62	246.26	89.86	4.81	2.53	1.97	53.97	21.38	17.69	0.362	2.05	5.01
			12		27.600	21.666	0.471	632.08	1 347.50	172.85	297.46	104.95	4.79	2.50	1.95	63.79	25.14	20.80	0.359	2.12	5.09
			14		31.856	25.007	0.471	720.77	1 572.38	195.62	349.74	119.53	4.76	2.48	1.94	73.33	28.77	23.84	0.356	2.20	5.17
			15		33.952	26.652	0.471	763.62	1 684.93	206.50	376.33	126.67	4.74	2.47	1.93	77.99	30.53	25.33	0.354	2.24	5.21
			16		36.027	28.281	0.470	805.51	1 797.55	217.07	403.24	133.72	4.73	2.45	1.93	82.60	32.27	26.82	0.352	2.27	5.25
16/10	160	100	10	13	23.315	19.872	0.512	668.69	1 362.89	205.03	336.59	121.74	5.14	2.85	2.19	62.13	26.56	21.92	0.390	2.28	5.24
			12		30.054	23.592	0.511	784.91	1 635.56	239.06	405.94	142.33	5.11	2.82	2.17	73.49	31.28	25.79	0.388	2.36	5.32
			14		34.709	27.247	0.510	896.30	1 908.50	271.20	476.42	162.23	5.08	2.80	2.16	84.56	35.83	29.56	0.385	0.43	5.40
			16		29.281	30.835	0.510	1 003.04	2 181.79	301.60	548.22	182.57	5.05	2.77	2.16	95.33	40.24	33.44	0.382	2.51	5.48
18/11	180	110	10	14	28.373	22.273	0.571	956.25	1 940.40	278.11	447.22	166.50	5.80	3.13	2.42	78.96	32.49	26.88	0.376	2.44	5.89
			12		33.712	26.440	0.571	1 124.72	2 328.38	325.03	538.94	194.87	5.78	3.10	2.40	93.53	38.32	31.66	0.374	2.52	5.98
			14		38.967	30.589	0.570	1 286.91	2 716.60	369.55	631.95	222.30	5.75	3.08	2.39	107.76	43.97	36.32	0.372	2.59	6.06
			16		44.139	34.649	0.569	1 443.06	3 105.15	411.85	726.46	248.94	5.72	3.06	2.38	121.64	49.44	40.87	0.369	2.67	6.14
20/12.5	200	125	12		37.912	29.761	0.641	1 570.90	3 193.85	483.16	787.74	285.79	6.44	3.57	2.74	116.73	49.99	41.23	0.392	2.83	6.54
			14		43.687	34.436	0.640	1 800.97	3 726.17	550.83	922.47	326.58	6.41	3.54	2.73	134.65	57.44	47.34	0.390	2.91	6.62
			16		49.739	39.045	0.639	2 023.35	4 258.88	615.44	1 058.86	366.21	6.38	3.52	2.71	152.18	64.89	53.32	0.388	2.99	6.70
			18		55.526	43.588	0.639	2 238.30	4 792.00	677.19	1 197.13	404.83	6.35	3.49	2.70	169.33	71.74	59.18	0.385	3.06	6.78

注：截面图中的 $r_1=1/3d$ 及表中 r 的数据用于孔型设计，不做交货条件。

表 3　槽钢截面尺寸、截面面积、理论重量及截面特性

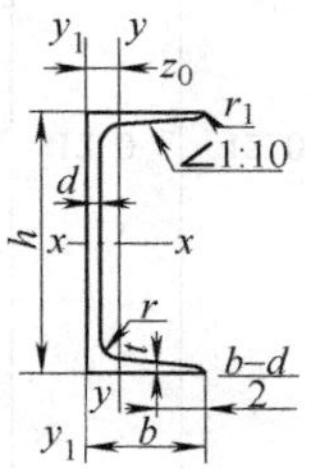

h——高度；
b——腿宽度；
d——腰厚度；
t——平均腿厚度；
r——内圆弧半径；
r_1——腿端圆弧半径；
z_0——yy 轴与 y_1y_1 轴间距。

型号	截面尺寸 /mm						截面面积 /cm²	理论重量 /(kg/m)	惯性矩 /cm⁴			惯性半径 /cm		截面模数 /cm³		重心距离 /cm
	h	b	d	t	r	r_1			I_x	I_y	I_{y1}	i_x	i_y	W_x	W_y	z_0
5	50	37	4.5	7.0	7.0	3.5	6.928	5.438	26.0	8.30	20.9	1.94	1.10	10.4	3.55	1.35
6.3	63	40	4.8	7.5	7.5	3.8	8.451	6.634	50.8	11.9	28.4	2.45	1.19	16.1	4.50	1.36
6.5	65	40	4.3	7.5	7.5	3.8	8.547	6.709	55.2	12.0	28.3	2.54	1.19	17.0	4.59	1.38
8	80	43	5.0	8.0	8.0	4.0	10.248	8.045	101	16.6	37.4	3.15	1.27	25.3	5.79	1.43
10	100	48	5.3	8.5	8.5	4.2	12.748	10.007	198	25.6	54.9	3.95	1.41	39.7	7.80	1.52
12	120	53	5.5	9.0	9.0	4.5	15.362	12.059	346	37.4	77.7	4.75	1.56	57.7	10.2	1.62
12.6	126	53	5.5	9.0	9.0	4.5	15.692	12.318	391	38.0	77.1	4.95	1.57	62.1	10.2	1.59
14a	140	58	6.0	9.5	9.5	4.8	18.516	14.535	564	53.2	107	5.52	1.70	80.5	13.0	1.71
14b		60	8.0				21.316	16.733	609	61.1	121	5.35	1.69	87.1	14.1	1.67

（续）

型号	截面尺寸 /mm						截面面积 /cm²	理论重量 /(kg/m)	惯性矩 /cm⁴			惯性半径 /cm		截面模数 /cm³		重心距离 /cm
	h	b	d	t	r	r_1			I_x	I_y	I_{y1}	i_x	i_y	W_x	W_y	z_0
16a	160	63	6.5	10.0	10.0	5.0	21.962	17.24	866	73.3	144	6.28	1.83	108	16.3	1.80
16b		65	8.5				25.162	19.752	935	83.4	161	6.10	1.82	117	17.6	1.75
18a	180	68	7.0	10.5	10.5	5.2	25.699	20.174	1 270	98.6	190	7.04	1.96	141	20.0	1.88
18b		70	9.0				29.299	23.000	1 370	111	210	6.84	1.95	152	21.5	1.84
20a	200	73	7.0	11.0	11.0	5.5	28.837	22.637	1 780	128	244	7.86	2.11	178	24.2	2.01
20b		75	9.0				32.837	25.777	1 910	144	268	7.64	2.09	191	25.9	1.95
22a	220	77	7.0	11.5	11.5	5.8	31.846	24.999	2 390	158	298	8.67	2.23	218	28.2	2.10
22b		79	9.0				36.246	28.453	2 570	176	326	8.42	2.21	234	30.1	2.03
24a	240	78	7.0	12.0	12.0	6.0	34.217	26.860	3 050	174	325	9.45	2.25	254	30.5	2.10
24b		80	9.0				39.017	30.628	3 280	194	355	9.17	2.23	274	32.5	2.03
24c		82	11.0				43.817	34.396	3 510	213	388	8.96	2.21	293	34.4	2.00
25a	250	78	7.0				34.917	27.410	3 370	176	322	9.82	2.24	270	30.6	2.07
25b		80	9.0				39.917	31.335	3 530	196	353	9.41	2.22	282	32.7	1.98
25c		82	11.0				44.917	35.260	3 690	218	384	9.07	2.21	295	35.9	1.92

27a	270	82	7.5	12.5	12.5	6.2	39.284	30.838	4 360	216	393	10.5	2.34	323	35.5	2.13
27b		84	9.5				44.684	35.077	4 690	239	428	10.3	2.31	347	37.7	2.06
27c		86	11.5				50.084	39.316	5 020	261	467	10.1	2.28	372	39.8	2.03
28a	280	82	7.5				40.034	31.427	4 760	218	388	10.9	2.33	340	35.7	2.10
28b		84	9.5				45.634	35.823	5 130	242	428	10.6	2.30	366	37.9	2.02
28c		86	11.5				51.234	40.219	5 500	268	463	10.4	2.29	393	40.3	1.95
30a	300	85	7.5	13.5	13.5	6.8	43.902	34.463	6 050	260	467	11.7	2.43	403	41.1	2.17
30b		87	9.5				49.902	39.173	6 500	289	515	11.4	2.41	433	44.0	2.13
30c		89	11.5				55.902	43.883	6 950	316	560	11.2	2.38	463	46.4	2.09
32a	320	88	8.0	14.0	14.0	7.0	48.513	38.083	7 600	305	552	12.5	2.50	475	46.5	2.24
32b		90	10.0				54.913	43.107	8 140	336	593	12.2	2.47	509	49.2	2.16
32c		92	12.0				61.313	48.131	8 690	374	643	11.9	2.47	543	52.6	2.09
36a	360	96	9.0	16.0	16.0	8.0	60.910	47.814	11 900	455	818	14.0	2.73	660	63.5	2.44
36b		98	11.0				68.110	53.466	12 700	497	880	13.6	2.70	703	66.9	2.37
36c		100	13.0				75.310	59.118	13 400	536	948	13.4	2.67	746	70.0	2.34
40a	400	100	10.5	18.0	18.0	9.0	75.068	58.928	17 600	592	1070	15.3	2.81	879	78.8	2.49
40b		102	12.5				83.068	65.208	18 600	640	114	15.0	2.78	932	82.5	2.44
40c		104	14.5				91.068	71.488	19 700	688	1220	14.7	2.75	986	86.2	2.42

注：表中 r、r_1 的数据用于孔型设计，不做交货条件。

表4 工字钢截面尺寸、截面面积、理论重量及截面特性

h——高度；
b——腿宽度；
d——腰厚度；
t——平均腿厚度；
r——内圆弧半径；
r_1——腿端圆弧半径；

型号	截面尺寸/mm						截面面积	理论重量	惯性矩/cm^4		惯性半径/cm		截面模数/cm^3	
	h	b	d	t	r	r_1	/cm^2	/(kg/m)	I_x	I_y	i_x	i_y	W_x	W_y
10	100	68	4.5	7.6	6.5	3.3	14.345	11.261	245	33.0	4.14	1.52	49.0	9.72
12	120	74	5.0	8.4	7.0	3.5	17.818	13.987	436	46.9	4.95	1.62	72.7	12.7
12.6	126	74	5.0	8.4	7.0	3.5	18.118	14.223	488	46.9	5.20	1.61	77.5	12.7
14	140	80	5.5	9.1	7.5	3.8	21.516	16.890	712	64.4	5.76	1.73	102	16.1
16	160	88	6.0	9.9	8.0	4.0	26.131	20.513	1 130	93.1	6.58	1.89	141	21.2
18	180	94	6.5	10.7	8.5	4.3	30.756	24.143	1 660	122	7.36	2.00	185	26.0
20a	200	100	7.0	11.4	9.0	4.5	35.578	27.929	2 370	158	8.15	2.12	237	31.5
20b		102	9.0				39.578	31.069	2 500	169	7.96	2.06	250	33.1
22a	220	110	7.5	12.3	9.5	4.8	42.128	33.070	3 400	225	8.99	2.31	309	40.9
22b		112	9.5				46.528	36.524	3 570	239	8.78	2.27	325	42.7

24a	240	116	8.0	13.0	10.0	5.0	47.741	37.477	4 570	280	9.77	2.42	381	48.4
24b		118	10.0				52.541	41.245	4 800	297	9.57	2.38	400	50.4
25a	250	116	8.0				48.541	38.105	5 020	280	10.2	2.40	402	48.3
25b		118	10.0				53.541	42.030	5 280	309	9.94	2.40	423	52.4
27a	270	122	8.5	13.7	10.5	5.3	54.554	42.825	6 550	345	10.9	2.51	485	56.6
27b		124	10.5				59.954	47.064	6 870	366	10.7	2.47	509	58.9
28a	280	122	8.5				55.404	43.492	7 110	345	11.3	2.50	508	56.6
28b		124	10.5				61.004	47.888	7 480	379	11.1	2.49	534	11.2
30a	300	126	9.0	14.4	11.0	5.5	61.254	48.084	8 950	400	12.1	2.55	597	63.5
30b		128	11.0				67.254	52.794	9 400	422	11.8	2.50	627	65.9
30c		130	13.0				73.254	57.504	9 850	445	11.6	2.46	657	68.5
32a	320	130	9.5	15.0	11.5	5.8	67.156	52.717	11 100	460	12.8	2.62	692	70.8
32b		132	11.5				73.556	57.741	11 600	502	12.6	2.61	726	76.0
32c		134	13.5				79.956	62.765	12 200	544	12.3	2.61	760	81.2
36a	360	136	10.0	15.8	12.0	6.0	76.480	60.037	15 800	552	14.4	2.69	875	81.2
36b		138	12.0				83.680	65.689	16 500	582	14.1	2.64	919	84.3
36c		140	14.0				90.880	71.341	17 300	612	13.8	2.60	962	87.4

（续）

型号	截面尺寸/mm						截面面积	理论重量	惯性矩/cm^4		惯性半径/cm		截面模数/cm^3	
	h	b	d	t	r	r_1	/cm^2	/(kg/m)	I_x	I_y	i_x	i_y	W_x	W_y
40a		142	10.5				86.112	67.598	21 700	660	15.9	2.77	1 090	93.2
40b	400	144	12.5	16.5	12.5	6.3	94.112	73.878	22 800	692	15.6	2.71	1 140	96.2
40c		146	14.5				102.112	80.158	23 900	727	15.2	2.65	1 190	99.6
45a		150	11.5				102.446	80.420	32 200	855	17.7	2.89	1 430	114
45b	450	152	13.5	18.0	13.5	6.8	111.446	87.485	33 800	894	17.4	2.84	1 500	118
45c		154	15.5				120.446	94.550	35 300	938	17.1	2.79	1 570	122
50a		158	12.0				119.304	93.654	46 500	1 120	19.7	3.07	1 860	142
50b	500	160	14.0	20.0	14.0	7.0	129.304	101.504	48 600	1 170	19.4	3.01	1 940	146
50c		162	16.0				139.304	109.354	50 600	1 220	19.0	2.96	2 080	151
55a		166	12.5				134.185	105.335	62 900	1 370	21.6	3.19	2 290	164
55b	550	168	14.5				145.185	113.970	65 600	1 420	21.2	3.14	2 390	170
55c		170	16.5	21.0	14.5	7.3	156.185	122.605	68 400	1 480	20.9	3.08	2 490	175
56a		166	12.5				135.435	106.316	65 600	1 370	22.0	3.18	2 340	165
56b	560	168	14.5				146.635	115.108	68 500	1 490	21.6	3.16	2 450	174
56c		170	16.5				157.835	123.900	71 400	1 560	21.3	3.16	2 550	183
63a		176	13.0				154.658	121.407	93 900	1 700	24.5	3.31	2 980	193
63b	630	178	15.0	22.0	15.0	7.5	167.258	131.298	98 100	1 810	24.2	3.29	3 160	204
63c		180	17.0				179.858	141.189	102 000	1 920	23.8	3.27	3 300	214

注：表中 r、r_1 的数据用于孔型设计，不做交货条件。

习 题 简 答

以下是本书部分习题的简单求解过程，供同学们了解主要的步骤，不是完整的解答过程。完整的解题步骤、过程可参考本书各章节的例题。

第一章

1-1 理论力学的主要研究对象是质点、质点系、刚体和刚体系，材料力学则主要研究变形体，特别是杆件。

1-2 强度：杆件抵抗破坏的能力，使其在载荷作用下不致被破坏。

刚度：杆件抵抗变形的能力，使其在载荷作用下所产生的变形不超过工程上所允许的范围。

稳定性：杆件抵抗失稳的能力，使杆件在外力作用下能保持其原有形状下的平衡。

刚度与强度的区别：刚度是在载荷作用下产生的变形所允许的指标；强度是在载荷作用下破坏时的力学指标。

1-3 研究杆件的强度、刚度和稳定性是材料力学的任务。材料力学能解决工程中杆件在拉伸压缩、剪切挤压、扭转、弯曲等方面的强度计算，拉压、扭转、弯曲等方面的刚度计算，压杆稳定性，以及拉压扭弯组合变形等的力学计算问题。

1-4 对于一般金属（如钢铁）、水泥等传统工程材料来说，做如下基本假设：

1）连续性假设，认为物体内部毫无空隙地充满物质。有了这个假设，在分析构件的受力性能时可以用数学分析的方法。

2）均匀性假设，认为物体各部分的力学性能是完全相同的，或者说构件内各点的力学性能相同。

3）各向同性假设，假设构件内一点沿所有方向的物理力学性能都相同。

4）小变形假设，杆件受到外力作用后发生的变形与原尺寸相比非常微小，属于小变形。

1-5 杆件的基本变形形式有：轴向拉伸（压缩）、剪切、扭转与弯曲共四种。

第二章

2-1

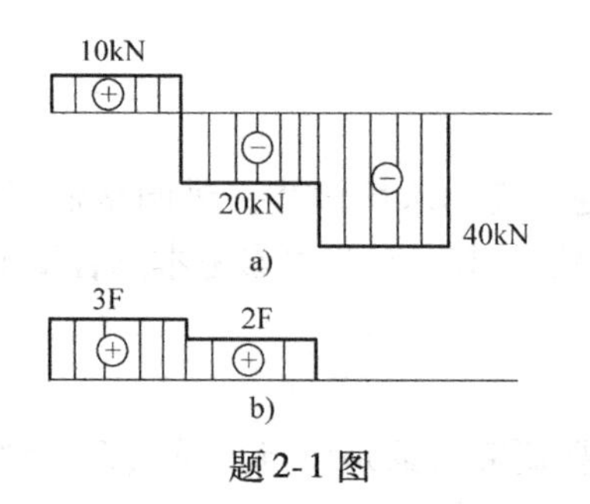

题2-1图

2-2 a) $F_{1-1}=2\text{kN}$，$F_{2-2}=0$，$F_{3-3}=-2\text{kN}$。

b) $F_{1-1}=10\text{kN}$，$F_{2-2}=-15\text{kN}$，$F_{3-3}=-18\text{kN}$。

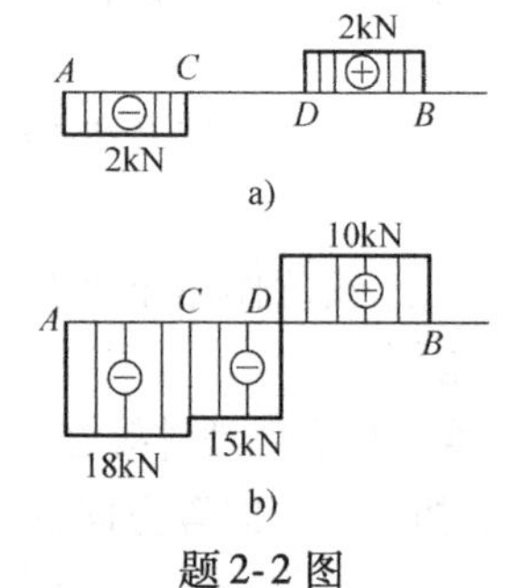

题2-2图

2-3 $\sigma_{1-1}=\dfrac{14000}{4\times20\times10^{-6}}\text{Pa}=175\text{MPa}$，$\sigma_{2-2}=\dfrac{14000}{4\times10\times10^{-6}}\text{Pa}=350\text{MPa}$。

2-4 $F_{1-1}=-20\text{kN}$，$F_{2-2}=-10\text{kN}$，$F_{3-3}=10\text{kN}$。

$\sigma_{1-1}=\dfrac{-20000}{200\times10^{-6}}\text{Pa}=-100\text{MPa}$，$\sigma_{2-2}=\dfrac{-10000}{250\times10^{-6}}\text{Pa}=-40\text{MPa}$，$\sigma_{3-3}=\dfrac{10000}{300\times10^{-6}}\text{Pa}=33.3\text{MPa}$。

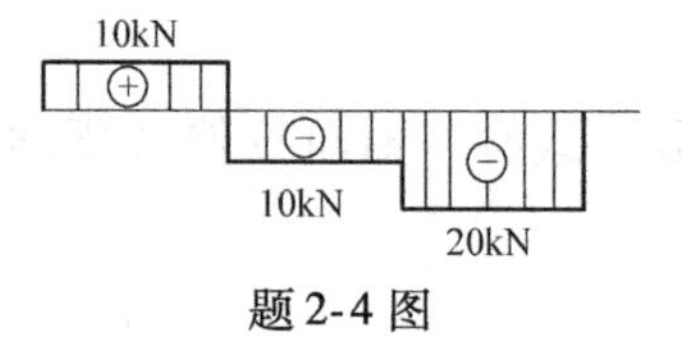

题2-4图

2-5 $A_{1-1}=(50-22)\text{mm}\times20\text{mm}=560\text{ mm}^2$，$A_{2-2}=(50-10)\text{mm}\times20\text{mm}=800\text{mm}^2$，$A_{3-3}=(50-22)\text{mm}\times(15+15)\text{mm}=840\text{mm}^2$。所以零件内最大拉应力

发生在1—1截面上，$\sigma_{1-1}=\dfrac{45000}{560\times10^{-6}}\text{Pa}=80.4\text{MPa}$。

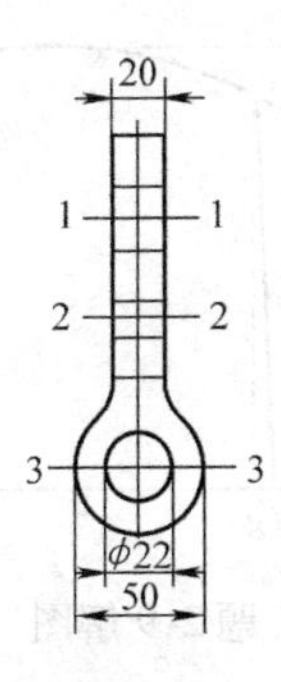

题2-5图

2-6　变截面的拉杆变形大，因为中间段横截面面积小，变形大。

2-7　$\Delta l=\sum_{i=1}^{3}\dfrac{F_il_i}{EA_i}=\dfrac{(-20+10-20)\times10^3\times0.1}{200\times10^9\times150\times10^{-6}}\text{m}=-0.1\text{mm}$

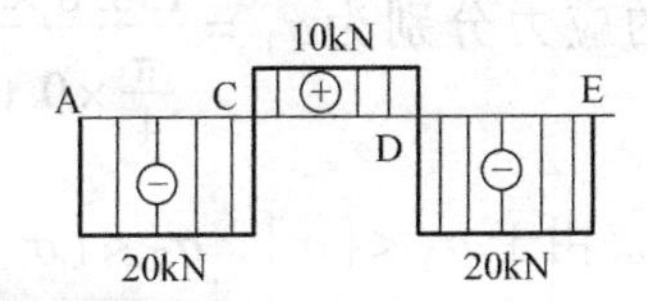

题2-7图

2-8　$\Delta l_{AB}=\dfrac{F_{AB}l_1}{EA_1}=\dfrac{-30\times10^3\times1}{200\times10^9\times4\times10^{-4}}\text{m}=-0.375\text{mm}$

$$\Delta l_{BC}=\frac{20\times10^3\times0.8}{200\times10^9\times4\times10^{-4}}\text{m}=0.2\text{mm}$$

$$\Delta l_{CD}=\frac{20\times10^3\times0.8}{200\times10^9\times2.5\times10^{-4}}\text{m}=0.32\text{mm}。$$

$$\Delta l=(-0.375+0.2+0.32)\text{mm}=0.145\text{mm}$$

$\varepsilon_{AB}=\dfrac{F_{AB}}{EA_1}=\dfrac{-30\times10^3}{200\times10^9\times4\times10^{-4}}=-3.75\times10^{-4}$，$\varepsilon_{BC}=2.5\times10^{-4}$，$\varepsilon_{CD}=4\times10^{-4}$

2-9　如题2-9解图所示，低碳钢的应力－应变曲线四个阶段：①弹性阶段，a点所对应的应力值称为材料的比例极限。②屈服阶段，屈服点（应力σ_S）是衡量材料失效与否的强度指标。③强化阶段，最高点e点所对应的应力称为材料的强度极限。④颈缩阶段，到f点断裂。

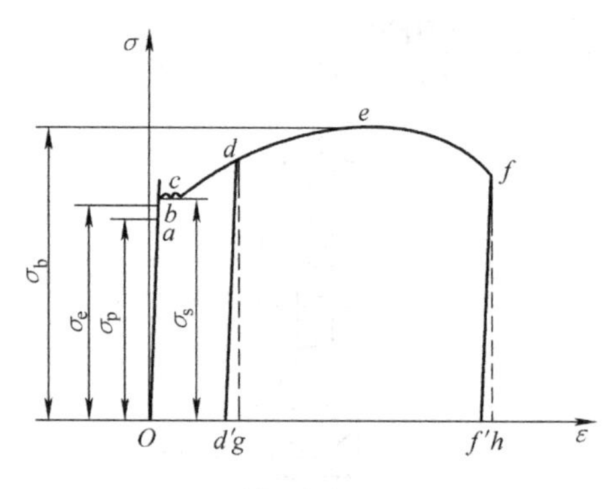

题2-9解图

2-10 第一种材料强度高，第三种材料塑形好，第二种材料弹性模量大。

2-11 （1）横截面应力相同；（2）强度不同；（3）绝对变形不同。

2-12 如题2-12解图所示，假定AB、CB两杆均受拉力，对B点作用力分别为F_1、F_2。取节点B为研究对象，由平衡方程得到$F_1=138.6\text{kN}$，$F_2=-160\text{kN}$。两杆横截面上的应力分别为$\sigma_1=\dfrac{138.6\times10^3}{\dfrac{\pi}{4}\times0.04^2}\text{Pa}=110.4\text{MPa}$，$\sigma_2=\dfrac{-160\times10^3}{\dfrac{\pi}{4}\times0.08^2}\text{Pa}=-31.8\text{MPa}$。由于$\sigma_1<[\sigma]$，$\sigma_2<[\sigma]$，故此三角架结构的强度足够。

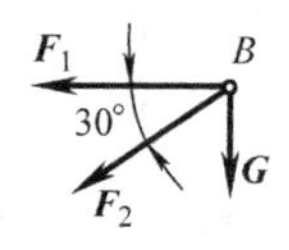

题2-12解图

2-13 活塞杆拉力$F=\dfrac{\pi}{4}(D^2-d^2)p=8.32\text{kN}$，横截面上的应力$\sigma=\dfrac{8.32\times10^3}{\dfrac{\pi}{4}\times0.018^2}\text{Pa}=32.7\text{MPa}<[\sigma]$。

2-14 解：节点C受力如题2-14解图所示，由x方向力平衡$-F_{AC}\cos30°-F_{BC}\cos30°=0$，得$F_{AC}=-F_{BC}$，代入$y$方向力平衡式$F_{AC}\sin30°-F_{BC}\sin30°-G=0$，得$F_{AC}=-F_{BC}=G=350\text{kN}$。故$AC$杆受拉、$BC$杆受压，轴力大小为$F_{NAC}=F_{NBC}=350\text{kN}$。

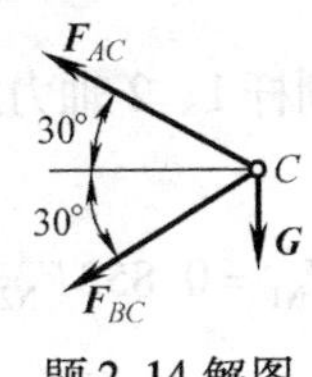

题 2-14 解图

1）设计截面，确定槽钢、工字钢号数。分别求得两杆的横截面面积为

$$A_{AC} \geqslant \frac{F_{NAC}}{[\sigma_{AC}]} = \frac{350\times10^3}{160\times10^6}\text{m}^2 = 21.9\times10^{-4}\text{m}^2 = 21.9\text{cm}^2$$

$$A_{BC} \geqslant \frac{F_{NBC}}{[\sigma_{BC}]} = \frac{350\times10^3}{100\times10^6}\text{m}^2 = 35\times10^{-4}\text{m}^2 = 35\text{cm}^2$$

2）AC 杆由两根槽钢构成，故每根槽钢横截面面积为$\frac{1}{2}A_{AC} \geqslant 11\text{cm}^2$，查附录表 3 后确定选用 10 号热轧槽钢。$BC$ 杆由一根工字钢构成，故横截面面积为 $A_{BC} \geqslant 35\text{cm}^2$，查附录表 4 后确定选用 20a 号工字钢。

2-15　$F = \frac{\pi}{4}D^2 p = 96.2\text{kN}$，螺栓应力 $\sigma = \frac{F/6}{\frac{\pi}{4}d^2} \leqslant [\sigma]$，所以螺栓内径 $d \geqslant 22.6\text{mm}$。

2-16　解：如题 2-16 解图所示，$\tan\alpha = 0.75$。设 DC 杆对刚性杆 AB 的拉力为 F_{DC}，将杆 AB 对 A 点列平衡方程：$F_{DC}\sin\alpha \times 1 - F\times 2.5 = 0$，得

$$F_{DC} = 2.5F/\sin\alpha = 4.17F \tag{a}$$

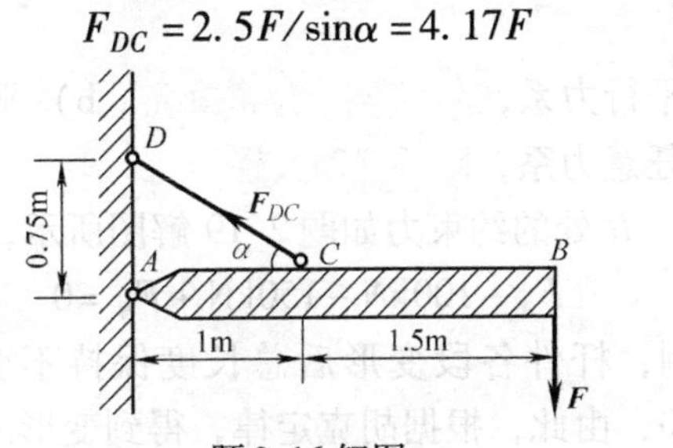

题 2-16 解图

DC 杆对 AB 杆的拉力 F_{DC}，在数值上等于 DC 杆的轴力 F_N，强度要求：

$F_N \leqslant A_{DC}[\sigma] = \frac{3.14}{4}\times0.020^2\times160\times10^6\text{N} = 50.2\text{kN}$，代入式（a）得到许可的最大载荷 $F = F_N/4.17 = 12\text{kN}$。

2-17　解：1）如题 2-17 解图所示，为了使刚梁 AB 受力后保持水平，要求杆 1 的变形 $\Delta l_1 = \frac{F_{N1}l_1}{E_1A_1}$ 等于杆 2 的变形 $\Delta l_2 = \frac{F_{N2}l_2}{E_2A_2}$，即 $\frac{F_{N1}\times1.5}{200\times10^9\times\frac{3.14}{4}\times0.020^2} =$

$\dfrac{F_{N2}\times 1}{100\times 10^9\times\dfrac{3.14}{4}\times 0.025^2}$，整理得到杆1、2轴力之间的关系为

$$F_{N1}=0.853F_{N2} \qquad (a)$$

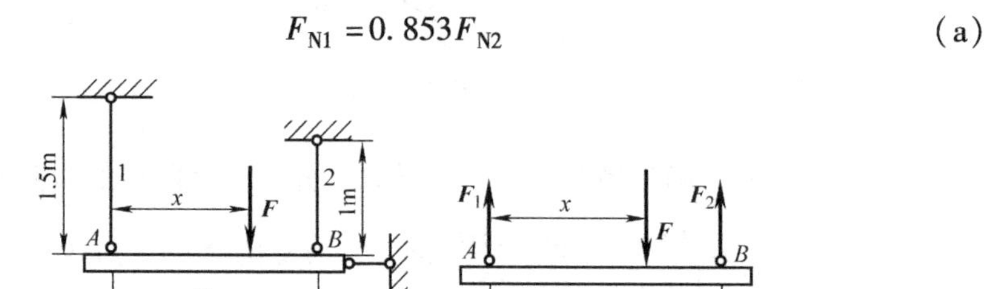

题2-17解图

刚梁 AB 的平衡方程：
$$\begin{cases}F_1+F_2=F\\ Fx=F_2\times 2\text{m}\end{cases} \qquad (b)$$

拉力 F_1、F_2 分别与 F_{N1}、F_{N2} 在数值上相等，由式（a）、式（b）得到 $x=1.08\text{m}$，$F_{N1}=F_1=0.460F$，$F_{N2}=F_2=0.540F$。

2）$F=30\text{kN}$ 时，杆1正应力 $\sigma_1=\dfrac{F_{N1}}{\dfrac{\pi}{4}d_1^2}=\dfrac{0.460F}{\dfrac{\pi}{4}d_1^2}=43.9\text{MPa}$，杆2正应力 $\sigma_2=\dfrac{F_{N2}}{\dfrac{\pi}{4}d_2^2}=33.0\text{MPa}$。

2-18 a）平面平行力系，3－2＝1次超静定；b）平面任意力系，4－3＝1次超静定；c）平面任意力系，5－3＝2次超静定。

2-19 解：设 A、B 处的约束力如题2-19解图所示，列平衡方程：

$$F_A-100\text{kN}-150\text{kN}+F_B=0 \qquad (a)$$

由于约束的限制，杆件各段变形后总长度保持不变，故变形谐调条件为 $\Delta l_{AC}+\Delta l_{CD}+\Delta l_{DB}=0$，由此，根据胡克定律，得到变形的几何方程为

$$\frac{F_A\times 0.5}{EA}+\frac{(F_A-100\text{kN})\times 0.3}{EA}+\frac{(F_A-100\text{kN}-150\text{kN})\times 0.4}{EA}=0$$

整理得 $1.2F_A-130\text{kN}=0$，即 $F_A=108.3\text{kN}$，代入式（a）得到 $F_B=141.7\text{kN}$。

钢杆各段内的应力：$\sigma_{AC}=\dfrac{F_A}{A}=\dfrac{108.3\times 10^3}{10\times 10^{-4}}\text{Pa}=108.3\text{MPa}$，$\sigma_{CD}=\dfrac{F_A-100\text{kN}}{A}=8.3\text{MPa}$，$\sigma_{DB}=\dfrac{-F_B}{A}=-141.7\text{MPa}$。

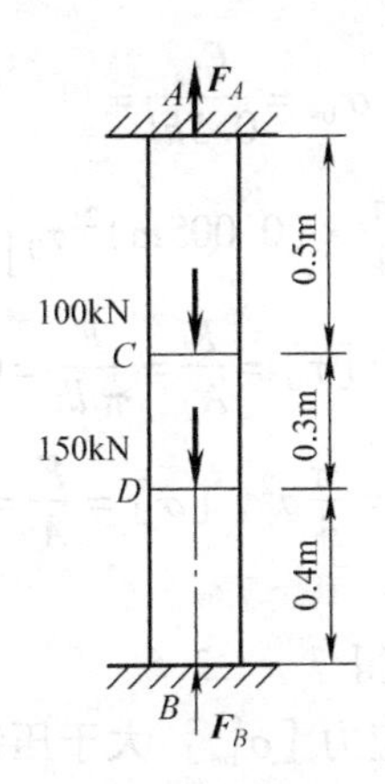

题2-19 解图

第三章

3-1 由于剪力在剪切面上的分布情况比较复杂，用理论的方法计算切应力非常困难，工程上常以经验为基础，采用近似但切合实际的实用计算方法，假定内力在剪切面内均匀分布。

挤压应力在挤压面上的分布比较复杂，在工程实际中也采用实用计算方法来计算挤压应力。即假定在挤压面上应力是均匀分布的。

3-2 当接触面为平面时，两构件接触面面积为挤压面面积；对于螺栓、销钉、铆钉等圆柱形联接件，接触面为近似半圆柱侧面，计算公式 $\sigma_{bs}=\dfrac{F_{bs}}{A_{bs}}$中，挤压面积（$A_{bs}$）=螺栓的直径×钢板的厚度。

3-3 机械中联接件和被联接件的接触面相互压紧的现象称为挤压。压缩是指物体沿所受压力方向缩短。本题目中，钢柱的上、下表面为挤压面，横截面为压缩面。钢柱考虑压缩强度，铜板考虑挤压强度。

3-4 木材挤压强度小，为了不使木材压溃，用金属垫圈扩大挤压接触面积。

3-5 $F\geqslant\dfrac{\pi}{4}d^2\tau_b=9.04\text{kN}$。

3-6 销钉试件具有两个剪切面，每个面剪力 $F_S=F/2=84.5\text{kN}$。圆柱试件的抗剪强度极限$\tau_0=\dfrac{F_S}{\dfrac{\pi}{4}d^2}=\dfrac{84.5\times10^3}{\dfrac{\pi}{4}\times0.012^2}\text{Pa}=748\text{MPa}$。

3-7 传递力矩 M 时键受力 $F=\dfrac{M}{d/2}=2657\text{N}$，剪力$F_S$ = 挤压力$F_{bs}=F$。$\tau=$

$\frac{F_S}{bl}=4.43\text{MPa}$，剪切强度足够；$\sigma_{bs}=\frac{F_{bs}}{0.5hl}=11.1\text{MPa}$，挤压强度足够。

3-8 最大力偶矩$M_{max}=\left[\frac{\pi}{4}\times(0.005\text{m})^2\tau_0\right]\times0.020\text{m}=145\text{N}\cdot\text{m}$。

3-9 剪切面面积$A_s=\pi dh$，$[\tau]=\frac{F}{A_s}=\frac{F}{\pi dh}=0.7[\sigma]$ (a)

拉伸中横截面面积$A=\frac{\pi}{4}d^2$，$[\sigma]=\frac{F}{A}=\frac{F}{\frac{\pi}{4}d^2}$ (b)

联立式（a）、式（b），求得$d:h=2.8$。

3-10 由于钢材挤压许用应力$[\sigma_{bs}]$大于压缩许用应力$[\sigma]$，所以对冲头按照压缩强度计算其最小直径。由于冲孔的冲剪力$F=400\text{kN}$，故$d\geqslant\sqrt{\frac{4F}{\pi[\sigma]}}=34\text{mm}$，取$d_{min}=34.0\text{mm}$。

剪切面是钢板内被冲床冲出的圆饼体的柱形侧面，如题3-10解图所示，其面积为$A=\pi dt$。冲孔的冲剪力$F\geqslant A\tau_0$，故当被冲剪圆孔为最小直径d_{min}时，钢板的最大厚度$t\leqslant\frac{F}{\pi d_{min}\tau_0}=\frac{400\times10^3}{3.14\times0.034\times360\times10^6}\text{m}=10.4\text{mm}$，取$t=10\text{mm}$。

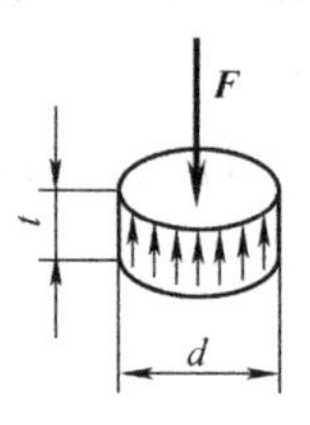

题3-10解图

3-11 解：如题3-11解图所示，铆接结构左右对称，故可取一边进行分析。现截取右半部分，上下板各受到$F/2$的拉力，每个铆钉受力为$F/3$。

铆钉为$m—m$、$n—n$双面剪切，强度条件$\tau=\frac{F/3}{\left(\frac{\pi}{4}d^2\right)\times2}\leqslant[\tau]$，解得$d\geqslant10.3\text{mm}$。

上、下副板厚度之和为$2t_1$，中间主板厚度为t，由于$2t_1>t$，故主板与铆钉间的挤压应力较大，主板受到的拉应力大于副板。

按挤压强度公式$A_{bs}[\sigma_{bs}]=d\cdot t[\sigma_{bs}]\geqslant\frac{F}{3}$，得$d\geqslant6.67\text{mm}$。

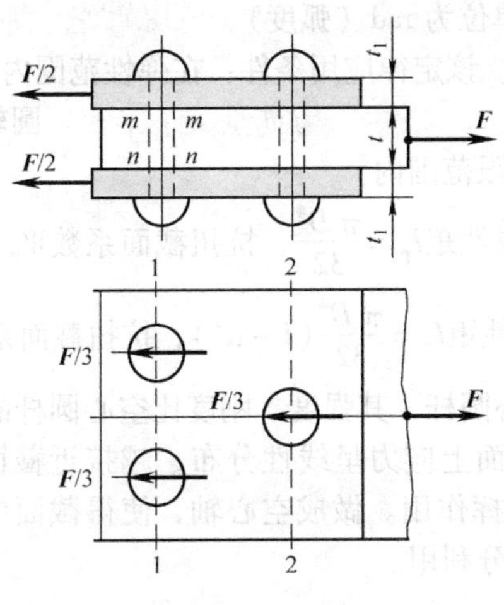

题3-11解图

由主板1—1截面拉伸强度条件$\frac{\frac{F}{3}\times 2}{(b-2d)t}\leqslant[\sigma]$，得$d\leqslant 15.2\text{mm}$；由主板2—2截面拉伸强度条件$\frac{F}{(b-d)t}\leqslant[\sigma]$，得$d\leqslant 20.6\text{mm}$。

综上得铆钉直径：$10.3\text{mm}\leqslant d\leqslant 15.2\text{mm}$。

第四章

4-1　$M_e=9550\frac{P}{n}$，M_e的单位为N·m（牛·米）；P的单位为kW（千瓦）；n的单位为r/min（转/分）。变速器低速轴、高速轴功率相同，扭矩$=9550\frac{P}{n}$，低速轴n小扭矩大，高速轴的扭矩小，所以低速轴的直径要比高速轴的直径大。

4-2　扭转中横截面上的内力矩称为扭矩。对扭矩的正负号规定按右手螺旋法则，四指顺着扭矩的转向握住轴线，大拇指的指向与横截面的外法线方向一致时扭矩为正；反之扭矩为负。

建立坐标系，横坐标x平行于杆轴线，表示横截面位置，纵坐标T表示扭矩值，将各截面扭矩按代数值标在坐标系上，得此轴扭矩图。

4-3　由于薄壁圆筒壁很薄，可近似认为切应力沿厚度均匀分布。圆轴扭转时横截面上任意点的切应力τ_ρ与该点到圆心的距离ρ成正比，其方向垂直于半径。

4-4　切应力互等定理：在相互垂直的平面上，切应力成对存在且数值相等，两者都垂直于两个平面的交线，方向则共同指向或共同背离这一交线。

4-5 切应变 γ 的单位为 rad（弧度）。剪切胡克定律 $\tau=G\gamma$，其中 τ 为切应力，G 为剪切弹性模量。该定律应用条件：在弹性范围内。

4-6 切应力与半径成正比，其方向垂直于半径。圆轴扭转切应力公式的应用条件：在剪切比例极限范围内。

4-7 实心圆轴极惯性矩 $I_p=\frac{\pi D^4}{32}$，抗扭截面系数 $W_p=\frac{\pi D^3}{16}$。空心圆轴内外直径之比 $\alpha=\frac{d}{D}$，极惯性矩 $I_p=\frac{\pi D^4}{32}(1-\alpha^4)$，抗扭截面系数 $W_p=\frac{\pi D^3}{16}(1-\alpha^4)$。

4-8 同外径的实心圆杆，其强度、刚度比空心圆杆的好。

圆轴扭转时，横截面上应力呈线性分布，越接近截面中心，应力越小，那里的材料就没有充分发挥作用。做成空心轴，使得截面中心处的材料安置到轴的外缘，材料得到了充分利用。

4-9 $\tau_{1\max}=\frac{T}{\frac{\pi}{16}d_1^3}=1.728[\tau]$，$\tau_{2\max}=\frac{T}{\frac{\pi}{16}d_2^3}=[\tau]$，所以 $1.728d_1^3=d_2^3$，$d_2=1.2d_1$。

4-10 扭转时杆件任意两横截面间相对转过的角位移，称为扭转角。相距为 l 的两个横截面之间的扭转角 $\varphi=\int_0^l \frac{T(x)}{GI_p}dx$。

*4-11 非圆截面轴扭转时横截面不再保持平面而发生翘曲，平面假设不再成立。矩形截面上切应力的分布如题4-11解图所示，长边 h 中点处切应力最大。

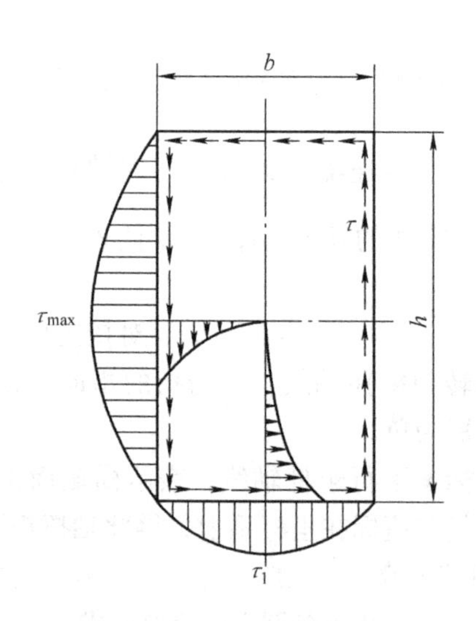

题4-11 解图

4-12

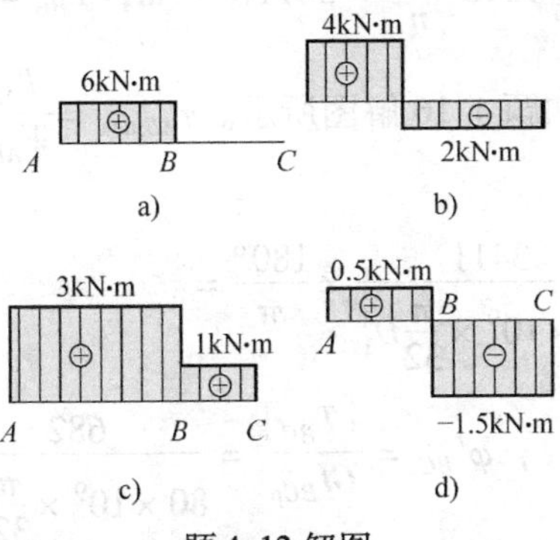

题 4-12 解图

4-13 $M_{e1}=9550\dfrac{P_1}{n}=9550\times\dfrac{25}{450}\mathrm{N\cdot m}=531\mathrm{N\cdot m}$，$M_{e2}=9550\dfrac{P_2}{n}=2759\mathrm{N\cdot m}$，$M_{e3}=637\mathrm{N\cdot m}$，$M_{e4}=743\mathrm{N\cdot m}$，$M_{e5}=849\mathrm{N\cdot m}$。画扭矩图如题 4-13 解图所示。

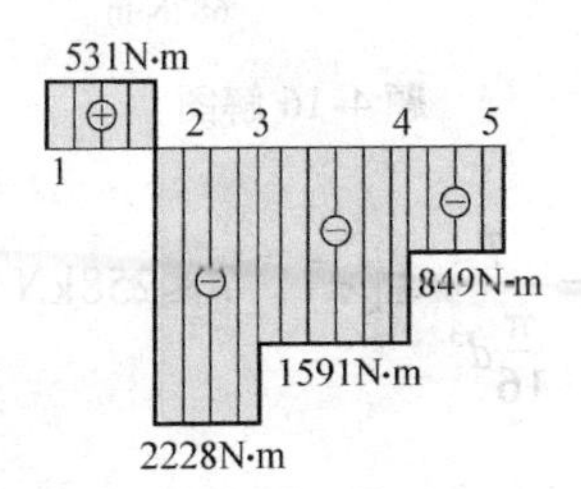

题 4-13 解图

4-14 $\tau_A=\dfrac{T}{I_p}\rho_A=\dfrac{3\times10^3}{\dfrac{\pi}{32}d^4}\times0.010\mathrm{Pa}=48.8\mathrm{MPa}$，$\tau_B=\dfrac{T}{I_p}\rho_B=\dfrac{3\times10^3}{\dfrac{\pi}{32}d^4}\times0.020\ \mathrm{Pa}=97.6\mathrm{MPa}$，$\tau_{\max}=\dfrac{T}{W_p}=\dfrac{3\times10^3}{\dfrac{\pi}{16}d^3}\mathrm{Pa}=122\mathrm{MPa}$。

4-15 $T=M_e=9550\dfrac{P}{n}=1751\mathrm{N\cdot m}$，$\tau_{\max}=\dfrac{T}{W_p}=\dfrac{1751}{\dfrac{\pi}{16}d^3}\mathrm{Pa}\leqslant[\tau]$，$d\geqslant0.0606\mathrm{m}$。

$\theta=\dfrac{T}{GI_p}=\dfrac{1751}{80\times10^9\times\dfrac{\pi}{32}d^4}\times\dfrac{180°}{\pi}\leqslant[\theta]$，$d\geqslant0.0598\mathrm{m}$。所以取 $d\geqslant60.6\mathrm{mm}$。

4-16 $T_{AB}=M_A=9550\dfrac{P_A}{n}=3411\text{N}\cdot\text{m}$，$T_{BC}=-M_C=-9550\dfrac{P_C}{n}=-682\text{N}\cdot\text{m}$，画扭矩图如题4-16解图所示。$\tau_{AB\max}=\dfrac{T_{AB}}{W_{AB\text{p}}}=\dfrac{3411}{\frac{\pi}{16}D_1^3}\text{Pa}=50.7\text{MPa}<[\tau]$，$\varphi'_{AB}=\dfrac{T_{AB}}{GI_{AB\text{p}}}=\dfrac{3411}{80\times10^9\times\frac{\pi}{32}D_1^4}\times\dfrac{180°}{\pi}=1.04°/\text{m}\leqslant[\varphi']$。$\tau_{BC\max}=\dfrac{|T_{BC}|}{W_{BC\text{p}}}=\dfrac{682}{\frac{\pi}{16}D_2^3}\text{Pa}=54.3\text{MPa}<[\tau]$，$\varphi'_{BC}=\dfrac{|T_{BC}|}{GI_{BC\text{p}}}=\dfrac{682}{80\times10^9\times\frac{\pi}{32}D_2^4}\times\dfrac{180°}{\pi}=1.94°/\text{m}>[\varphi']$。

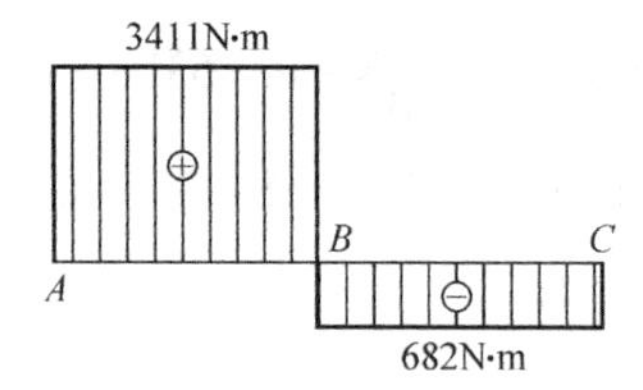

题4-16解图

4-17 实心端$\tau_{\max}=\dfrac{T}{W_\text{p}}=\dfrac{T}{\frac{\pi}{16}d^3}\leqslant[\tau]$，$T\leqslant258\text{kN}\cdot\text{m}$；空心端$\alpha=\dfrac{148}{296}=0.5$，$\tau_{\max}=\dfrac{T}{W_\text{p}}=\dfrac{T}{\frac{\pi}{16}D^3\times(1-\alpha^4)}\leqslant[\tau]$，$T\leqslant286\text{kN}\cdot\text{m}$。所以此轴允许传递的外力偶矩$M\leqslant258\text{kN}\cdot\text{m}$。

4-18 AC段：$\tau_{AC\max}=\dfrac{T_{AC}}{W_{AC\text{p}}}=\dfrac{800}{\frac{\pi}{16}d_1^3}\text{Pa}=44.7\text{MPa}\leqslant[\tau]$；$CD$段：$\alpha=\dfrac{45}{55}=0.8182$，$\tau_{CD\max}=\dfrac{T_{CD}}{W_{CD\text{p}}}=\dfrac{1000}{\frac{\pi}{16}D^3\times(1-\alpha^4)}\text{Pa}=55.5\text{MPa}\leqslant[\tau]$。

4-19 $\tau_{\max}=\dfrac{T}{W_\text{p}}=\dfrac{1.08\times10^3}{\frac{\pi}{16}d^3}\leqslant40\text{MPa}=[\tau]$，$d\geqslant51.6\text{mm}$；$\varphi'=\dfrac{T}{GI_\text{p}}\times\dfrac{180°}{\pi}=\dfrac{1.08\times10^3}{80\times10^9\times\frac{\pi}{32}d^4}\times\dfrac{180°}{\pi}\leqslant0.5°/\text{m}=[\varphi']$，$d\geqslant63\text{mm}$。设计轴的直径$d\geqslant63\text{mm}$。

*4-20　$T=M_e=9550\dfrac{P}{n}=531\text{N}\cdot\text{m}$，$\dfrac{h}{b}=1$，查表 4-1 得 $\alpha=0.208$，$W_t=0.208\times0.030^3\text{m}^3=5.62\times10^{-6}\text{m}^3$，$\tau_{max}=\dfrac{T}{W_t}=\dfrac{531}{\alpha hb^2}=94.5\text{MPa}<[\tau]$。

*4-21　$T=M_e=800\text{N}\cdot\text{m}$，$\dfrac{h}{b}=1.5$，查表 4-1 得 $\alpha=0.231$，$\beta=0.196$，$\gamma=0.858$，$W_t=\alpha hb^2$。1）$\tau_{max}=\dfrac{T}{W_t}=36.1\text{MPa}$；2）$\tau_1=\gamma\tau_{max}=31.0\text{MPa}$；3）$I_t=\beta hb^3=7.53\times10^{-7}\text{m}^4$，$\varphi'=\dfrac{T}{GI_t}\times\dfrac{180°}{\pi}=0.762°/\text{m}$。

第五章

5-1　a）长方形形心 $C_1(0, 50)$，面积 $A_1=100\times60\ \text{mm}^2$；空心圆的形心 $C_2(0, 70)$，面积 $A_2=-\dfrac{\pi}{4}\times40^2\ \text{mm}^2$；整个图形形心坐标：$x_C=0$，$y_C=\dfrac{y_{C1}A_1+y_{C2}A_2}{A_1+A_2}=44.7\text{mm}$。

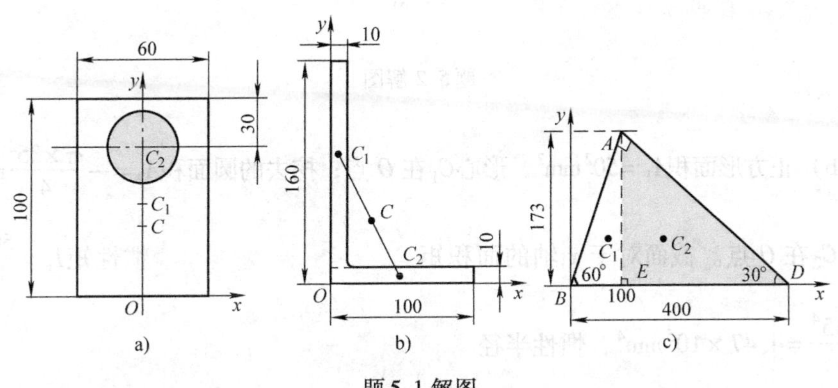

题 5-1 解图

b）长方形形心 $C_1(5,85)$，面积 $A_1=10\times150\text{mm}^2$；形心 $C_2(50, 5)$，面积 $A_2=100\times10\text{mm}^2$；图形形心坐标：$x_C=\dfrac{x_{C1}A_1+x_{C2}A_2}{A_1+A_2}=23\text{mm}$，$y_C=\dfrac{y_{C1}A_1+y_{C2}A_2}{A_1+A_2}=53\text{mm}$。

c）利用三角形形心离底边 1/3 高度的性质，$\triangle ABD$ 形心坐标：$y_C=\dfrac{173}{3}\text{mm}=57.7\text{mm}$。$\triangle ABE$ 形心 $C_1(66.7, 57.7)$，面积 $A_1=\dfrac{1}{2}\times100\times173\ \text{mm}^2$；$\triangle AED$ 形心

$C_2(200, 57.7)$，面积$A_2=\frac{1}{2}\times300\times173\text{mm}^2$。利用公式 $x_C=\frac{x_{C1}A_1+x_{C2}A_2}{A_1+A_2}$，得 $\triangle ABD$ 形心坐标 $x_C=166.7\text{mm}$。

5-2 a）长方形截面 1 面积$A_1=bh$，形心C_1在 O 点；挖去的长方形 2 面积 $A_2=-b'h'$，形心C_2在 O 点。截面对于 x 轴的面积矩 $S_x=\sum_{i=1}^{2}A_iy_{Ci}=0$，惯性矩 $I_x=\frac{bh^3}{12}-\frac{b'h'^3}{12}=9.05\times10^7\text{mm}^4$，惯性半径$i_x=\sqrt{\frac{I_x}{A_1+A_2}}=70.9\text{mm}$。

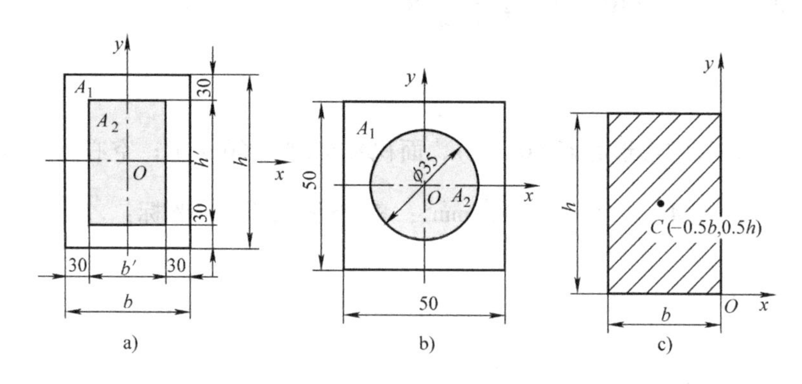

题 5-2 解图

b）正方形面积$A_1=50^2\text{mm}^2$，形心C_1在 O 点；挖去的圆面积$A_2=-\frac{\pi\times35^2}{4}\text{mm}^2$，形心$C_2$在 O 点。截面对于 x 轴的面积矩 $S_x=\sum_{i=1}^{2}A_iy_{Ci}=0$，惯性矩$I_x=\frac{50^4}{12}-\frac{\pi\times35^4}{64}=4.47\times10^5\text{mm}^4$，惯性半径$i_x=\sqrt{\frac{I_x}{A_1+A_2}}=17.1\text{mm}$。

c）正方形面积 $A=bh$，形心 $C(-0.5b, 0.5h)$。截面对于 x 轴的面积矩 $S_x=Ay_C=0.5bh^2$，惯性矩$I_x=\frac{bh^3}{3}$，惯性半径$i_x=\sqrt{\frac{I_x}{A}}=0.577h$。

5-3 如题 5-3 解图所示，计算第一象限的 1/4 圆，阴影狭长条微面积 $\text{d}A=\sqrt{r^2-y^2}\text{d}y$，$I_{右x}=\int_A y^2\text{d}A=\int_0^r y^2\sqrt{r^2-y^2}\text{d}y=\frac{\pi r^4}{16}$。由于对称性，惯性积$I_{xy}=0$，$I_{右x}=I_{左x}=I_{左y}=I_{右y}$。截面对于 x 轴的惯性矩$I_x=I_{右x}+I_{左x}=\frac{\pi r^4}{8}$，截面 y 轴的惯性矩$I_y=I_{右y}+I_{左y}=\frac{\pi r^4}{8}$。

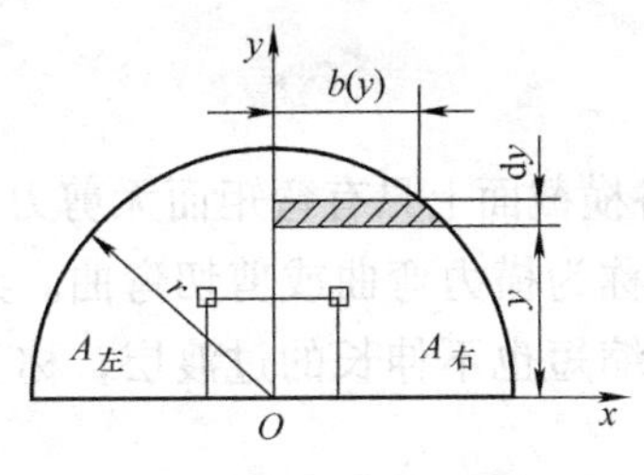

题 5-3 解图

5-4　20a 槽钢 $h=200\text{mm}$，$I_{槽x}=1780\ \text{cm}^4$。如题 5-4 解图所示，上板形心 C_1 到 x 轴距离 $a=\dfrac{h}{2}+5\text{mm}=10.5\text{cm}$，上板面积 $A=200\times 10\ \text{mm}^2=20\ \text{cm}^2$。截面对 x 轴的惯性矩 $I_x=2I_{槽x}+2\times\left(\dfrac{200\times 10^3}{12}\text{mm}^4+a^2A\right)=7.97\times 10^{-5}\text{m}^4$。

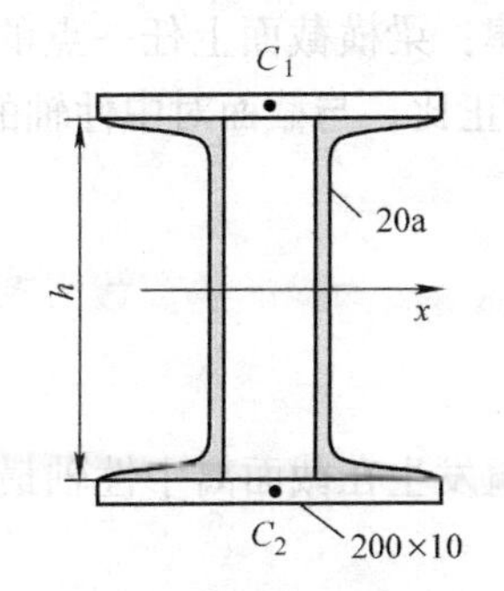

题 5-4 解图

5-5　如题 5-5 解图所示，截面对 x 轴的惯性矩 $I_x=\left(\dfrac{10\times 40^3}{3}+\dfrac{30\times 10^3}{3}\right)\text{mm}^4=2.23\times 10^{-7}\ \text{m}^4$，由对称性 $I_y=I_x$。惯性积 $I_{xy}=\int_{A_1}xy\text{d}A+\int_{A_2}xy\text{d}A=\left(\dfrac{1}{2}x^2\Big|_0^{10}\times\dfrac{1}{2}y^2\Big|_0^{40}+\dfrac{1}{2}x^2\Big|_{10}^{40}\times\dfrac{1}{2}y^2\Big|_0^{10}\right)\text{mm}^4=7.75\times 10^{-8}\ \text{m}^4$。

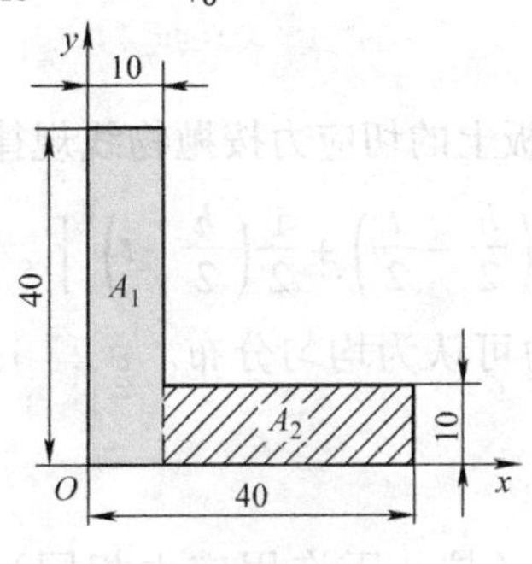

题 5-5 解图

第六章

6-1 如果梁弯曲时各横截面上只有弯矩而无剪力，则称为纯弯曲。梁横截面上既有弯矩又有剪力，称为横力弯曲或剪切弯曲。梁弯曲时从缩短区到伸长区，其间必存在一层既不缩短也不伸长的过渡层，称为中性层。中性层与横截面的交线称为中性轴。

6-2 （1）平面假设 当梁的变形不大时，梁变形前的横截面，变形后仍保持为平面，并仍然垂直于变形后梁的轴线。

（2）单向受力假设 梁的纵向“纤维”的变形只是简单的拉伸和压缩，各“纤维”之间无挤压作用。

6-3 梁截面上某点对应的纵向“纤维”伸长，正应力为正，是拉；纵向“纤维”缩短，正应力为负，是压。中性轴上各点的正应力为0。

6-4 弯曲正应力分布规律：梁横截面上任一点的正应力 σ，与截面上弯矩 M 和该点到中性轴的距离 y 成正比，与截面对中性轴的惯性矩 I_z 成反比。

中性轴必通过对称横截面的形心。

最大弯曲正应力 $\sigma_{\max}=\dfrac{M}{W_z}$，$W_z$ 为梁的**抗弯截面系数**。

6-5 是。

6-6 弯曲正应力的最大值发生在截面离中性轴最远的位置。弯曲切应力的最大值发生在中性轴上。

6-7 矩形对中性轴的惯性矩$I_z=\dfrac{bh^3}{12}$，抗弯截面系数$W_z=\dfrac{bh^2}{6}$；圆形截面对中性轴的惯性矩$I_z=\dfrac{\pi d^4}{64}$，抗弯截面系数$W_z=\dfrac{\pi d^3}{32}$。圆截面的抗弯截面系数W_z是抗扭截面系数W_p的1/2。

6-8 弯曲切应力 τ 沿矩形截面高度 y 按二次抛物线规律变化，在横截面的上、下边缘处 $\tau=0$。在中性轴上出现最大切应力 $\tau_{\max}=\dfrac{3}{2}\dfrac{F_S}{bh}$。

6-9 工字形截面梁腹板上的切应力按抛物线规律变化，最大弯曲切应力发生在中性轴上 $\tau_{\max}=\dfrac{F_S}{I_z}\left[\dfrac{bt}{d}\left(\dfrac{h}{2}-\dfrac{t}{2}\right)+\dfrac{1}{2}\left(\dfrac{h}{2}-t\right)^2\right]$。当腹板厚度 d 远小于翼缘宽度 b 时，腹板上的切应力可认为均匀分布。工程中近似地计算工字形截面梁的最大切应力 $\tau_{\max}\approx\dfrac{F_S}{d(h-2t)}$。

6-10 对于塑性材料（拉、压许用应力相同），其强度条件为：$\sigma_{\max}=$

$\dfrac{|M|_{max}}{W_z} \leqslant [\sigma]$。对于脆性材料（拉、压许用应力不同），常把梁的横截面做成与中性轴不对称的形状，例如 T 形截面等，强度条件为 $\sigma_{max}^{+} \leqslant [\sigma^{+}]$，$\sigma_{max}^{-} \leqslant [\sigma^{-}]$，$[\sigma^{+}]$表示抗拉许用应力，$[\sigma^{-}]$ 表示抗压许用应力。

6-11　各种截面形状梁的最大切应力 $\tau_{max} = K\dfrac{F_S}{A}$。

梁截面形状	矩形	圆形	工字型	薄壁环形
K	$\dfrac{3}{2}$	$\dfrac{4}{3}$	1	2

6-12　提高梁的强度主要措施是：

1）降低$|M|_{max}$的措施：梁支承的合理安排，合理布置载荷。

2）合理放置梁。

3）合理选择梁的截面，用最小的截面面积 A（少用材料），得到大的抗弯截面系数 W_z。

4）对抗拉和抗压强度相等的塑性材料，采用中性轴对称的截面；对抗拉强度 $[\sigma^{+}]$ 小于抗压强度 $[\sigma^{-}]$ 的脆性材料，采用中性轴偏向受拉一侧的截面形状。

5）采用变截面梁。

6-13　变截面梁各个横截面上的最大正应力都等于许用应力 $[\sigma]$，称为等强度梁。等强度梁设计依据：截面的抗弯截面系数 $W(x) = \dfrac{M(x)}{[\sigma]}$。

6-14

	剪力/kN			弯矩/kN · m		
	1 - 1	2 - 2	3 - 3	1 - 1	2 - 2	3 - 3
a	0	0	qa	0	0	$0.5qa^2$
b	-0.15	-0.15	0.3	-0.045	-0.09	-0.09
c	F	0	F	$-Fa$	$-Fa$	$-Fa$
d	qa	qa	qa	$-0.5qa^2$	$-0.5qa^2$	$-1.5qa^2$
e	1.333	1.333	-0.667	0	0.133	0.166
f	-20	-20	-20	-4	6	0

6-15　a）剪力方程$F_S(x) = 0$，弯矩方程 $M(x) = \begin{cases} 0 & 0 \leqslant x < a \\ 10\text{kN} \cdot \text{m} & a < x < 2a \end{cases}$。

$|F_S|_{max} = 0, |M|_{max} = 10\text{kN} \cdot \text{m}$。

b）支座约束力$F_A = \dfrac{4}{3}qa$，$F_B = \dfrac{5}{3}qa$。剪力方程$F_S(x) = \begin{cases} \dfrac{4}{3}qa & 0 < x < a \\ \dfrac{4}{3}qa - qx & a < x < 3a \end{cases}$，

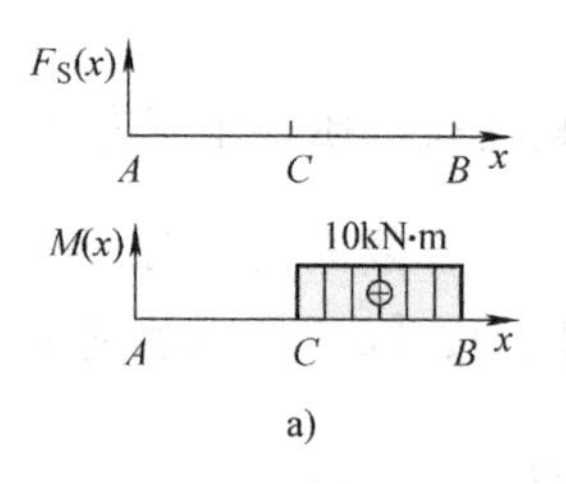

a)

题6-15解图

弯矩方程 $M(x)=\begin{cases}\dfrac{4}{3}qax & 0\leqslant x\leqslant a\\ -\dfrac{q}{2}\left(\dfrac{4}{3}a-x\right)^2+\dfrac{25}{18}qa^2 & a\leqslant x\leqslant 3a\end{cases}$。$|F_S|_{max}=\dfrac{5}{3}qa$，$|M|_{max}=\dfrac{25}{18}qa^2$。

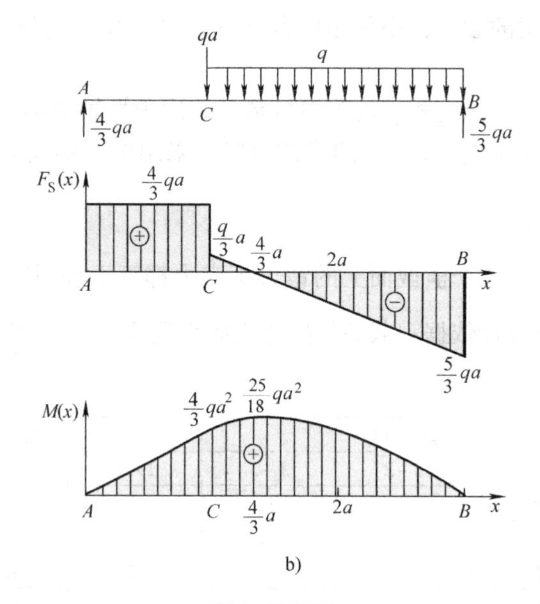

b)

题6-15解图

c）支座约束力 $F_A=0.25F$，$F_B=1.25F$。剪力方程 $F_S(x)=\begin{cases}-0.25F & 0<x<4a\\ F & 4a<x<5a\end{cases}$，弯矩方程 $M(x)=\begin{cases}-0.25Fx & 0\leqslant x\leqslant 4a\\ -F(5a-x) & 4a\leqslant x\leqslant 5a\end{cases}$。$|F_S|_{max}=F$，$|M|_{max}=Fa$。

d）支座约束力 $F_A=F/3$，$F_B=F/3$。剪力方程 $F_S(x)=\begin{cases}-0.333F & 0<x<a\\ 0.666F & a<x<2a\\ -0.333F & 2a<x<3a\end{cases}$，弯矩方程 $M(x)=\begin{cases}-0.333Fx & 0\leqslant x\leqslant a\\ -0.333Fx+F(x-a) & a\leqslant x\leqslant 2a\\ 0.333F(3a-x) & 2a\leqslant x\leqslant 3a\end{cases}$。

$|F_S|_{max}=0.666F$，$|M|_{max}=0.333Fa$。

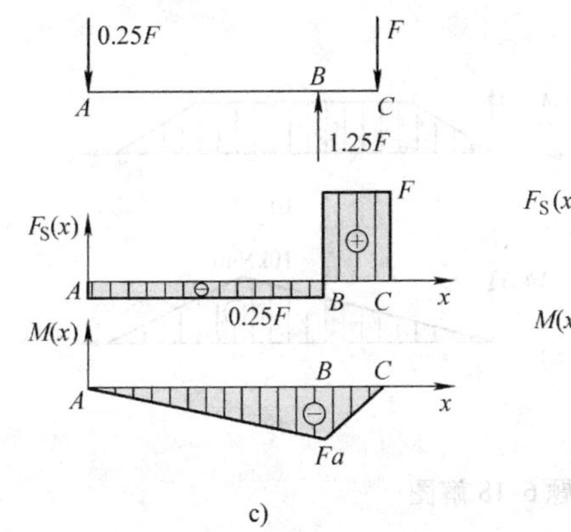

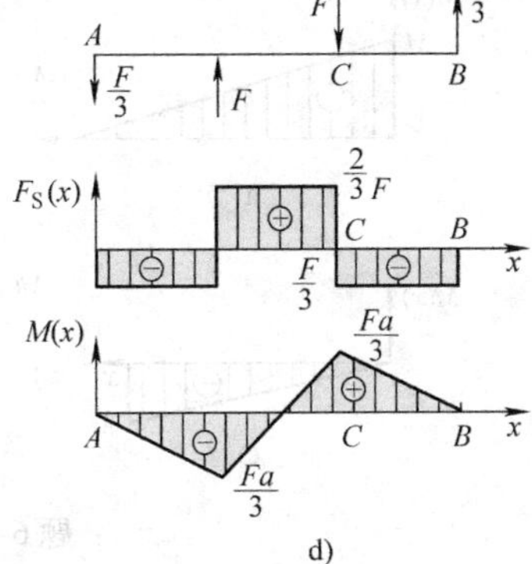

题 6-15 解图

6-16

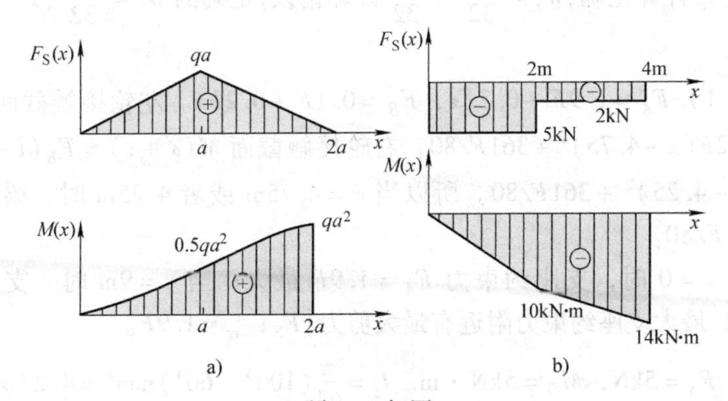

题 6-16 解图

6-17

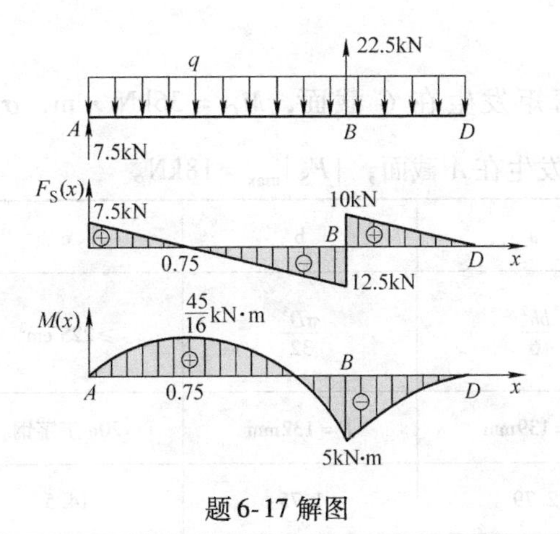

题 6-17 解图

6-18 正确的弯矩图如下：

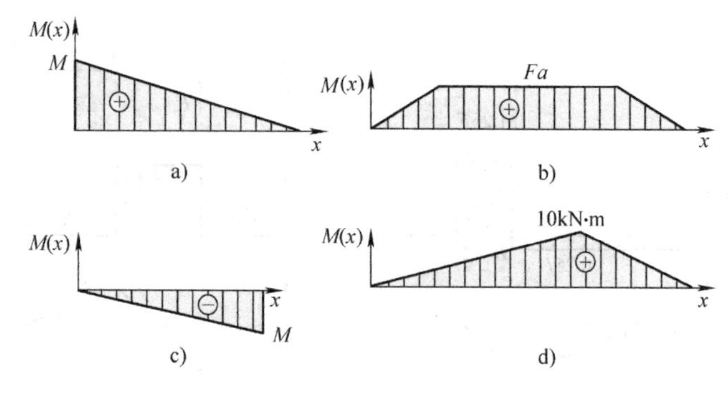

题6-18解图

6-19 I_z 计算正确；$W_z=\dfrac{\pi D^3}{32}-\dfrac{\pi d^3}{32}$计算错误，正确的 $W_z=\dfrac{\pi D^3}{32}(1-\alpha^4)$。

6-20 1）$F_A=1.9F-0.2Fx$，$F_B=0.1F+0.2Fx$。左轮接触截面 $M(x)=F_Ax=-0.2F(x-4.75)^2+361F/80$，右轮接触截面 $M(x+1)=F_B(l-x-1)=-0.2F(x-4.25)^2+361F/80$。所以当 $x=4.75\text{m}$ 或者 4.25m 时，梁内弯矩最大，为 $361F/80$。

2）当 $x=0$ 时，支座约束力 $F_A=1.9F$ 最大；当 $x=9\text{m}$ 时，支座约束力 $F_B=1.9F$。最大支座约束力附近有最大剪力 $|F_S|_{max}=1.9F$。

6-21 $F_A=5\text{kN}$，$M_C=5\text{kN}\cdot\text{m}$。$I_z=\dfrac{\pi}{64}(100^4-60^4)\text{mm}^4=4.27\times10^{-6}\text{m}^4$。C 截面处 $\sigma_a=\dfrac{M_C}{I_z}R_a=-58.5\text{MPa}$（压应力），$\sigma_b=\dfrac{M_C}{I_z}R_b=-35.1\text{MPa}$（压应力）。

6-22 最大弯矩发生在 C 截面，$M_C=36\text{kN}\cdot\text{m}$，$\sigma_{max}=\dfrac{M_C}{W_z}\leqslant[\sigma]=160\text{MPa}$。最大剪力发生在 A 截面，$|F_S|_{max}=18\text{kN}$。

	a	b	c	d
W_z	$\dfrac{bh^2}{6}$	$\dfrac{\pi D^3}{32}$	$\geqslant 225\ \text{cm}^3$	$\dfrac{\pi D^3}{32}(1-\alpha^4)$
截面尺寸	$h=139\text{mm}$	$D=132\text{mm}$	20a 工字钢	$D=188\text{mm}$
τ_{max}/MPa	2.79	1.75	14.5	6.83

6-23　最大弯矩发生在 B 截面，$M_B=20\text{kN}\cdot\text{m}$。$\sigma_{\max}=\dfrac{M_B}{W_x}\leqslant[\sigma]$，$W_x\geqslant\dfrac{20\times10^3}{160\times10^6}\text{m}^3=125\text{cm}^3$。查附录表4选择16号工字钢。

6-24　支座约束力 $F_A=0.75q$，拉杆拉力 $F_{CD}=2.25q$。1）画弯矩图如题6-24解图所示，最大弯矩发生在 D 截面，$M_D=0.5q$。10号工字钢 $W_x=49\text{cm}^3$，$\sigma_{\max}=\dfrac{M_D}{W_x}=\dfrac{0.5q}{49\times10^{-6}\text{m}^3}\leqslant[\sigma]=160\times10^6\text{Pa}$，所以 $q\leqslant15.68\text{kN/m}$。2）拉杆 $\sigma_{\max}=\dfrac{F_{CD}}{\dfrac{\pi}{4}d^2}=\dfrac{2.25q}{\dfrac{\pi}{4}\times0.015^2\ \text{m}^3}\leqslant[\sigma]=160\times10^6\text{Pa}$，所以 $q\leqslant12.56\text{kN/m}$。综合工字钢梁及拉杆，得 $q\leqslant12.56\text{kN/m}$。

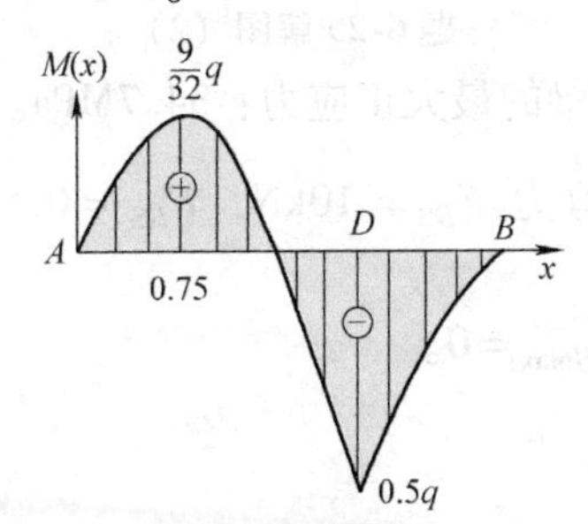

题6-24解图

6-25　画剪力图和弯矩图如题6-25解图（1）所示：

1）$M_D=20\text{kN}\cdot\text{m}$，$M_H=22.5\text{kN}\cdot\text{m}$。

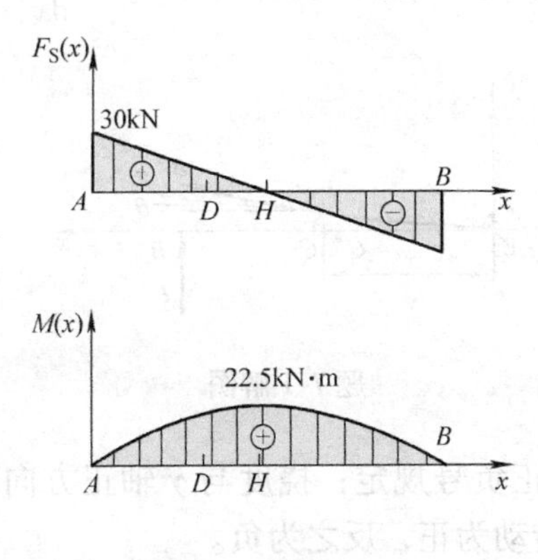

题6-25解图（1）

	1点	2点	3点
D截面正应力/MPa	20.6	0	30.9
H截面正应力/MPa	23.2	0	34.7

2）截面的正应力分布图如题6-25解图（2）所示：

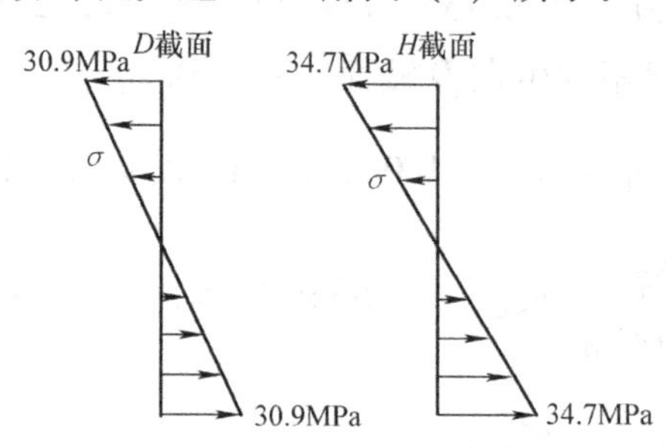

题6-25解图（2）

3）H截面最外缘为全梁的最大正应力：34.7MPa。

4）截面D、H上的剪力$F_{DS}=10\text{kN}$，$F_{HS}=0$。最大切应力$\tau_{D\max}=\dfrac{3}{2}\times\dfrac{F_{DS}}{120\times180\text{mm}^2}=694\text{kPa}$，$\tau_{H\max}=0$。

第七章

7-1　当梁发生平面弯曲时，变形后梁的轴线变为一条光滑的平面曲线，称梁的挠曲轴线，也称弹性曲线、挠曲线。如题7-1解图所示，截面形心线位移的垂直分量称该截面的挠度，用y表示；横截面绕中性轴转动产生了角位移，此角位移称转角，用θ表示。小变形时$\theta\approx\tan\theta=y'=\dfrac{dy}{dx}$。

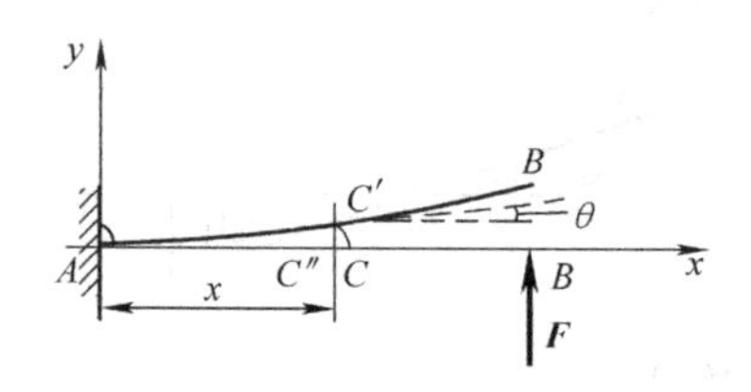

题7-1解图

7-2　挠度和转角的正负号规定：挠度与y轴正方向同向为正，反之为负；截面转角以逆时针方向转动为正，反之为负。

7-3　$\dfrac{1}{\rho(x)}=\dfrac{M(x)}{EI}$，平面曲线$y=f(x)$上任一点处的曲率为$\dfrac{1}{\rho(x)}=$

$\pm\frac{y''}{(1+y'^2)^{\frac{3}{2}}}$，在小变形的情况下，梁的转角 $y'(=\theta)$ 很小，y'^2 可忽略不计，于是简化得到梁的挠曲轴线近似微分方程 $y''=\frac{M(x)}{EI}$。

7-4　铰支座位移边界条件：挠度 y 为零。固定端支座处位移边界条件：挠度 y 和转角 θ 均为零。

7-5　在任意截面 C 上，$y_{C左}=y_{C右}$，$\theta_{C左}=\theta_{C右}$。

7-6　梁在几个载荷同时作用下产生的转角和挠度，分别等于各个载荷单独作用下梁的挠度和转角的叠加。任意截面 x 的转角 $\theta(x)=\sum_{i=1}^{n}\theta_i(x)$，挠度 $y(x)=\sum_{i=1}^{n}y_i(x)$。

7-7　根据工程实际的需要，规定梁的最大挠度和最大转角不超过某一规定值。即梁的刚度条件 $|y|_{max}\leqslant[y]$，$|\theta|_{max}\leqslant[\theta]$，$[y]$ 为许可挠度，$[\theta]$ 为许可转角。

7-8　梁未知约束力的数目超过了静力学平衡方程的数目，某些约束力不能完全由静力学平衡方程求出，这就是超静定梁。超静定次数 = 未知约束力总个数 - 独立平衡方程数。

7-9　超静定梁优点：提高梁的强度和刚度，或满足构造上的需要。

7-10　在静定梁上增加的约束，对于维持构件平衡来说是多余的，因此，把这种对维持构件平衡并非必要的约束，称为多余约束。

解除多余约束，并以相应的多余未知力代替它的作用。把原来的超静定梁在形式上转变成在载荷和多余未知力共同作用下的静定悬臂梁，称为原超静定梁的相当系统。

7-11　超静定梁的变形协调条件：在多余约束处，相当系统和原超静定梁变形（位移、转角）相同。

7-12　如题 7-12 解图所示。AC 段：$M(x)=M$，$EI\theta=Mx+C_1$，$EIy=\frac{M}{2}x^2+Cx+D$。边界条件：$x=0$，$y=0$，$\theta=0$。得到 $C=D=0$。$y_C=\frac{Ma^2}{2EI}$。

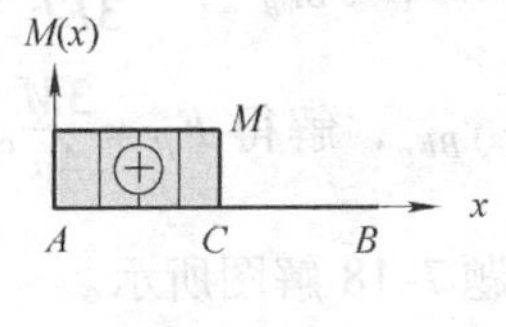

题 7-12 解图

7-13 $M(x)=F_Ax-\frac{q}{2}x^2=360x-180x^2$，$EI\theta=180x^2-60x^3+C$，$EIy=60x^3-15x^4+Cx+D$。边界条件：$x=0$，$y=0$；$x=2\text{m}$，$y=0$。求得 $C=-120$，$D=0$。挠曲线方程 $y=-3\times10^{-6}x(x^3-4x^2+8)\text{m}$。

7-14 $M(x)=M$，$EI\theta=Mx+C$，$EIy=0.5Mx^2+Cx+D$。边界条件：$x=0$，$y=0$，$\theta=0$。求得 $C=D=0$。挠曲线方程 $y=\frac{Mx^2}{2EI}$，转角方程 $\theta=\frac{Mx}{EI}$。端截面转角$\theta_A=0$，$\theta_B=\frac{Ml}{EI}$。中点 K 挠度 $y_K=\frac{Ml^2}{8EI}$，最大挠度 $y_B=\frac{Ml^2}{2EI}$。

7-15 a）查表 7-1，B 点 F 力作用使 C 点位移 $y_{CB}=-\frac{Fa^2}{6EI}(3l-a)=-\frac{5Fa^3}{6EI}$；$C$ 点 F 力作用使 C 点位移 $y_{CC}=-\frac{Fl^3}{3EI}=-\frac{8Fa^3}{3EI}$。用叠加法得 C 点位移 $y_C=y_{CB}+y_{CC}=-\frac{7Fa^3}{2EI}$。

b）查表 7-1，均布载荷 q 作用使 C 点位移 $y_{Cq}=-\frac{5ql^4}{384EI}=-\frac{5qa^4}{24EI}$；力矩 M 作用使 C 点位移 $y_{CM}=\frac{Ml^2}{16EI}=\frac{qa^4}{4EI}$。用叠加法得 C 点位移$y_C=y_{Cq}+y_{CM}=\frac{qa^4}{24EI}$。

7-16 查表 7-1，A 截面挠度 $y_A=-\frac{Fb(3l^2-4b^2)}{48EI}=-\frac{Fa^3}{6EI}$，$B$ 截面转角 $\theta_B=\theta_D=\frac{Fab(l+a)}{6EIl}=\frac{Fa^2}{4EI}$。

7-17 解除 B 约束，用力 F_B 代替。查表 7-1，均布载荷 q 作用使 B 点位移 $y_{Bq}=-\frac{5ql^4}{384EI}$；力 F_B 作用使 B 点位移 $y_{BF_B}=\frac{F_Bl^3}{48EI}$。变形协调条件为 $y_B=0$；用叠加法得 B 点位移 $y_B=y_{Bq}+y_{BF_B}$，解得 $F_B=\frac{5ql}{8}$。由对称性及力平衡方程可知 $F_A=F_C=\frac{ql-F_B}{2}=\frac{3ql}{16}$。

7-18 解除 B 约束，用力 F_B 代替。查表 7-1，力矩 M 作用使 B 点位移 $y_{BM}=\frac{2Ma^2}{EI}$；力 F_B 作用使 B 点位移 $y_{BF_B}=-\frac{8F_Ba^3}{3EI}$。变形协调条件为 $y_B=0$；用叠加法得 B 点位移 $y_B=y_{BM}+y_{BF_B}$，解得 $F_B=\frac{3M}{4a}$。由平衡方程可知 $F_A=F_B=\frac{3M}{4a}$，$M_A=0.5M$。画内力图如题 7-18 解图所示。

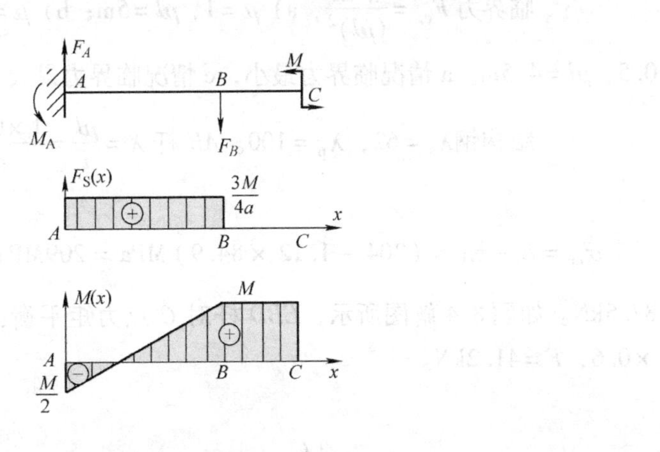

题7-18解图

7-19　解除B约束，用力F_B代替。查表7-1，C点载荷F作用使B点位移$y_{BF}=-\frac{F\times4^2}{6EI}\times(3\times6-4)=-\frac{448}{EI}$；力$F_B$作用使$B$点位移$y_{BF_B}=\frac{F_B\times4^3}{3EI}$。变形协调条件为$y_B=0$；用叠加法得$B$点位移$y_B=y_{Bq}+y_{BF_B}$，解得$F_B=21\text{kN}$。由平衡方程可知$F_A=-9\text{kN}$，$M_A=-12\text{kN}\cdot\text{m}$。

7-20　设BC杆拉力为F，B点位移$y_B=-\frac{F\cdot\frac{l}{2}}{EA}$。均布载荷$q$作用使梁上$B$点位移$y_{Bq}=-\frac{ql^4}{8EI}$；力$F$作用使$B$点位移$y_{BF}=\frac{Fl^3}{3EI}$。变形协调条件为$y_B=y_{Bq}+y_{BF}$，解得$F=\frac{3Aql^3}{4(2Al^2+3I)}$。

第八章

8-1　$\lambda\geqslant\lambda_p$的压杆，称为大柔度杆或细长杆，按欧拉公式$\sigma_{cr}=\frac{\pi^2E}{\lambda^2}$计算临界应力；$\lambda_s\leqslant\lambda<\lambda_p$的压杆，称为中柔度杆或中长杆，按$\sigma_{cr}=a-b\lambda$计算其临界应力；$\lambda<\lambda_s$的压杆，称为小柔度杆或短粗杆，按强度问题处理，$\sigma_{cr}=\sigma_s$。

8-2　在截面面积不变的情况下，增大惯性矩，例如将实心圆形截面改变为空心环形截面。尽可能使截面的最大和最小两个惯性矩相等。使压杆长度减小可以明显提高压杆的临界力。若压杆长度不能减小，则可以通过增加压杆的约束点，以减小压杆的计算长度。加固杆端支承，降低长度因数μ值。

8-3 临界力 $F_{cr}=\frac{\pi^2EI}{(\mu l)^2}$，a）$\mu=1$，$\mu l=5m$；b）$\mu=0.7$，$\mu l=4.9m$；c）$\mu=0.5$，$\mu l=4.5m$。a 情况临界力最小，c 情况临界力最大。

8-4 结构钢$\lambda_s=62$，$\lambda_p=100$。AB 杆 $\lambda=\frac{\mu l}{i}=\frac{1\times0.6\sqrt{2}}{d/4}=84.9$，属于中长杆。$\sigma_{cr}=a-b\lambda=(304-1.12\times84.9)MPa=209MPa$，$[F_{AB}]=\frac{\sigma_{cr}\cdot\frac{\pi}{4}d^2}{[n_{st}]}=87.5kN$。如题 8-4 解图所示，$CBD$ 杆对 C 点力矩平衡：$F\times0.9=[F_{AB}]\sin45°\times0.6$，$F=41.2kN$。

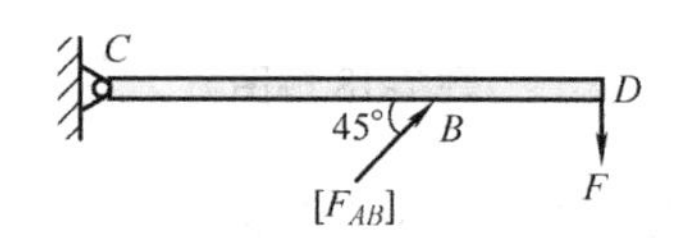

题 8-4 解图

8-5 1）$F_{cr}=\frac{\pi^2EI}{(\mu l)^2}=\frac{3.14^2\times200\times10^9\times\frac{\pi d^4}{64}}{(1\times1)^2}N=37.8kN$；2）$F_{cr}=\frac{3.14^2\times200\times10^9\times\frac{hb^3}{12}}{(1\times1)^2}N=52.6kN$；3）$I_y=93.1\ cm^4$，

$F_{cr}=\frac{3.14^2\times200\times10^9\times93.1\times10^{-8}}{(1\times2)^2}N=459kN$。

8-6 $\lambda_p=\pi\sqrt{\frac{E}{\sigma_p}}=99.3$，$\lambda=\frac{\mu l}{i}=\frac{0.7l}{\sqrt{\frac{I}{A}}}=\frac{0.7l}{\sqrt{\frac{0.03^2}{12}}}$。由$\lambda_p=\lambda$ 得到$l=1.23m$。

8-7 25a 号工字钢$I_y=280\ cm^4$，$F_{cr}=\frac{\pi^2EI}{(\mu l)^2}=\frac{3.14^2\times210\times10^9\times280\times10^{-8}}{(0.5\times7)^2}N=473kN$，$F=\frac{F_{cr}}{[n_{st}]}=158kN$。

第九章

9-1 $\tau=\tau_{45°}=\frac{\sigma_x-\sigma_y}{2}\sin90°+\tau_x\cos90°=\frac{\sigma_x}{2}$，$F=\sigma_x\times\frac{\pi}{4}d^2=163kN$。

9-2

	σ_x	σ_y	τ_x	α	σ_α	τ_α
a	25	45	0	60°	40	-8.66
b	-40	0	20	60°	-27.3	-27.3
c	10	-20	15	-60°	0.49	-20.5
d	50	0	20	45°	5	25
e	0	60	30	210°	-11.0	-11.0

9-3

	σ_x	σ_y	τ_x	σ_1	σ_2	σ_3	α_0	$\tau_{max}=\dfrac{\sigma_1-\sigma_3}{2}$
a	-10	20	20	30	0	-20	26.6°	25
b	-30	-40	-30	0	-4.59	-65.4	40.3°	32.7
c	-10	-40	-20	0	0	-50	26.6°	25
d	60	30	-25	74.2	15.8	0	29.5°	37.1

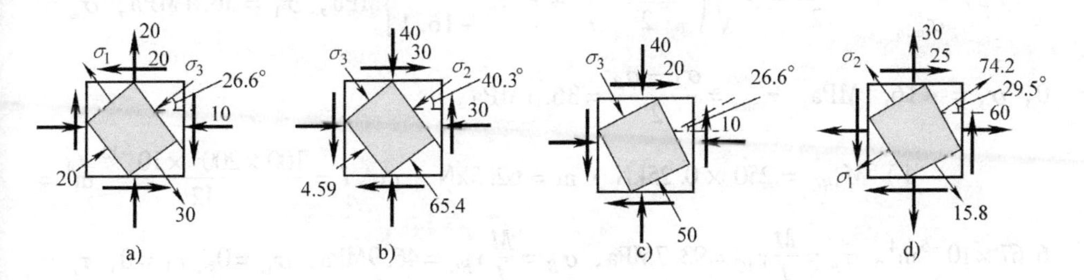

题9-3解图

9-4

	σ_x	σ_y	σ_z	τ_x	σ_1	σ_2	σ_3	$\tau_{max}=\dfrac{\sigma_1-\sigma_3}{2}$
a	60	0	0	-40	80	0	-20	50
b	120	40	-30	-30	130	30	-30	80

9-5

	σ_x	σ_y	τ_x	σ_1	σ_2	σ_3	α_0	$\tau_{max}=\dfrac{\sigma_1-\sigma_3}{2}$
a	50	0	-20	57	0	-7.0	19.3°	32
b	-40	-20	-40	11.2	0	-71.2	-38.0°	41.2
c	-20	30	20	37	0	-27	19.3°	32

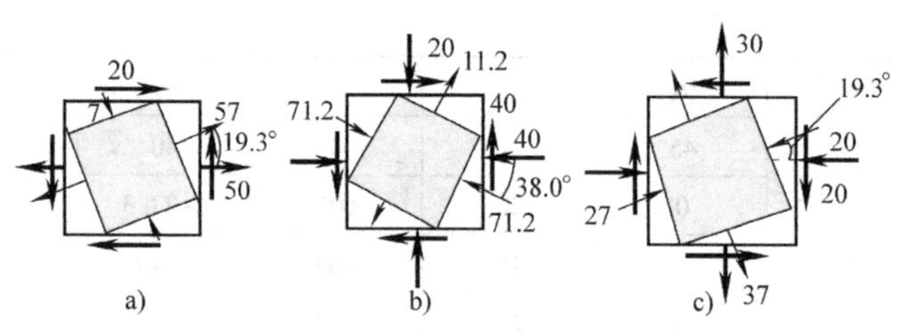

题9-5解图

9-6 1)

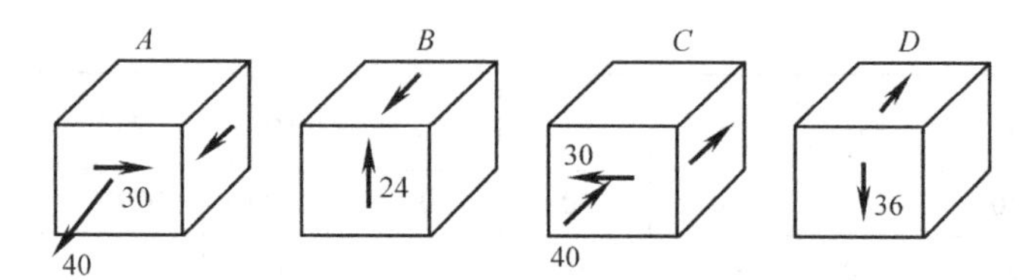

题9-6解图

2) $\left.\begin{array}{l}\sigma_{\max}\\ \sigma_{\min}\end{array}\right\}=\dfrac{\sigma_x+\sigma_y}{2}\pm\sqrt{\left(\dfrac{\sigma_x-\sigma_y}{2}\right)^2+\tau_x^2}=\left.\begin{array}{r}56.1\\ -16.1\end{array}\right\}\text{MPa}$，$\sigma_1=56.1\text{MPa}$，$\sigma_2=0$，$\sigma_3=-16.1\text{MPa}$。$\tau_{\max}=\dfrac{\sigma_1-\sigma_3}{2}=36.1\text{MPa}$。

9-7 1) $M_{ABC}=250\times0.25\text{kN}\cdot\text{m}=62.5\text{kN}\cdot\text{m}$，$I=\dfrac{100\times200^3\times10^{-12}}{12}\text{m}^4=6.67\times10^{-5}\text{m}^4$。$\sigma_A=\dfrac{M}{I}y_{AC}=93.7\text{MPa}$，$\sigma_B=\dfrac{M}{I}y_{BC}=46.9\text{MPa}$，$\sigma_C=0$。$\tau_A=0$，$\tau_B=\dfrac{6F_S}{bh^3}\left(\dfrac{h^2}{4}-y_{BC}^2\right)=\dfrac{9F_S}{8bh}=14.1\text{MPa}$，$\tau_C=\dfrac{3F_S}{2bh}=18.8\text{MPa}$。如题9-7解图所示。

题9-7解图

2)

	σ_x	σ_y	τ_x	σ_1	σ_2	σ_3	$\tau_{\max}=\dfrac{\sigma_1-\sigma_3}{2}$
A	−93.7	0	0	0	0	−93.7	46.9
B	−46.9	0	14.1	3.9	0	−50.9	27.4
C	0	0	18.8	18.8	0	−18.8	18.8

9-8 $\sigma_1=0$，$\sigma_2=-\dfrac{F_1}{bl}=-37.5\text{MPa}$，$\sigma_3=-\dfrac{F}{ab}=-167\text{MPa}$。广义胡克定律$\varepsilon_2=\dfrac{1}{E}[\sigma_2-\mu(\sigma_3+\sigma_1)]$。变形协调条件$\varepsilon_2=0$，所以$\mu=0.225$。钢块压缩变形 $\Delta l=\varepsilon_3 l=\dfrac{1}{E}[\sigma_3-\mu(\sigma_1+\sigma_2)]l=-0.0475\text{mm}$。

9-9

	σ_1	σ_2	σ_3	σ_{r3}	σ_{r4}
1)	70.6	0	-90.6	161.2	140
2)	50	0	-40	90	78.1
3)	45	0	-45	90	77.9

9-10

	1)	2)	3)
σ_{r3}	95	110	110
σ_{r4}	83.6	95.3	98.5

均满足强度要求。

第十章

10-1

	a	b	c	d
AB	弯曲	压弯	弯曲	弯曲
BC	压弯	弯扭	弯扭	拉弯
CD	弯曲	弯曲	拉弯	弯曲

10-2 组合变形：构件在载荷作用下，同时产生两种或两种以上的基本变形。

若构件的材料符合胡克定律，且变形很小，可认为组合变形中的每一种基本变形都是各自独立的，在计算组合变形时，可运用叠加原理。

10-3 偏心拉压时，将产生拉弯组合变形。横截面上的应力为拉伸正应力和弯曲正应力叠加。强度计算：$\sigma_{\max}=\dfrac{F}{A}+\dfrac{M_e}{W_z}\leqslant[\sigma]$。

10-4 $\sigma_A=\dfrac{M_x}{W_x}-\dfrac{M_y}{W_y}$，$\sigma_B=-\dfrac{M_x}{W_x}+\dfrac{M_y}{W_y}$，$\sigma_C=\dfrac{M_x}{W_x}+\dfrac{M_y}{W_y}$，$\sigma_D=-\dfrac{M_x}{W_x}-\dfrac{M_y}{W_y}$。$M_x=3F$，$M_y=5F$，$W_x=\dfrac{bh^2}{6}$，$W_y=\dfrac{hb^2}{6}$。$\sigma_A=-\sigma_B=\dfrac{6F}{bh}\left(\dfrac{3}{h}-\dfrac{5}{b}\right)$，危险点 C、D 应力状态如题 10-4 解图所示，$\sigma_C=-\sigma_D=\dfrac{6F}{bh}\left(\dfrac{3}{h}+\dfrac{5}{b}\right)$。

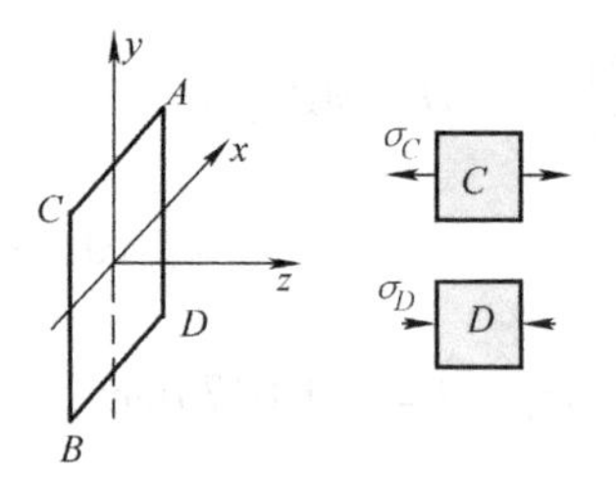

题 10-4 解图

10-5　$\sigma_0=\dfrac{F}{4a^2}$，开槽后 $\sigma_1=\dfrac{F}{2a^2}+\dfrac{F\cdot\dfrac{a}{2}}{\dfrac{2a\cdot a^2}{6}}=\dfrac{2F}{a^2}$。$\sigma_1=8\sigma_0$，增加了 7 倍。

10-6　悬臂梁根部截面 AB 为危险截面。A 点为危险点，应力状态如题 10-6 解图所示，$\sigma_x=\dfrac{F}{\dfrac{\pi d^2}{4}}+\dfrac{\dfrac{1}{2}ql^2}{\dfrac{\pi d^3}{32}}=\dfrac{4}{\pi d^2}\left(F+\dfrac{4ql^2}{d}\right),\tau_x=\dfrac{M_0}{\dfrac{\pi d^3}{16}}=\dfrac{16M_0}{\pi d^3}$。

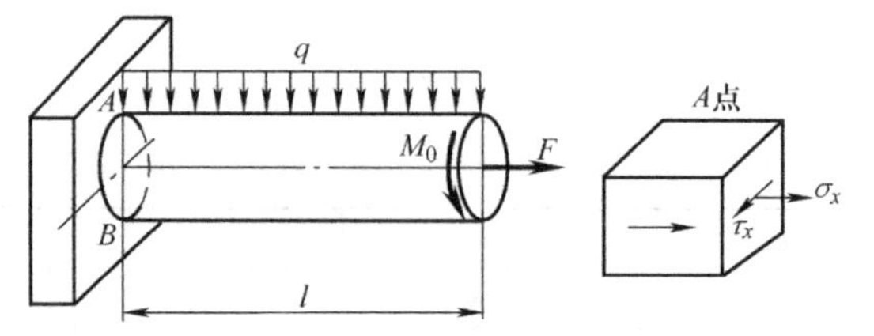

题 10-6 解图

10-7　如题 10-7 解图所示，最大应力发生在 A 点，$\sigma_A=\dfrac{F}{\dfrac{\pi d^2}{4}}+\dfrac{F\times0.06}{\dfrac{\pi d^3}{32}}=$ 54MPa。缺口焊好后，$\sigma_{焊好}=\dfrac{F}{2\times\dfrac{\pi d^2}{4}}=2.55\text{MPa}$，为原来的 4.72%。

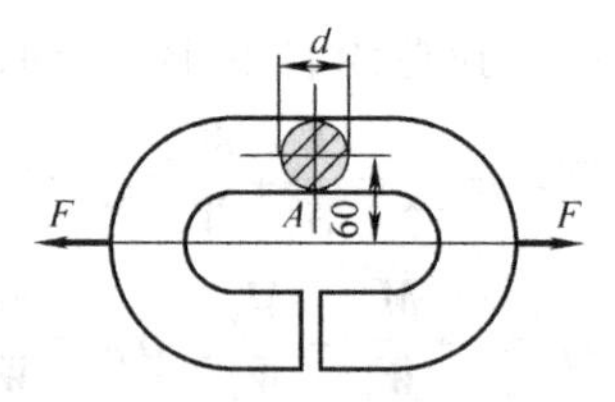

题 10-7 解图

10-8　画轴力图、弯矩图如题 10-8 解图所示，B 截面为危险截面。$\sigma_{\max}=\dfrac{103.9\text{kN}}{A}+\dfrac{45\text{kN}\cdot\text{m}}{W}\leqslant[\sigma]$，先按照弯曲应力 $\dfrac{45\text{kN}\cdot\text{m}}{W}\leqslant[\sigma]$ 求解，得到选 22a

号工字钢，代入 $\sigma_{max}=\dfrac{103.9\text{kN}}{A}+\dfrac{45\text{kN}\cdot\text{m}}{W}=170.3\text{MPa}>[\sigma]$。换大一号的 22b 号工字钢，代入 $\sigma_{max}=\dfrac{103.9\text{kN}}{A}+\dfrac{45\text{kN}\cdot\text{m}}{W}=161\text{MPa}$，没有超过许用应力的 5%，满足强度要求。

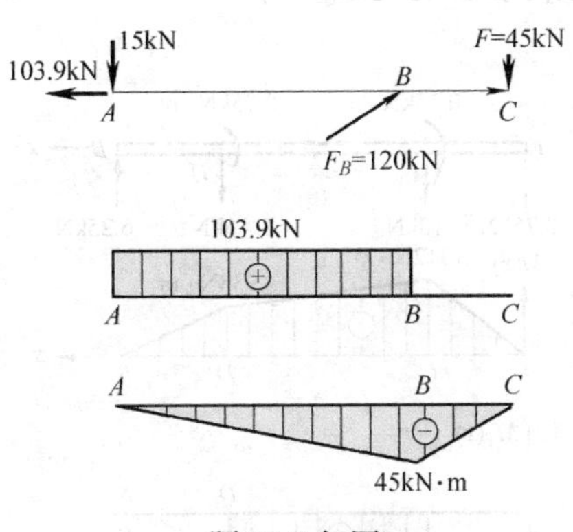

题 10-8 解图

10-9　$M_B=9550\dfrac{P}{n}=82\text{N}\cdot\text{m}$，$F_1\cdot\dfrac{D}{2}-F_2\cdot\dfrac{D}{2}=M_B$，$F_1=2F_2=1093\text{N}$。画 Axy、Ayz 平面的弯矩图，画扭矩图如题 13-9 解图所示，B 截面为危险截面，$M_B=\sqrt{120^2+328^2}\text{N}\cdot\text{m}=349\text{N}\cdot\text{m}$，$M_T=82\text{N}\cdot\text{m}$，轴外边缘应力最大点上 $\sigma=\dfrac{M_B}{\dfrac{\pi d^3}{32}}=55.8\text{MPa}$，$\tau=\dfrac{M_T}{\dfrac{\pi}{16}d^3}=6.53\text{MPa}$。由公式（9-26）得 $\sigma_{r3}=\sqrt{\sigma^2+4\tau^2}=57.2\text{MPa}<[\sigma]$。

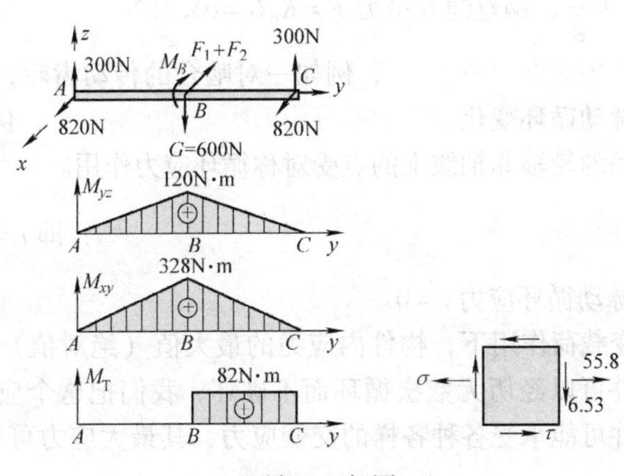

题 10-9 解图

10-10 画弯矩图、扭矩图如题10-10解图所示，C截面为危险截面，轴外边缘应力最大点上 $\sigma=\dfrac{1312}{\dfrac{\pi d^3}{32}}$，$\tau=\dfrac{750}{\dfrac{\pi d^3}{16}}$。由公式（9-27）得$\sigma_{r4}=\sqrt{\sigma^2+3\tau^2}=\dfrac{14919\text{N}\cdot\text{m}}{d^3}\leqslant[\sigma]$，所以 $d\geqslant 0.0571\text{m}$。

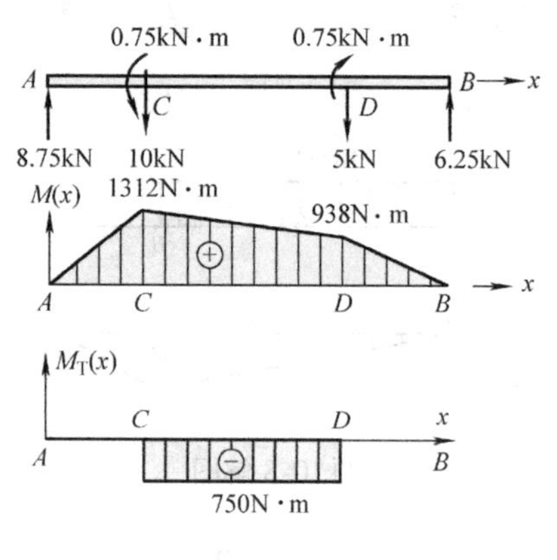

题10-10解图

第十一章

11-1 计算静载荷作用下 $\sigma_{st,max}$，计算动荷因数 K_d，$\sigma_{d,max}=K_d\sigma_{st,max}\leqslant[\sigma]$，许用应力$[\sigma]$是材料在静载荷下的许用应力。

11-2 动载荷应力。

11-3 $K_d=1+\dfrac{a}{g}$，钢丝绳起吊力 $F=K_dG=65.3\text{kN}$。

11-4 脉动循环应力中 $\sigma_{min}=0$，例如一对啮合的传动齿轮，单向回转，则齿面接触应力按脉动循环变化。对称循环应力中 $\sigma_{max}=-\sigma_{min}$，例如匀速运动的车辆，受弯矩作用的轮轴非轴线上的点受对称循环应力作用。

11-5 把 σ_{min}与 σ_{max}的比值称为循环特征或循环特性，即 $r=\dfrac{\sigma_{min}}{\sigma_{max}}$。对称循环应力 $r=-1$。脉动循环应力 $r=0$。

11-6 在交变载荷作用下，构件内应力的最大值（绝对值）如果不超过某一极限，则此构件可以经历无数次循环而不破坏，我们把这个应力的极限值称为持久极限。构件可能承受各种各样的交变应力，其最大应力可以大于、等于、小于持久极限。

11-7 $s=\frac{1}{2}at^2$，$a=0.5\text{m/s}^2$，$K_d=1+\frac{a}{g}$，$\sigma_{st}=\frac{8000\times9.8}{4\times10^{-4}}\text{Pa}$。吊索动应力 $\sigma_d=K_d\sigma_{st}=206\text{MPa}$。

11-8 物块 A 速度 $v=2\text{m/s}$，相当于从 $h=\frac{v^2-0^2}{2g}=0.204\text{m}$ 高处静止落下。物块 A 静止时 mg 引起钢索的伸长量$\Delta_{st}=\frac{mgl}{EA}=1.103\text{mm}$，$K_d=1+\sqrt{1+\frac{2h}{\Delta_{st}}}=20.26$，吊索内最大应力 $\sigma_d=K_d\sigma_{st}=20.26\times\frac{2250\times9.8}{12\times10^{-4}}\text{Pa}=372\text{MPa}$。

11-9 $\sigma_{d,max}=\rho v^2=9.85\text{MPa}$。

11-10 $\Delta_{st}=\frac{Wl}{EA}=\frac{5000\times6}{10\times10^9\times\frac{\pi}{4}\times0.3^2}\text{m}=4.246\times10^{-5}\text{m}$，$\sigma_{st}=\frac{W}{\frac{\pi}{4}d^2}=70.8\text{kPa}$。

	h/m	K_d	$\sigma_{d,max}$/MPa
1)	0	2	0.142
2)	0.5	155	10.9
3)	1	218	15.4

11-11

	σ_{max}	σ_{min}	r	σ_m	σ_a
a	−30	−90	3	−60	30
b	0	−90	−∞	−45	45
c	30	−90	−3	−30	60
d	60	−30	−0.5	15	45

第十二章

12-1 拉杆的变形能 $U=U_{AB}+U_{BC}=\frac{F^2l}{2E\times2A}+\frac{F^2\times1.2l}{2EA}=0.85\frac{F^2l}{EA}$。

12-2 扭转圆轴的变形能 $U=U_{AB}+U_{BC}=\frac{M_{AC}^2\cdot\frac{l}{2}}{2GI_p}+\frac{M_{CB}^2\cdot\frac{l}{2}}{2GI_p}=\frac{5M^2\cdot\frac{l}{2}}{2GI_p}=\frac{5M^2l}{4GI_p}=12.7\frac{M^2l}{Gd^4}$。

12-3 1)用莫尔定理:均布载荷 q 引起的弯矩方程

$$\begin{cases}M_q(x)=-\frac{q}{2}(a-x)^2 & 0<x\leqslant a\\ M_q(x)=0 & a\leqslant x\leqslant l\end{cases}$$

。如题 12-3 解图 b 所示，作用在 B 点单位力引

起的弯矩方程 $M_0(x) = -1\times(l-x)$，截面 B 处的挠度 $y_B = \int_0^a \frac{M_0(x)M_q(x)}{EI}dx + \int_a^l \frac{M_0(x)M_q(x)}{EI}dx = \int_0^a \frac{M_0(x)M_q(x)}{EI}dx = \int_0^a \frac{[-1\times(l-x)]\times[-\frac{q}{2}(a-x)^2]}{EI}dx = \frac{qa^3(4l-a)}{24EI}$，方向向下。

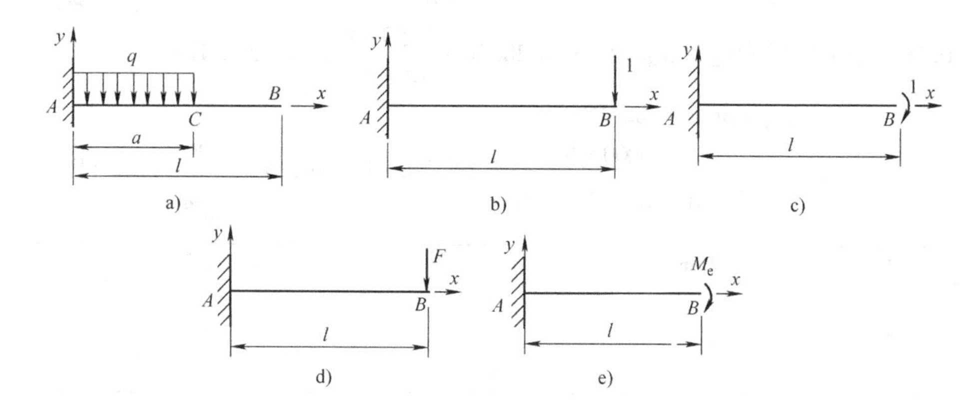

题 12-3 解图

a）受载图 b）莫尔定理求位移 c）莫尔定理求转角

d）卡氏定理求位移 e）卡氏定理求转角

如题 12-3 解图 c 所示，作用在 B 点单位力矩引起的弯矩方程 $M_0'(x) = -1$，截面 B 处的转角 $\theta_B = \int_0^a \frac{M_0'(x)M_q(x)}{EI}dx + \int_a^l \frac{M_0'(x)M_q(x)}{EI}dx = \int_0^a \frac{M_0(x)M_q(x)}{EI}dx = \int_0^a \frac{(-1)\times[-\frac{q}{2}(a-x)^2]}{EI}dx = \frac{qa^3}{6EI}$,顺时针转向。

2）用卡式定理：由于在 B 截面处没有与挠度 y_B 对应的外力作用，因此不能直接利用卡式定理。可先在 B 截面处添加一个力 F（题 12-3 解图 d），均布载荷 q 和 F 共同引起的弯矩方程 $\begin{cases} M(x) = -\frac{q}{2}(a-x)^2 - F(l-x) & 0 < x \leqslant a \\ M(x) = -F(l-x) & a \leqslant x \leqslant l \end{cases}$，根据卡式定理求出梁在载荷 q 和 F 共同作用下 B 截面的挠度 $y_B = \frac{\partial U}{\partial F} = \int_0^a \frac{M(x)}{EI}\frac{\partial M(x)}{\partial F}dx = \int_0^a \frac{-\frac{q}{2}(a-x)^2 - F(l-x)}{EI}\times[-(l-x)]dx + \int_a^l \frac{-F(l-x)}{EI}\times[-(l

$-x)]\mathrm{d}x=\dfrac{Fl^3}{3EI}+\dfrac{qa^3(4l-a)}{24EI}$，再令 $F=0$，即得均布载荷 q 单独作用下 B 截面的挠度 $y_B=\dfrac{qa^3\ (4l-a)}{24EI}$，方向向下。

为了求 B 截面转角，先在 B 处添加一个力矩 M_e（图 f），均布载荷 q 和 M_e 共同引起的弯矩方程 $\begin{cases}M(x)=-\dfrac{q}{2}(a-x)^2-M_e & 0<x\leqslant a\\ M(x)=-M_e & a\leqslant x\leqslant l\end{cases}$，根据卡式定理求出梁在载荷 q 和 M_e 共同作用下 B 截面的转角 $\theta_B=\dfrac{\partial U}{\partial M_e}=\int_0^a\dfrac{M(x)}{EI}\dfrac{\partial M(x)}{\partial M_e}\mathrm{d}x+\int_a^l\dfrac{M(x)}{EI}\dfrac{\partial M(x)}{\partial M_e}\mathrm{d}x=\int_0^a\dfrac{-\dfrac{q}{2}(a-x)^2-M_e}{EI}\times[-1]\mathrm{d}x+\int_a^l\dfrac{-M_e}{EI}\times[-1]\mathrm{d}x=\dfrac{M_e l}{EI}+\dfrac{qa^3}{6EI}$，再令 $M_e=0$，即得均布载荷 q 单独作用下 B 截面的转角 $\theta_B=\dfrac{qa^3}{6EI}$，顺时针转向。

12-4　如题 12-4 解图所示，在实际载荷 M 作用下，梁的弯矩方程为 $M(x)=\dfrac{M}{l}(l-x)$；采用单位载荷法（莫尔定理），在梁的中点 C 截面施加竖直向下的单位力，在单位力作用下，梁的弯矩方程为

$$\begin{cases}M_0(x)=0.5x & 0\leqslant x\leqslant 0.5l\\ M_0(x)=0.5(l-x) & 0.5l\leqslant x\leqslant l\end{cases}$$

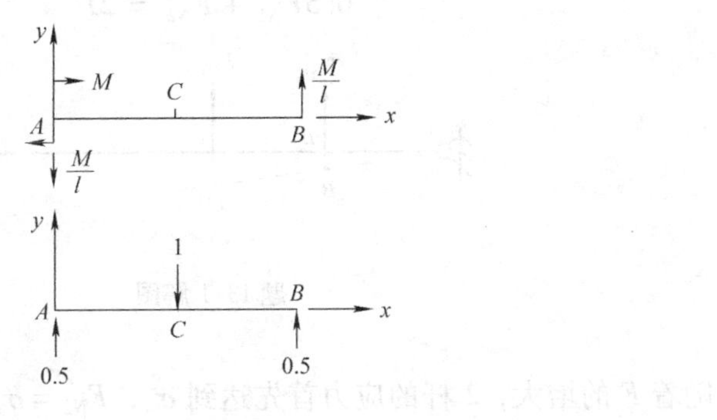

题 12-4 解图

C 截面的挠度 $y_C=\int_0^{0.5l}\dfrac{M_0(x)M(x)}{EI}\mathrm{d}x+\int_{0.5l}^{l}\dfrac{M_0(x)M(x)}{EI}\mathrm{d}x=\dfrac{M}{EIl}\times 0.5\left\{\int_0^{0.5l}(l-x)x\mathrm{d}x+\int_{0.5l}^{l}(l-x)^2\mathrm{d}x\right\}=\dfrac{Ml^2}{16EI}$（向下）。

12-5 一对 F 力引起的弯矩方程 $\begin{cases} M_F(x)=Fl & 0\leqslant x\leqslant l \\ M_F(x)=F(2l-x) & l\leqslant x\leqslant 2l \end{cases}$，如题 12-5 解图所示，作用在 B 点单位力引起的弯矩方程 $M_0(x)=1\times(2l-x)$，截面 B 处的挠度 $y_B=\int_0^l \frac{M_0(x)M_F(x)}{EI}dx+\int_l^{2l}\frac{M_0(x)M_F(x)}{EI}dx=\int_0^l\frac{(2l-x)\times Fl}{EI}dx+\int_l^{2l}\frac{(2l-x)\times F(2l-x)}{EI}dx=\frac{11Fl^3}{6EI}$，方向向上。

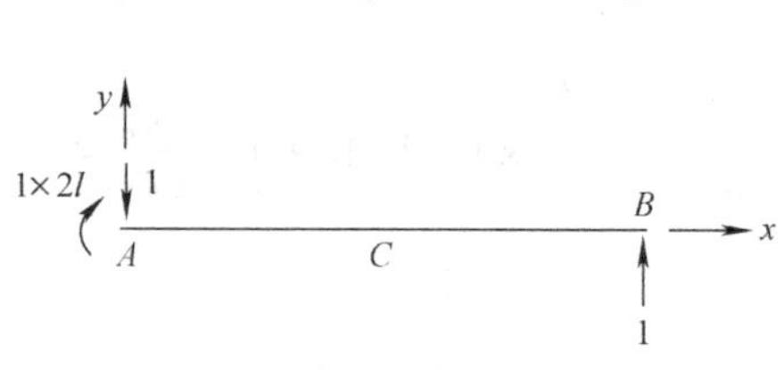

题 12-5 解图

第十三章

13-1 如题 13-1 解图所示，刚性杆 AD 对 A 点列写力矩平衡方程：$F_{N1}\times AB+F_{N2}\times AC=F\times AD$，即

$$0.5F_{N1}+F_{N2}=2F \tag{1}$$

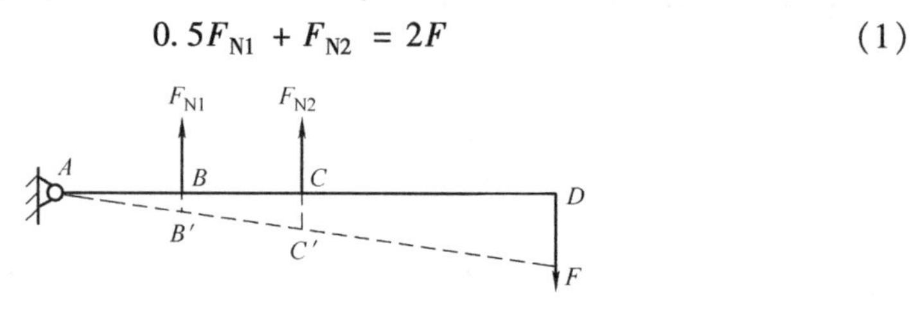

题 13-1 解图

随着 F 的增大，2 杆的应力首先达到 σ_s，$F_{N2}=\sigma_s A$，$BB'=\frac{1}{2}CC'$。2 杆的应力刚达到 σ_s 时，按照胡克定律 $F_{N1}=\frac{1}{2}\sigma_s A$，代入式（1）得 $0.5\times\frac{1}{2}\sigma_s A+\sigma_s A=2F_1$。求出弹性极限载荷 $F_1=\frac{5}{8}\sigma_s A$。

随着 F 的进一步增大，1 杆的应力也达到 σ_s，$F_{N1}=F_{N2}=\sigma_s A$，代入式（1）得 $0.5\times\sigma_s A+\sigma_s A=2F_p$。求出极限载荷 $F_p=\frac{3}{4}\sigma_s A$。

13-2　随着 M 的增大，2 杆的应力首先达到 σ_s，$F_2=\sigma_s A$，$BB'=\frac{1}{2}CC'$。2 杆的应力刚达到 σ_s 时，按照胡克定律 $\sigma_1=\frac{1}{2}\sigma_s$。$F_1=\sigma_1 A_1=\frac{1}{2}\sigma_s\times 2A=\sigma_s A$，如题 13-2 解图所示，刚性杆 AD 对 A 点列写力矩平衡方程：$F_1\times AB+F_2\times AC=M$，即 $\sigma_s Aa+\sigma_s A\times 2a=M_1$，求出弹性极限载荷 $M_1=3a\sigma_s A$。

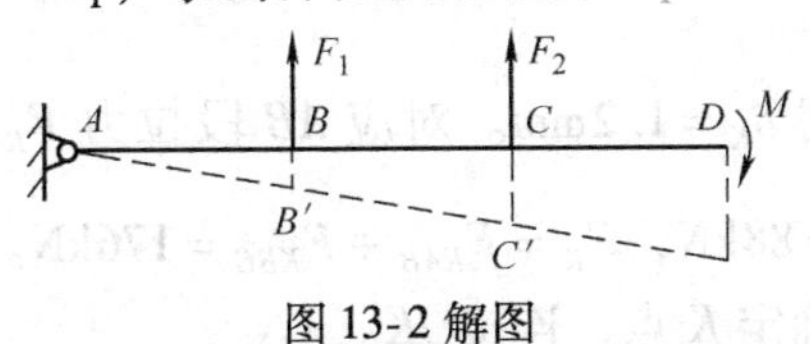

图 13-2 解图

随着 M 的进一步增大，1 杆的应力也达到 σ_s，$F_1=\sigma_s\times 2A$，刚性杆 AD 对 A 点力矩平衡方程：$F_1\times AB+F_2\times AC=M$，即 $\sigma_s\times 2A\times a+\sigma_s A\times 2a=M_p$，求出极限载荷 $M_p=4a\sigma_s A$。

13-3　如题 13-3 解图所示，分 4 个阶段：

第一阶段 OH 段：H 点对应 $\delta_H=0.1\text{mm}$，此段 BC 杆不受力，$F=EA\frac{\delta}{AB}$；

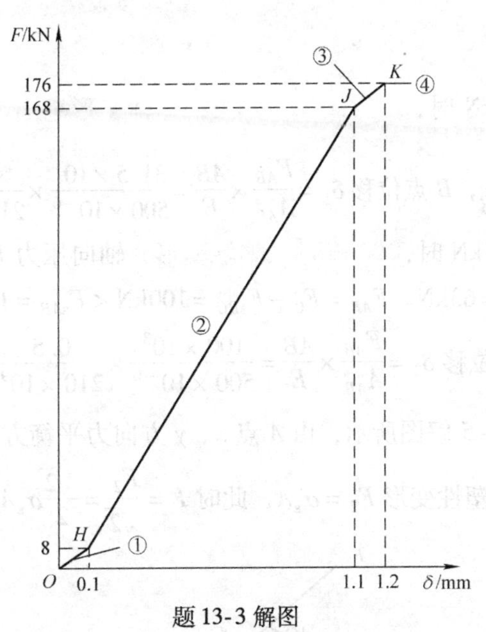

题 13-3 解图

第二阶段 HJ 段：J 点对应 AB 杆开始进入塑性阶段，$\sigma_J=\sigma_s=220\text{MPa}=E\frac{\delta_J}{AB}$，求得 $\delta_J=1.1\text{mm}$。对应 AB 段拉力 $F_{JAB}=\sigma_s A=220\times10^6\times400\times10^{-6}\text{N}=$

88kN，对应 BC 段压力 $F_{JBC}=E\dfrac{\delta_J-0.1\times10^{-3}}{BC}A=200\times10^9\times\dfrac{1.1\times10^{-3}-0.1\times10^{-3}}{1}\times400\times10^{-6}\text{N}=80\text{kN}$，$F_J=F_{JAB}+F_{JBC}=168\text{kN}$。按照 $\delta_J=1.1\text{mm}$、$F_J=168\text{kN}$ 在 $\delta-F$ 图上确定 J 点，连接 HJ。

第三阶段 JK 段：K 点对应 BC 杆开始进入塑性阶段 $\sigma_K=\sigma_s=220\text{MPa}=E\dfrac{\delta_K-0.1\times10^{-3}}{BC}$，求得 $\delta_K=1.2\text{mm}$。对应 AB 段拉力 $F_{KAB}=\sigma_sA=88\text{kN}$，对应 BC 段压力 $F_{KBC}=\sigma_sA=88\text{kN}$，$F_K=F_{KAB}+F_{KBC}=176\text{kN}$。按照 $\delta_K=1.2\text{mm}$、$F_K=176\text{kN}$ 在 $\delta-F$ 图上确定 K 点，连接 JK。

第四阶段 K 点以后：AB、BC 杆均进入塑性变形阶段，$\delta-F$ 线水平。

13-4 设 AB 杆轴向拉力为 F_{AB}，BC 杆轴向压力为 F_{BC}。在弹性变形范围内，$\dfrac{F_{AB}}{F_{BC}}=\dfrac{E\dfrac{\delta}{AB}\times A_{AB}}{E\dfrac{\delta}{BC}\times A_{BC}}=\dfrac{\dfrac{1}{AB}\times A_{AB}}{\dfrac{1}{BC}\times A_{BC}}=1$。欲使 AB 杆进入塑性变形，轴向拉力 $F_{sAB}=\sigma_sA_{AB}=210\times10^6\times500\times10^{-6}\text{N}=105\text{kN}$；欲使 BC 杆进入塑性变形，轴向压力 $F_{sBC}=\sigma_sA_{BC}=210\times10^6\times300\times10^{-6}\text{N}=63\text{kN}$。

1）当 $F_0=63\text{kN}$ 时，AB 杆、BC 杆均在弹性变形范围内，$F_{AB}=F_{BC}=\dfrac{F_0}{2}=31.5\text{kN}$。$\dfrac{F_{AB}}{A_{AB}}=E\dfrac{\delta_1}{AB}$，$B$ 点位移 $\delta_1=\dfrac{F_{AB}}{A_{AB}}\times\dfrac{AB}{E}=\dfrac{31.5\times10^3}{500\times10^{-6}}\times\dfrac{0.5}{210\times10^9}\text{m}=0.15\text{mm}$。

2）当 $F_0=163\text{kN}$ 时，BC 杆进入塑性变形，轴向压力 $F_{sBC}=\sigma_sA_{BC}=210\times10^6\times300\times10^{-6}\text{N}=63\text{kN}$。$F_{AB}=F_0-F_{sBC}=100\text{kN}<F_{sAB}=105\text{kN}$，$AB$ 杆在弹性变形范围内，B 点位移 $\delta_2=\dfrac{F_{AB}}{A_{AB}}\times\dfrac{AB}{E}=\dfrac{100\times10^3}{500\times10^{-6}}\times\dfrac{0.5}{210\times10^9}\text{m}=0.476\text{mm}$。

13-5 如题 13-5 解图所示，由 A 点 x、y 方向力平衡方程得 $F_2=\sqrt{2}F=\sqrt{2}F_1$，故斜杆先出现塑性变形 $F_2=\sigma_sA$，此时 $F=\dfrac{F_2}{\sqrt{2}}=\dfrac{\sqrt{2}}{2}\sigma_sA$。

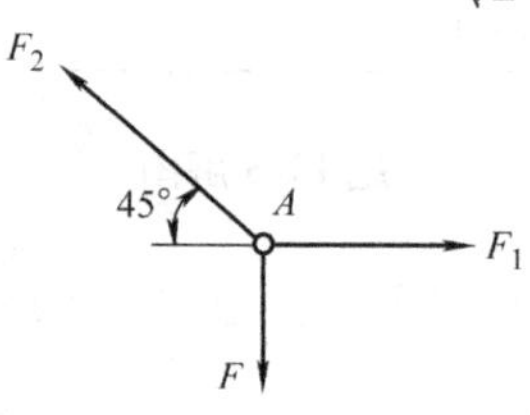

题 13-5 解图

13-6　1）$\tau_s = \dfrac{T_1}{\dfrac{\pi}{16}d^3}$，轴外表面屈服时的扭矩 $T_1 = \tau_s \times \dfrac{\pi}{16}d^3 = 150 \times 10^6 \times \dfrac{\pi}{16}$
$0.12^3 N \cdot m = 50.9 kN \cdot m$，如题 13-6 解图 a 所示。

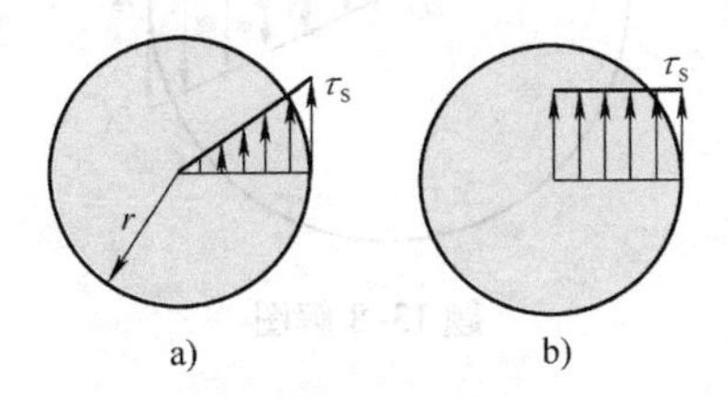

题 13-6 解图
a）仅轴外表面屈服　b）弹性区为圆心周围很小的一个圆

2）弹性区只剩下圆心周围很小的一个圆，此时扭转力偶矩 $T_p = \int_0^{d/2} \rho \times \tau_s \times 2\pi\rho d\rho = 2\pi\tau_s \times \dfrac{1}{3}\left(\dfrac{d}{2}\right)^3 = 2 \times 3.14 \times 150 \times 10^6 \times \dfrac{1}{3} \times 0.06^3 N \cdot m = 67.8 kN \cdot m$，如题 13-6 解图 b 所示。

13-7　梁中点截面承受最大弯矩 $M_{max} = 5q \times 5 - \dfrac{q}{2} \times \left(\dfrac{10}{2}\right)^2 = 12.5q$。

弹性极限载时，$\sigma_s = 220MPa = \dfrac{M_{max}}{\dfrac{0.18}{6} \times 0.3^2}$，$M_{max} = \dfrac{0.18}{6} \times 0.3^2 \sigma_s = 594 kN \cdot m$，$q_1 = 47.5 kN/m$；塑性极限载荷 $M_p = \dfrac{bh^2}{4}\sigma_s$，即 $12.5\, q_p = \dfrac{0.18}{4} \times 0.3^2 \times 220 \times 10^6 N \cdot m$，$q_p = 71.3 kN/m$。

13-8　实心圆轴扭转到达塑性极限状态，圆轴中心处 O、边缘处 A 点的切应力均为 τ_s。扭矩 $T = \int_0^{d/2} \rho \cdot \tau_s \cdot 2\pi\rho d\rho = \dfrac{\pi d^3}{12}\tau_s$。如题 13-8 解图所示，把卸载过程设想为在实心圆轴上作用一个方向与加载时方向相反的扭矩，当这一扭矩在数值上等于原来的扭矩 T 时，载荷即已完全解除。故 $\tau'_A = \dfrac{T}{\dfrac{\pi d^3}{16}} = \dfrac{\dfrac{\pi d^3}{12}\tau_s}{\dfrac{\pi d^3}{16}} = \dfrac{4}{3}\tau_s$。

卸载后圆轴中心处 O 点的残余应力为 τ_s，卸载后边缘处 A 点的残余应力大小：$|\tau_s - \tau'_A| = \dfrac{1}{3}\tau_s$。

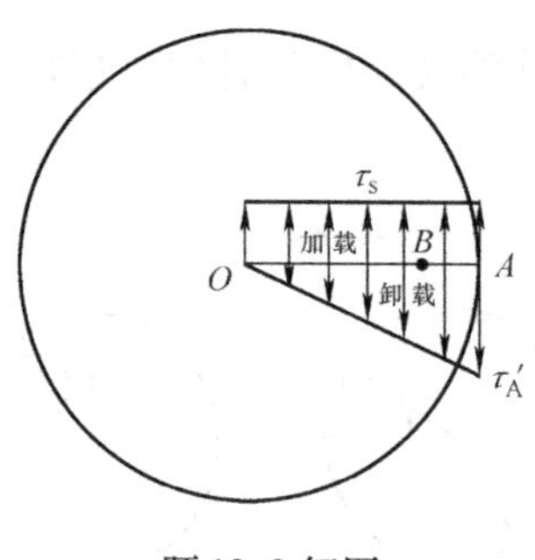

题13-8 解图

设 B 点残余应力为 0，则按照相似三角形比例有 $\dfrac{OB}{OA}=\dfrac{\tau_s}{\dfrac{4}{3}\tau_s}=0.75$，即沿半径为 $0.75R$ 的圆环上，残余应力为 0。

第十四章

14-1 纤维的体积分数 V_f 对复合材料的纵向抗拉强度 σ_{cb} 的影响为 $\sigma_{cb}=\sigma_{fb}V_f+\sigma_m^*(1-V_f)$。

14-2 影响复合材料弹性模量的主要因素有：纤维、基体的体积分数，纤维、基体的弹性模量。

14-3 影响复合材料的强度的因素：1）纤维抗拉强度极限 σ_{fb}；2）纤维横截面上的应力达到强度极限 σ_{fb} 时，基体横截面上的应力为 σ_m^*；3）纤维、基体的体积分数。

14-4 对于单向复合材料，当外力作用方向与纤维方向平行时，由于纤维的存在，其所能承受的应力值将会超过基体的极限应力值，这种现象称为纤维增强效应。

14-5 复合材料纵向弹性模量 $E_c=E_fV_f+E_m(1-V_f)=29\text{GPa}$，横向弹性模量 $E'_c=\dfrac{E_fE_m}{E_mV_f+E_f(1-V_f)}=\dfrac{85\times5}{5\times0.3+85\times(1-0.3)}\text{GPa}=6.97\text{GPa}$。

14-6 $\sigma_{cb}=\sigma_{fb}V_f+\sigma_m^*(1-V_f)=[2069\times0.25+55.2\times(1-0.25)]\text{MPa}=559\text{MPa}$。

复合材料的强度极限值 $\sigma_{cb}=559\text{MPa}$，远大于基体铜的强度极限 $\sigma_{mb}=207\text{MPa}$。满足上式的应用条件。

14-7 分为热塑性塑料、热固性塑料、纤维、橡胶四类。列出每一类的五种材料（答案不唯一，参考第十四章第二节）。

14-8 玻璃态的力学性能接近脆性玻璃，弹性模量取值约为 GPa 量级；橡胶态期间具有很高的非线性弹性变形能力，弹性模量取值约为 MPa 量级。

14-9 对于混凝土、塑料等黏弹性材料，当应力保持不变时，应变随时间的增加而增加，这种现象称为蠕变；当应变保持不变时，应力随时间的增加而减小，这种现象称为松弛。

14-10 与金属材料相比，聚合物的主要力学性能特点为密度小、弹性变形量大、弹性模量小和黏弹性明显。

14-11 材料遭受的急剧温度变化，称为热震。陶瓷材料承受一定程度的温度急剧变化而结构不致被破坏的性能称为抗热震性。

材料热震失效可分为两大类：一类是瞬时断裂，称之为热震断裂；另一类是材料在热震中产生新裂纹，以及新裂纹与原有裂纹扩展造成开裂、剥落等，进一步出现碎裂和变质，终至整体破坏，称为热震损伤。

14-12 与金属材料相比，陶瓷材料弹性变形特点为：

1）陶瓷材料的弹性模量比金属大得多，陶瓷的成型与烧结工艺对弹性模量影响重大。

2）陶瓷材料的压缩弹性模量高于拉伸弹性模量。

3）陶瓷材料压缩时的强度比拉伸时大得多。

4）和金属材料相比，陶瓷材料在高温下具有良好的抗蠕变性能，而且在高温下也具有一定的塑性。

14-13 略。

14-14 陶瓷弹性模量的决定因素：

1）热膨胀系数小的，往往具有较高的弹性模量；

2）熔点越高，弹性模量越高；

3）随着气孔率的增加，陶瓷材料的弹性模量急剧下降；

4）单晶陶瓷在不同的晶向上往往有不同的弹性模量。

14-15 影响陶瓷强度的主要因素如下：

1）当材料成分相同时，气孔率的不同将引起强度的显著差异；

2）对结构陶瓷材料来说，获得细晶粒组织，对提高室温情况下的强度是有利的；

3）晶界相的性质、厚度、晶粒形状。

参考文献

[1] 刘鸿文. 材料力学 [M]. 6版. 北京：高等教育出版社，2017.
[2] 孙训方，方孝淑，关来泰. 材料力学 [M]. 6版. 北京：高等教育出版社，2019.
[3] 范钦珊，唐静静，刘荣梅. 工程力学 [M]. 2版. 北京：清华大学出版社，2012.
[4] 张少实. 新编材料力学 [M]. 北京：机械工业出版社，2010.
[5] 张耀，曹小平，王春芬，等. 材料力学 [M]. 北京：清华大学出版社，2015.
[6] 顾晓勤，谭朝阳. 工程力学（静力学与材料力学）[M]. 2版. 北京：机械工业出版社，2019.
[7] 顾晓勤. 工程力学学习指导 [M]. 北京：机械工业出版社，2008.
[8] 顾晓勤，刘申全. 工程力学Ⅰ [M]. 北京：机械工业出版社，2006.
[9] 顾晓勤，刘申全. 工程力学Ⅱ [M] 北京：机械工业出版社，2006.
[10] 顾晓勤，谭朝阳. 理论力学 [M]. 2版. 北京：机械工业出版社，2020.